国家“十二五”科技重大专项

多枝导流适度出砂技术研究与应用

姜 伟 周建良 著

科 学 出 版 社
北 京

内 容 简 介

本书系统介绍了多枝导流适度出砂技术体系的基础理论及应用情况，以多枝导流适度出砂技术的增产机理及油藏工程为基础，围绕产能评价、井壁稳定性、携砂采油理论、防砂优选研究以及配套钻完井技术、采油工艺等进行了详细阐述，并举例介绍了集成技术的现场应用情况及效果。本书的出版对国内近海疏松砂岩油藏的高效开发具有重要的现实指导意义，必将推动该项技术的不断完善，推进其在现场的有效应用。

本书可供石油院校、科研院所等单位科研人员参考，亦可作为油气田开发设计人员的参考资料。

图书在版编目(CIP)数据

多枝导流适度出砂技术研究与应用/姜伟，周建良著．—北京：科学出版社，2015.11

国家“十二五”科技重大专项

ISBN 978-7-03-046229-9

Ⅰ. ①多… Ⅱ. ①姜… ②周… Ⅲ. ①砂岩油气藏－出砂－研究 Ⅳ. ①TE343

中国版本图书馆 CIP 数据核字 (2015) 第 264637 号

责任编辑：周 丹 沈 旭／责任校对：张怡君

责任印制：徐晓晨/封面设计：许 瑞

科学出版社出版

北京东黄城根北街 16 号

邮政编码：100717

http://www.sciencep.com

北京厚诚则铭印刷科技有限公司 印刷

科学出版社发行 各地新华书店经销

*

2015 年 11 月第 一 版 开本：787×1092 1/16

2016 年 3 月第二次印刷 印张：17

字数：403 000

定价：108.00 元

序　言

随着国内能源消耗的逐渐增加，陆上资源已远远不能满足需求。我国近海有丰富的油气储量，资源开发转向海洋已成为一种趋势，海上石油开发也将成为今后能源的重要来源，因此，国内海洋油气开发的力度在快速增大。

如何高效开发海上油气田是科研工作者亟须解决的问题。以渤海海域为代表的国内海洋油田具有埋藏浅、胶结程度低、原油黏度高等特点，开发过程中几乎都遇到了生产出砂的问题，如何高效开发成为研究的关键。中国海洋石油总公司依托国家科技重大专项课题“多枝导流适度出砂技术”，针对我国的近海疏松砂岩油藏的特点，开展了多枝导流适度出砂技术的研究工作，研究成果包括多枝导流适度出砂的油藏工程及产能评价技术、配套钻完井技术、携砂采油理论及技术等，最终形成了一套适用于国内近海疏松砂岩油藏开发的多枝导流适度出砂生产技术体系，并在现场得到成功的应用，有效地提高油井产能，降低开发成本。

《多枝导流适度出砂技术研究与应用》系统介绍了该项技术体系的理论及应用情况，以多枝导流适度出砂技术的增产机理及油藏工程为基础，围绕产能评价、井壁稳定性、携砂采油理论、防砂优选研究以及配套的钻完井技术、采油工艺等进行了详细阐述，并举例介绍了集成技术的现场应用情况及效果。本书展示了中海油在海上油气田开发过程中的技术创新理念及创新能力。

本书是作者在国家科技重大专项“多枝导流适度出砂技术”研究过程中的重要结晶，本书的出版对国内近海疏松砂岩油藏的高效开发具有重要的现实指导意义，必将推动该项技术的不断完善，促进现场的有效应用。

本书是一本理论性与实用性并重的油气田开发类书籍，可作为石油院校、科研院所等单位的参考用书，亦可作为现场工作人员在进行相关类型的油田开发方案设计、开采措施优化研究的参考资料。

周守为

2015.11.7.

前　言

多枝导流适度出砂技术是将多分枝井技术与适度出砂技术相结合的一种大幅提高油井产量的新技术。作为多分枝井的一种特殊井型，多枝导流井在国内外油田尤其是海上稠油油田应用越来越广泛，成为油气田开发、提高采收率的先进技术。与直井和水平井相比，多枝导流井可以更多地暴露储层，扩大与储层的接触面积，大幅度提高单井控制储量，减少开发井数，降低开发成本，提高油气井的效益，实现海上油田少井高产的目标。适度出砂生产是将防砂技术与出砂冷采结合并用的一种高效的油井生产方式，其通过对油井产能或产量进行优化评价，制定最优的出砂或防砂生产方案，即进行有限度、有选择的防砂，使油井在可能的最大生产速度下开采，而又不会对储层造成损害。

本书结合文献调研、数值模拟、室内实验研究及现场应用等方面，系统介绍了多枝导流适度出砂技术的发展、增产机理、产能评价、关键技术及现场应用等。利用出砂机理增产微观实验，深入研究了该技术的增产机理；通过建立出砂带扩展预测模型及疏松砂岩油藏流固耦合模型，对多枝导流适度出砂井的产能评价进行了深入研究；通过有限元模拟及室内实验评价，分别分析了分枝结构对井眼系统稳定性及临界生产压差的影响、多枝导流适度出砂开采及地层水侵对井壁稳定性的影响等，并建立了一套评价多枝导流适度出砂井分枝裸眼井壁稳定性的技术方法；本书还详细介绍了适度出砂管理的防砂方式、防砂方式选择依据及优选方法，根据防砂效果及抗堵能力评价实验、砾石充填防砂模拟及挡砂精度试验、不同方式防砂模拟试验评价及研究，建立了防砂方式优选图版，形成了一套防砂参数设计方法，并介绍了现场应用情况；本书还深入研究了多枝导流适度出砂井的钻完井关键技术、采油工艺及机采设备等内容。结合油田开发的应用实例，书中详细介绍了多枝导流适度出砂的部分关键技术在油田的现场试验及效果，以及技术集成在渤海部分油田的应用情况。

全书共分为九章：第一章介绍了多枝导流适度出砂技术的发展及认识；第二章深入研究了多枝导流适度出砂技术的增产机理；第三章介绍了多枝导流适度出砂井产能评价技术；第四章研究了多枝导流适度出砂井井壁的稳定性；第五章介绍了多枝导流适度出砂井的井筒携砂采油理论；第六章介绍了多枝导流适度出砂井的防砂实验；第七章介绍了多枝导流适度出砂井的钻完井关键技术；第八章研究了多枝导流适度出砂井的采油工艺及机采设备；第九章介绍了多枝导流技术的集成应用及技术展望。

本书是作者的国家科技重大专项课题“多枝导流适度出砂技术”研究成果的结晶，成书期间得到中国海洋石油总公司、中海石油（中国）有限公司和中海油研究总院及其他相关科研院所等单位的支持和配合，在此对“多枝导流适度出砂技术”重大专项项目组及所有给予支持帮助的单位和同事一并表示衷心的感谢！

多枝导流适度出砂技术是一个尚在不断发展和完善中的技术体系，涉及的知识面广，技术体系复杂。本书难免有不妥和错误之处，恳请广大读者不吝指正！

目　　录

第一章　概　　述

第 一 节　多枝导流适度出砂技术的发展历程

一、技术的提出

随着国内能源消耗的逐渐增加，陆上资源已远远不能满足需求，我国近海有大量的油气储量，资源开发转向海洋已成为一种趋势，海上油气开发也将成为今后能源的重要来源，因此，国内海洋油气开发的力度在快速增大。

我国的近海油气田一般埋藏浅、成岩差，多属于疏松砂岩油藏；从目前发现和动用的储量看，地层流体多为稠油，在渤海已开发的油田中，疏松砂岩稠油油田占 80%左右。在海上稠油油田开发过程中，取得了很多成绩：① 采用砾石充填的防砂方法，解决了地层出砂的问题；② 采用优快钻井技术显著降低了海上钻完井作业费用。同时，也面临严重的挑战：① 砾石充填防砂井表皮系数大，油井的产量不高；② 常规钻完井技术无法解决油井产能问题；③ 稠油油田含水上升较快；④ 油田采出程度低。

目前，在近海油气田的开采过程中，面临的主要问题就是生产出砂。以渤海油区为代表的国内海洋稠油油气开发过程中几乎都遇到了生产出砂的问题，出砂严重会造成砂埋井眼、磨蚀管柱、地面砂处理困难以及磨蚀地面和井下设备等问题[1,2]。目前的措施主要是采取完全防砂的完井手段，这会造成三方面的后果：首先就是由于生产压差受到限制，很难充分发挥油井的产能；其次就是采用防砂措施会造成附加表皮的增加，导致油井产能降低；最后就是一旦防砂措施失败，就有可能需要进行关井停产修整。

为了在防砂和出砂生产之间寻求最优的解决方案，针对我国的近海疏松砂岩油藏特点，在借鉴国内外开发经验的基础上，中国海洋石油总公司提出了多枝导流适度出砂提高油井产能的技术思路，以保证油井既能实现长期高产、稳产，又能达到防砂效果。

油井出砂及其程度与岩石自身强度、生产压差、流体速度等因素有关[3-5]。岩石强度是储层固有的特性，无法通过工艺手段加以改变，但生产压差、流体速度可以通过增加泄流面积的方式来减小，从而减缓储层出砂的趋势或缓解出砂程度。“多枝导流适度出砂”技术包括两个层次，首先用机械钻井方法人为地在主井筒附近地层中制造出原油的快速流动通道，由若干个分枝井组成，形成原油在近井地带流动的“高速公路”主干线；其次，利用稠油较强的携砂能力，“适度出砂”允许部分细粉砂随稠油排出地层，从而在近井筒地带形成高渗带，进一步提高油流能力。由多枝导流形成的主干线和由适度出砂形成的高渗带共同构成了原油从地层流到井筒的畅通网络；多枝导流适度出砂技术可增加储层泄流面积，并通过储层适度出砂，降低生产压差，不但提高了单井产能，同时也减缓了底水锥进速度，并最终达到提高油田采收率的目的。

在海上稠油油田的开发过程中，既需要提高油田整体的采收率，又需要尽量降低桶油成本，对可以解决油井产能的钻采技术需求迫切；而多枝导流技术和适度出砂技术综合应用可解决制约渤海湾疏松砂岩稠油油藏开发的单井产能低的难题，同时通过控制压差生产，减缓水锥移动速度，可显著提高海上油田开发效益和采收率。尽管目前多枝导流适度出砂技术在海上稠油油田的开发中进行了初步的应用，但多枝导流油藏渗流机理、产能评价和井型优化设计技术仍需深入研究，多枝导流适度出砂钻采关键技术仍然为国外公司所掌握，国外公司实行技术封锁，服务价格垄断，大大提高了海上稠油油田开发成本。

因此，多枝导流适度出砂技术的推广应用是一种必然的发展趋势，在这种发展趋势的推动下，对与其相关的各种理论和应用进行研究非常必要。

二、技术发展历程

多枝导流适度出砂技术是随着适度出砂技术的发展而逐渐形成的，这里主要针对适度出砂技术的发展历程进行简要介绍。

（一） 国外研究情况

适度出砂生产[6-15]，国外称之为出砂管理 (sand management[16-19])，1993 ～ 1994 年，该技术首先在北亚得里亚海海上油田进行试验，试验井射孔没有采取附加的防砂手段，随着油井的产量提高，油井开始出砂，在试验初期出砂测试的情况如图 1-1 所示。

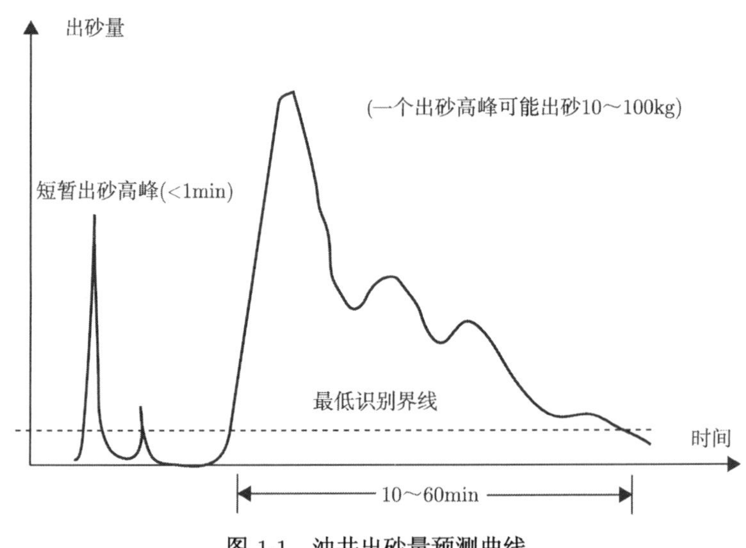

图 1-1 油井出砂量预测曲线

在图 1-1 中可以看出出砂量在开始生产 10 ～ 60min 内出现一个明显的峰值，峰值过后出砂量会稳定在一个比较低的水平。

继续进行测试有以下的试验结果：

(1) 保持产量生产会伴随间断出砂而且出砂量不大，一般在 5 ～ 50 kg/d；

(2) 出砂的时间会在 20 ～ 100 min，并且在 1 天内会随机出现；

(3) 油井的表皮系数降到 −3 以下。

1996 年在北海油田也进行了试验，并获得了成功，这项技术被应用到了北海的其他几个油田；到 1999 年年底，适度出砂开采技术开始在北海油田得到广泛应用，其他很多油田也开始积极地进行探索实验。以北海某油田为例 (图 1-2)，该油田 3 个平台上 47 口油井采用了适度出砂方法生产，增产的幅度是 35%～40%，这些油井没有采取昂贵的防砂技术，完井费用比较低。其中有 12%的油井产量没有提高也没有砂子产出，其中一口油井增产了 182%。

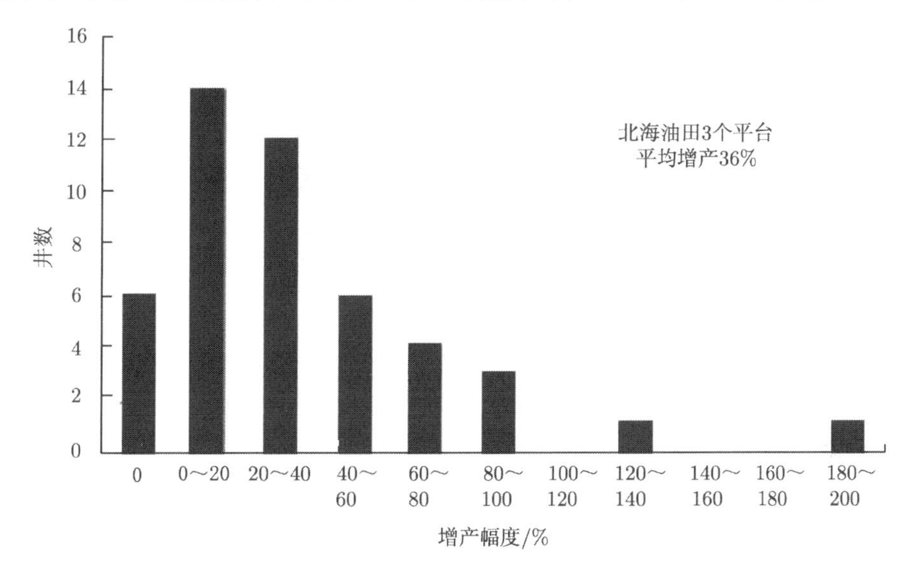

图 1-2 北海某油田 47 口井出砂生产增产比例图

(二) 国内研究情况

国内方面，胡连印、沈秀通等人[20] 于 1999 年提出了部分防砂的观点，可概括理解为两点：有限防砂和适度防砂，其目的都是获得最大的油井生产效益，生产过程中采用防砂与携砂相结合的生产策略，即采用合理的防砂工具将大尺寸的储层砂挡在地层内，允许细分砂随油流携出。这种新的防砂理论的提出打破了传统的观念，为渤海地区稠油油藏的开发提供了一种新的、有效的思路，并在 QHD32-6 油田和 SZ36-1 油田的调整水平分枝井中进行了应用证实。

2005 年，曾祥林、邓金根等人[21-27] 深入研究了适度出砂生产提高油井产能的机理，为现场应用提供了理论依据。以现场储层砂样为例，进行了室内的砾石充填及防砂实验，探索了不同完井状况下生产压差、出砂与油井产能之间的相互关系，以及“蚯蚓洞”网络的形成情况，并对出砂规律及出砂对储层渗透率的影响进行了研究。

2005 年，何冠军等人[28] 建立了一维的出砂模型，对不同的剥蚀系数、黏度、渗透率以及入口压差等对“蚯蚓洞”的形成发育、孔隙渗透率等的影响进行了实验研究，并评价了这些影响油井出砂的主要因素。

第 二 节 多枝导流适度出砂技术初识

油气井生产过程中，提高单井产量意味着提高生产压差和采油速度，对于疏松砂岩稠油油藏就容易造成微粒运移及出砂，长期以来人们一直研究如何控制出砂，然而高产量和高效益常常伴随着严重的出砂问题。采取有效防砂措施是避免油井出砂一种重要方法，但是该方法费用昂贵，且会造成油井产量的降低。因此，仅仅依靠防砂远不能满足高效率油田开发的需求。国外的实验研究表明，可以放大砾石尺寸和地层砂的匹配关系，控制产出砂的粒度，这样不会造成砾石层的堵塞，并且可以提高油井的生产能力。

一、多枝导流适度出砂技术介绍

（一）　多枝导流技术简介

作为多分枝井的一种特殊井型，多枝导流井在国内外油田尤其是海上稠油油田应用越来越广泛，成为油气田开发、提高采收率日益成熟的先进技术。与直井和水平井相比，多枝导流井可以更多地暴露储层，扩大与储层的接触面积，大幅度提高单井控制储量，减少开发井数，降低开发成本，提高油气井的效益，降低吨油开采成本，提高油田最终采收率和开发效果，实现海上油田少井高产的目标。海上平台的开采方式以及稠油油藏的渗流特点，决定了渤海海上稠油油藏的一个最佳开采井型是多枝导流井。

（二）　适度出砂技术简介

适度出砂生产是将防砂技术与出砂冷采结合并用的一种高效的油井生产方式，其通过对油井产能或产量进行优化评价，制定最优的出砂或防砂生产方案，即进行有限度、有选择的防砂，使油井在可能的最大生产速度下开采，而又不会对储层造成损害。基本原理就是：在易出砂储层或疏松储层的原油生产过程中，粒径不同的储层砂在原油的携带作用下发生运移，根据发生运移的储层砂的大小和分布，对大于或等于一定粒径的储层砂进行有选择的阻挡；这些粒径的储层砂发生堆积形成一种滤砂屏障，进而会阻挡粒径更小的储层砂的运移，达到部分防砂的目的。在储层砂形成这种滤砂屏障前，由于允许储层砂中粒径更小的那部分随原油运移，因此改善了井眼附近的储层物性，使油层产能得到了充分的发挥。由于允许部分地层砂产出，因此井筒中的油流要有充分的携砂能力，可以将储层中的砂粒携带到井口，从而防止了砂粒在井底或采油设备中沉积形成砂埋，影响油井正常生产；另外，地面设备要有足够能力处理产出砂，即油流含砂量要在适宜的浓度范围内。适度出砂开采的原理设计如图 1-3 所示：

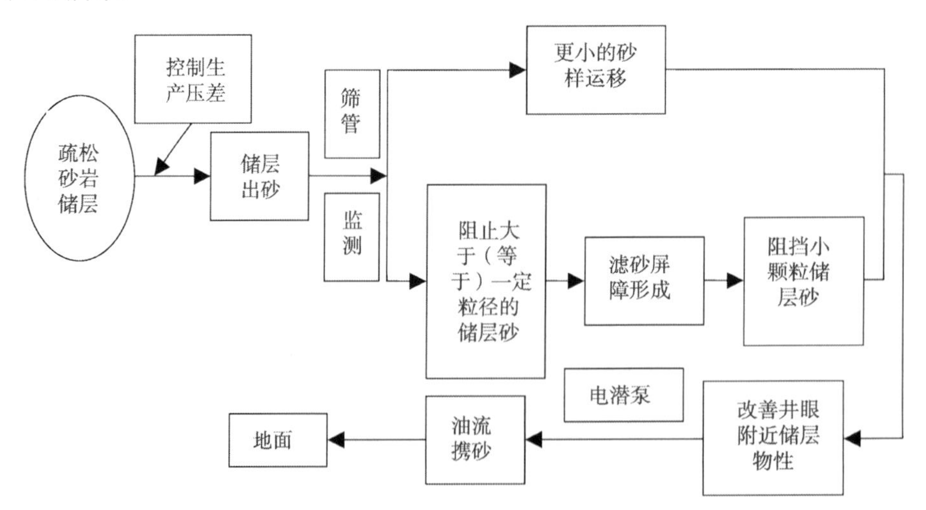

图 1-3　适度出砂生产的原理设计图

适度出砂的产能提高主要体现在两个方面：①地层出砂后容易形成“蚯蚓洞”，使得地层的可流动性大幅度提高，井筒的有效半径扩大，从而提高了流体的流速；②由于允许地层出砂，就可以适当放大生产压差，油井的产量可以得到提高。国内外现场和实验室研究有以下的结果：出砂量为 2.0%左右时，渗透率的增值为 10.8%～ 53.1%，平均值为 25.2%；出砂量相同 (质量分数为 1%) 时，粒径小于 39μm 的微粒对渗透率增加的贡献值最大，尤其是 26 ～ 39μm；出砂后渗透率增加明显，一般均大于 15%；控制粒径小于 39μm 的微粒出砂对渗透率的增加影响比较大，同时能够维持地层的稳定性。

国内外研究，砂粒越小，其砂粒间形成的孔隙越小，把小孔隙视为毛孔，毛管流动公式为

$$v = \frac{\gamma^2 \Delta p}{8\mu L}$$

式中，v 为液体渗流速度，cm/s；γ 为毛管半径，cm；Δp 为毛管两端压差，MPa；μ 为液体黏度，mPa·s；L 为毛管长度，cm。

孔隙减小，原油流动速度呈二次方下降，原油流动阻力增加，即细粉砂对油层渗透率的降低影响较大，因此应该在原油流动速度超过油层临界速度的范围内，依靠原油的携砂能力，从近井眼地带中，排走油层细粉砂，地层孔道得到疏通，改善近井眼油层物性。

由于允许地层出砂，则可适当放大生产压差，提高油井产量。如图 1-4 所示，油井的临界产量随地层强度的提高而增大。在安全生产的前提下进行适度出砂的产量上限与地层强度也有相似的关系。在图 1-4 中明显可见，油井产量 Q_2 保持在临界出砂产量 Q_1 和安全生产上限产量 Q_3 之间时，油井在适度出砂的同时产量会得到提高。对于强度较高的砂岩地层，由于临界产量高，在同样出砂量的条件下产量提高的幅度会更大一些。

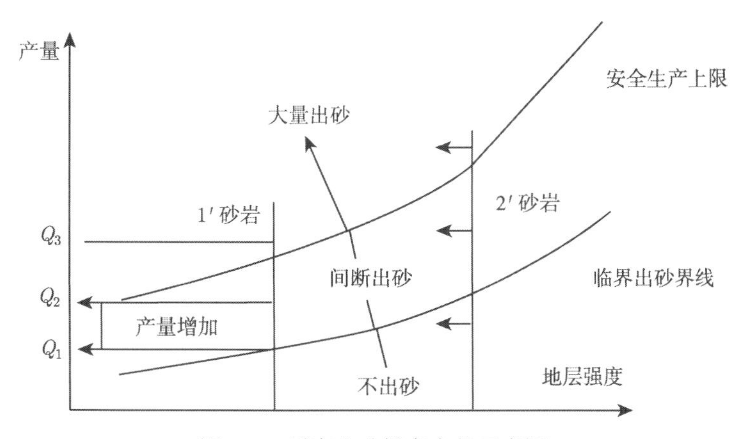

图 1-4　适度出砂提高产能示意图

二、适度出砂与防砂、出砂冷采的区别

防砂的标准是不让地层砂出来，冷采是无节制地允许地层出砂，而适度出砂管理正是介于两者之间的活动。从比较结果 (表 1-1) 看，该方法同防砂和冷采相比有独特的优势，通过控制地层适度出砂有效地提高了产量。就风险而言，防砂和出砂冷采是一种高成本 - 低风

险的方案；而适度出砂成本低，但包含现行风险管理，需要采用科学管理方法在地层出砂上开展更加广泛和系统的研究，如地层的出砂规律及其与产能之间的关系，不同完井方法对储层出/防砂的影响，井筒带砂开采是否引起砂埋等，都是影响适度出砂技术应用效果的实际问题。

表 1-1　防砂、适度出砂、出砂冷采比较

防砂	适度出砂	出砂冷采
严防地层出砂	管理地层出砂	
降低产量	提高产量	
产油指数下降	产油指数随间歇式出砂而上升	
附加防砂成本	需砾石充填或筛管费用	对地层有特殊要求
无须处理产出砂	需要处理产出砂	大量出砂不易控制
发生堵塞	堵塞可以自我治愈	
表皮系数上升	表皮系数下降	
较透彻的认识	一项新技术	
无须风险管理	需要风险管理	

三、多枝导流适度出砂的适用条件

（一）适用油藏条件

国外有关的研究机构和石油公司在多年研究和实验基础上，对适度出砂管理的油藏性质提出了各自观点。但是目前尚未形成公认的适度出砂管理的油藏筛选标准。一般认为 5 ～ 20MPa 强度的储层适合进行适度出砂开采方式，即岩石强度等级为弱固结这一级别(表 1-2)。1997 年，Tronvoll 和 Dusseault 等[29,30] 根据油藏条件，将油藏分为不适用进行出砂管理的油藏、需研究论证才能进行出砂管理的油藏和适用出砂管理的油藏，并据此对不同特性的油藏进行出砂开采的适用性进行了分级。其中稠油油藏，特别是低产稠油油藏是实现适度出砂的首选油藏。稠油油藏一般具有较高的含油饱和度，而其中的弱胶结砂岩油藏又具有较高的孔隙度和渗透率。也就是说适合适度出砂的稠油油藏往往本身具有良好的物性条件，一般孔隙度大于 30%，渗透率大于 $0.5\mu m^2$，含油饱和度大于 60%。并认为孔隙度、渗透率以及含油饱和度低于上述值时，对适度出砂不利。

从最近几年国外油田的研究与应用情况看，该技术适用的油藏范围较广，对于油层厚度、原油黏度和油藏压力没有明显的限制，只要油层胶结疏松、地层原油中含有一定溶解气量，距边底水较远的稠油油藏均可采用该技术。

另外，要在疏松砂岩常规稠油油藏中实施适度出砂策略，需要对该油藏的自身性质、特点等进行分析，要对油藏进行筛选。仔细研究油藏埋藏深度、油层厚度、油层物性、油层压力、原油黏度与密度、原始溶解气油比、油藏胶结情况等。

适度出砂开发适用的油藏条件，大体上与出砂冷采的条件相一致，但它毕竟是对出砂进行控制的增产技术，因此与出砂冷采又有些不同。鉴于疏松砂岩常规稠油油藏适度出砂开发研究是一个新的研究领域，很多方面还没有达成共识，可供借鉴的经验也比较少，故仍需借鉴稠油出砂冷采的筛选条件。

国外有关研究机构和石油公司的研究人员经过多年的研究和实验，普遍认为，稠油出砂

冷采应具备如表 1-2 的条件:

表 1-2　适宜携砂冷采技术的油藏条件

油藏参数	要求	油藏参数	要求
储集层岩性	砂岩	含油饱和度/%	⩾ 60
胶结状况	非胶结	原油密度 /(g/cm^3)	0.934 ～ 1.0071
泥质含量	较低	油层压力/MPa	⩾ 2.4
埋藏深度 /m	300 ～ 800	脱气原油黏度/(mPa·s)	600 ～ 160000
油层厚度/m	⩾ 3.0	气油比 /(m^3/m^3)	0 ～ 40
孔隙度/%	⩾ 2.5	边水、底水情况	无或远距离边底水
渗透率/$10^{-3}\mu m^2$	⩾ 500	—	—

目前，国外稠油出砂冷采的油藏所采用的井距一般为 160 ～ 400m。

(二)　适用的生产阶段

(1) 新区。从理论上讲，适度出砂开发稠油油藏技术最好应用于未开发过的新区，从油田刚开始投入开发就进行整体研究、规划、设计和实施，这样可以取得最佳开发效果，充分发挥适度出砂技术的优势。从钻井井型、井网的合理布置到完井、配套设施的规划进行一体化研究，充分发挥油藏潜力，节约投入。

(2) 老区。国外也有在老区利用该项技术获得成功的例子。如 Husky 石油公司于 1994 年在 Black Foot 稠油油田 (埋深 600m，原油密度 0.98g/cm^3) 的低产和高含水井中下人螺杆泵进行出砂生产，取得了良好的增油降水效果，在换泵后不到半年时间，产量提高幅度达 1 ～ 6 倍，含水下降 10%～ 40%。

(3) 热采后期。我国河南油田进行过蒸汽吞吐后转出砂生产的现场试验，但是由于蒸汽吞吐轮次较高，油层压力和溶解气量大幅降低，造成出砂开发试验效果并不理想。因此选用蒸汽吞吐后转适度出砂生产的油藏时要注意油田的衰竭程度。

由于适度出砂采油方法是靠出砂来提高油井产量，即不出砂时油井产量很低或者开发效益低下。因此，除了上述油藏地质条件外，还必须配备携砂能力极强的采油泵和有关采油、集输工艺设施。

四、海上平台适度出砂“度”的确定

(一)　“度”确定原则

油井防砂效果的评价主要取决于油井防砂后的产能、含砂浓度、有效生产时间和油井产能的保持程度。适度出砂“度”的控制将通过这 4 个指标来实现。

如果适度出砂的“度”较大，挡砂精度设计过大，则出砂量就会较大，按照出砂增产的机理，产能恢复得较多，但由于砂埋和砂磨蚀，造成的生产风险也会大大增加；反之，若适度出砂的“度”控制较小，挡砂精度设计过小，那么出砂量就小，但防砂后的产能降低则更多。因此,“度”的把握是适度出砂开采技术发挥最大效益的前提。

从地质和工程的角度，适度出砂“度”的控制应满足以下 3 个限制条件:

(1) 出砂不造成整个储层骨架的破坏，不会使储层段塌陷、掏空;

(2) 出砂有利于产生一个高孔隙度的扰动区，与液流一起使扰动区增长为一系列几何形态不确定的通道，这些通道像裂缝一样可提供一个低阻力的流动通道；

(3) 不超过地面设备的处理能力。

对于海上油田，由于受到工作场所 (海上平台) 的空间限制，产出砂的处理方式很受限制，含砂量的确定将会与陆上油田不同。

(二) “度”的确定方法

针对处理混砂原油的模式，通过图 1-5 的步骤确定海上稠油适度出砂开采的“度”：

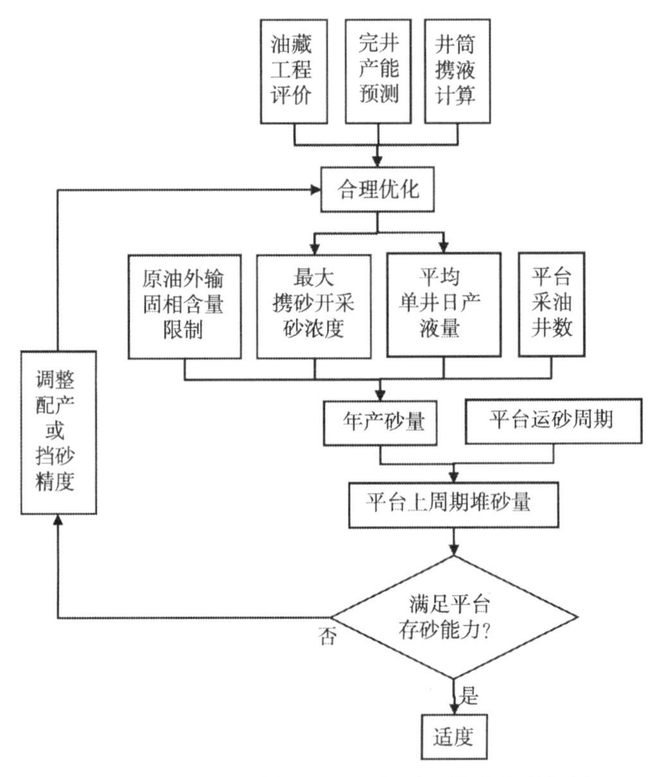

图 1-5　海上稠油适度出砂开采“度”的确定流程图

(1) 确定合理的配产和控砂完井方式。

(2) 根据携砂能力、日产量、平台总井数确定年产砂量。

(3) 根据平台运砂周期计算平台所需的周期存砂空间大小。

(4) 对比平台的现有存砂能力，如果能力偏低，表明出砂过多，一方面可以调整配产或挡砂精度，降低允许出砂量，但可能引起油井产能的下降；另一方面，可以改进平台的砂处理能力，增加存砂空间或增加运砂频率。

(5) 如果平台的存砂能力偏高，表明出砂量低于“度”，一方面可以调整配产或挡砂精度，在携砂能力允许的前提下提高最大出砂量，油井产能相应提高；另一方面，可以减少运砂频率，降低砂的处理费用。

按照产出砂的第二类处理模式，根据平台预留存砂体积的大小，结合出砂浓度和单井配产，计算适度出砂的“度”；或根据平台对混砂原油的处理能力，首先确定适度出砂的“度”，然后再确定合理的单井配产。

五、技术可行性

（一） 多枝导流技术

海上平台的开采方式以及稠油油藏的渗流特点，都决定了海上稠油油藏的最佳开采井型是多枝导流井。

多枝导流井增产的机理是，通过分枝井眼增加暴露面积，增加单井控制面积和单井产能；同时，在产量相同条件下，多枝导流井的生产压差低于水平井，可延缓稠油油田底水锥进，提高单井产能和采收率。

实验研究、模拟计算和现场实践证明，多枝导流井相对于水平井产能可提高 20%以上，是稠油油田提高单井产能、控制底水锥进的有效手段。

（二） 适度出砂技术

疏松砂岩稠油油藏几乎都面临着地层出砂的问题，出砂的原因也极其复杂，从钻井到采油或注水过程中，每一环节都对出砂有影响。出砂经常造成砂埋油层或砂卡抽油泵，致使油井不能正常生产。

目前的措施是采用完井手段将砂完全防住，而且防砂措施导致了附加表皮的增加，降低了油井的产能；同时，传统的防砂方式采用砾石充填完井，作业费用较高，因此，传统的防砂开采方式成了制约渤海稠油高效开发的重要因素之一。常规防砂开采采用严防死守的防砂理念，出砂冷采是无节制地允许地层出砂，而介于两者之间的“适度出砂”是基于传统的防砂思想，并综合了防砂开采和出砂冷采技术优势而建立起来的，适度出砂开采技术基于井筒携砂和地面设备允许含砂量，介于“防”和“放”两者之间的技术策略。采用该技术，通过适度出砂，可改善近井地带的地层渗透率，避免近井地带的堵塞，提高单井产能，同时还可以降低防砂完井的费用。该技术超越了传统的防砂完井的理念，通过控制油气井生产压差、产量 (液流速度)，结合适度防砂技术，达到油井高产和低成本的目的，是疏松砂岩稠油油藏提高单井产能和采收率的有效手段。

六、实施适度出砂提高产能的模式

综合国外出砂管理经验，出砂管理需要可靠的“地层砂生命周期”分析，即从预测引起出砂的地层条件开始，到产出物的地面最终处理结束。

(1) 油藏的可行性研究。我国疏松砂岩油藏分布广泛，油藏性质差异大，应对实施的区块进行对比分析，而不是满足一个或几个条件就认为可行，或认为一个或几个条件不满足就不行，需要根据整体情况，进行系统的综合分析。如渤海油藏实施适度出砂管理可选余地大，能满足实施要求，还要结合地质、油藏、工程等针对具体油藏进行综合的分析、判断。

(2) 广泛收集现场资料。不同油藏有不同的特点，其现场数据是最直接的，也是后续研究的依据，对油田开发的认识越广泛，资料越多，对于正确实施的指导意义越大。

(3) 相关物理过程的理论模型。预测出砂初始条件是传统的出砂预测，需要确定给定井眼和油藏压力下不同地层的出砂临界条件。出砂临界条件预测模型较多，有的模型尽管得到油田成功应用的报道，但需要具体情况具体分析。而出砂量预测模型可分为现场经验法、应力应变模型、“蚯蚓洞”模型和冲蚀模型，这些模型要经过广泛的现场验证才能和油田实际结合起来。

(4) 生产数据的现行监测与跟踪。受可控因素和非可控因素的影响，地下的情况有其复杂性，而表现出来的问题 (如生产数据) 是工程人员判断井下情况的最直接最有效的手段。因此，实施适度出砂的油田大都非常重视对生产数据的监测与跟踪，如地层出砂的地面监测等。

(5)试井优化产能。通过试井，对适度出砂地层进行油气藏评价和生产动态测试，从而获得油气藏的压力系统、储层物性、生产能力动态预测以及判断油气藏的边界和估算储量等。

(6) 完井设计优化。以油井产量为目标，根据地层特点和原油性质等优选井的类型 (直井、定向井和水平井)；根据地层特点和开采技术要求，优选油井的完井方式；根据油田开发方案 (配产要求、地层特点和原油特性、采油方式、增产措施等)优选油管和套管尺寸；以减少地层损害，提高油井产能为目标优化完井参数；进行适度出砂管理的投入产出的综合经济分析，优化方案。

(7) 井筒携砂技术。根据地层产能、油管尺寸、井型、完井方式、开采方式、砂粒粒径、砂量浓度以及携砂开采风险评价等进行井筒携砂技术的综合研究，如国外有些井采用气举开采方式提高油井携砂能力。

(8) 适度出砂生产条件下地面处理工艺技术。地面处理能力需要考虑在环境许可的情况下，地面允许的最大砂处理能力。当采用适度防砂措施后，产出液中含有一定量的油砂，为防止砂粒堵塞集输系统，产出液体不能直接进入管网，必须就地除砂。

(9) 油田矿场先导性试验。包括试验井的基础情况、试验生产效果和经济性评价。从收集到的资料看，几乎所有井都进行了先导性的现场试验，经历了一个摸索、实践、调整以及推广的过程。因为发生严重出砂的生产极限条件预测困难，所以只有现场实践才能提供该上限。另外，通过先导性的出砂试验可以了解地层的出砂特征，如北海油田利用出砂量现场数据建立了初始、累计和残余出砂量与时间近似呈抛物线关系。

(10) 整个油井开采期的风险评估。在出砂管理的开发后期，由于单井产状差异大，特高含水低产井影响油田开发效益。因此有必要优化管理，降低低产低效井的开发成本，最大限度地提高油田开发效益。

通过上述综合研究评定结果、工具以及工艺配套等进行油田的推广应用 (图 1-6)。

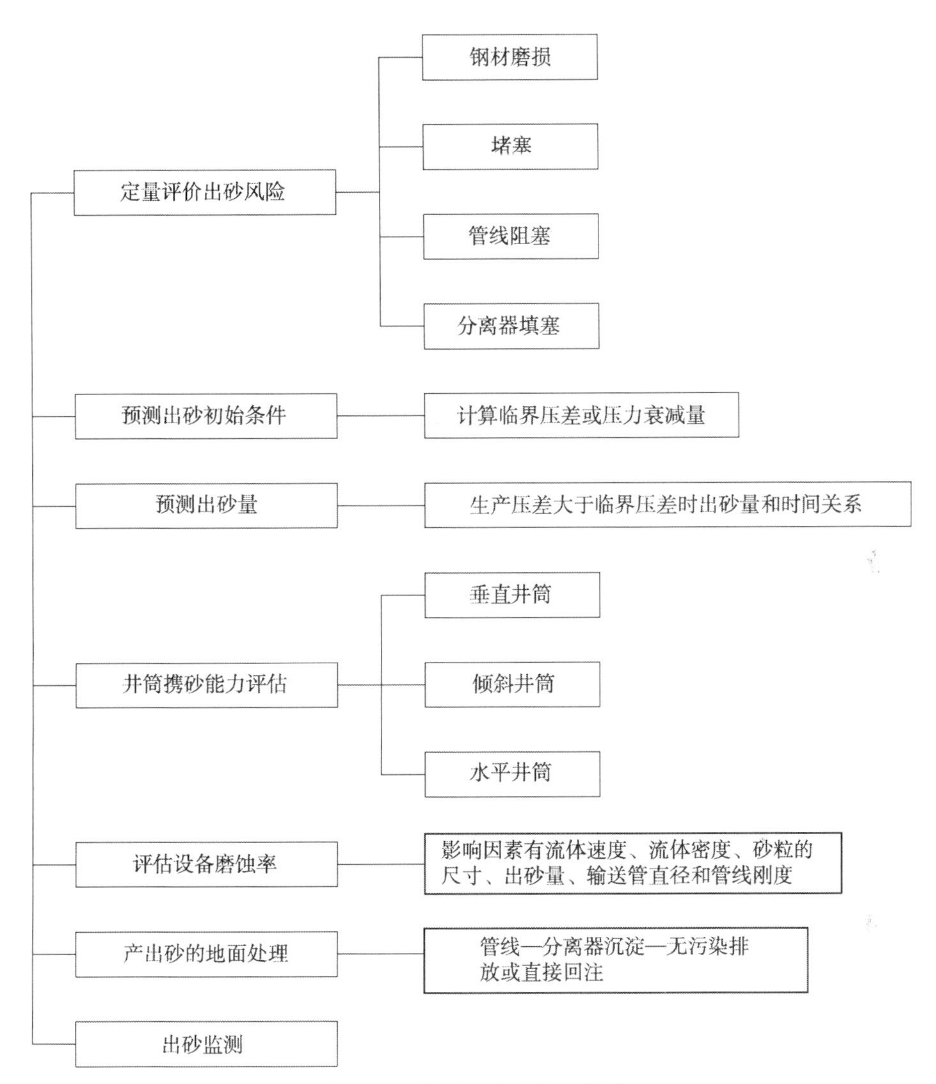

图 1-6　适度出/防砂管理模式

第二章　多枝导流适度出砂技术增产机理研究

油藏增产机理研究是多枝导流适度出砂技术的应用基础，利用室内物理模拟、油藏工程方法、油藏数值模拟等技术手段，结合海上稠油开采的技术特点和已开发油井的生产动态特征，围绕多枝导流适度出砂技术的增产机理、出砂模拟实验和产能评价方法等内容展开了一系列的研究工作，并在此基础上初步建立了多枝导流适度出砂井产能评价模型。该研究为多枝导流适度出砂技术的实施和应用提供了理论依据和设计方法，同时也为多枝导流适度出砂技术后续工作的开展奠定了坚实的基础。

第一节　海上典型疏松砂岩稠油油藏的储层地质特征

在疏松砂岩稠油油藏中实施多枝导流适度出砂技术，首先需要对油藏的自身性质、特点等进行分析，并在此基础上对油藏进行筛选，需考虑的油藏条件包括：油藏埋深、厚度、物性、压力、原油黏度与密度、原始溶解气油比、油藏胶结情况等。下面以渤海疏松砂岩稠油油田为例对储层物性和流体特征进行分析。

近年来，渤海湾海域相继发现 8 个上第三系以河流相储层为主的浅层多油水系统油气藏，原油密度大部分在 0.9 ～ 1.0g/cm^3 之间；地面原油黏度为几百至几千 mPa·s；大部分区块地层强度属于差 — 较差。根据以上数据，认为渤海疏松砂岩稠油油藏基本符合适度出砂的适用范围。

一、成岩特征

渤海疏松砂岩稠油油藏的埋藏较浅，一般只经历了早期成岩阶段的压实作用和胶结作用。压实作用只能引起碎屑沉积物孔隙度的降低和强度的增加，但不能使沉积物固结成岩，只有发生在颗粒孔隙内的胶结作用才能使碎屑物质固结成岩。

岩石强度在一定程度上取决于岩石的胶结程度、胶结物特征、胶结物含量和胶结类型。胶结程度弱，则岩石较疏松。岩石胶结作用的强弱通常取决于胶结物的成分和含量。黏土胶结的岩石强度最差，钙质胶结的岩石强度较大，硅质胶结的岩石强度最大。胶结物相同时，胶结物含量越大，则胶结作用越强。

根据胶结物在粒间孔隙中的分布状况可分为基底式胶结、孔隙式胶结和接触式胶结三种类型，其中基底式胶结作用最强，孔隙式胶结次之，而接触式胶结作用最弱。疏松砂岩稠油油藏通常埋藏浅，胶结作用比较弱，胶结物以黏土矿物为主，个别出现钙质胶结。胶结类型以接触式胶结、孔隙式胶结最为常见，接触式胶结的岩石最疏松，有些油藏储层胶结差，常规取心中只能取出油砂，如绥中 36-1(SZ36-1)、南堡 35-2(NB35-2) 等油田，储集空间以原生粒间孔为主，颗粒间为点状接触，孔隙式胶结，连通性较好；黏土矿物含量高，黏土矿物中又以蒙脱石、高岭石、伊利石和伊蒙混层为主，并有少量的绿泥石。钻井取心得到的岩样极其疏松，不经过冷冻处理，很快变成一堆散砂，探井试油过程中，均有不同程度的出砂现象。

表 2-1 给出了总粒间孔隙空间为 32%时，胶结物含量与胶结程度之间的相互关系，可见，相同条件下，胶结程度随着胶结物含量增加而增加。

表 2-1　胶结物含量与胶结程度关系

总粒间孔隙空间/%	胶结物含量/%	孔隙度/%	胶结程度	储层特征
32	<5	27	弱	好
	5 ～ 14	18	中	中等
	14 ～ 20	12	较强	差
	> 20	8	强	非储层

二、储层粒度特征

储层粒度的大小及分布特征，是进行防砂和适度出砂完井方式参数设计及挡砂精度设计的重要依据。渤海典型海上稠油油田的储层粒度中值分布在 50 ～ 250μm。

典型的渤海湾地区绥中 36-1 稠油油田东二段是一套近岸湖相三角洲前缘亚相沉积砂体，包括水下分流河道、河口坝、分流河道间、远砂坝、席状砂沉积微相和浅湖亚相。该油田储层发育，物性较好，孔隙度在 30%左右；渗透率在 100 ～ 10 000mD。

根据绥中 36-1 油田 9 口井 95 个来自不同深度的岩石样品筛析分析，储层粒度分布规律与沉积相存在以下关系：水流能量越强，粒度中值就越大；所有沉积微相中，上游或近端粒度中值较大，前沿粒度较小。

三、储层矿物特征

（一）　主要矿物成分

根据对渤海疏松砂岩油藏典型取心井的岩石薄片样品的显微镜分析，砂岩成分中，石英含量最高，碎屑次之。充填物以黏土杂基为主，含少量碳酸盐矿物。

黏土矿物以蒙脱石为主，含量占一半以上，其次为高岭石和伊利石，绿泥石含量为最低。

（二）　黏土矿物的性质

疏松砂岩中黏土矿物成分主要由蒙脱石、伊利石、高岭石、蒙脱石 - 伊利石、蒙脱石 - 绿泥石和绿泥石组成。黏土矿物颗粒通常很细小，大约 1 ～ 5μm，绝大多数是结晶质的。结晶黏土矿物绝大多数为层状结构，所以常表现为片状和板状形态，少数链状结构的黏土矿物呈纤维状和棒状形态。

高岭石吸水不膨胀，但是抗剪切能力较弱，在机械力作用或高速流体的冲击下，其解理裂开，分散成鳞片状的微粒，在生产过程中易被流体从储层带出，从而增大储集层的渗透率。

蒙脱石遇水会进行离子交换，导致大量水进入晶层，使晶间距增大 10 ～ 20 倍。水溶液中离子成分、浓度的变化都将极大地引起蒙脱石物理性质发生变化。如果蒙脱石水化作用导致晶层膨胀、裂开，则在流体流动冲击下，仍能沿解理分开呈薄而弯的鳞片状，该形状抗凝聚作用不强，故多呈凝聚体随流体迁移。

(三) 黏土矿物的产状

黏土矿物的数量、产状及其成岩作用直接影响砂岩储层的性质，决定它是好储层、非储层或在选择性改造条件下是否具有经济价值。自生黏土矿物在砂岩孔隙中的产状可分为三种类型见图 2-1。

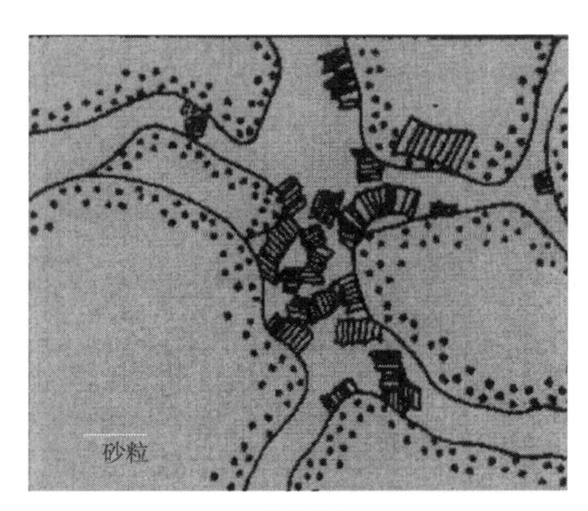

(a) 分散质点式

砂粒

(b) 薄膜式

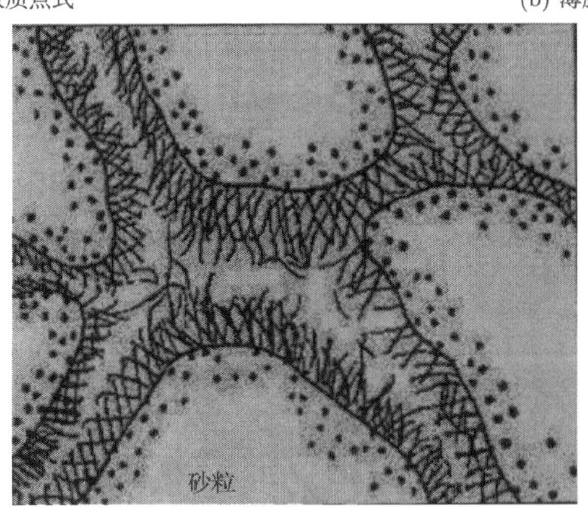

(c) 搭桥式

图 2-1　砂岩中黏土矿物产状

类型一：分散质点式

黏土矿物以分散质点式的形式充填在砂岩的粒间孔隙中，一般多为自生高岭石或少量的针状云母、蒙脱石等，高岭石呈完整的假六边形自形晶体，或者由这些自形晶体组成书页状、蠕虫状等各种形态的集合体充填于砂岩的粒间孔隙中，像“补丁”一样不连续地附在孔隙壁或充填在孔隙之间，使孔隙变窄。

类型二：薄膜式

最常见的是蒙皂石、绿泥石、伊利石和混合层黏土矿物。绝大多数垂直于颗粒表面 (即孔壁) 平行排列，颗粒较小，排列规则，厚度一般小于 5μm。黏土矿物在颗粒表面呈定向排列，围绕颗粒或孔隙边缘呈环带薄膜生长，构成连续的黏土薄膜贴附在孔隙壁上或颗粒表面，使通道变窄，因此这种产状也叫孔隙衬层或颗粒套膜。

类型三：搭桥式

这种产状的黏土矿物多为绿泥石、伊利石，呈纤维状、针状在颗粒之间延伸，有时两边的黏土矿物还能连接起来，像桥一样横跨于孔隙之间。孔隙中间又形成很多微孔，使流体在孔隙内迂回流动，严重影响了流体的流动。

在孔隙度相同的条件下，不同黏土矿物产状的砂岩渗透率的变化顺序是：

分散质点式＞薄膜式＞搭桥式

此外，分散质点式黏土的砂岩和薄膜式黏土砂岩的渗透率变化与孔隙度变化之间存在明显的线性关系，砂岩的渗透率随孔隙度的增高而增大。

以两块典型砂岩岩心测试说明产状对物性的影响：

岩心一：黏土矿物产状主要是分散质点式，粒径平均 146μm，分选系数 1.23，孔隙平均大小为 24.2μm，平均孔隙度为 14.1%～24.9%，平均渗透率为 0.15 ～ 1.172D。

岩心二：黏土矿物产状主要是搭桥式，粒径平均 150μm，分选系数 1.36，孔隙平均大小为 0.9μm，平均孔隙度为 8.5%～19.2%，平均渗透率为 0.09 ～ 0.31D。

两块岩心粒径、分选系数和孔隙度相差不大，但孔隙大小和渗透率相差悬殊，可见黏土产状对岩石物性的影响很大。

（四） 高黏土矿物地层的速敏性

观察发现，如果地层中的黏土含量较高，微粒 (直径小于 40μm，能够通过 325 目筛子的颗粒) 的含量就相应增多，特别是黏土矿物水化后，黏土分散成细小的微粒，这些微粒通常未被胶结在固定的位置上，而是以松散的颗粒形式处于孔壁或基岩颗粒的内表面上，它们能够随流体在孔隙内运移，堆积在孔道变窄处 (喉道)，从而造成渗透率降低。对于渗透率较高的油藏，岩石孔隙直径远远大于微粒的直径，在油藏开采过程中脱落的微粒将随油水的运移而流出地层，对地层的伤害程度较轻。

（五） 泥质含量测试统计分析

泥质含量的高低、黏土矿物组分的吸水性及膨胀性等，决定了适度出砂完井方式中的优质筛管是否易于堵塞。通过筛管抗堵性能的评价试验可知，当黏土含量小于 5%时，优质筛管不易被堵塞；但若高于 10%，优质筛管则很容易堵塞。因此，在选择防砂方式时要重点考虑泥质含量的堵塞影响因素。

(1) 南堡 35-2 油田：泥质含量统计分析表明，平均泥质含量在 10%以上。

(2) 绥中 36-1 油田：对绥中 36-1 油田 10 口探井的储层岩心采用矿物 X 射线衍射测试仪，测试了 32 个样品的泥质含量及黏土矿物组分。分析数据显示，SZ36-1 油田的黏土矿物含量较高，基本都超过了 20%；从黏土矿物的成分测定统计可知，该油田黏土矿物的组分主要是以蒙脱石与高岭石为主。

四、稠油的渗流特征

稠油具有黏度异常特征，地层压力下降后流度变小。根据高黏度原油通过岩心样品流动实验所测的流动曲线可以看出，高黏原油在多孔介质中具有以下渗流特征：

(1) 在低压力梯度范围内，原油黏度可以近似地认为是不变的，而且相当于其最高值，因此，稠油的渗流速度很低，渗流过程非常缓慢。

(2) 压力梯度不断增大，超过某一临界值后，原油黏度随压力梯度增大而降低，而原油流度则相应增高。当压力梯度超过某一极限压力梯度值后，原油流动将过渡到达西定律区，即原油在黏度最小且保持不变的条件下符合渗流的规律。

(3) 稠油在孔隙介质中的流动有一个起始压力梯度，相当于原油开始沿大孔隙通道流动的压力梯度；随着压力梯度的增大，中、小孔隙通道将越来越多地参加流动。

对于疏松砂岩，由于其渗透率高，渗流速度高，其地层压力梯度将易于超过临界压力梯度，甚至超过极限压力梯度，导致流体沿高渗透层按达西定律流动，而在低渗透层中，其地层压力梯度将小于极限压力梯度，从而使其中的原油被滞留；在高、低渗透层同时开采条件下，它们之间的有效黏度 (流度) 可能相差几十倍甚至上百倍，导致开采过程的不均衡性和驱替前缘的不均匀性。

因此，对于稠油油藏，应当尽力提高油藏压力梯度，使之达到并超过使油藏主要孔隙通道参与流动的临界压力梯度；同时，应积极采取降低原油极限压力梯度的技术措施，以减少原油异常性质对采油过程的不利影响。如果在油田生产中采用大泵排液，则可使产量达到一个很高的值，但高产往往导致地层压力下降快；当地层压力梯度低于极限压力梯度值后，原油的渗流速度下降，产量在低水平上缓慢递减。

第二节　多枝导流增产机理研究

作为多分枝井的一种特殊井型，多枝导流井在国内外油田尤其是海上稠油油田应用越来越广泛，成为油气田开发、提高采收率日益成熟的先进技术。

井型参数 (分枝长度、分枝角度、分枝数目、分枝间距) 是影响多分枝井单井产能的重要因素。研究表明，增加以上任何一个井型参数，都会对多分枝井带来一定的增产效果，但由于它们之间存在着严重的相互干扰和影响，很难简单界定哪种因素对最终产能的影响更为显著。因此，本节将对各井型参数对多分枝井泄油面积、主井筒产能、分枝井筒产能的影响程度进行分析，从理论上分析多分枝井的增产机理和优化原则。

一、井型参数对泄油面积的影响

增加泄油面积是多分枝井相比于常规直井、水平井的重要增产机理，无论增加分枝长度、分枝角度，还是增加分枝数目、分枝间距都能够使泄油面积得到增加。假设主井筒 500m，分枝夹角 30 度，分枝长度 150m 的二分枝井为基础井型，分枝长度增加 100m，分枝数目增为三分枝，分枝角度增加 30 度以及分枝间距增加 50m 的情况下的压力分布变化如图 2-2 所示。从图中可以看出，增加分枝长度对泄油面积影响最大，增加分枝数目和分枝角度的影响相似，而增加分枝间距影响最小。如果将增加泄油面积视为多分枝井增产的动力因素，在这一因素中，分枝长度起到了至关重要的作用，分枝数目、分枝角度次之。

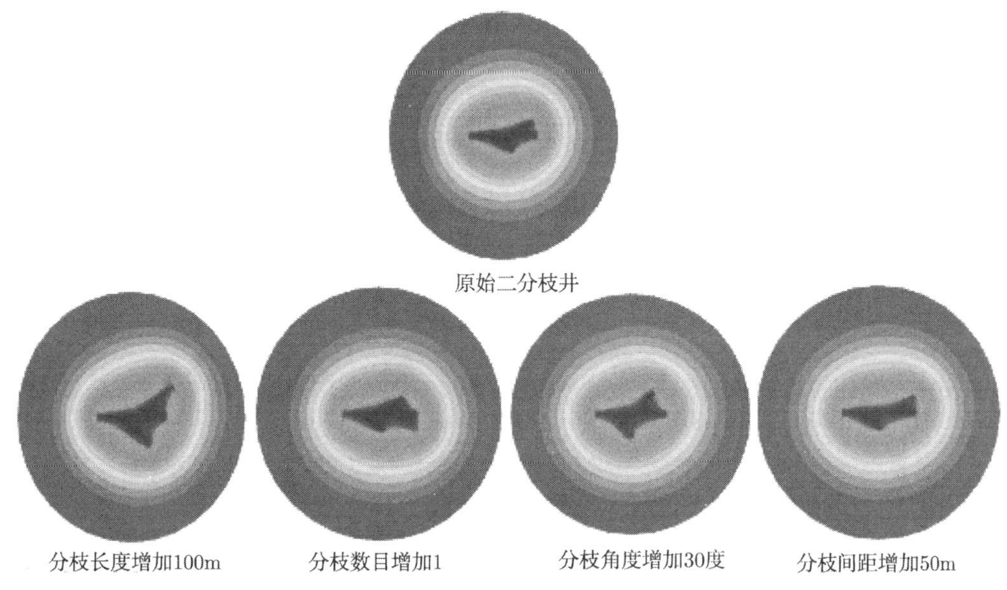

图 2-2 多分枝井泄油面积分布图

二、井型参数对产出剖面影响

改变井型参数虽然能够带来泄油面积的改善，但同时也会对主井筒、分枝井筒的产能以及沿井筒产出剖面产生相当大的影响。仍然采用以上基础井型作为研究对象，以改变分枝长度为例，对主井筒以及分枝井筒产出剖面进行研究。

（一） 主井筒产出剖面影响

二分枝鱼骨井主井筒产出剖面如图 2-3 所示，在分枝井筒长度从 50m 增加到 300m 的

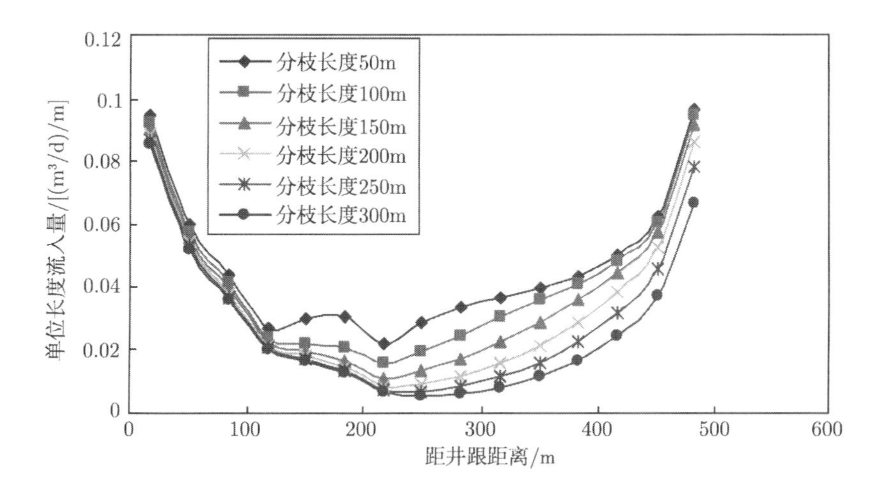

图 2-3 多分枝井主井筒产出剖面图

过程中，开分枝点位置之前的产出剖面曲线变化不大，而开分枝点位置之后，由于受到分枝井筒的严重干扰，主井筒单位长度流入量不断减小，产出剖面曲线明显下移，主井筒产能下降。类似的，增加分枝数目，同样会导致主井筒产能的下降，而增加分枝角度、分枝间距，则会减小对主井筒的干扰，使得主井筒产能增加。如果将干扰所导致的主井筒产能减小视为多分枝井增产的阻力因素，在这一因素中，分枝长度影响最大，分枝数目次之。

（二） 分枝井筒产出剖面影响

二分枝鱼骨井分枝井筒产出剖面如图 2-4 所示，在分枝井筒长度从 50m 增加到 300m 的过程中，分枝井筒产出剖面形状没有发生很大改变。因此，分枝井筒产能的增加主要是由于增加了钻井进尺所带来的。如果将增加钻井进尺视为多分枝井增产的另一个动力因素，在这一因素中，分枝长度、分枝数目的增加起到了关键作用，分枝角度、分枝间距则没有影响。

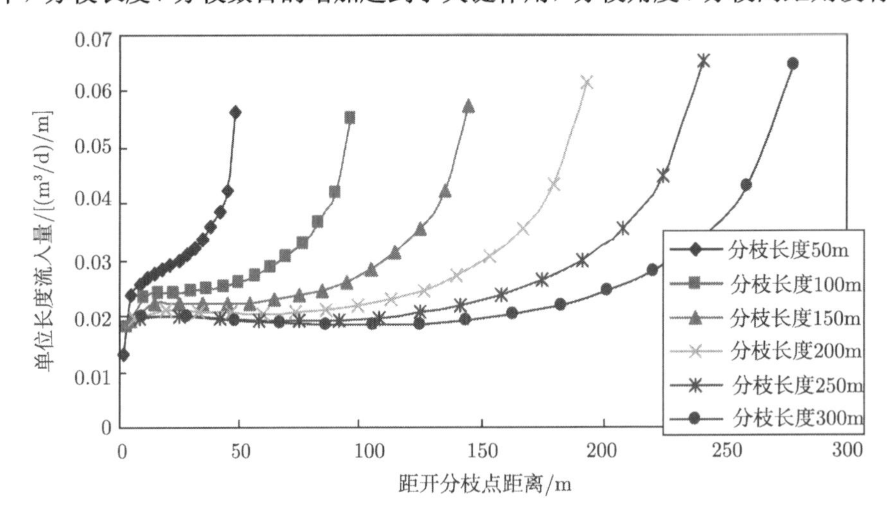

图 2-4　多分枝井分枝井筒产出剖面图

（三） 综合分析

通过以上分析，将井型参数对多分枝井产能的影响归结为泄油面积变化、主井筒受到的干扰以及钻井进尺变化，而为了进一步对其进行综合评价，可以将这三种变化分别归为多分枝井的增产动力、增产阻力两大部分。增加分枝长度、分枝数目、分枝角度、分枝间距对增产动力、增产阻力的影响，以及多种因素对多分枝井产能的影响程度如表 2-2 所示。从表中可以看出分枝长度影响最大，其后依次是分枝数目、分枝角度和分枝间距。

表 2-2　多分枝井井型参数表

	增加泄油面积	干扰主井筒	增加钻井进尺	综合评价
分枝长度	+++	−	+++	+++++
分枝数目	++	−	+++	++++
分枝角度	++	+	0	+++
分枝间距	+	+	0	++

注:“+”代表增产动力,“−”代表增产阻力,“0”代表无影响。

因此，在以单井产能为优化目标对多分枝井进行井型优化时，应首先考虑分枝长度、其次考虑分枝数目，在满足前两者的基础上考虑分枝角度的影响，分枝间距在优化过程中可适当弱化。

第 三 节　适度出砂增产机理研究

一、适度出砂提高产能原因分析

（一）　出砂改善了地层的孔渗结构

有观点认为，出砂改变了稠油油藏中液流的向井流动特征而提高了其他驱油机理的效率；也有观点认为出砂是稠油油藏高产的主要原因。

1991 年，McCaffrey 和 Bowman[31] 分析了 Elk point 和 Lindbergh Amoco 油田的生产情况，他们认为出砂提高了生产层段的产能，提高了向井流动流量。一些加密井钻井过程中发现堵漏材料，表明井筒之间存在高渗透率带。加拿大 Amoco 完成的另一个项目也发现了类似的结果。为研究井间的连通情况，将示踪剂 (荧光染色素) 泵入选定的套管井中，结果表明示踪剂经过了连接 12 口井的长达 2 公里的通道。该结论也被 Yeung 等人在 Suncor 公司冷湖油田 Burnt 湖冷采试验项目中的发现所证实，认为产量提高的主要原因有三个：①井眼附近砂岩的破坏与产出使井眼的有效半径更大。②稠油的黏度使砂粒能够悬浮在油中被携带出地层，并能防止由于压力低于泡点压力后出现的溶解气泡合并成更大的气泡。③高渗透性通道 (“蚯蚓洞”) 的形成提高了油藏的总的渗透率。

1995 年，Metwally 和 Solanki[32,33] 分析了 Lindbergh 和 Frog Lake 稠油油藏的冷采情况，研究引起初次采油采收率提高的原因。分析认为，出砂产生了一个高孔隙度的扰动区，产生的砂浆和液体一同流入井内。他们同时也指出，出砂降低了井周的就地应力，与泡沫流一起使扰动区增长为几何形态不确定的通道，这些通道像裂缝一样提供了一个低阻力的泄流通道。

开始出砂后地层将发生怎样的变化？这是一个非常有争议和模糊的问题。根据实验和现场观察，人们给出了不同的破坏扩展模型。有的分析认为，受带砂开采过程的影响，岩石的流化区的渗透率 > 塑性区的渗透率 > 弹塑性区的渗透率 > 弹性区的渗透率。

在稠油冷采室内实验中发现了管状通道，即“蚯蚓洞”。随着“蚯蚓洞”向前发展，含砂量较高，当“蚯蚓洞”到达固定边界后，由于“蚯蚓洞”无法再扩展，含砂量急剧下降。“蚯蚓洞”扩展必须有两个条件：第一，炮孔顶部的压力梯度必须足以将砂粒从其周围的已经经过了剪切破坏的岩石上拉离下来；第二，沿“蚯蚓洞”轴线必须有足够的压力梯度分布将破坏的砂粒携带到井内。在数值模拟方面已经有一些进展，如 Yuan 等将连续出砂与“蚯蚓洞”扩展关联起来，建立了“蚯蚓洞”网络扩展模型，但该模型从未被现场地球物理测井或试井所证实，而室内实验条件如“蚯蚓洞”扩展的边界条件和围压大小与实际有很大差距。

（二）　岩石塑性变形对渗透率的影响

根据岩石力学理论，岩石在应力作用下将发生两种不同类型的破坏 —— 剪切膨胀和压实。这两种破坏引起岩石性质发生不同的变化，剪切膨胀引起强度弱化，体积膨胀，孔隙度增大，渗透率增大；而塑性压实将形成压实带，在压实带内孔隙度、渗透率减小，强度增大。

这两种不同性质的破坏对疏松砂岩出砂来讲特别重要，一是疏松砂岩特别容易发生剪切膨胀和塑性压实这两种破坏 (一般致密岩石在油藏条件下不易发生塑性压实)，二是这两种破坏对油井出砂来讲均特别重要。发生剪切膨胀有利于提高油井产能，同时，会增强出砂的趋势。塑性压实减缓出砂趋势，但油井产能受到影响。通过充分利用剪切膨胀的渗透率强化，和通过筛管将大颗粒散砂挡住，允许微粒通过共同作用，避免形成低渗透压实带的情况发生。

疏松砂岩出现什么样的破坏类型取决于所受的应力大小和应力类型。不同方向应力差别 (应力差或剪应力) 大时，将发生剪切破坏，发生体积膨胀，岩石颗粒间胶结受到破坏，砂岩变散，易于产出；三个方向的应力同步增大 (围压大) 时，发生压缩破坏，形成压实带，压实带将造成孔隙度和渗透率的很大损害。

由于应力集中，在临近井眼的地层中剪切应力最大，这些砂层最可能遭到剪切破坏和内聚力丧失。当达到临界应力后，材料将屈服，表现出塑性而非弹性。随着变形增加，材料强度将进一步降低，但仍能承受一定的载荷，限制部分砂粒向井流动。这样，将有一个过渡区，其强度和刚度降低，渗透率发生改变。从微观上看，可能发生两种情况：一是压实，即孔隙或裂隙闭合或收缩 (体积减小的过程)；二是剪切膨胀，是指孔隙或微裂缝张开 (体积增加的过程)。

剪切膨胀在岩石稳定性分析中的重要性一方面在于其降低了岩石强度，使岩石产生更大的变形；另一方面，使岩石孔隙度和渗透率增加，从而提高了流动效率和渗透力，加速了砂粒从岩石骨架上的脱离。人们逐渐认识到，剪切扩容发生在初始压缩后，随剪切应力增加，岩石完全破坏。首先，剪切扩容和压实可能同时发生，体积和强度变化是两者同时作用的结果，扩容能使岩石力学性质发生两个主要变化：一是岩石强度降低，即所谓的强度软化；另一个是岩石变形能力增强，即岩石刚度降低。对应于强度降低，岩石的杨氏模量和摩擦角将随体积模量增加而降低。

国内外学者从岩石的细观损伤力学角度研究了岩石的微裂纹、空洞等细观尺度上在受力的作用下损伤的形态、分布及其演化特性。我国的葛修润利用 CT 加载设备进行了三轴和单轴压缩下的岩石细观损伤扩展动态即时扫描实验 (图 2-5)，以此研究破坏机理及其渗透率

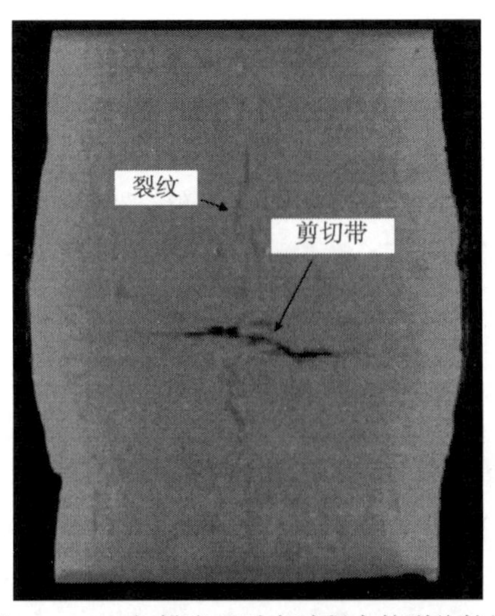

图 2-5　CT 扫描岩石受力过程中的裂纹扩展

的扩展情况。大量的实验证实岩石经过了被压实 → 微裂纹萌生 → 分叉 → 发展 → 断裂 → 破坏 → 卸载等阶段。

1995 年，李世平等[34] 通过室内岩石全应力 - 应变过程渗透试验，揭示了岩石渗透率 - 关联性的特点。在每组试验中，选出 7 个关键的试验点：①最低渗透率；②弹性段渗透率；③弹塑性段渗透率；④峰值应力渗透率；⑤应变软化段渗透率；⑥塑性流动段渗透率；⑦最高渗透率。主要结论有：所有的渗透率 - 应变曲线都有一个最低渗透率，一般在弹性变形发展到一定的程度才出现，反映了孔隙和微裂隙被压闭合而使渗透率减少的过程。而后渗透率逐渐增高，且最高渗透率多发生在软化阶段。

2001 年，姜振泉[35,36] 根据伺服渗透试验所揭示的岩石渗透率 - 应变、应力 - 应变关联性特点，塑性软岩和脆性硬岩的渗透性表现有明显的可对比性，反映出岩石变形过程的渗透性与其变形性密切相关。但就破坏前的渗透性变化趋势看，除在初始小应变范围因原有微裂隙和孔隙的压密而表现有一定程度的下降外，在其后的变形过程不同岩性试样的渗透性均反映出随应力提高而增强的特点，且二者的对应关系是明显的，具体见图 2-6。

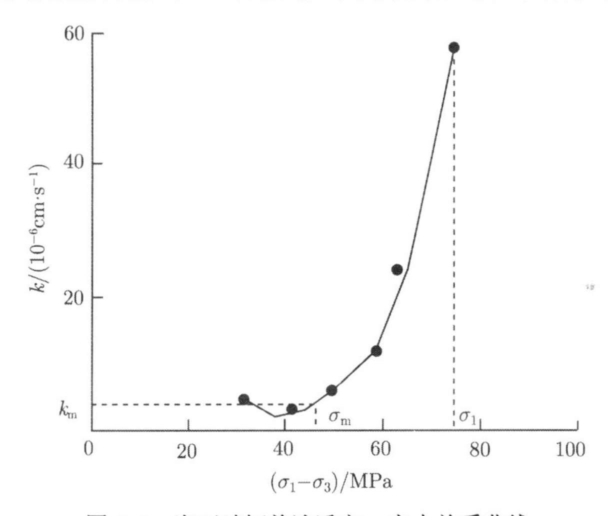

图 2-6　岩石破坏前渗透率 - 应力关系曲线

渗透率 - 应变关系曲线反映了岩石全应力 - 应变过程渗透性随变形变化的基本特点。渗透率 - 应变关系曲线反映出，渗透性随变形的变化表现有分段性，其变化过程有 3 个具有重要意义的特征点 (段)。

1. 渗透率最低点

岩石受力前，流体主要是通过孔隙或微裂隙渗流。受力变形初期，岩石变形以压密为主，其原始空隙性会由于压密作用而降低，从而导致渗透性略微低于变形前，成为岩石全应力 - 应变过程渗透率最低点。渗透率最低点大都出现在较小的应变阶段，在渗透率 - 应变曲线上多形成渗透率随应变由降转升的拐点。从岩石变形特点角度，该点所对应的应变是岩石由压密变形过渡为剪裂变形的转换点。

2. 渗透率峰值点

全应力 - 应变过程岩石的渗透率多出现有峰值，渗透率峰值多出现于应变的软化变形阶段，是渗透性变化的分界点。在达到峰值前，渗透性随变形增强，且变化幅度较大；达到峰值后，渗透性多表现有随变形呈下降的趋势。

3. 稳定渗透段

岩石破坏后的塑性流变阶段，渗透性随变形的变化幅度很小，渗透率基本趋于稳定，一定程度反映了破碎岩石在残余强度下的渗透性。

塑性软岩和脆性坚硬岩在全应力 - 应变过程的变形规律及渗透性差异：

(1) 从渗透率随应变的变化特点看，虽然在软化段以前软岩和硬岩的变形均主要表现为剪裂，但变形的程度和特点存在明显差异。软岩经短暂的压密变形后在弹性变形阶段一般即开始显现渗透性明显增强，而硬岩则多在峰前硬化区，甚至达到峰值应力时渗透性才开始显现明显增强，反映出变形过程中软岩内连通性裂隙渗流网络的形成明显早于硬岩。

(2) 软岩在破坏后的塑性流变过程中渗透率较峰值明显降低，且多表现为随应变下降并逐步稳定在较低的水平，反映出压密变形特点。与之相比，脆性坚硬岩渗透率达到峰值后虽也表现有随应变下降的特点，但变化幅度要小得多，显示破坏后的变形仍以剪裂为主。

尽管目前的研究程度尚不足以建立能够反映岩体变形过程渗流场与应变场或应力场的普遍关系，但已取得的研究成果不论在理论上还是对于实际工程应用都可以解释渗透率增加的原因。

（三） 出砂增加产能理论

1994 年，Geilikman 等人[37-40] 在 1994 年就提出油井的出砂可以提高油井的产能。经过十多年的研究，不同的学者对于出砂的增产机理的认识不尽相同，但大部分研究人员认为增产的机理与出砂的阶段有关。在早期阶段，总的出砂量较小，孔隙度和渗透率的增加幅度很小，产能的增加主要是由于颗粒之间流体黏性的耗散；在晚期阶段，由于出砂的速率比较低，产能增加主要是由于地层孔隙度和渗透率的提高。但也有研究认为在出砂的任何阶段，油井产能的增加都是二者共同作用的结果。前一种增产机理只是后一种增产机理的一个特例。

1. 早期阶段产能增加的分析

所谓的早期阶段就是指射孔孔眼周围松散的砂粒产出的阶段。在这一阶段，虽然出砂区的孔隙度和渗透率有所提高，但由于出砂的范围比较小，对于整个地层的渗流的影响较小，所以产能的增加主要是由于疏松砂粒的运移使得颗粒之间流体的黏度耗散增大，地层的压力降低，并且这部分压力降主要分布在近井眼周围，所以它可以引起产量的大幅度增加。

Geilikman 给出了在考虑地层黏塑性的情况下，结合 Drucker-Prager 破坏准则和达西定律推导了固体颗粒和流体颗粒的流动速度。

固体颗粒的流动速度 V_s：

$$V_s(r,t) = -\frac{1}{2\pi(1-\phi_p)r^{\frac{1-\alpha}{1+\alpha}}} \cdot \frac{q(t)}{r_w^{\frac{2\alpha}{1+\alpha}}} \tag{2-1}$$

式中，α 为描述骨架压缩特性的无因次参量；$q(t)$ 为产砂量；ϕ_p 为塑性区孔隙度；r_w 为井眼半径。

塑性区的流体流动速度 V_f：

$$V_f = -\frac{Q_p}{2\pi r\phi_p} - \frac{1-\phi_p}{\phi_p}V_s \tag{2-2}$$

式中，Q_p 为塑性区的产量；r 为井眼产能半径。

弹性区的流体流动速度：

$$V_f = -\frac{Q_i}{2\pi\phi_i r} \tag{2-3}$$

式中，Q_i 为弹性区的产量；ϕ_i 为弹性区孔隙度。

当 $\alpha \to 0$ 时，假设出砂前后地层的孔隙度和渗透率变化大，就可以求出在弹性区和塑性区的衰减规律。

在塑性区：

$$p(r) = p_w + 2\pi\left(\frac{\mu}{K_p\phi_p}Q_p \ln\frac{r}{r_w} - \frac{\mu}{K_p}\cdot\frac{(1-\phi_p)q(t)}{\phi_p}\ln\frac{r}{r_w}\right) \tag{2-4}$$

式中，$p(r)$ 为压降；p_w 为井眼周围应力；K_p 为塑性区渗透率；μ 为黏度。

在弹性区：

$$p(r) = p_e - 2\pi\frac{\mu Q_i}{K_i\phi_i}\ln\frac{r_e}{r} \tag{2-5}$$

式中，p_e 为储层压力；Q_i 为弹性区产量；K_i 为弹性区渗透率；r_e 为储层半径。

对比式 (2-4) 和式 (2-5) 就可以看到，在塑性区压降减少一项 $2\pi\frac{\mu}{K_p}\cdot\frac{(1-\phi_p)q(t)}{\phi_p}\ln\frac{r}{r_w}$，这一项正是黏度的耗散项。

虽然出砂区的孔隙度和渗透率有所提高，由于出砂的范围比较小，前者对于整个地层渗流的影响较小，在不考虑出砂前后地层渗透率的变化，出砂后油井的产量 Q：

$$Q = Q_0 + \frac{q(t)}{1-\phi_p}\phi_p\cdot\frac{\ln\frac{r}{r_w}}{\ln\frac{r_e}{r_w}} \tag{2-6}$$

式中，Q_0 为油井的出砂产量。

从上式可以看到油井产能的增加不仅取决于产砂速率，而且与塑性半径有关。随着时间的延续，出砂速率逐渐减小，而屈服半径逐渐增大。由于这两个参数的变化相反，在连续出砂的过程中，某一个时间产量会达到一个最大值。

2. 晚期阶段产能增加的分析

所谓的晚期阶段就是指发生塑性变形的地层砂产出的阶段。在这一阶段，出砂区的孔隙度和渗透率有所提高，出砂的范围比较大，这对于整个地层的渗流的影响很大，所以大部分学者认为在该阶段产能的增加主要是由于地层的孔隙度和渗透率的提高。

塑性区的压力降：

$$\Delta p_p = \frac{\mu}{2\pi k_p}\left(\frac{Q_f}{\phi_p} - \frac{q_s}{1-\phi_p}\right)\ln\frac{R}{r_w} \tag{2-7}$$

式中，R 为屈服半径；Q_f 为流体产量；q_s 为产砂量；k_p 为塑性区渗透率。

弹性区的压力降：

$$\Delta p_p = \frac{\mu}{2\pi k_p}Q_f\ln\frac{r_e}{R} \tag{2-8}$$

总的压降：

$$\Delta p_e = p_e - p_w = \Delta p_p + \Delta p_i \tag{2-9}$$

产量：

$$Q_f(t)=\frac{p_e-p_w+\dfrac{\mu}{2\pi k_p}\dfrac{q_s(t)}{1-\phi_p}\ln\dfrac{R(t)}{r_w}}{\dfrac{\mu}{2\pi}\left(\dfrac{\ln\dfrac{R(t)}{r_w}}{k_p\phi_p}+\dfrac{\ln\dfrac{r_e}{R(t)}}{k_i\phi_i}\right)}=\frac{Q_0\dfrac{k_p\phi_p}{k_i\phi_i}\ln\dfrac{r_e}{r_w}+\dfrac{q_s(t)\phi_p}{1-\phi_p}\ln\dfrac{R(t)}{r_w}}{\ln\dfrac{R(t)}{r_w}+\dfrac{k_p\phi_p}{k_i\phi_i}\ln\dfrac{r_e}{R(t)}} \tag{2-10}$$

式中，

$$Q_0(t)=\frac{2\pi k_i\phi_i(p_e-p_w)}{\mu\ln\dfrac{r_e}{r_w}} \tag{2-11}$$

从式 (2-10) 可以看出，流体的产量增加不仅与目前的固相产出物 Q_s 的多少有关，还与发生屈服变形的过程有关，也就是与塑性变形区域的大小 r_p 有关，它是由砂岩的变形过程决定的。因此，随着时间的推移，固相产出量逐渐下降，而塑性半径不断扩大，在两种相反趋势的共同作用下，产液量将在某一时间达到最大，但是它出现的时间比最大产砂量出现的时间晚。

如果不考虑泡沫油的作用及砂粒运动对孔隙喉道的影响，出砂提高产能的机理主要有以下两个方面，一是固相颗粒的流动降低了液流的黏滞阻力；二是提高了渗透率，屈服区域不断扩大。屈服区域内的孔隙度比原始地层的孔隙度大很多，因此渗透率也有很大的提高。因为这两者的作用，可以将因出砂导致液体产量增加分为两个阶段，即短期提高和长期提高。

产量短期提高的效应主要是因为固液相的同时流动使得黏滞阻力降低所致，而流动黏滞阻力下降是与流体和固体的速度差成正比的。通常在早期阶段砂的产出量比教多，因为该效应在这个阶段最明显。产液量和产砂量通常不是同时到达最大值，这是因为产液量的提高不仅与固体的产出速度有关，同时还与井筒周围的变形半径有关。随着地层砂的不断产出，井筒周围的高渗透率的屈服区域不断扩大，井筒压力减低，井筒周围高渗透区域半径就越大。在出砂的后期阶段，这时的产砂量已经越来越少，产量提高的主要机理是区域内提高的渗透率所致。

(四) 溶解气驱作用

在含气原油从油层深处向井筒流动的过程中，随着孔隙压力的降低，地层原油中产生大量微气泡形成泡沫油流动，且气泡不断发生膨胀，为原油的流动提供了充足的驱动能量。同时，泡沫油中含有大量水包油乳化物，从而大大降低了产出液黏度，改善了原油在井筒中的流动性。此外，泡沫油体积增大 (产出液实际含砂量降低) 和微气泡界面张力的存在，使产出液携砂能力提高。

带砂开采方式之所以能够大大地提高单井产量，主要依赖以下机理：①大量出砂形成“蚯蚓洞网络”，储层孔隙度从 30%提高到 50%以上，渗透率提高几十倍，这相当于有大量水平井和分枝水平井向油井供液，极大地提高了油在油层中的渗流能力。②原油中通常都溶解一定量的天然气。当对油井进行强采时，天然气将从原油中析出。但是这些气体不会马上聚集形成连续的气相，在向井筒流动的过程中它们以气泡的形式存在。当压力不断下降时，气泡不断变大。这时，这些气泡形成一个“内部驱动力”，驱动砂浆由地层向井筒流动。稳定的泡沫油还使原油密度变得很低，从而使黏度很大的稠油得以流动。③由于油层中产出大量砂粒，油层本身的强度降低，在上覆地层的作用下，油层将发生一定程度的压实作用，使孔隙压力升高，驱动能量增加。④远距离的边底水可以提供一定的驱动能量。

综合资料分析，出砂可以带来以下优势：砂粒从基质上脱离和消除不利的渗透率因素使地层孔隙度和渗透率得到提高；从达西定律相对速度方面，增加了油的流动性和产量 (如果砂粒能流动，液流阻力就会减少)；另外，油中气体的析出和增长也将成为泡沫油流动的驱动力。

二、适度出砂增产机理微观实验研究

(一) 出砂机理微观可视化实验

1. 实验装置

针对疏松砂岩油藏出砂的机理研究，国内外很多学者进行了研究，储层内微粒运移的物理模拟实验方法大都采用天然岩心来研究流体注入过程中冲出的微粒量与岩心两端压差变化之间的关系。这种方法仿真程度较高，但无法深入细致研究每种微粒的运移对岩心物性的影响，对出砂渗流机理的研究仍只能停留在现象上。因此，本项目设计了一种微观薄片可视化模型观察微粒的运移，这种方法较为直观，可针对每种粒径的微粒，观察其在不同孔喉结构中的运移特征，通过对流量、出砂量、出砂粒度、流动过程中压力梯度的改变等的测算，深入细致地研究出砂渗流机理。实验装置的原理图和实物图如图 2-7 所示。

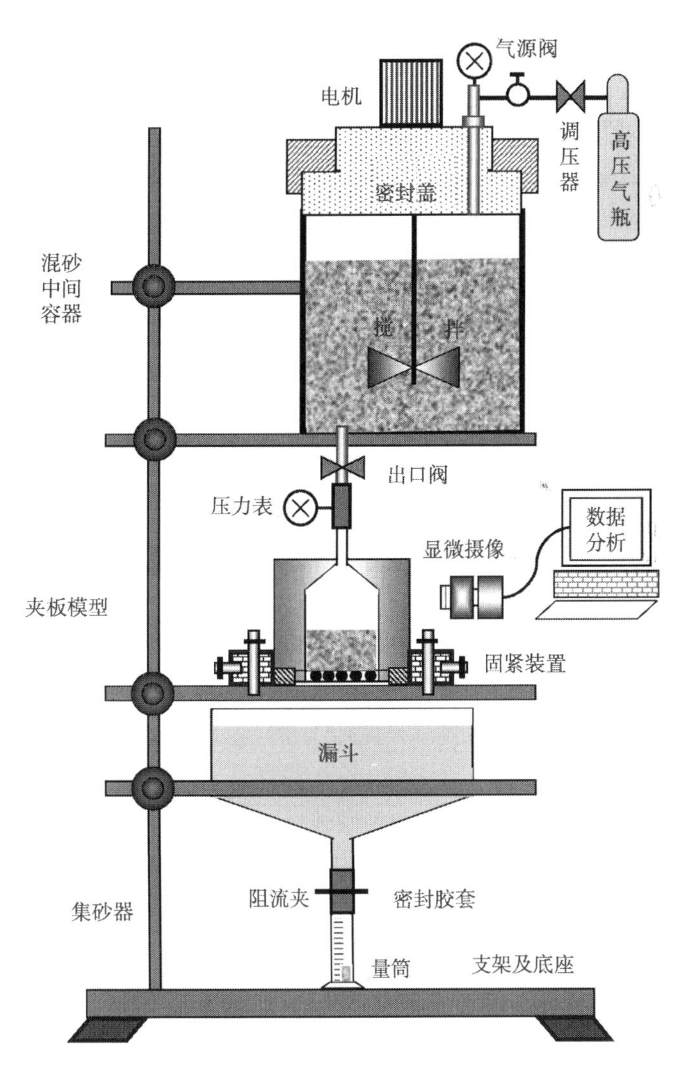

图 2-7　出砂机理微观可视化模型总装配图

出砂机理微观可视化实验装置主要由以下 7 部分组成 (图 2-8)：可视化夹板模型、携砂液混砂配样器、驱动气源、出口端挡砂隔板、压力监测系统、显微观察系统、计算机数据采集系统。其中夹板模型是核心部位，由两块钢化玻璃组合而成，一侧有集流嘴，另外一侧底板中间留有通道，两块钢化玻璃黏合通道处的空隙缝宽为 2mm，夹板模型内部根据实验的不同设置不同的砂粒，用以模拟油藏近井地带的粒度组成，底板挡板之间安放钢丝，钢丝直经 Φ1mm，采用平行排列模式，钢丝间距根据对应的筛网目数来确定，用以模拟油田现场的防砂管 (表 2-3)。

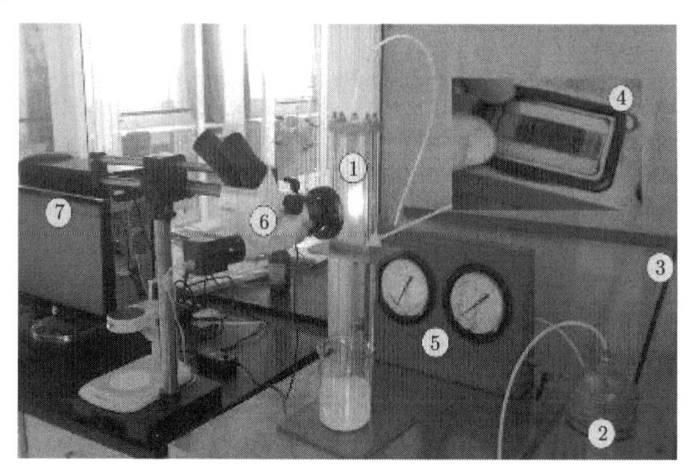

图 2-8　出砂机理微观可视化实验装置实物照片

①可视化夹板模型；②携砂液混砂配样器；③驱动气源；④出口端挡砂隔板；⑤压力监测系统；⑥显微观察系统；⑦计算机数据采集系统

表 2-3　夹板模型缝隙尺寸设置

序号	对应筛网目数	钢丝间隔/mm	钢丝条数
1	16	1.000	12
2	32	0.500	16
3	60	0.250	20
4	100	0.150	21
5	150	0.100	23
6	300	0.050	24

模型各部分零部件的性能指标如表 2-4 所示。

表 2-4　各部分零部件性能

序号	产品名称	规格型号
1	混砂配样器	材质：有机玻璃；容积：2000mL； 承力：3MPa；性能：180° 摇摆，调频调速
2	夹板薄片模型	承压：3MPa
3	钢丝底板	1mm 钢丝，6 种目数，每种 10 套
4	支架	不锈钢
5	压力表	精度：0.4 级；量程：4MPa
6	管阀件	6mm
7	秒表	机械秒表

2. 实验方案设计

出砂生产改善了孔道的连通性，从而实现油井产能的部分恢复。采用微观薄片模型，通过砂粒构架的可视化观察，定性分析出砂的增产机理。

出砂增产机理实验步骤为：

(1) 制作具有不同粒度的充填砂薄片模型；

(2) 设定一驱替流速；

(3) 驱替 30 分钟，收集驱出液，分析出砂粒度组成, 测算渗透率；

(4) 记录、分析构架；

(5) 增加流速，重复 (3) ～ (4)；

(6) 更换底板，重复 (2) ～ (5)；

(7) 分析薄片填砂模型的原始粒度组成、初始渗透率、驱替速度、挡板尺寸与出砂量、流出砂最大粒径以及驱替后薄片模型渗透率之间的关系。

3. 实验条件及结果分析

按照南堡 35-2 油田典型砂样筛析实验数据配置填砂模型 (表 2-5)。

表 2-5 典型配样的粒度组成

粒径目/μm	配样 1		配样 2	
	重量/g	重量/%	重量/g	重量/%
20/1000	123	7.58	80	3.88
36/500	244	15.03	160	7.77
60/250	532	32.78	930	46.60
120/125	322	19.84	620	31.07
240/62	198	12.2	160	7.77
320/44	115	7.09	40	1.94
520/20	89	5.48	20	0.97
合计	1623	100	2000	100
D50/μm	270		260	
不均匀系数	5.498		3.693	
分选系数	23.431		7.914	

驱替实验的实验条件为：

出口端压力：大气压；

入口端压力分别为 0.02MPa、0.04MPa、0.06MPa、0.10MPa、0.15MPa、0.20MPa；

驱替液：清水；

单次驱替时间：30 分钟；

出口端挡砂筛网：50/300 目/μm、72/200 目/μm、100/150 目/μm、150/100 目/μm；

驱替压差为 0.02 ～ 0.20MPa，驱替时间每组压力 30min。

实验过程中拍摄的出砂疏通孔道过程如图 2-9 所示。

图 2-9　出砂疏通实验照片

根据实验结果，得到了不同驱替压差、不同挡砂精度对渗透率改善幅度和出砂量的影响(图 2-10 ～图 2-15)。

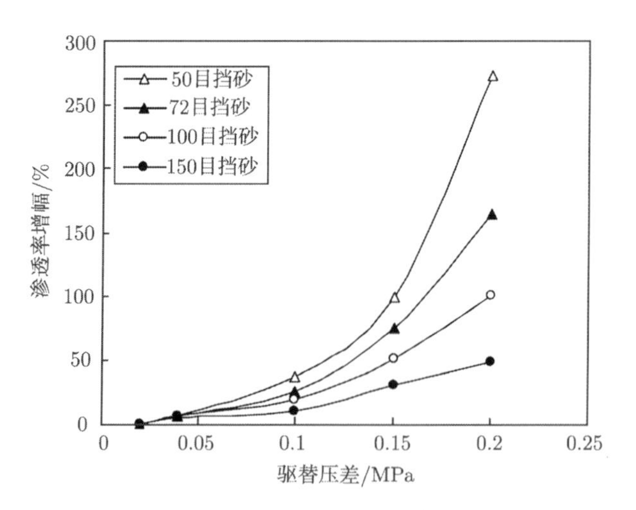

图 2-10　样品 1 驱替压差与渗透率增幅关系曲线

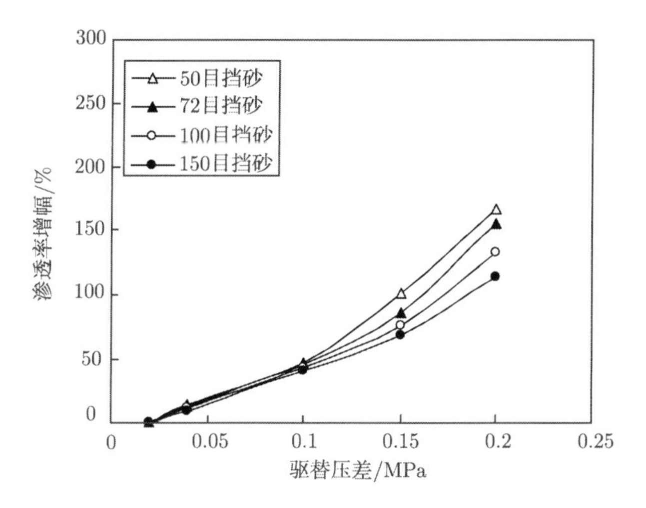

图 2-11　样品 2 驱替压差与渗透率增幅关系曲线

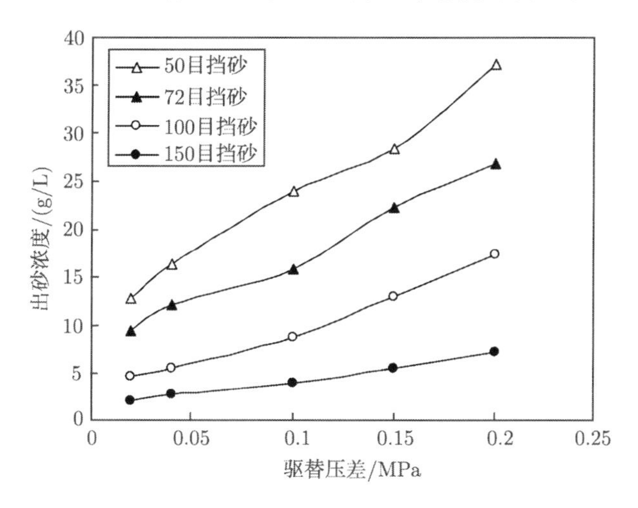

图 2-12　样品 1 驱替压差与出砂浓度关系曲线

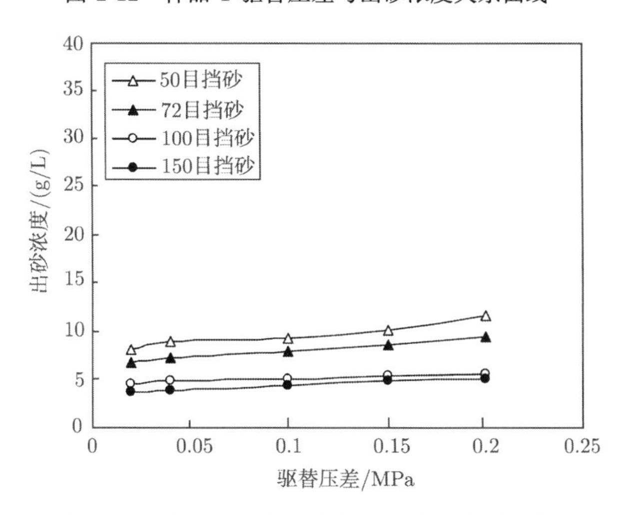

图 2-13　样品 2 驱替压差与出砂浓度关系曲线

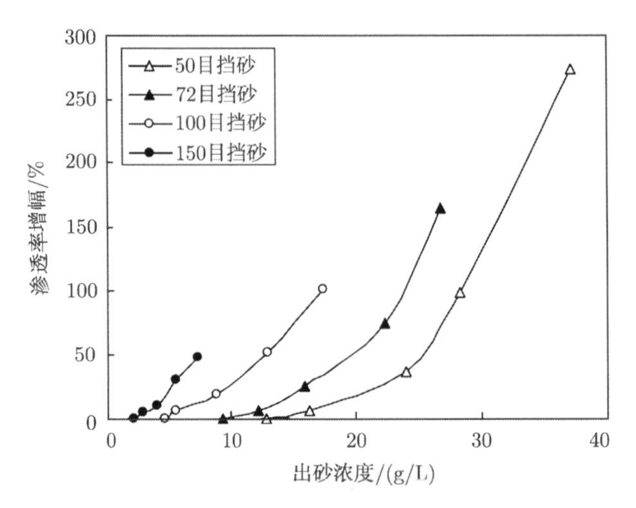

图 2-14　样品 1 出砂浓度与渗透率增幅关系曲线

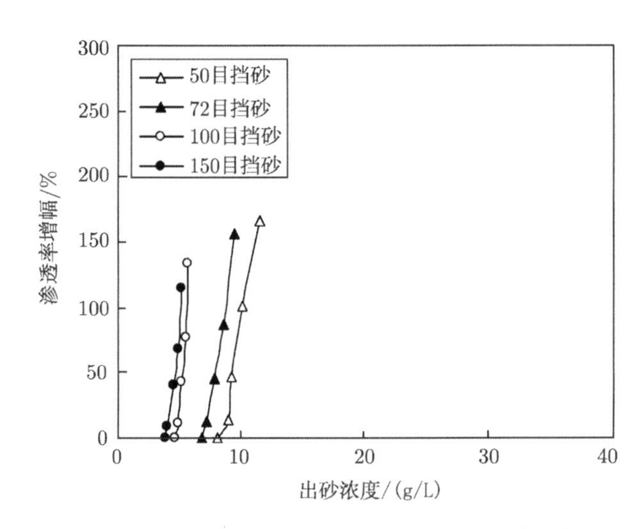

图 2-15　样品 2 出砂浓度与渗透率增幅关系曲线

样品 1 和样品 2 的粒度中值基本一样 (0.26 ～ 0.27μm)，但样品 1 的不均匀系数达到 5.5，分选系数达到 23.4，而样品 2 的不均匀系数只有 3.69，分选系数仅 7.9，尽管都属于不均匀砂粒类型，但二者对压力和挡砂筛网尺寸的响应差别较大。从实验结果可以看出：

(1) 出砂提高渗透率的程度与驱替压差、地层砂粒度、挡砂筛网尺寸有关。地层砂均匀程度越高，出砂影响因素中驱替压差的比重就越大；均匀程度越差，影响因素中挡砂精度比重越大。

(2) 粒度越均匀，分级出砂范围就越窄，出砂阶段越集中，便于设计适度出砂的挡砂精度；若粒度均匀程度较差，则分级出砂范围就越宽，出砂随驱替压差和挡砂精度的变化也越明显。

将实验数据折算为实际油井产量可以更直观地反映出砂对产能的影响 (表 2-6)。渤海疏松砂岩稠油油藏水平井段等效长度一般为 300 ～ 500m，目前采用的挡砂精度为 100 ～ 200 目，生产压差 1.0 ～ 2.0MPa。

表 2-6　水平井出砂产量折算表

生产压差/MPa			0.2	0.4	0.6	1.0	1.5	2.0
水平井等效长度 300m	挡砂精度/目	50	5.99	12.76	22.27	44.79	89.45	223.30
		100	5.99	12.76	21.09	39.19	67.97	120.31
		150	5.99	12.76	19.92	36.07	58.72	88.80
		200	5.99	12.11	18.36	32.16	49.61	70.05
水平井等效长度 400m	挡砂精度/目	50	7.99	17.01	29.69	59.72	119.27	297.74
		100	7.99	17.01	28.12	52.26	90.62	160.41
		150	7.99	17.01	26.56	48.09	78.30	118.40
		200	7.99	16.15	24.48	42.88	66.14	93.40
水平井等效长度 500m	挡砂精度/目	50	9.98	21.27	37.11	74.65	149.09	372.17
		100	9.98	21.27	35.16	65.32	113.28	200.52
		150	9.98	21.27	33.20	60.11	97.87	148.00
		200	9.98	20.18	30.60	53.60	82.68	116.75

如果水平井段等效长度 400m，相对于挡砂精度 50 目，各级挡砂精度的产量降低幅度如图 2-16 所示。

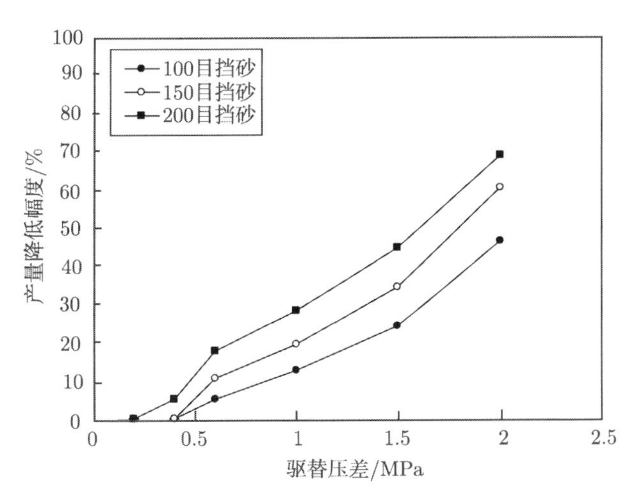

图 2-16　各级挡砂精度下驱替压差与产量降幅的关系

从图中可以看出：

(1) 小的驱替压差 (0.25 ～ 0.40MPa)导致无砂流动或只能带动极细的砂流动并完全穿过筛网，因此油井产能不随挡砂精度的变化而降低；

(2) 同级挡砂精度下，驱替压差越大，出砂就越多，出砂淤塞越严重，油井产能降幅就越大；

(3) 同级驱替压差下，挡砂精度越高，出砂淤塞越严重，油井产能降幅就越大。

(二)　出砂淤塞实验

1. 实验条件

与前相同，按照 NB35-2 典型砂样筛析实验数据，配置填砂模型。

驱替实验控制：

(1) 出口端压力：大气压；

(2) 入口端压力：0.2 ～ 0.3MPa；

(3) 驱替液：混砂液，混砂粒径包括 320 目和 520 目，混砂浓度分别为 5g/L 和 10g/L；

(4) 单次驱替时间：30min；

(5) 出口端挡砂筛网：200 目。

用携砂液驱替，实验分为：①不同的携砂液固相粒径；②不同的携砂液固相浓度。

2. 实验记录

将携砂液注入岩样，观察固定位置处的淤塞情况，同时记录轴向各个测压点的压力，测算渗透率的变化，量化淤塞动态规律。

表 2-7　携砂液淤塞实验样品平均渗透率 (mD) 记录 1

携砂液固相颗粒：250 目 (60μm) 注入速度：30mL/min	携砂液浓度/(g/L)			
携砂液累计注入量/mL	1	5	10	50
0	1874	1874	1874	1874
30	1863	1862	1786	1560
90	1855	1851	1700	1386
120	1847	1842	1636	1243
150	1824	1786	1593	1132
180	1803	1703	1550	798
300	1782	1629	1454	
600	1679	1521	1223	
900	1650	1486		入口
1200	1600	1350	入口	阻塞
1800	1414	1043	阻塞	
2400	1321	入口		
3000	1136	阻塞		

表 2-8　携砂液淤塞实验样品平均渗透率 (mD) 记录 2

携砂液固相颗粒：350 目 (40μm) 注入速度：30mL/min	携砂液浓度/(g/L)			
携砂液累计注入量/mL	1	5	10	50
0	1874	1874	1874	1874
30	1863	1862	1786	1734
90	1910	1851	1731	1683
120	1847	1842	1698	1649
150	1871	1821	1669	1640
180	1856	1803	1652	1622
300	1837	1782	1629	1578
600	1876	1746	1569	1463
900	1854	1738	1511	1392
1200	1831	1684	1454	
1800	1845	1640	1223	入口
2400	1829	1634	入口	阻塞
3000	1832	1598	阻塞	

固相颗粒为 500 目 (20μm) 的携砂液通过填砂岩样，固相浓度 1 ～ 50g/L 的 4 种情况，携砂液均能顺利通过岩样，图像观察部分地方有些轻度淤塞，但整体平均渗透率几乎没有损失。但 350 目 (40μm) 和 250 目 (60μm) 的携砂液通过岩样 (表 2-7 和表 2-8)，就会明显观察到淤塞情况，并且根据测压点测算的渗透率也有明显降低的趋势。浓度过大时，在入口端甚至会发生携砂液固相堵塞进口的情况 (图 2-17 和图 2-18)。

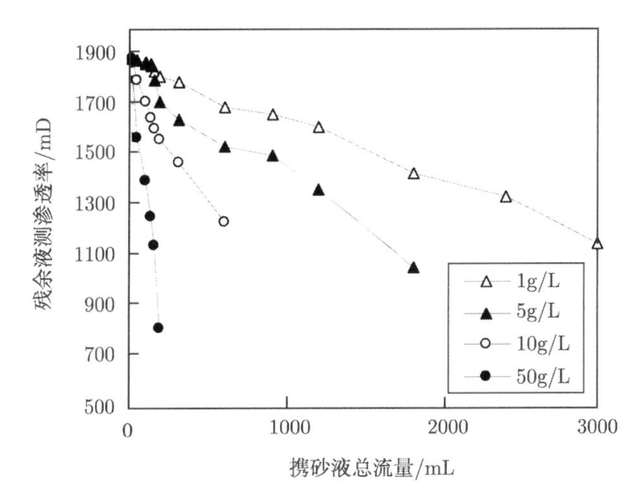

图 2-17 淤塞实验 (携砂 250 目)

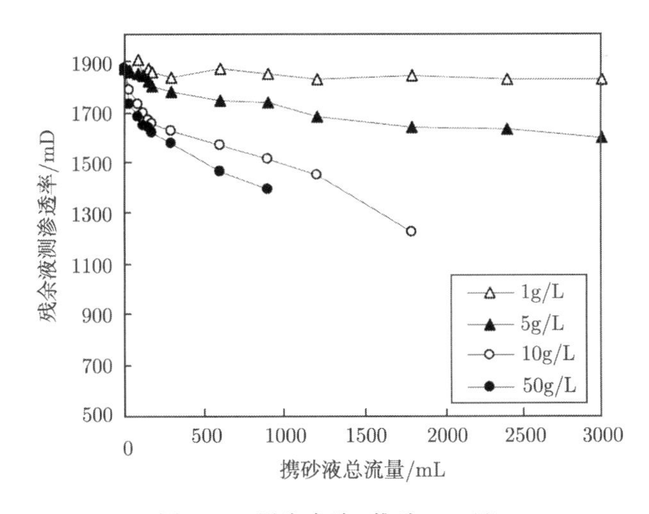

图 2-18 淤塞实验 (携砂 350 目)

3. 实验分析

通过实验得到以下认识：

(1) 颗粒粒径越大，携砂液固相浓度越大，造成储层内渗透率的损失程度越严重。

(2) 实际生产中，一方面采用合理的防砂完井方式，更重要的是，还要通过生产压差的控制方式，实现主动控砂，避免储层的骨架坍塌或由于高速液流导致的大颗粒高浓度携砂液的流动引起的储层淤塞降低油井产能。

（三）适度出砂增产机理大尺寸实验研究

1. 实验装置

出砂对产能的影响主要体现在两个方面：一方面，出砂后导致防砂管堵塞与环空砂的堆积，导致产能降低；另一方面，出砂后储层孔渗特性发生改变，特别是近井地带的孔隙度、渗透率会有不同程度的增加，如果能够形成出砂孔道，会大大地提高单井的产能。

本套装置主要在储层出砂后对孔渗特性以及产能的影响规律进行评价。该装置相对以往的装置的不同之处在于将储层出砂状况与不同类型实际防砂管的防砂相结合：储层产出砂经过实际防砂管防砂后对产能产生影响，而同时不同防砂管及防砂参数又会影响储层的出砂量及储层特性的改变，进而影响产能。现场实际生产过程中“出砂与防砂”二者是一个相互影响的过程，因此在进行模拟实验中必须将二者结合起来，不能像以往的实验装置，仅仅考虑其中一个因素进行研究。实验装置的组成及流程图如图 2-19 所示。

整个装置由四部分构成：加压供液循环系统、储层特性模拟系统、油砂分离系统、数据自动采集系统。

加压供液循环系统：该部分主要由高压柱塞泵与变频电机组成，可以改变输送压力以及流量，对模拟装置循环供入不同黏度的机械油。

储层特性模拟高压筒：该装置是整套设备的主体，直径 114.3mm，长度 2m，壁厚 6.35mm，最大承压能力 30MPa，整个筒体由 16 锰钢锻造，里外镀锌防锈蚀。沿筒体轴线每隔 200mm 设置一个压力传感器，分点测压。筒体一端成平面，接柱塞泵供液，另一端成圆弧面，与实际防砂管对接，后接出油口。

油砂分离系统：该部分由四台旋震筛与一台超声波清洗机组成，旋震筛内安装 400 目精密过滤筛布，可以过滤所有大于 38μm 的颗粒，达到油砂分离的目的。超声波清洗机将通过防砂管后由旋震筛分离的砂进行洗油干燥，以便对样品进行后续测量。

数据自动采集系统：该部分包括一台计算机、一张 36 通道的数据采集卡以及一套数据采集软件，能实现数据的实时采集、显示以及存储功能。

装置性能参数为：井筒长 1000mm；外径 114.3mm；壁厚 6.35mm；高压釜承压能力 30MPa；最大模拟生产压差 30MPa；最大模拟排量 $1\mathrm{m}^3/\mathrm{h}$；折算现场米采油指数 $16\mathrm{m}^3/(\mathrm{MPa}\cdot\mathrm{m}\cdot\mathrm{d})$。

装置的结构尺寸图如图 2-20 所示。

装置测量参数为：①每个筒体设置 6 个压力传感器，分别测量进口压力、储层分段压力（4 个传感器，其间隔 200mm）、出口压力；②设置流量传感器，测量实验流量；③测定出砂量，计算油中产出砂含砂量；④对产出砂进行粒度分析，评价挡砂精度。

装置的实物图如图 2-21 所示。

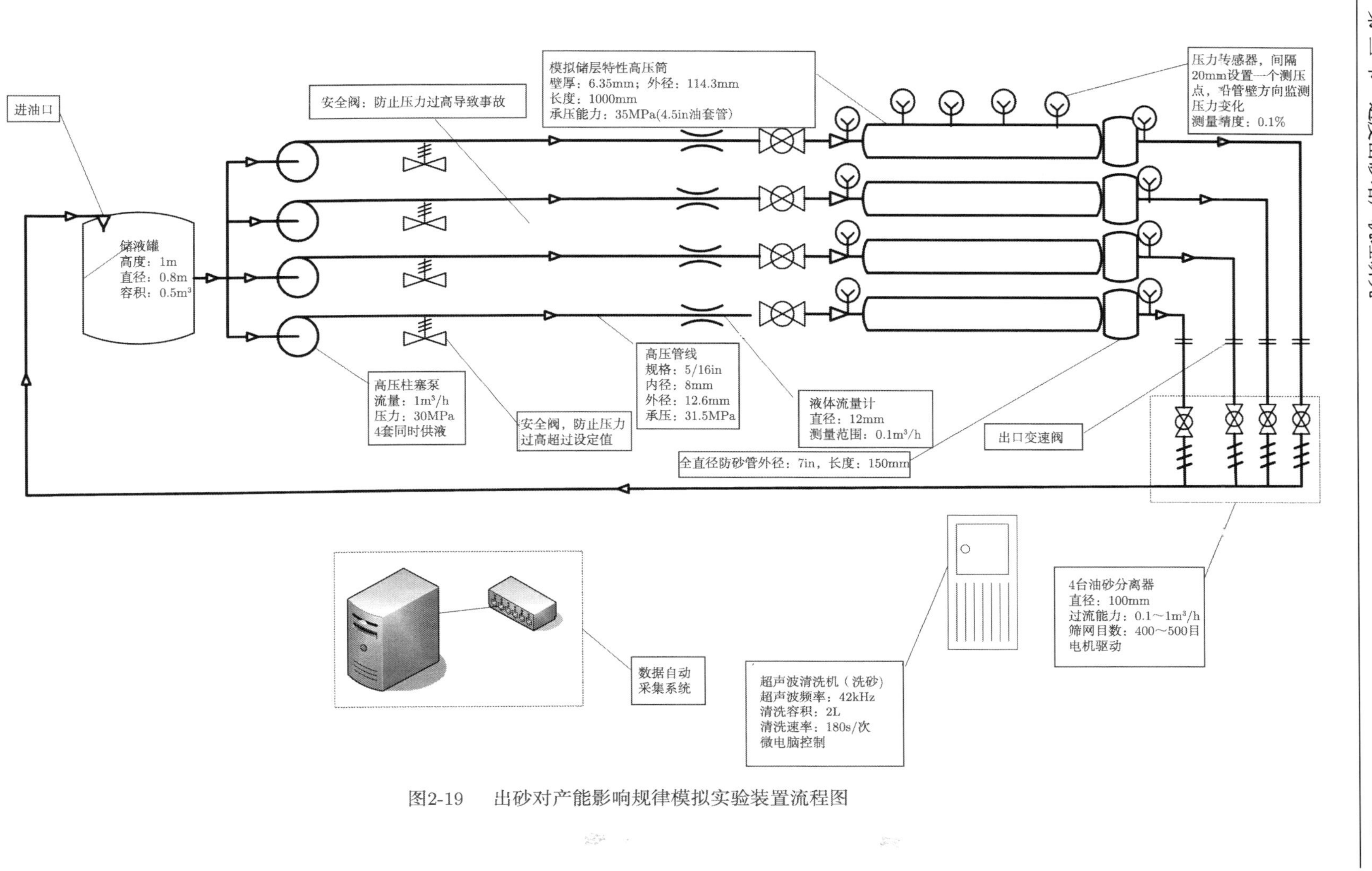

图2-19 出砂对产能影响规律模拟实验装置流程图

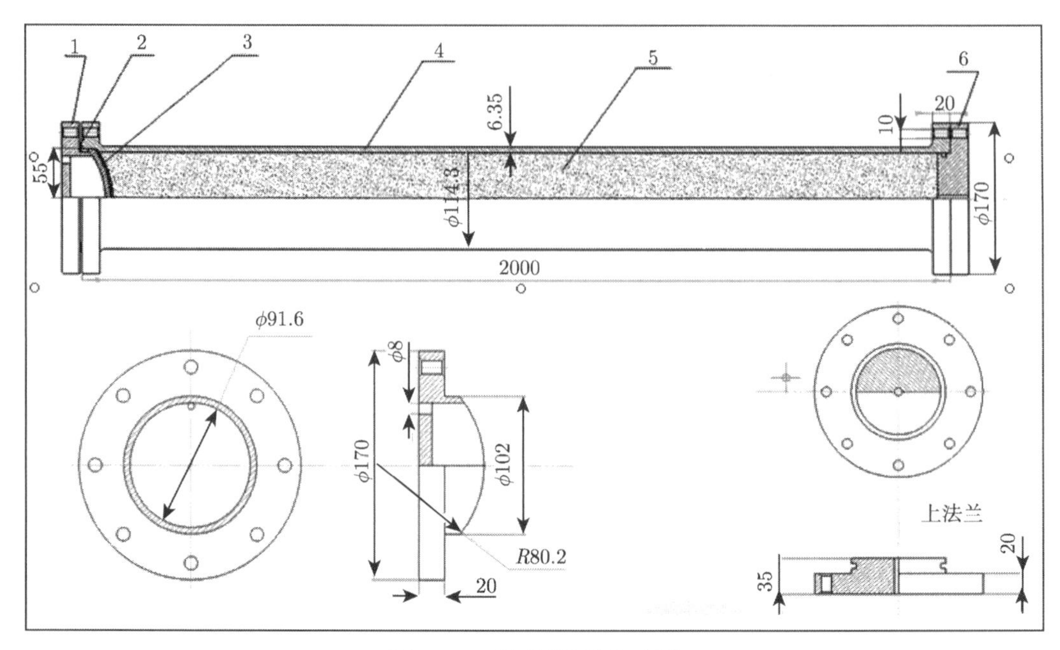

图 2-20　高压筒结构尺寸图

1. 下法兰；2. 密封胶垫；3. 7in 防砂管（割取的部分）；4. 出砂模拟筒；5. 地层砂；6. 上法兰

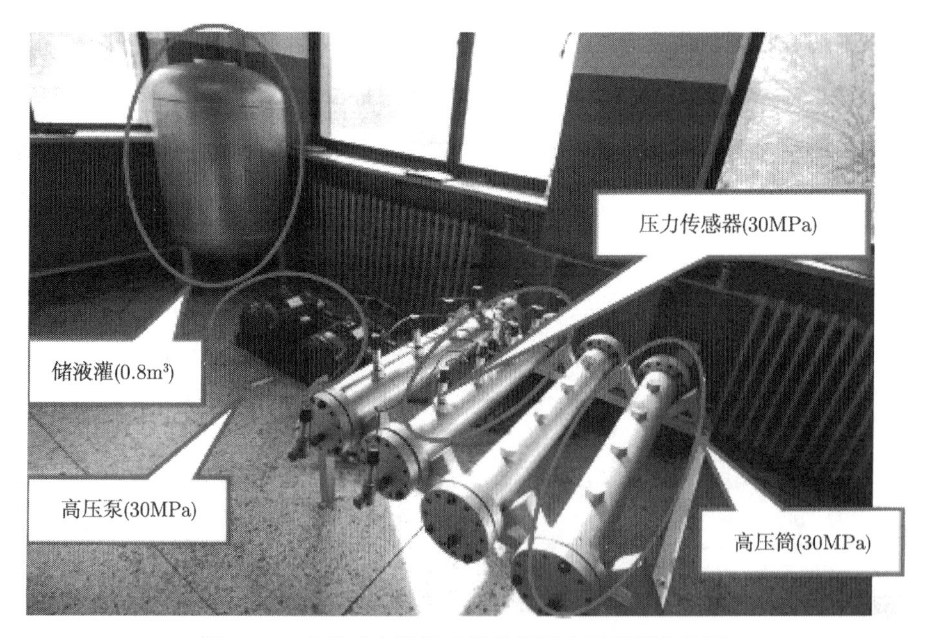

图 2-21　出砂对产能影响规律模拟实验装置实物图

2. 出砂对产能的影响规律实验

在储层出砂后对孔渗特性以及产能的影响规律进行评价实验，如图 2-22 所示。

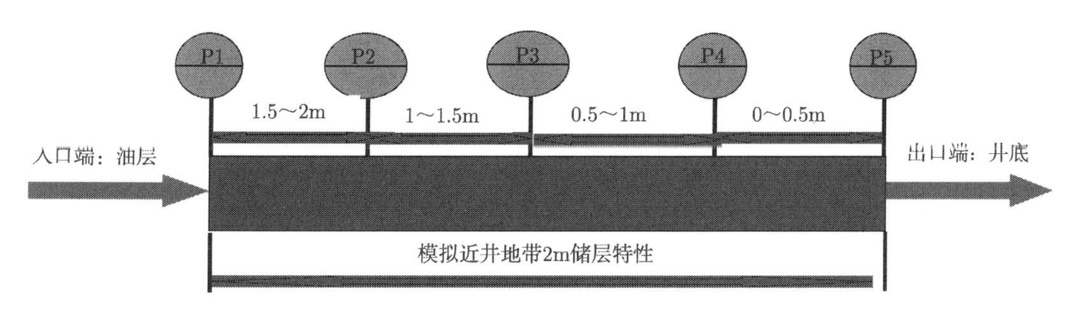

图 2-22　模拟近井地带 2m 储层特性

(1) 实验条件：岩样为模拟渤海湾储层特性，粒度中值 150μm，防砂管防砂参数为 150μm，驱替流量为 20mL/min、30mL/min，驱替压力为 2 ～ 3MPa，用常温下的白油作流体介质模拟井下温度条件下的稠油。

(2) 实验结果如图 2-23 和图 2-24 所示。

(3) 实验结论：由储层渗透率及出砂量随时间变化曲线可以得出以下结论。

①大量出砂主要发生在前 20min，随后为间歇性出砂；②出砂对储层渗透率的影响区域为 1m 左右，最明显区域在 0.5m 范围，超过 1m 后影响迅速减弱；③增加生产压差，出砂程度及出砂时间均会明显增加。

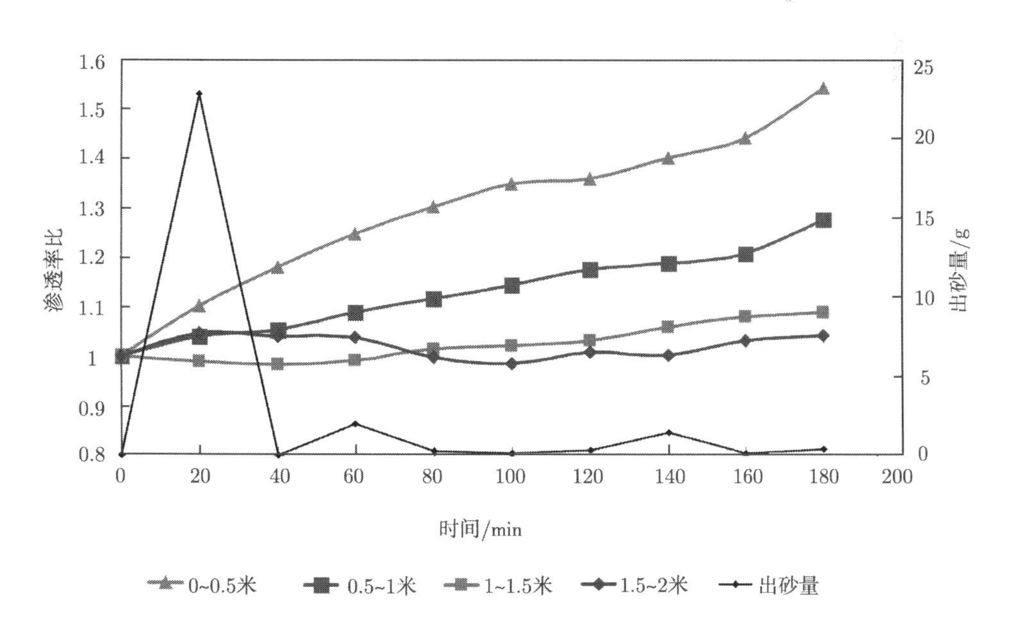

图 2-23　储层渗透率及出砂量随时间变化曲线 (驱替压力 2MPa)

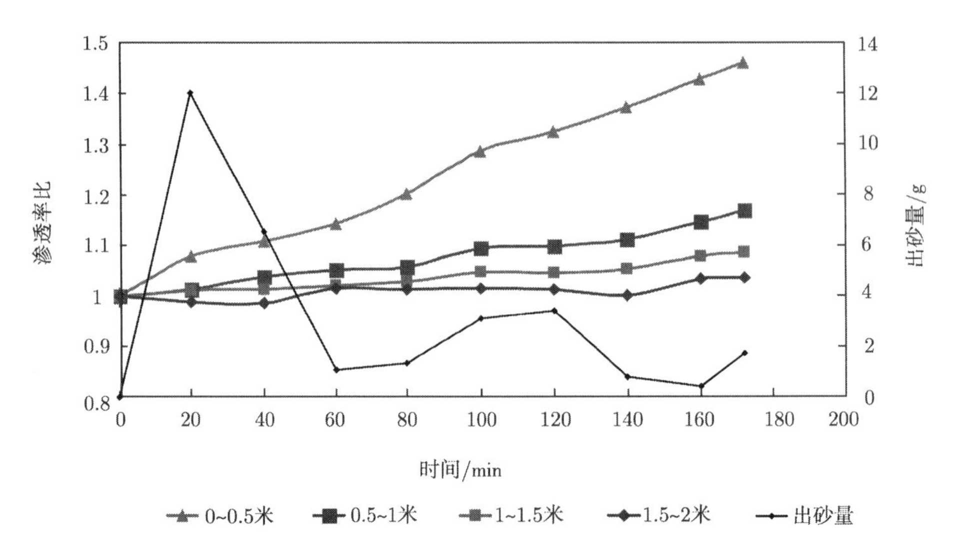

图 2-24　储层渗透率及出砂量随时间变化曲线 (驱替压力 3MPa)

第三章　多枝导流适度出砂井产能评价技术研究

第一节　地层出砂机理及影响因素

一、稠油油藏出砂机理

（一）　出砂现象分析

投产前，地层内部的应力系统是平衡的；开井后，在近井地带，地层应力平衡状态被破坏，当岩石颗粒承受的应力超过岩石自身的抗剪或抗压强度时，地层发生塑性变形，直到坍塌破坏。地层流体产出时，地层砂就会被携带进入井底，造成油井出砂。

渤海的砂岩稠油油藏岩性疏松，在开采过程中容易出砂。现场生产和出砂实验观察到的出砂分以下三种情况：

(1) 未胶结或弱胶结地层：出砂多发生在生产初期或初始关井的第二周期，出砂的主要原因是地层剪切和洗井时的拉伸破坏。

(2) 中等强度砂岩：生产初期不出砂，一旦增大压差，或储层内产水就开始出砂，是由于储层内压力梯度超过毛管力对砂粒的束缚，或由于见水导致岩石中固结颗粒的毛管力消失，降低了岩石内聚力，流体的冲蚀作用使得颗粒从岩石骨架上脱落。

(3) 胶结好的砂岩：地层压力下降到一定程度，胶结好的地层也会出砂，是由于地层压力下降使得岩石所受的有效应力超过了岩石本身的抗压强度，地层发生剪切破坏。相对而言，胶结好的地层出砂量要小于胶结差的地层，其出砂量下降很快。

（二）　出砂过程

室内出砂孔道实验观察到了出砂现象，结合压力、流量监测等数据，分析实际储层内的出砂过程。油井投产后，地层受到扰动，根据压力波及范围，近井地带可以分为扰动带和未扰动带；根据应力 - 应变关系，扰动带可以分为塑性带和弹性带；根据破坏准则，在塑性带内分为出砂带和未出砂带。

出砂通过出砂孔道的扩展来实现，具有两种方式 (图 3-1)：

1. 出砂孔道尖端的扩展

当出砂孔道尖端压力 (C) 和储层压力 (B) 之间的压差超过岩石的破坏极限，在压差作用下，岩层发生破坏，破碎的砂粒在孔道内流体的作用下，被携带到井底，出砂孔道继续向远井储层扩展；由于出砂孔道内也存在摩擦阻力和压力损耗，出砂孔道尖端的压力和油藏压力会逐渐接近，直到二者达到平衡，此时出砂孔道将停止扩展。

2. 出砂孔道砂墙的剥蚀

在出砂孔道内压力 (AC) 和储层内压力 (AB) 之间压差和孔道内流体流动拖曳力的作用下，出砂孔道的砂墙继续发生颗粒的剥蚀，细小砂粒在孔道内流体的作用下，被携带到井底，砂墙扩展，直到剥蚀驱动力不足以支持继续剥蚀，砂墙扩展结束。

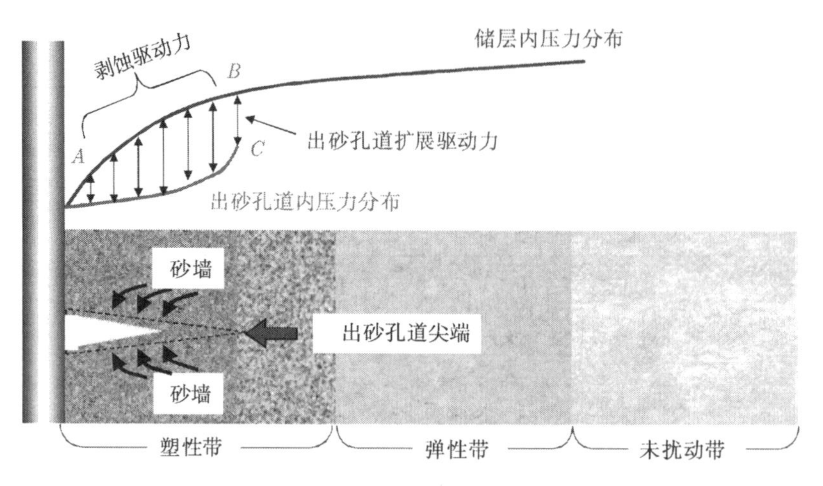

图 3-1　出砂过程示意图

（三） **出砂来源**

地层出砂主要有以下三种类型：游离砂、剥蚀砂和骨架砂。

1. 游离砂

游离砂也叫充填砂，砂粒以独立的形态分布于储层喉道中，或松散地附着在孔壁上，未胶结。开井生产时出砂主要以游离砂为主，随着生产的继续，游离砂逐渐被采完，在油井出砂中的比例逐渐下降为 0。游离砂产出是无法控制的，初始出砂时的油井产量会波动较大，这是因为游离砂的产出对储层渗透性具有正反两方面的影响，大砂粒会在孔喉处聚集，降低渗透率，而小砂粒则会通过孔喉由油井排出地层，改善地层局部的渗透性。

2. 剥蚀砂

另一部分砂粒以弱胶结的形态粘附在岩石骨架上，随着流速的增加，流体的拖拽力超过一定范围，在高速液流冲击下这部分砂开始脱落，形成剥蚀砂，在流体携带作用下开始运移，被带出到井筒。这一部分砂和骨架砂有密切的关系，骨架出现松动，骨架固体颗粒往往以剥蚀砂的形式产出，通过控制骨架砂就可以很大程度地控制剥蚀出砂。

3. 骨架砂

当生产压差超过某一范围，有效应力超过岩石的强度而发生油层的剪切破坏，使固结的岩石骨架在薄弱点变得松散，形成易被剥蚀或游离的砂，当流速达到一定值时，这些砂被液流带出到井筒。

骨架砂一般表现为大颗粒的砂粒，主要成分为石英和长石等，游离砂和剥蚀砂则表现为微细颗粒，主要成分为黏土矿物和微粒。

通过疏松砂岩岩石样品的薄片驱替实验观察到，当液流达到一定的门限速度时，对砂粒产生的摩擦拖曳力使储层孔隙内部的游离砂首先开始运移；储层岩石孔隙的骨架颗粒处于松散的点式接触状态，当液流速度进一步增大，对颗粒的拖曳力超过颗粒间的黏附力时，接触松散的砂粒开始脱离岩石骨架，形成剥蚀出砂；当液流速度再继续增大，超过岩石骨架强度时，岩石骨架被破坏，作用在骨架颗粒表面的摩擦力使颗粒脱落而形成自由砂随液流带出，造成储层孔隙结构和骨架结构的破坏。

（四）出砂的力学机理

出砂的力学机理可通过岩石的三种破坏类型来表示。

1. 剪切破坏

开采过程中，地层孔隙压力下降，有效应力增加，岩石将产生弹性变形 (硬地层) 或塑性变形 (软地层)，在地层扰动带将形成塑性区，塑性变形到一定程度将会引起剪切破坏，一旦剪切破坏发生，固体颗粒将被剥离。

判断剪切破坏需要评价内聚力强度和摩擦力。剪切破坏可由莫尔破坏准则预测。

$$\tau = c + \sigma_n \tan\phi \tag{3-1}$$

式中，τ 为抗剪强度；c 为内聚力；σ_n 为有效应力；ϕ 为内摩擦角。

该标准将用来预测剪切破坏发生的条件。对于实际井眼，存在两个相关的剪切应力 $\sigma'_r, \sigma'_\theta$:

$$\sigma'_r = p_w - p_r \tag{3-2}$$

$$\sigma'_{\theta=0^\circ} = 3\sigma'_{H,\min} - \sigma'_{H,\max} - p_w + p_r \tag{3-3}$$

$$\sigma'_{\theta=90^\circ} = 3\sigma'_{H,\max} - \sigma'_{H,\min} - p_w + p_r \tag{3-4}$$

式中，$\sigma_{H,\max}$ 为最大水平主应力；$\sigma_{H,\min}$ 为最小水平主应力。

对于孔眼，有式 (3-5) 的形式:

$$\sigma'_r = \frac{1+\sin\phi}{1-\sin\phi}\sigma'_\theta + C_o \tag{3-5}$$

式中，C_o 为孔眼内聚力。

2. 拉伸破坏

当压力骤变能超过地层拉伸强度时，将形成出砂和射孔通道的扩大。井眼处的有效应力超过地层的拉伸强度就会导致出砂。拉伸破坏一般发生在穿透塑性地层的孔眼末端口和射孔井壁上。

这种破坏可用式 (3-6) 表示:

$$S_r = S_h\left(1-\frac{a^2}{r^2}\right) + (p_w - p_r)\frac{a^2}{r^2} \tag{3-6}$$

式中，S_r 为岩石拉伸破坏强度；S_h 为轴向应力；a 为井壁半径。

在井壁上 $(r=a)$，公式简化为

$$S_r = p_w - p_r \tag{3-7}$$

井眼处的有效应力超过地层的拉伸强度就会导致出砂。假设

$$p_w = p_r + \sigma_\theta + T \tag{3-8}$$

式中，T 为临界出砂压差。

如果拉伸破坏产生并形成一个塑性地层，则塑性地层的 σ_θ 将降为 0，并且附近地层将承受地层压力。所以，如果塑性地层的生产压差超过了拉伸强度，则拉伸破坏将形成并导致出砂，如式 (3-9)：

$$p_w - p_r = T \tag{3-9}$$

拉伸破坏一般发生在穿透塑性地层的孔眼末端口和射孔井壁上。

3. 黏结破坏

这一机理在弱胶结地层中显得十分重要。黏结强度是任何裸露表面被侵蚀的一个控制因素。这样的位置可能是射孔通道、裸眼完井的井筒表面、水力压裂的裂缝表面、剪切面或其他边界表面。黏结力与胶结物和毛管力有关。当液体流动产生的拖曳力大于地层黏结强度时，地层就会出砂。黏结破坏通常发生在低黏结强度的地层。在弱胶结砂岩地层，黏结强度接近 0，在这些地层里黏结破坏是出砂的主要原因。

这一机理在弱胶结地层中显得十分重要。黏结强度是任何裸露的地层表面被侵蚀的一个控制因素。这样的位置可能是射孔通道、裸眼完井的井筒表面、水力压裂的裂缝表面、剪切面或其他边界表面。

在射孔通道壁上的剪切应力由式 (3-10) 给出：

$$\frac{\mathrm{d}p}{\mathrm{d}l} = \frac{C}{r_p} \tag{3-10}$$

式中，r_p 为孔道半径；C 为岩石强度。

如果砂岩地层的黏结强度是 200psi，射孔通道直径是 0.7cm，则引起黏结破坏的压降是 571psi。显然，这个压降是很大的，所以黏结破坏通常发生在低黏结强度的地层。在未胶结砂岩地层，黏结强度接近 0，因此在这些地层里黏结破坏是出砂的主要原因。

（五） 出砂的化学机理

岩石强度由两部分组成：①微粒间的接触力、摩擦力；②颗粒与胶结物之间的黏结力。

当储层中出现一定量的可动水时，随着液体的流动，水化学反应将溶蚀掉部分胶结物，从而破坏岩石的强度。由化学作用引起砂岩破坏的程度必须通过对砂岩胶结物的检测来估计。

伊利石吸水后膨胀、分散，易产生速敏性和水敏性；伊/蒙混层属于蒙脱石向伊利石转变的中间产物，极易分散；高岭石晶格结合力较弱，易发生颗粒迁移而产生速敏性。

对渤海疏松砂岩岩样黏土矿物的相对含量进行分析表明，主要黏土矿物为伊利石，其次是伊/蒙混层，绿泥石、高岭石含量也较高。这种岩石组成特征导致其岩性疏松，出砂临界流速低，而且出水降低强度，将加剧出砂。因此，疏松砂岩储层的水敏性和速敏性都比较严重，在进行油井生产管理和动态预测时，必须重点考虑到出砂和速敏性对产能的影响。

二、出砂影响因素分析

一般来说，颗粒所受应力超过地层强度就有可能出砂。地层强度决定于胶结物的胶结力、流体的黏着力、地层颗粒间的摩擦力以及地层颗粒本身的重力。颗粒所受应力包括地层构造应力、上覆压力、流体流动时对地层颗粒施加的拖拽力，还有地层孔隙压力和生产压差形成的作用力，因此地层出砂是由多种因素决定的。

1. 构造应力

在断层附近或构造顶部位，构造应力将会很大，可能局部破坏原有的内部骨架，产生局部天然节理或微裂隙，这些部位的地层强度最薄弱，也是最易出砂和出砂最严重的地区。而远离断层和构造低部位区域出砂程度则相对缓和。因此，在防砂治砂过程中，对于这些区域要加倍重视。

2. 地应力

随着地层孔隙压力的继续下降，储层有效应力增大，引起井壁处的应力集中和射孔孔眼的破坏、包络线的平移。地层压力的下降可以减轻张力破坏对出砂的影响，但在疏松地层中剪切破坏的影响却变得更加严重。因此，油藏的原始地应力状态及孔隙压力状态也是制约出砂的重要客观因素。

钻井前，岩石在垂向和侧向地应力作用下处于应力平衡状态，垂向地应力的大小取决于岩层埋藏的深度和岩石平均比重。侧向地应力除与储层埋藏深度有关外，还与岩石的力学性质，如弹性、塑性以及岩石中的孔隙压力等有关。

钻井过程中，靠近井壁的岩石其原有应力平衡状态首先被破坏，在整个开采过程中岩石都将保持最大的应力值。因此，井壁岩石将首先发生变形破坏。

油田开发必然改变原始地层结构，一旦地层骨架所受的最大应力超过了它的强度极限，地层即遭到破坏。当地层所受应力 (重力应力、构造应力、流体应力和热应力等) 变化较小时，地层岩石应变符合胡克定律，渗透率与孔隙度在所加载荷的作用下发生变化，但这种变化是可逆的。地层应力下降达某一临界值时，即作用在地层上的载荷等于岩石弹性极限，地层出砂，但并不严重；继续开采，地层应力大于岩石弹性极限，砂岩遭到破坏，油井开始大量出砂。

随着油田开发的进行，若因注水量达不到配注要求，地层压力将持续下降，导致储层岩体承载的负荷逐渐增加，地层原始应力失去平衡，储层骨架遭到破坏，并不断扩展，出砂区域加大，出砂越来越严重。

3. 岩石强度

地层岩石强度反映了地下岩石颗粒的胶结程度，是影响地层出砂的主要因素。一般认为，单轴抗压强度低于 7.0MPa 的岩石为弱固结岩石，有可能出砂。

4. 地层非均质性

油田非均质性严重，主要表现为地应力和渗透率的差异两个方面。地应力包括结构应力、上覆压力、流体流动时对岩层施加的拖曳力、地层孔隙压力和生产压差形成的作用力。由于岩石形成环境以及发育条件等各种因素不同，不同岩石状况在同样载荷的作用下会产生不同的应力效应和不同的失效形式，地层砂岩胶结较疏松的油藏，地应力的非均质性导致地层某些方位先于其他方位剪切屈服，地层原始结构破坏，油井出砂。

5. 生产压差

上覆岩石压力是依靠孔隙内流体压力和岩石本身固有的强度来平衡的。生产压差越大，孔隙内的流体压力就越低，将导致作用在岩石颗粒上的有效应力越大，井壁周围砂拱的支持变弱，当其超过地层强度时，岩石骨架就会破坏。

其他条件相同的情况下，较大的生产压差还将导致地层内流体流速加剧。由于流体渗流而产生的对储层岩石的冲刷力和对颗粒的拖拽力是地层出砂的重要原因，因此，生产压差越大，出砂风险越大。另外，生产压差、抽汲参数等气井工作制度的突然变化，也将使储层岩石的受力状况发生变化，导致或加剧气井出砂。

6. 地层出水

对于黏土矿物含量较高的疏松砂岩来说，地层一旦见水，黏土被水润湿，将发生水化膨胀，砂粒间的附着力减小，大大降低地层的强度。因而，在地层出水后，地层的临界出砂速度将会降低，地层将更容易出砂。开发过程中为保证地层有足够能量，避免地层压力不断下降，必须进行注水开发。但注水会使储层中的黏土发生膨胀运移，严重影响地层胶结力，导致地层的胶结能力下降。当油井的综合含水率为零时，许多地层不出砂，而油井见水后，则大量出砂。

7. 流体黏度

地层流体的黏度越大，在流向井底的过程中对岩石的拖拽力就越大，井壁附近岩石易造成拉伸破坏，地层出砂的可能性就越大，这也是大多数稠油油藏易出砂的原因。

第 二 节　出砂带扩展预测

当储层被打开后，原地应力平衡遭到破坏，井眼周围的应力将重新分布，储层变形使得渗透率降低。对于弱胶结疏松砂岩地层，近井地带将形成塑性区，随着生产的进行和地层砂的不断产出，塑性区范围不断增大，当范围达到一定值时，其延伸速度将变得很小；在变形使得地层渗透率降低的同时，砂粒的产出又疏通了通道，降低了流体的渗流阻力，对油井的产能起到了促进的作用，结果是地层出砂与油井产量呈正向关系。适度出砂控制模型从确定地层临界出砂条件入手，先计算出砂临界生产压差，然后通过计算出砂范围在地层中的分布，以及改善后的渗透率，得到一个合理的地层产油量。

（一）　井壁受力分析

由于井眼直径远小于井深，可把井眼模型简化为平面应变问题。图 3-2 是井眼的力学模型，在 X 轴方向无限远处为最大水平主应力 σ_H，在 Y 轴方向无限远处为最小水平主应力 σ_h，在井眼内部为 p_w，地层孔隙压力为 p_i。

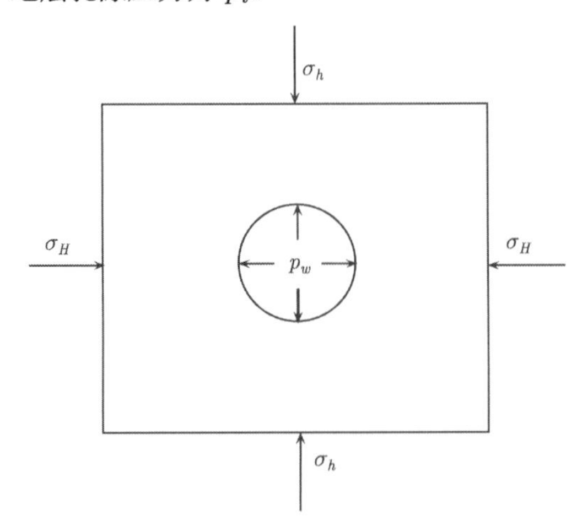

图 3-2　井壁受力的力学模型

假定地层是线弹性的，受力遵循叠加原理，受力可以分解为两个受力模型的叠加(图 3-3)。一个是厚壁筒模型，一个是单向受压大板小孔应力集中模型，这两个模型都是经典的弹性力学模型，具有解析解。

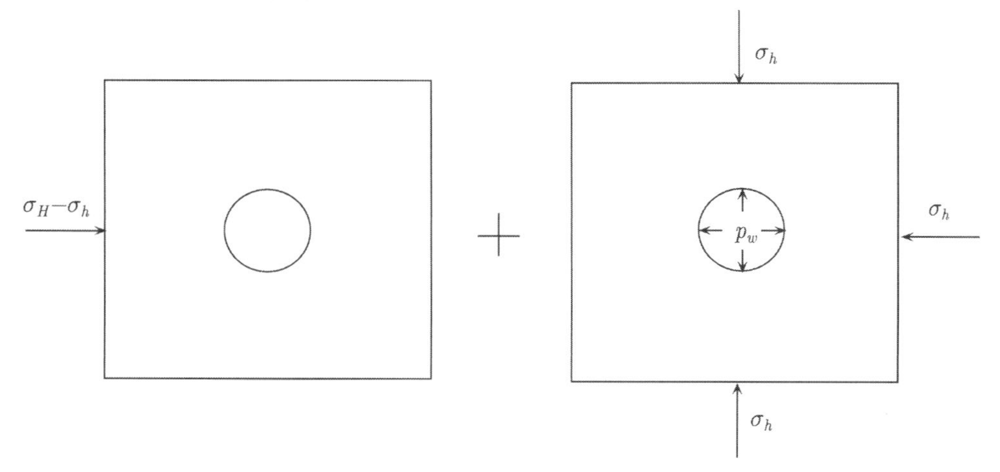

图 3-3　井壁受力力学模型分解

单向受压无限大板小孔应力集中模型的解为

$$\begin{cases} \sigma_r^1 = \dfrac{\sigma_H - \sigma_h}{2}\left[1 - \dfrac{r_w^2}{r^2} + \left(1 - \dfrac{4r_w^2}{r^2} + \dfrac{3r_w^4}{r^4}\right)\cos 2\theta\right] \\ \sigma_\theta^1 = \dfrac{\sigma_H - \sigma_h}{2}\left[1 + \dfrac{r_w^2}{r^2} - \left(1 + \dfrac{3r_w^4}{r^4}\right)\cos 2\theta\right] \\ \tau_{r\theta}^1 = \dfrac{\sigma_H - \sigma_h}{2}\left(1 + \dfrac{2r_w^2}{r^2} - \dfrac{3r_w^4}{r^4}\right)\sin 2\theta \end{cases} \tag{3-11}$$

厚壁筒模型的解为

$$\begin{cases} \sigma_r^2 = \left(1 - \dfrac{r_w^2}{r^2}\right)\sigma_h + \dfrac{r_w^2}{r^2}p_w \\ \sigma_\theta^2 = \left(1 + \dfrac{r_w^2}{r^2}\right)\sigma_h - \dfrac{r_w^2}{r^2}p_w \\ \tau_{r\theta}^2 = 0 \end{cases} \tag{3-12}$$

地层流体向井筒渗流所引起的附加应力场为

$$\begin{cases} \sigma_r^3 = \left[\dfrac{(1-\xi)(1-2v)}{2(1-v)}\left(1 - \dfrac{r_w^2}{r^2}\right) - \varPhi\right](p_w - p_i) \\ \sigma_\theta^3 = \left[\dfrac{(1-\xi)(1-2v)}{2(1-v)}\left(1 + \dfrac{r_w^2}{r^2}\right) - \varPhi\right](p_w - p_i) \\ \tau_{r\theta}^3 = \left[\dfrac{(1-\xi)(1-2v)}{1-v} - \varPhi\right](p_w - p_i) \end{cases} \tag{3-13}$$

将上面各式相加，即得直井井壁围岩应力分布：

$$
\left\{\begin{aligned}
\sigma_r =& \frac{r_w^2}{r^2}p_w + \frac{\sigma_H+\sigma_h}{2}\left(1-\frac{r_w^2}{r^2}\right)+\frac{\sigma_H-\sigma_h}{2}\left(1-\frac{4r_w^2}{r^2}+\frac{3r_w^4}{r^4}\right)\cos(2\theta)\\
&+\left[\frac{(1-\xi)(1-2v)}{2(1-v)}\left(1-\frac{r_w^2}{r^2}\right)-\varPhi\right](p_w-p_i)\\
\sigma_\theta =& -\frac{r_w^2}{r^2}p_w + \frac{\sigma_H+\sigma_h}{2}\left(1+\frac{r_w^2}{r^2}\right)-\frac{\sigma_H-\sigma_h}{2}\left(1+\frac{3r_w^4}{r^4}\right)\cos(2\theta)\\
&+\left[\frac{(1-\xi)(1-2v)}{2(1-v)}\left(1+\frac{r_w^2}{r^2}\right)-\varPhi\right](p_w-p_i)\\
\sigma_z =& \sigma_v - 2v(\sigma_H-\sigma_h)\frac{r_w^2}{r^2}\cos 2\theta+\left[\frac{(1-\xi)(1-2v)}{1-v}\left(1+\frac{r_w^2}{r^2}\right)-\varPhi\right](p_w-p_i)
\end{aligned}\right. \tag{3-14}
$$

当 $r=r_w$，得到井壁上应力分布为

$$
\left\{\begin{aligned}
&\sigma_r = p_w - \varPhi(p_w-p_i)\\
&\sigma_\theta = -p_w+(\sigma_h+\sigma_H)-2(\sigma_H-\sigma_h)\cos(2\theta)+\left[\frac{(1-\xi)(1-2v)}{1-v}-\varPhi\right](p_w-p_i)\\
&\sigma_z = \sigma_v-2v(\sigma_H-\sigma_h)\cos(2\theta)+\left[\frac{(1-\xi)(1-2v)}{1-v}-\varPhi\right](p_w-p_i)
\end{aligned}\right. \tag{3-15}
$$

式中，σ_H、σ_h 为两个水平主应力；θ 为圆周角，在 $0^\circ\sim180^\circ$ 之间变化；σ_v 为垂直方向的主应力；r_w 为井眼半径；p_w 为井眼内液体压力；p_i 为原始油藏压力；$\varPhi$ 为孔隙度；σ_r、σ_θ 为地层中某点所受的径向应力和轴向应力；σ_z 为井眼围岩垂向应力；r 为地层中某点到坐标原点的距离；v 为岩石泊松比；ξ 为等效孔隙压力系数。

当 $\theta=\pm\dfrac{\pi}{2}$，得到井壁岩石的三个主应力：

$$
\begin{aligned}
&\sigma_r = p_i-(1-\varPhi)\Delta p\\
&\sigma_\theta = \Delta p - p_i + 3\sigma_H - \sigma_h - \left[\frac{(1-\xi)(1-2v)}{1-v}-\varPhi\right]\Delta p\\
&\sigma_z = \sigma_v + 2v(\sigma_H-\sigma_h) - \left[\frac{(1-\xi)(1-2v)}{1-v}-\varPhi\right]\Delta p
\end{aligned} \tag{3-16}
$$

式中，$\Delta p = p_i - p_w$。

（二）弹性带应力分布

储层被打开后，井眼周围将形成二次应力分布，结果将使得近井带产生一塑性区。假设储层厚度为 h、供给边缘半径为 r_e、井眼半径为 r_w、塑性带半径为 r_c，在 r_c 至 r_e 范围内地层处于弹性状态，而在 r_w 至 r_c 范围内处于塑性状态。

假设储集层均质、各向同性，储集层被打开后只产生径向小变形，孔隙中充满了流体，考虑三向应力，总应力由流体压力和岩石应力两部分组成。

由弹性状态的岩石本构方程得地层孔隙压力、应力及应变之间的关系：

$$
\left\{\begin{aligned}
&\sigma_r = \lambda\varepsilon^e + 2G\varepsilon_r^e + \xi p_i\\
&\sigma_\theta = \lambda\varepsilon^e + 2G\varepsilon_\theta^e + \xi p_i\\
&\sigma_z = \lambda\varepsilon^e + 2G\varepsilon_z^e + \xi p_i
\end{aligned}\right. \tag{3-17}
$$

$$\lambda = \frac{Ev}{(1+v)(1-2v)}, G = \frac{E}{2(1+v)}, \varepsilon^e = \varepsilon_r^e + \varepsilon_\theta^e + \varepsilon_z^e$$

式中，λ 为拉梅常数；G 为剪切模量；ξ 为有效应力系数；ε_r^e、ε_θ^e、ε_r^e 为弹性应变分量。

由于只产生平面应变，有

$$\varepsilon_r^e = \frac{\mathrm{d}u}{\mathrm{d}r}，\varepsilon_\theta^e = \frac{u}{r}，\varepsilon_r^e = \varepsilon_{zo}$$

在储层打开以前，假设只发生垂向位移，而水平位移为零，有

$$\varepsilon_{zo}^e = \frac{\sigma_{zo} - \xi p_i}{\lambda + 2G} \tag{3-18}$$

联立上式，可得弹性带应力分布模型：

$$\sigma_r = \frac{\sigma_{zo} - \sigma_{zp}}{2v} + \frac{v}{1-v}(\sigma_{zo} - \xi p_i) + \xi p_i - A_1 \left|\frac{r_p}{r}\right|^2 \tag{3-19}$$

$$\sigma_\theta = \frac{\sigma_{zo} - \sigma_{zp}}{2v} + \frac{v}{1-v}(\sigma_{zo} - \xi p_0) + \xi p_i - A_1 \left|\frac{r_p}{r}\right|^2 \tag{3-20}$$

$$\sigma_z = (\sigma_{zo} - \sigma_{zp}) + \sigma_{zo} \tag{3-21}$$

$$A_1 = \frac{1-2v}{2v}\sigma_{zp} - \left|\frac{1}{2v} + \frac{v}{1-v}\right|\sigma_{zo} - \frac{1-2v}{1-v}\xi p_i \tag{3-22}$$

式中，A_1 为弹性带应力。

(三)　塑性带应力分布

储层岩石是否处于塑性变形状态，可由库仑 (Coulomb) 准则判断。由库仑准则可得存在孔隙压力的多孔介质塑性流动方程：

$$(\sigma_1 - p_i) - 2c\tan\alpha - (\sigma_3 - p_i)\tan^2\alpha = 0 \tag{3-23}$$

$$\alpha = \pi/4 + \psi/2 \tag{3-24}$$

式中，c、ψ 分别为内聚力和内摩擦角。

塑性区力的平衡方程为

$$\frac{\partial\sigma_r}{\partial r} + \frac{\partial\tau_{zr}}{\partial r} + \frac{\sigma_r - \sigma_\theta}{r} = 0 \tag{3-25}$$

由于井眼形成后只产生径向位移，有 $\partial\tau_{zr}/\partial r = 0$, 公式 (3-25) 变为

$$\frac{\partial\sigma_r}{\partial r} + \frac{\sigma_r - \sigma_\theta}{r} = 0 \tag{3-26}$$

根据 Hencky 的全塑性假设可得

$$\sigma_\theta = \sigma_z$$

联立上式，得塑性变形应力分布为

$$\sigma_r = p_i + \frac{1}{\bar{\omega}}2c\tan\alpha\left|\left|\frac{r}{r_w}\right|^{\bar{\omega}} - 1\right| \tag{3-27}$$

$$\sigma_\theta = p_i + \frac{1}{\bar{\omega}} 2c\tan\alpha \left| (\bar{\omega}+1) \left| \frac{r}{r_w} \right|^{\bar{\omega}} - 1 \right| \tag{3-28}$$

$$\sigma_z = p_i + \frac{1}{\bar{\omega}} 2c\tan\alpha \left| (\bar{\omega}+1) \left| \frac{r}{r_w} \right|^{\bar{\omega}} - 1 \right| \tag{3-29}$$

$$\bar{\omega} = \tan^2\alpha - 1 \tag{3-30}$$

（四） 弹塑性边界位置

根据弹塑性交界处的连续条件，有

$$(\sigma_r)^c = (\sigma_r)^e \tag{3-31}$$

其上标 e 和 c 分别表示弹性解和塑性解：

$$r_c = r_w \left| \frac{A}{B} \right|^{\frac{1}{\bar{\omega}}} \tag{3-32}$$

$$A = 2\left| \frac{1}{2v} + \frac{v}{1-v} \right| \sigma_{zo} - \left| 2\xi \frac{1-2v}{1-v} - \frac{1}{v} \right| p_i + \frac{2c\tan\alpha}{\bar{\omega} v} \tag{3-33}$$

$$B = \frac{2c\tan\alpha}{\bar{\omega}} \left| 1 + \frac{1-v}{v} (\bar{\omega}+1) \right| \tag{3-34}$$

（五） 塑性半径的扩展特征

随着生产的进行，压降范围扩大，塑性带延伸，弹性带与塑性带之间的差异也逐渐减小，塑性半径的延伸速度将逐渐减小。可以假定塑性半径随着开采的进行呈指数关系变化，即

$$r_c = r_c(t) = r_{c0}[1 + r_c^*(t)] \tag{3-35}$$

$$r_c^*(t) = \int_0^t \frac{\alpha}{\sqrt{2\pi}\sigma(t+1)} \mathrm{e}^{-\frac{[\ln(t+1)-\beta]^2}{2\cdot\sigma}} \mathrm{d}t \tag{3-36}$$

式中，r_{c0} 为初始塑性半径；t 为投产时间；α 、β 、σ 为对数正态分布系数。

实际上，塑性半径的延伸速度不但是时间的函数，而且还是生产压差的函数，即 $r_c = r_c(t, \Delta p)$。随着生产压差的增大，塑性半径延伸速度将增大，生产压差与塑性带半径满足如下关系式：

$$r_c = r_c(t, \Delta p) = r_w \left| \frac{A}{B} \right|^{\frac{1}{\bar{\omega}}} [1 + r_c^*(t)] \tag{3-37}$$

（六） 出砂带地层渗透率的确定

流体在弱胶结砂岩中流动时所产生的拖曳力克服了砂粒的内聚力，使得砂粒从骨架脱落，流入井筒而形成“蚯蚓洞”。这种作用首先发生在“蚯蚓洞”的前端，是前端基质表面逐步受到流体侵蚀的过程。

塑性带的绝对渗透率可以用 Kozeny-Carmen 关系式计算：

$$K = 5.629 \times 10^{-3} \frac{d_m^2 \Phi_q^3}{(1-\Phi_q)^2} \tag{3-38}$$

式中，d_m 为砂粒的平均直径，μm；Φ_q 为“蚯蚓洞”内砂子的孔隙度，小数；K 为绝对渗透率，μm^2。

油相的有效渗透率表示为

$$K_q = KK_{ro} \tag{3-39}$$

式中，K_{ro} 为初始渗透率，μm^2。

或采用经验公式：

$$K = K_0 \frac{\phi^3}{(1-\phi)^2} \tag{3-40}$$

式中，K_0 为油相的相对渗透率，μm^2；ϕ 为孔隙度。

确定了两个区域各自的渗透率后，把它们相加即得到弹塑性变形区域渗透率，它为半径的函数：

$$K_c = a_3 K_t + K_q \tag{3-41}$$

式中，K_c 为塑性变形带渗透率。

根据粒度分布和筛析曲线，结合出砂与孔隙度、渗透率等实验数据，评价出砂对地层物性改善的潜力。

对于圆形区域油藏，内外边界定压，流体参数和岩石力学参数沿井径向对称分布，泄油区分成弹性变形区和塑性变形区，流体和岩石参数在两个区域内可以不同，但在同一区域内相同。由于远离井筒的地层受到的压力降影响较小，并且在一定条件下发生的弹性变形能够恢复，因此，把弹性区的渗透率看作初始渗透率。根据塑性变形带渗透率 K_c 和弹性区渗透率 K_e，由渗流力学可以求得地层的平均渗透率：

$$\overline{K} = \frac{\ln(r_e/r_w)}{(1/K_e)\ln(r_e/r_c) + (1/K_c)\ln(r_c/r_w)} \tag{3-42}$$

出砂不仅改变储层渗透率，而且使强度降低，地层岩石内摩擦角和黏聚力随孔隙度变化的经验公式为

$$\varphi = \varphi_0 \frac{1-\phi}{1-\phi_0}, C = C_0 \frac{1-\phi}{1-\phi_0}$$

出砂造成井周围岩石流化，使塑性区孔隙度不断增大，当孔隙度达到颗粒性介质堆积的最大孔隙度 67%时，储层砂岩达到流化状态，若储层没有采用防砂措施，这部分砂将随地层流体产出。

第 三 节　疏松砂岩油藏流固耦合渗流模型

一、出砂增产机理的等效模型

储层出砂后，近井渗流通道由于剥蚀而部分掏空，储层物性和渗流条件得到改善，提高了油井产能。采用 3 种理论模型用于模拟这一机理。

（一） 表皮系数模型

根据等效井筒半径原理，将由于出砂剥蚀而改善的渗流条件，量化为一种“负”表皮，提高模型中井的生产指数。该模型的优点是不需要描述油藏内部动态，所需参数少，计算快速；缺点是只能把出砂增产的效果集中在井壁上，无法模拟实际过程中出砂对近井储层内部的改善情况，可用于初期的产能评价和完井方式对比 (图 3-4)。

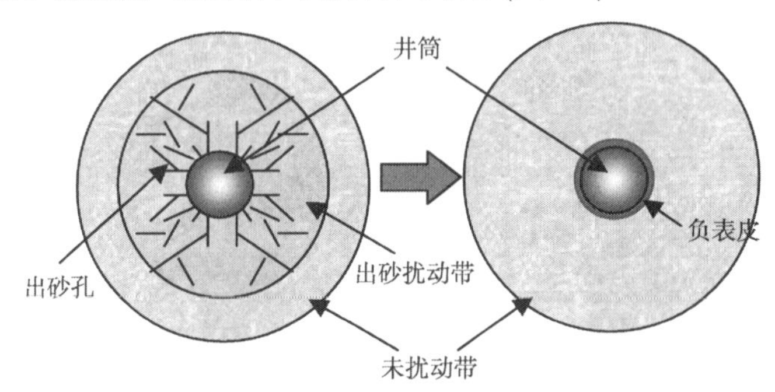

图 3-4　表皮系数模型示意图

（二） 渗透率改善模型

根据孔隙度和渗透率的相关关系计算近井地带由于出砂改变孔隙度而引起的渗透率改善。该模型 (图 3-5) 的优点是能够反映出砂导致的出砂孔道对实际储层内部渗流特性的改变；缺点是不能模拟由于出砂而形成的出砂孔道内部的渗流特征，导致对产能预测的较大偏差。

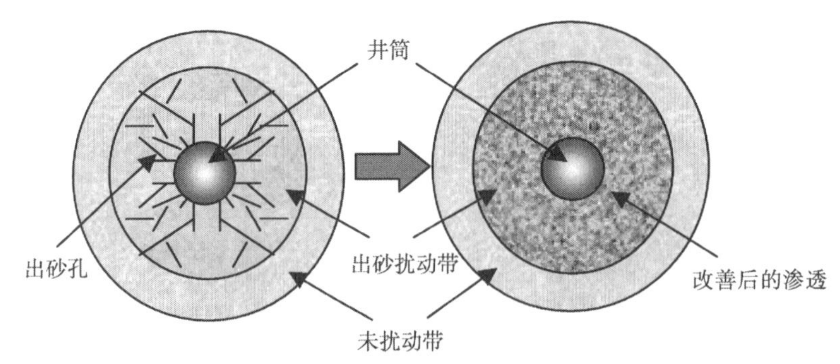

图 3-5　渗透率改善模型示意图

（三） 出砂孔道等效井筒模型

根据出砂孔道分形网络模型，结合储层条件和完井方式预测出砂孔道的扩展动态，包括出砂孔道的数量和大小。将出砂孔道等效成附加的生产井，根据出砂孔道内部渗流条件和外部储层条件，计算每条出砂孔道内部的流动和对实际生产井产量的贡献。该模型 (图 3-6) 是目前最为完善的稠油冷采产能评价模型，已经在大量出砂油井的历史拟合和动态预测中得到实际运用和验证。

将出砂扰动带等效为一口空间上不存在的虚拟井，井眼尺寸由出砂扰动带体积确定，井眼长度由出砂带厚度决定，根据出砂孔道内部和油藏的压力以及洞内洞外流度，计算出砂扰动带的产量。

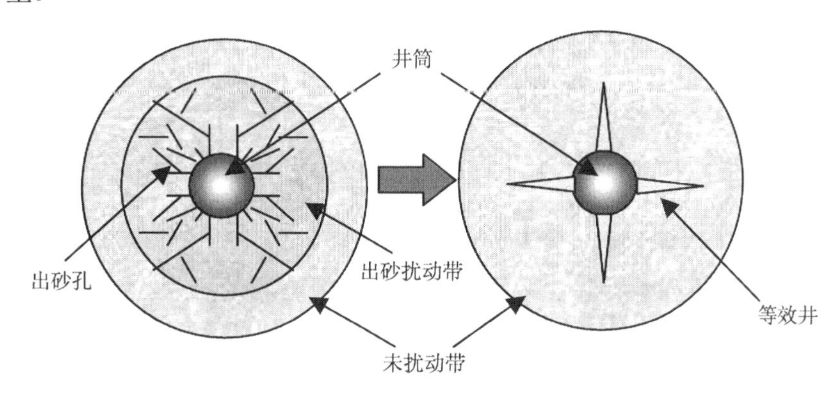

图 3-6　出砂孔道等效井筒模型示意图

二、流固耦合的渗流模型

(一)　流固耦合原理

疏松砂岩储层属于典型的变形介质。在开采过程中，随着大量的流体进入井内，井眼围岩的孔隙压力将发生变化，井眼附近应力的重新分布，将会引起岩石骨架有效应力的改变，并导致骨架变形；岩石骨架变形改变了储层的渗流条件，反过来又会影响流体的渗流特征。因此，疏松砂岩的开采过程是一个流固耦合的渗流过程 (图 3-7)，固体相与流体相相互包含、相互交叉，很难明显地划分开，可以认为疏松砂岩储层是流体相与固体相互相重叠在一起的连续介质，在不同相的连续介质之间可以发生相互作用。

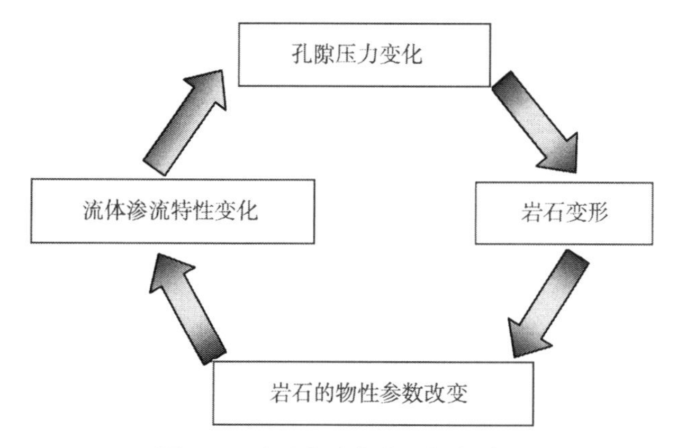

图 3-7　地层出砂的流固耦合过程

地层砂产出的流固耦合过程为：油井刚开始生产时，流体质点在多孔介质中发生流动，地层中的充填砂受到流体冲击，当流体流速达到一定值时，首先使得和骨架附着力最小的充填砂启动运移，此时地层开始出砂；随着生产的进行，近井地带地层受力状态发生变化，油藏岩石产生变形，岩石质点将发生位移；当油井的生产压差超过临界生产压差时，岩石骨架颗粒承受的应力超过岩石强度，固结的岩石骨架在薄弱点变得松散，使得岩石骨架遭到破坏，部分破坏的骨架砂在流体拖曳力作用下被剥蚀下来，形成可动砂，并被流体携带进入井筒；骨架破坏后，在地层中形成高渗通道，同时，可动砂在运移过程中可能在喉道的狭窄处形成堵塞，而导致可动砂的滞留，这些现象反过来又影响了储层的水动力学特性和岩石强度特性，岩石的物性参数 (孔隙度、渗透率等) 也会发生相应的变化。

该模型是在流固耦合渗流原理的基础上，对出砂扰动带模型 (图 3-8) 进行了相应改进，在油藏内部出砂孔道扩展形态的描述上借鉴了“蚯蚓洞”模型中应用的方法，而在连续油藏地层中，又应用了多相渗流油藏模型来模拟砂、油、气、水四相的复杂渗流过程 (图 3-9)。在井筒附近的出砂孔道中的砂液传输对生产起主导作用，而这些高渗透带是通过出砂孔道末梢与连续地层分离开来的，在出砂孔道末梢，沿孔道传输的砂液和通过末梢进入孔道的固液相之间建立物质守恒关系，从而分别建立描述流体在孔道内、在孔道末梢以及在连续地层中的流动的数学模型。

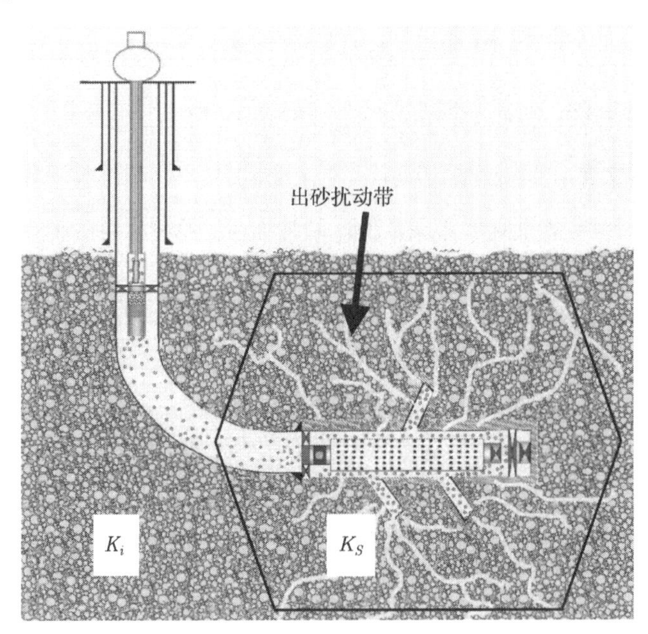

图 3-8 地层出砂示意图

K_i 为原始地层渗透率，K_s 为出砂带地层渗透率

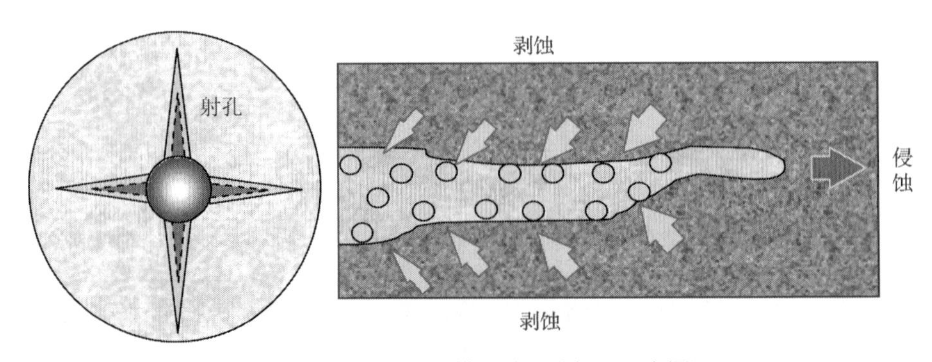

图 3-9 侵蚀与剥蚀模型的出砂机理示意图

储集层被打开后，原地应力平衡遭到破坏，井眼周围将立即形成二次应力分布，对于弱

胶结疏松砂岩地层，近井地带将形成一塑性区。孔道末梢端的侵蚀和洞壁的剥蚀都发生在塑性区内。塑性区的动态变化由塑性区半径和物性模型描述；孔道末梢端的延伸用流固耦合侵蚀模型描述，其扩展动态主要由有效应力梯度决定，当应力梯度超出砂岩的残余内聚力时，出砂孔道将向前生长；孔道洞壁剥蚀出砂引起孔道的横向扩展 (即出砂孔道直径的增大)，这个过程用剥蚀模型描述，主要由剥蚀系数控制；出砂孔道中的砂粒和流体运动用砂液传输模型来描述。图 3-10 是出砂孔道、塑性区、弹性区剖面和截面示意图。

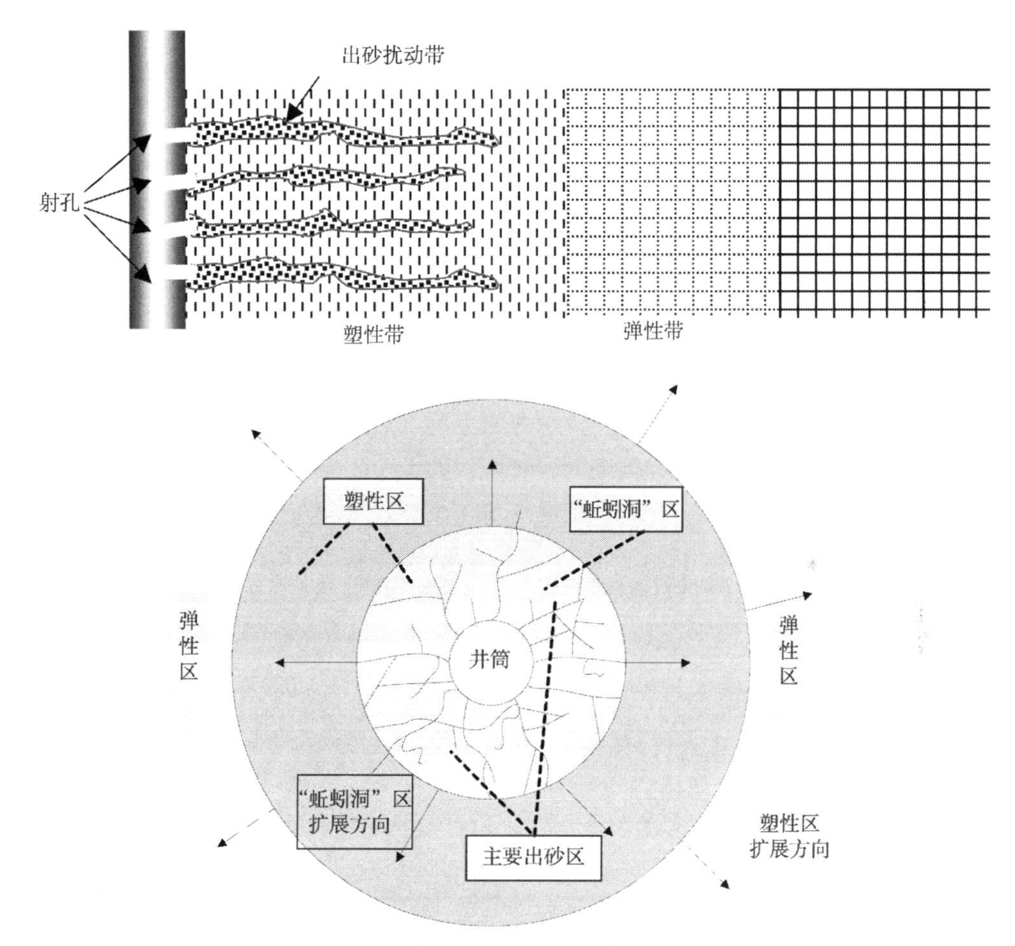

图 3-10　出砂孔道、塑性区、弹性区剖面和截面示意图

在模型中应用流体的流动、应力 - 应变和含砂液传输的耦合机理来描述出砂过程。固体颗粒的产出被假设为骨架崩解的结果，而骨架崩解则是由于内聚力的损失、骨架内所含流体的膨胀、骨架破碎以及流体黏滞拖曳力所引起的。

为了模拟出砂的起始状态和可动砂的传输过程，将渗流模型、地质力学模型和出砂孔道内砂液传输模型进行耦合，在三个不同的区域，即出砂孔道砂液传输区域、半球状孔道末端扩展带、未变化地层，要分别考虑其内部的物质平衡关系。通常认为油藏发生的是弹性变形，直到径向渗流区流体的拖曳力使得砂粒进入孔道内，并在混砂液中以颗粒的形式传输；最终通过所提出的综合模型模拟油井含砂量、出砂特性与时间的关系以及对油井产量的影响规律。

（二） 模型的假设条件

模型采用流体流动、应力 - 应变和含砂流体传输的耦合机理来描述出砂。固体颗粒的产出被认为是岩石骨架破坏的结果，岩石骨架破坏是由于内聚力的损失、膨胀、破碎和黏滞拖曳力引起的。流体的黏滞力把颗粒运移到孔道中，孔道的稳定性与造成出砂的定量条件有关，其求解是通过特定的边界和初始条件，应用几何学和本构方程，以及应力平衡方程、质量守恒和达西定律来获得的。

模型的基本假设条件如下：

1. 油藏岩石变形假设

(1) 岩石发生弹性或者弹塑性小变形或蠕变；

(2) 岩石颗粒不可压缩，储层多孔介质的孔隙可压缩；

(3) 岩石质点颗粒在开采过程中要发生位移；

(4) 储层岩石的骨架变形由有效应力控制。

2. 油藏流体渗流假设

(1) 油藏渗流过程为等温渗流，流体不可压缩；

(2) 介质被油和砂的混合液饱和，且油水两相互不混溶；

(3) 油藏流体服从达西定律，油藏中的流化砂与油相的渗流速度相同；

(4) 存在相间传质现象；

(5) 忽略重力的影响。

不考虑孔隙岩石介质与两相流体的物理吸附和化学作用。

（三） 侵蚀模型

1. 出砂孔道的形成条件

出砂管理的技术关键在于通过特殊的完井方式和生产方式，在可控制的前提下在油层内近井附近激励出高渗通道，进而提高油藏的生产能力。为了实现这个机理，首先要测定地层内形成出砂孔道的临界条件。将所测定的临界条件与现场生产状态进行对比，以便能够及时调整现场生产工作制度，使其达到形成出砂孔道的临界条件。

1996 年，Tremblay 等[41-43] 通过物理模拟实验，确立出砂孔道形成的临界条件是

$$q_c = \frac{4\pi CKr}{\mu} \tag{3-43}$$

式中，q_c 为临界流速，cm/s；C 为岩石强度，atm；K 为渗透率，Darcy；r 为孔眼半径，cm；μ 为黏度，cP。

当孔眼末端的流速大于临界流速时，末端砂粒脱落，出砂孔道得以延伸。

2. 出砂孔道的形成过程

由于稠油油藏储层岩石的胶结相对较疏松，当现场应力-应变超过某一临界状态时，砂粒间的弱胶结遭到破坏，加上原油黏度高，携砂能力强，使砂粒随原油一起产出，油层中近井范围内将逐渐形成出砂孔道网络 (图 3-11)，使近井范围内的油层孔隙度和有效渗透率大幅度提高，增加了稠油的流动能力。

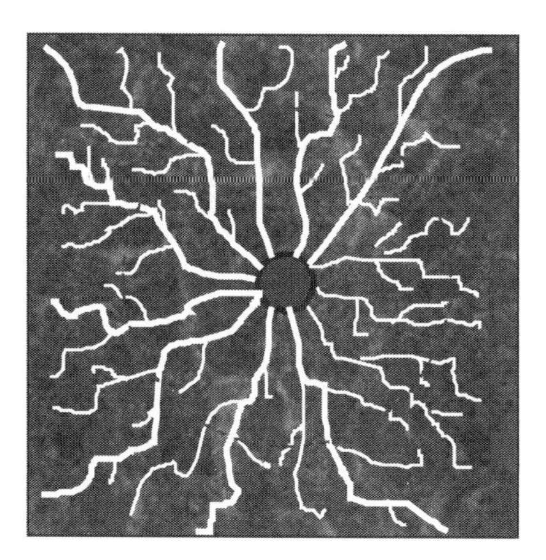

图 3-11　出砂孔道网络示意图

出砂孔道在其生长过程中会发生支化，可以把孔道的这种支化看作是孔道对外部压力分布的一个自我调节过程。譬如，当出砂孔道太长而使得它前端压力与油藏压力的差值变小时，出砂孔道将停止生长，侵蚀作用也将停止，此时剥蚀作用将占主导地位；而剥蚀的作用是带走出砂孔道内沉积的可流动砂，其结果是使得洞内末端压力再次下降，从而与孔道外围储层内的压差逐渐增大，当压差超过临界值时，孔道又开始生长。压力的分布使得孔道生长方向与条数都不确定，生长部位也是随机的，久而久之就形成了类似于植物根系的出砂孔道网络。

模拟出砂孔道的扩展与油藏内渗流及油井生产相耦合的求解思路如图 3-12。

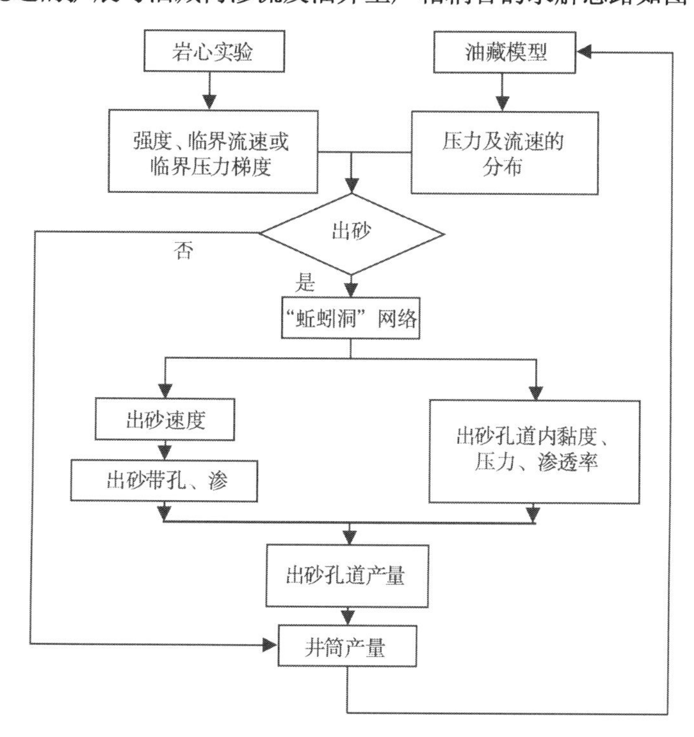

图 3-12　出砂孔道耦合计算示意图

3. 出砂带边界的确定

(1) 塑性区应力分布

假设井眼形成后只产生平面变形，井眼周围的径向应力 σ_r 和切向应力 σ_θ 分别为最小和最大主应力，由岩石的弹塑性力学，得井眼周围塑性区应力分布状态为

$$\sigma_{rp}=\left(p_w+\frac{2S_0N}{N^2-1}\right)\left(\frac{r}{r_w}\right)^{N^2-1}+(1-N^2)r^{N^2-1}\alpha\int_{r_w}^{r}pr^{-N^2}\mathrm{d}r+\frac{2S_0N}{1-N^2} \tag{3-44}$$

$$\begin{aligned}\sigma_{\theta p}=&N^2\left(p_w+\frac{2S_0N}{N^2-1}\right)\left(\frac{r}{r_w}\right)^{N^2-1}+N^2(1-N^2)r^{N^2-1}\alpha\int_{r_w}^{r}pr^{-N^2}\mathrm{d}r\\&+(1-N^2)\alpha p+\frac{2S_0N}{1-N^2}\end{aligned} \tag{3-45}$$

其中，

$$N=\tan\left(45^\circ+\frac{\varphi}{2}\right) \tag{3-46}$$

式中，σ_{rp} 为塑性区径向应力，MPa；$\sigma_{\theta p}$ 为塑性区切向应力，MPa；p_w 为井眼周围应力，MPa；r_w 为井眼半径，m；S_0 为内聚力，MPa；φ 为内摩擦角，度；α 为 Biot 系数；p 为孔隙压力，MPa。

(2) 弹性区应力分布

假设在弹塑性交界面 r_c 上的径向应力为 σ_{rc}，弹性区外边界 $r=r_0$ 上的径向应力为 σ_{r0}，则得到弹性区的应力分布为

$$\begin{aligned}\sigma_{re}=&\sigma_{rc}+(\sigma_{r0}-\sigma_{rc})\frac{1-(r_c/r)^2}{1-(r_c/r_0)^2}+\frac{1-2\mu}{2(1-\mu)}\frac{\alpha}{r^2}\int_{r_c}^{r}pr\mathrm{d}r\\&-\frac{1-2\mu}{2(1-\mu)}\cdot\frac{1-(r_c/r)^2}{1-(r_c/r_0)^2}\cdot\frac{\alpha}{r_0^2}\int_{r_c}^{r_0}pr\mathrm{d}r\end{aligned} \tag{3-47}$$

$$\begin{aligned}\sigma_{\theta e}=&\sigma_{rc}+(\sigma_{r0}-\sigma_{rc})\frac{1+(r_c/r)^2}{1-(r_c/r_0)^2}-\frac{1-2\mu}{2(1-\mu)}\frac{\alpha}{r^2}\left(\int_{r_c}^{r}pr\mathrm{d}r-pr^2\right)\\&-\frac{1-2\mu}{2(1-\mu)}\cdot\frac{1+(r_c/r)^2}{1-(r_c/r_0)^2}\cdot\frac{\alpha}{r_0^2}\int_{r_c}^{r_0}pr\mathrm{d}r\end{aligned} \tag{3-48}$$

式中，σ_{re} 为弹性区径向应力，MPa；$\sigma_{\theta e}$ 为弹性区切向应力，MPa；μ 为岩石泊松比。

由于在弹、塑性边界处 $(r=r_c)$，应力是连续的，则对弹性区和塑性区的应力使用连续条件：

$$\begin{cases}\sigma_{rp}|_{r=r_c}=\sigma_{re}|_{r=r_c}\\\sigma_{\theta p}|_{r=r_c}=\sigma_{\theta e}|_{r=r_c}\end{cases} \tag{3-49}$$

下标 e 和 p 分别表示弹性解和塑性解，通过求解方程组 (3-49) 就可求出弹塑性边界半径。

4. 出砂带扩展的规律

随着生产的进行，压降范围逐渐扩大，塑性带不断延伸，但其延伸速度将逐渐减小 (图 3-13)。假定塑性半径随开采时间的变化呈指数关系，即

$$r_c=r_c(t)=r_{c0}[1+r_c^*(t)] \tag{3-50}$$

其中，

$$r_c^*(t)=\int_0^t \frac{\alpha}{\sqrt{2\pi}\sigma(t+1)}\mathrm{e}^{-\frac{[\ln(t+1)-\beta]^2}{2\cdot\sigma}}\mathrm{d}t \tag{3-51}$$

式中，r_{c0} 为初始塑性半径；t 为投产时间；α、β、σ 为对数正态分布系数。

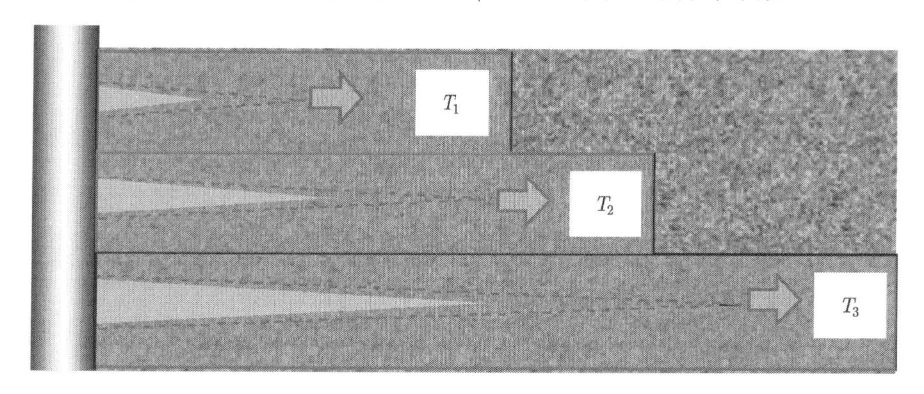

图 3-13　出砂带随时间的扩展示意图 ($T_1<T_2<T_3$)

实际上，塑性半径的延伸速度不但是时间的函数，而且还是生产压差的函数，即 $r_c=r_c(t,\Delta p)$。在较大的生产压差下，塑性半径扩展速度较快，塑性半径与生产压差、时间的变化规律如图 3-14 所示。

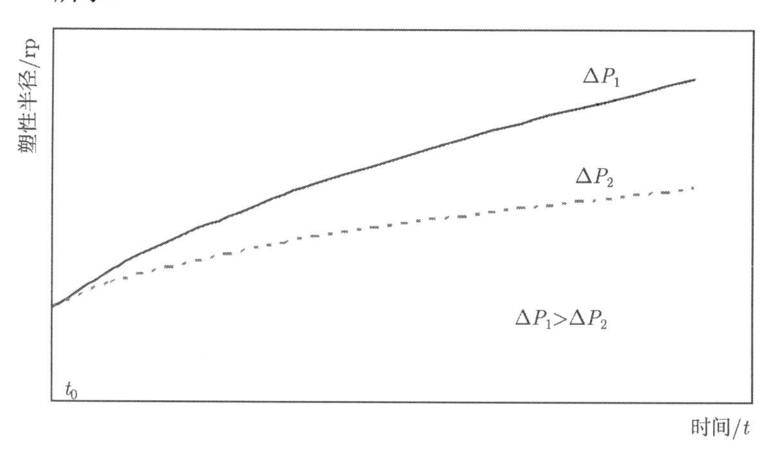

图 3-14　塑性半径与生产压差、时间的关系

5. 出砂孔道的分布特征

出砂孔道的形成过程和出砂带的扩展规律决定了出砂孔道具有分形的性质，随着分枝的增加，孔道直径将相应地减小。为了简化分析，假定出砂发生在塑性变形区域内，出砂带形成出砂孔道对地层物性参数的影响是一致的。

距离井眼 r 处出砂孔道的条数 $N(r)$ 可用下式计算：

$$N(r)=N(r_0)\left(\frac{r}{r_0}\right)^{d-1} \tag{3-52}$$

式中，r_0 为井壁半径，m；$N(r_o)$ 为井壁处孔道数量，通常为射孔孔眼数量；r 为地层中某处位置的半径，m；d 为出砂带的不规则度。

假设油藏压力和井底压力都保持不变，在出砂孔道生长时，孔道末端的压力将不断增加，导致油藏内部与孔道末端的压力差逐渐减小，从而引起孔道的直径变小和孔道末端的延伸速度逐渐下降，由此可以确定孔道的平均直径是到井眼距离的一个递减函数：

$$D(r) = D(r_0)\left(\frac{r}{r_0}\right)^{-\varepsilon} \tag{3-53}$$

式中，ε 为很小的正数。

6. 地层的渗透率分布

具体可参阅本章第二节中“(六) 出砂带地层渗透率的确定”部分。

（四） 剥蚀模型

1. 渗流方程

流体在油藏中的流动涉及三个关键参数：地层应力 (有效应力)、孔隙压力和相饱和度，用三维三相黑油模型来模拟。计算过程简要概括如下：

(1) 计算在原始饱和度下的驱替量及湿相孔隙压力；

(2) 当孔隙压力改变时计算饱和度的变化；

(3) 改变随饱和度变化的特性参数，如相对渗透率、毛管力等；

(4) 利用新的油藏参数再计算孔隙压力和骨架变形量；

(5) 下一时间步骤，重复 (1) ～ (5)。

在这个步骤中，边界条件的改变 (例如井眼压力或供油半径) 和变形量的改变 (例如孔隙体积的改变) 都会引起孔隙压力的变化。但在模拟过程中，未达到泡点压力前，油相中的油气组分是不变的，当孔隙压力降低到泡点压力以下，油水两相流动的基本性质仍然保持不变，除非这时非水相中也含有溶解气和油，并且油气饱和度会随孔隙压力变化而变化。

综上所述，孔隙压力会由于孔隙体积和边界条件的改变而改变。如果孔隙压力改变了，有效应力也会改变。而这会引起内聚力的减小，进而造成岩石的膨胀，或者会造成岩石强度的增强，这都取决于变形的大小和性质，以及沿什么样的应力路径。同时，相饱和度可能改变，从而会改变相对渗透率，进而引起压力、应力、结构及其他因素的改变。因此，任何与油气藏出砂的基本物理模型一致问题的研究都必须在本质上与这些特性相结合。

在饱和流体的多孔介质中，孔隙空间充满液体和流化颗粒，流化颗粒是指能随液体一起流动的悬浮颗粒，任何存在于孔隙中的疏松颗粒都被视为流化颗粒的一部分，多孔介质的体积单元为 V，它由三部分组成：岩石骨架 (r)、液体 $(j = o, w, g)$ 和流化固相 (s)。质量分别为 M_r、M_j 和 M_s，体积分别为 V_r、V_j 和 V_s，流速分别为 v_r、v_j 和 v_s。

V_v 为体积单元中相互连通的、被液体和流化颗粒占据的孔隙空间之和，则

$$V_v = V_j + V_s \tag{3-54}$$

体积单元孔隙度 ϕ 为

$$\phi = \frac{V_v}{V} = \frac{V_j + V_s}{V} \tag{3-55}$$

流体中液化砂的浓度为

$$c = \frac{V_s}{V_v} = \frac{V_s}{V_j + V_s} \tag{3-56}$$

其中，c 和 ϕ 是位置 x_i 和时间 t 的函数。

在常规油藏工程中，固相被视为静止不动的 ($v_s = 0$)。对于可变形介质，$v_s \neq 0$。因此当考虑变形 (如孔隙度改变) 时，平衡方程式中流体渗流项将通过 v_s 取决于变形量。如果变形很小，那么固相流速可以忽略并且可得到简化的方程。

在变形多孔介质中，流固耦合渗流时流体相运动的真实速度为

$$v_j = v_s + v_{rj} \tag{3-57}$$

式中，v_j 为流体运动的真实速度，m/s；v_s 为固相骨架运动的真实速度，m/s；v_{rj} 为流体相对于岩土质点运动的相对速度，m/s。

流体渗流是在多孔介质的连通孔隙中进行的，因而流体的渗流相对于岩土质点的真实速度为

$$v_{rj} = \frac{1}{\phi S_j} u_j \tag{3-58}$$

式中，ϕ 为孔隙度，小数；S_j 为各相含水饱和度，百分数；u_j 为流体渗流的达西速度，其表达式为

$$u_j = -\frac{k k_{rj}}{\mu_j} \nabla p_j \tag{3-59}$$

式中，k 为油藏的绝对渗透率，μm^2；k_{rj} 为流体相 j 的相对渗透率，无因次量；μ_j 为流体相 j 的黏度，mPa·s；p_j 为流体相 j 的压力，MPa。

将上式合并，可以得到流体的运动方程式如下：

$$u_j = S_j \phi (v_j - v_s) = -\frac{k k_{rj}}{\mu_j} \nabla p_j \tag{3-60}$$

即为流固耦合流体渗流的运动方程。

2. 质量守恒方程

液体密度和流化颗粒密度与相应的岩石组成有关，分别设为 ρ_f 和 ρ_s，则

(1) 液体和流化砂混合物平均密度为

$$\bar{\rho} = (1 - c)\rho_f + c\rho_s \tag{3-61}$$

(2) 三相的局部密度分别为

$$\rho^{(1)} = \frac{m_s}{V} = \rho_s \frac{V_s}{V} = \rho_s \frac{V - V_f}{V} = (1 - \phi)\rho_s \tag{3-62}$$

$$\rho^{(2)} = \frac{m_f}{V} = \rho_f \frac{V_f}{V} = \rho_f \frac{\phi V - V_{fs}}{V} = (1 - c)\phi\rho_f \tag{3-63}$$

$$\rho^{(3)} = \frac{m_{fs}}{V} = \rho_s \frac{V_{fs}}{V} = \rho_s \frac{c\phi V}{V} = c\phi\rho_s \tag{3-64}$$

(3) 单元体总密度为

$$\rho=\frac{m}{V}=\frac{m_s+m_f+m_{fs}}{V}=\rho^{(1)}+\rho^{(2)}+\rho^{(3)} \tag{3-65}$$

(4) 三相的体积流量分别为

$$q_i^{(1)}=\frac{\mathrm{d}V_s}{\mathrm{d}S_i\mathrm{d}t}=(1-\phi)v_i^{(1)}=0 \tag{3-66}$$

$$q_i^{(2)}=\frac{\mathrm{d}V_f}{\mathrm{d}S_i\mathrm{d}t}=(1-c)\phi v_i^{(2)} \tag{3-67}$$

$$q_i^{(3)}=\frac{\mathrm{d}V_{fs}}{\mathrm{d}S_i\mathrm{d}t}=c\phi v_i^{(3)}=c\phi v_i^{(2)}=\frac{c}{1-c}q_i^{(2)} \tag{3-68}$$

(5) 流体和流化颗粒混合物的相对体积流量为

$$q_i=\phi(v_i^{(2)}-v_i^{(1)})=\phi v_i^{(2)}=\frac{q_i^{(2)}}{1-c} \tag{3-69}$$

式中，$\mathrm{d}V$ 为时间 $\mathrm{d}t$ 内流经横截面积为 $\mathrm{d}S_i$ 的体积；$\mathrm{d}S_i$ 代表与各相对应的部分。

质量密度流量 (在固定空间坐标系中每单位面积的质量流量) 用 m_s 和 m_j 表示，其中 s 代表固相，$j=o,g,w$ 分别代表油、气、水相。质量密度流量与体积密度流量 (在固定空间坐标系中单位面积的体积流量) q_s 和 q_j 相关:

$$\begin{cases} m_s=\rho_s q_s \\ m_j=\rho_j q_j \end{cases} \tag{3-70}$$

在一个单位体积 V 内，孔隙体积是 ϕV，固相体积是 $(1-\phi)V$，j 相流体饱和度记为 S_j，则在单位体积 V 内 j 相流体的体积为 $S_j\phi V$。体积密度流量和位移变化速度有关系:

$$\begin{cases} q_s=(1-\phi)v_s \\ q_j=S_j\phi v_j \end{cases} \tag{3-71}$$

j 相的相对密度 θ_j 即为单位体积内 j 相的质量，定义 j 相的实际密度为 ρ_j，相对密度可由下式求得

$$\begin{cases} \theta_s=(1-\phi)\rho_s \\ \theta_j=S_j\phi\rho_j \end{cases} \tag{3-72}$$

为简化地质力学模型与油藏模型的耦合，只考虑不发生化学反应且不互溶的流体流动。油、气、水每个组分满足质量守恒定律:

$$\begin{cases} \dfrac{\partial\theta_s}{\partial t}+\nabla\cdot m_s+q_s=0 \\ \dfrac{\partial\theta_j}{\partial t}+\nabla\cdot m_j+q_j=0 \end{cases} \tag{3-73}$$

将式 (3-72) 与式 (3-73) 合并得

$$\begin{cases} \dfrac{\partial\left[(1-\phi)\rho_s\right]}{\partial t}+\nabla\cdot\left[(1-\phi)\rho_s v_s\right]+q_s=0 \\ \dfrac{\partial\left(S_j\phi\rho_j\right)}{\partial t}+\nabla\cdot\left(S_j\phi\rho_j v_j\right)+q_j=0 \end{cases} \tag{3-74}$$

同时有

$$S_g + S_w + S_o = 1 \tag{3-75}$$

毛管压力方程：

$$\begin{cases} p_{cwo} = p_o - p_w \\ p_{cog} = p_g - p_o \end{cases} \tag{3-76}$$

对固相及 j 相中的单一组分建立质量守恒关系，可得液相质量守恒可表示为

$$\frac{\partial\left(\phi\rho_j S_j\right)}{\partial t} - \nabla\cdot\left(\rho_j \frac{kk_{rj}}{\mu_j}\nabla p_j\right) + v_s\cdot\nabla(S_j\phi\rho_j) + S_j\phi\rho_j\nabla v_s + q_j = 0 \tag{3-77}$$

忽略第三项，剩下的表达式中包含固相流速、饱和度、孔隙度和流体密度的综合压力梯度，可简化得

$$S_j\frac{\partial\varepsilon_v}{\partial t} + \phi\frac{\partial S_j}{\partial t} + C_j\phi S_j\frac{\partial p_j}{\partial t} - \nabla\cdot\left(\rho_j\frac{kk_{rj}}{\mu_j}\nabla p_j\right) + q_j = 0 \tag{3-78}$$

其中，

$$\nabla v_s = -\frac{1}{(1-\phi)\rho_s}\cdot\frac{\mathrm{d}\left[(1-\phi)\rho_s\right]}{\mathrm{d}t} = \frac{\partial\varepsilon_v}{\partial t} \tag{3-79}$$

$$\frac{\partial\rho_j}{\partial t} = C_j\rho_j\frac{\partial p_j}{\partial t} \tag{3-80}$$

假定固相骨架是静止的，即 $v_s\approx 0$，式中的孔隙度变化只出现在积分式中，上式是被用在大部分油藏模拟中的标准质量守恒方程式：

$$\frac{\partial\left(\phi\rho_j S_j\right)}{\partial t} - \nabla\cdot\left(\rho_j\frac{kk_{rj}}{\mu_j}\nabla p_j\right) + v_s\cdot\nabla(S_j\phi\rho_j) = 0 \tag{3-81}$$

式中，绝对渗透率和孔隙度是变形量的函数。从流体流动项中把孔隙度的变化有效分离出来，以便于做耦合的有效处理。在 K-P 关系基础上渗透率被视作随孔隙度改变而改变。

3. 本构方程

油藏岩石在注采交变载荷及流固耦合作用下，发生显著的弹塑性变形，其本构方程需要根据塑性增量理论确定。塑性增量理论认为：在弹塑性变形过程中，任何阶段应变增量 $\mathrm{d}\varepsilon_{ij}$ 可以线性地分为弹性应变增量 $\mathrm{d}\varepsilon_{ij}^e$ 与塑性应变增量 $\mathrm{d}\varepsilon_{ij}^p$，即

$$\mathrm{d}\varepsilon_{ij} = \mathrm{d}\varepsilon_{ij}^e + \mathrm{d}\varepsilon_{ij}^p \tag{3-82}$$

弹性应变增量与应力增量 $\mathrm{d}\sigma_{ij}$ 之间的关系可通过广义胡克定律来表示，即

$$\mathrm{d}\sigma_{ij} = D_{ijld}^e\mathrm{d}\varepsilon_{kl}^e \tag{3-83}$$

式中，D_{ijld}^e 为弹性刚度矩阵。

塑性应变增量要根据塑性增量理论计算，其中屈服准则、流动法则及硬化规律是塑性增量理论的三个组成部分。

首先要确定油藏岩石某点应力达到弹性极限后出现塑性变形的屈服条件，这里选用 Drucker-Prager 屈服条件，即

$$F = \alpha I_1 + \sqrt{J_2} - k = 0 \tag{3-84}$$

式中，F 为屈服函数；I_1、J_2 为应力张量第一不变量和应力偏量第二不变量；α、k 为屈服函数参数，其表达式为

$$\alpha = \frac{2\sin\varphi}{\sqrt{3}(3-\sin\varphi)}, k = \frac{6c\cos\varphi}{\sqrt{3}(3-\sin\varphi)} \tag{3-85}$$

式中，c 为内聚力，MPa；φ 为摩擦角，度。

选取岩石的流动法则，塑性应变增量的方向就由流动法则确定，其表达式为

$$\mathrm{d}\varepsilon_{ij}^{p} = \mathrm{d}\lambda \frac{\partial Q}{\partial \sigma_{ij}} \tag{3-86}$$

式中，$\mathrm{d}\lambda$ 为塑性因子，Q 为塑性势函数。这样就确定了塑性应变增量的方向，也就确定了塑性应变增量各分量的比值。最后还要确定岩石的硬化规律，这样塑性应变增量的大小就可根据硬化规律来计算。

根据上述塑性增量理论可以得出塑性应变增量的表达式：

$$\mathrm{d}\varepsilon_{ij}^{p} = \frac{\dfrac{\partial F}{\partial \sigma_{kl}} D_{klmn}^{e} \mathrm{d}\varepsilon_{mn}}{H_a + \dfrac{\partial F}{\partial \sigma_{ab}} D_{abcd}^{e} \dfrac{\partial Q}{\partial \sigma_{cd}}} \cdot \frac{\partial Q}{\partial \sigma_{cd}} \tag{3-87}$$

并可得到应力增量与总应变增量之间关系的表达式：

$$\mathrm{d}\sigma_{ij} = \left| D_{ijkl}^{e} - \frac{\dfrac{\partial Q}{\partial \sigma_{rs}} D_{ijrs}^{e} D_{mnkl}^{e} \dfrac{\partial F}{\partial \sigma_{mn}}}{H_a + \dfrac{\partial F}{\partial \sigma_{ab}} D_{abcd}^{e} \dfrac{\partial Q}{\partial \sigma_{cd}}} \right| \mathrm{d}\varepsilon_{kl} \tag{3-88}$$

该式给出了一般形式的弹塑性本构方程。其弹塑性刚度矩阵为

$$D_{ijkl}^{ep} = D_{ijkl}^{e} - \frac{\dfrac{\partial Q}{\partial \sigma_{rs}} D_{ijrs}^{e} D_{mnkl}^{e} \dfrac{\partial F}{\partial \sigma_{mn}}}{H_a + \dfrac{\partial F}{\partial \sigma_{ab}} D_{abcd}^{e} \dfrac{\partial Q}{\partial \sigma_{cd}}} \tag{3-89}$$

确定了岩石的弹塑性刚度矩阵，也就确定了岩石的弹塑性本构关系。

设岩石骨架所发生的变形是小变形，则几何方程为

$$\varepsilon_{ij} = \frac{1}{2}(u_{i,j} + u_{j,i}) \tag{3-90}$$

式中，ε_{ij} 为应变分量；$u_{i,j}$ 为位移分量。

由于单元体处于力的平衡状态，因此按总应力 σ_{ij}^{T} 表示的平衡微分方程为

$$\sigma_{ij,j}^{\mathrm{T}} + \left[(1-\phi)\rho_s + \phi S_o \rho_o + \phi S_w \rho_w + \phi S_g \rho_g\right] f_i = 0 \tag{3-91}$$

其中，

$$\sigma_{ij} = \sigma_{ij}^{\mathrm{T}} - P\delta_{ij} \tag{3-92}$$

$$f_i = [0\ 0\ g]^{\mathrm{T}} \tag{3-93}$$

式中，ρ_s 为岩石骨架密度；g 为重力加速度；P 为等效孔隙压力；δ_{ij} 为 Kronecker 常数。

因此以有效应力表示的平衡微分方程为

$$\sigma_{ij,j} + (P\delta_{ij})_{,j} + [(1-\phi)\rho_s + \phi S_o\rho_o + \phi S_w\rho_w + \phi S_g\rho_g]\, f_i = 0 \tag{3-94}$$

由于流固耦合效应，平衡微分方程中含有孔隙流体压力和饱和度项，它们体现了流固耦合效应对岩石受力变形的影响，只有联立渗流方程才能求解。

4. 剥蚀方程

在携砂生产过程中，储层中可动的砂粒被流体连续传输携带到生产井井底。出砂扰动带自井眼附近开始，向油藏内部逐渐扩展。传统的地质力学公式只能用来描述出砂扰动带之外的塑性变形。在剥蚀面和出砂扰动带中，可以用 Vardoulakis 等[44-46] 提出的修正公式。

固相骨架的连续性方程：

$$\frac{\dot{m}}{\rho_s} + (1-\phi)\frac{\partial \varepsilon_v}{\partial t} = \frac{\partial \phi}{\partial t} \tag{3-95}$$

流动砂液的连续性方程：

$$\frac{\dot{m}}{\rho_s} = \frac{\partial (c\phi)}{\partial t} + \nabla \cdot (c\vec{q}_i) \tag{3-96}$$

剥蚀方程：

$$\frac{\dot{m}}{\rho_s} = \lambda(1-\phi)(V - V_0) \tag{3-97}$$

式中，λ 为剥蚀系数，量纲为 [1/L]，它表征与剥蚀有关的地层破坏过程。Papamichos 等[47-51] 在 1998 年曾给出了剥蚀系数与岩层材料、塑性体积应变的经验性关系式：

$$\lambda = \begin{cases} 0 & \Delta\varepsilon^p \leqslant \Delta\varepsilon_c^p \\ \lambda_1(\Delta\varepsilon^p - \Delta\varepsilon_c^p) & \Delta\varepsilon_c^p \leqslant \Delta\varepsilon^p \leqslant \Delta\varepsilon_c^p + \lambda_2/\lambda_1 \\ \lambda_2 & \Delta\varepsilon_c^p + \lambda_2/\lambda_1 \leqslant \Delta\varepsilon^p \end{cases} \tag{3-98}$$

式中，λ_1、λ_2 为实验测试常数；$\Delta\varepsilon^p$ 为塑性体积应变；$\Delta\varepsilon_c^p$ 为地层开始出砂的临界塑性体积应变。

（五）　孔道内砂液传输模型

假定出砂孔道从射孔孔眼开始产生，孔道将很快被扩大到它的最大横截面积，并假定孔道的直径是稳定的，由于出砂孔道形成后，在洞壁上的有效径向应力梯度变得更小，洞壁的可压缩性更大，所以孔道只是从其末端向前扩张。在孔道末端，三维汇流和气泡的生成，使得压力梯度逐渐增大。在疏松砂岩油藏的塑性区内，岩石仅有很小的残余应力，因此塑性区内任何条件适当的地方都可能出砂，但在塑性区外不可能出砂。塑性区内的出砂带可通过对比有效径向应力与残余胶结和毛管压力引起的残余内聚力来确定。

只要出砂孔道末端处的压力低于临界出砂压力，出砂孔道才能保持向前扩张。根据线弹性理论的应力分析，最大切应力应出现在靠近孔道的洞壁处，洞壁附近的渗流压力决定了什么时候开始出砂以及出砂的速度。

一旦出砂孔道末端的压力超过某一数值，使得压力梯度低于临界出砂压力梯度时，出砂孔道的扩张就停止了。根据质量守恒原理，在出砂孔道内某横截面积 A 上的流入和流出的质量差等于孔道的扩大量：

$$v_sA - Q_o = A\dot{y}(t)(\phi_s - \phi_m) \tag{3-99}$$

式中，$\dot{y}(t)$ 为出砂带半径随时间扩展的函数，Q_o 为产油量，ϕ_m 为塑性带孔隙度，小数。计算公式为

$$Q_o = \phi_s A v_s \tag{3-100}$$

式中，v_s 为砂粒的速度，cm/s；ϕ_s 为出砂孔道的孔隙度，小数。

将式 (3-100) 代入式 (3-99)，质量守恒方程可以化简为

$$(1-\phi_m)\dot{y}(t) = (1-\phi_s)[\dot{y}(t) - v_s] \tag{3-101}$$

当出砂孔道的末端发生剥蚀出砂时，根据以上计算原理，进入每条孔道的剥蚀砂量是稳定的，并与孔道延伸的距离呈直线关系。因此，在开采早期会大量出砂，导致初期的原油含砂率很高，但随着从洞壁渗出原油量的增加，含砂率将下降，直到不出砂。通过上面的模型还可计算出在出砂孔道末端处储层产出的砂量和井眼处的累积出砂量。

（六） 孔道内流压和流速分布模型

孔壁的摩擦和高黏含砂液要消耗一定的能量，因此从孔道末端到井眼的岩层存在一定的压降。基于储层的地质力学特性和出砂孔道内混砂液的流体力学特性及其对孔壁的剥蚀特征，计算出砂孔道的延伸速度。

假设出砂孔道为圆柱体，由固相质量守恒定律得

$$\frac{\partial}{\partial x}[\rho_b(1-\phi_s)v_s] = \frac{\partial[\rho_b(1-\phi_s)]}{\partial t} + R(x,t) \tag{3-102}$$

式中，ρ_b 为岩石骨架密度。

孔道内的砂液传输可以被简化成一维达西渗流问题：

$$\frac{\partial}{\partial x}\left(\rho_s \frac{k_s}{\mu_s} \cdot \frac{\partial p_s}{\partial x}\right) = \frac{\partial \rho_s}{\partial t} + R(x) \tag{3-103}$$

式中，k_s 为出砂孔道内的渗透率，μm^2；μ_s 为砂液黏度，mPa·s。

其中 $r_w < x < y(t)$，$R(x)$ 代表洞壁的流入量，作为源项，在稳态条件下定义为

$$R(x) = -\frac{2\pi r_c k_m}{\mu_m \ln(r_d/r_c)}[p_s(x) - p_d] \tag{3-104}$$

下标 c 和 d 分别代表出砂孔道和供油边界；砂液平均密度和出砂孔道内孔隙度关系为

$$\rho_s = \rho_b(1-\phi_s) + \rho_f\phi_s \tag{3-105}$$

式中，ρ_f 为流体密度。

如果忽略混砂液的压缩性，混砂液的压力沿出砂孔道的分布可表示为

$$p_s(x) = p_w + \Theta \int_{r_w}^{x} \frac{\mu_s}{(1-\phi_s)\rho_s k_s} \left[\int^{\xi} R(\xi)\mathrm{d}\xi\right] \mathrm{d}\xi \tag{3-106}$$

其中，

$$\Theta = [p_m(t) - p_w] \left\{\int_{r_w}^{y(t)} \left[\frac{\mu_s}{x(1-\phi_s)\rho_s k_s} \int^{x} R(\xi)\mathrm{d}\xi\right] \mathrm{d}\zeta\right\}^{-1} \tag{3-107}$$

出砂孔道孔隙度 ϕ_s 是 x 的函数，该值在井眼和孔道末端之间是连续变化的；p_w、p_m 分别表示井眼压力和孔道末端压力，井眼和末端这两个边界条件可表示为

$$p_s(r_w, t) = p_w \tag{3-108}$$

$$p_s[y(t), t] = p_m[y(t), t] \tag{3-109}$$

$$\frac{k_s}{\mu_s} \cdot \frac{\partial p_s[y(t), t]}{\partial x} = (1-\phi_m)\frac{\partial u[y(t), t]}{\partial t} \tag{3-110}$$

$$\phi_s \frac{k_s}{\mu_s} \cdot \frac{\partial p_s[y(t), t]}{\partial x} = \frac{k_m}{\mu_m} \cdot \frac{\partial p_m[y(t), t]}{\partial r} \tag{3-111}$$

其中，u 是储层中固相骨架的位移。

假设混砂液流度和孔隙度是一个常数，孔道内沿程压力分布可近似表示为

$$p(x, t) = \frac{p_w \sinh k[y(t) - x] + p_m(t) \sinh k(x - r_w)}{\sinh k[y(t) - r_w]} \tag{3-112}$$

三、定解条件

（一） 边界条件

单井黑油模型数值模拟的边界条件分为两大类：一类是外边界条件，指单井的外边界所处的状态；另一类是内边界条件，指生产井或注入井所处的状态。本书选用定压外边界条件和定井底压力的内边界条件。

1. 外边界条件

定压边界条件是模拟井的外边界的压力是已知的，其表达式为

$$p(r_e, t) = p_e \tag{3-113}$$

式中，r_e 为泄油半径，m；p_e 为原始油藏压力，MPa。

2. 内边界条件

单井内边界条件一般考虑定井产量和定井底压力两种工作制度，本模拟采用的定井底压力边界条件，其表达式为

$$p(r_w, t) = p_w \tag{3-114}$$

(二) 初始条件

初始条件就是给定在某一选定的初始时刻 ($t=0$)，油藏内的压力分布可表示为

$$p(r,0)=p_i \quad r_w \leqslant r \leqslant r_e \tag{3-115}$$

四、模型求解

油藏渗流模型和地质力学模型均含有体现流固耦合效应的参数或变量，因而不能单独进行求解，必须将两者联合起来才能求解。采用有限差分与有限元耦合方法进行交替求解，即油藏渗流方程采用有限差分法求解，地质力学方程采用有限元方法求解，并在两者间交替进行。

进行耦合分析的模拟器由渗流模拟器和应力变化模拟器组成。渗流模拟器是一个有限差分模型，用于模拟计算每个时步的孔隙流体压力、饱和度分布以及各开采动态指标。而应力变化模拟器是一个有限元模型，用于每个时步的位移、应变和有效应力分析。因此，在耦合数值分析中，需要两套网格系统，一套用于渗流模拟的有限差分网格系统，另一套用于应力分析的有限元网格系统。在这两套网格系统中，有限差分网格系统采用块中心网格，而有限元网格系统采用八结点等参单元。这样有限差分网格系统的块中心与有限元网格系统的单元结点一一对应，就能保证两模拟器间信息的正常传递和交流，即渗流模拟器块中心的值就代表变形模拟器单元结点上的值；而变形模拟器单元结点上的值就代表渗流模拟器块中心的值，即代表整个网格块的值。

耦合数值分析的求解采用显式交替求解方式，即地质力学模型的求解滞后于油藏渗流模型一个时步。渗流模型一个时步求解结束，将孔隙流体压力增量与饱和度增量传给地质力学模型，重新计算载荷分布；而地质力学模型一个时步求解结束，则将其结果传给渗流模型。

耦合分析过程如下：

(1) 求油藏的初始应力场；

(2) 运行渗流模拟器，模拟一个时步的渗流动态，获得渗流场 (包括孔隙压力和饱和度分布及各开采动态指标)；

(3) 根据孔隙压力与饱和度的增量，重新计算载荷分布；

(4) 运行应力模拟器，求载荷增量引起的应力增量，从而获得应力场；

(5) 计算新的油藏物性参数，返回 (2)，求解下一个时步的解，直到结束。

由此可见，油藏岩石受孔隙压力改变的影响，所受载荷在不同位置和不同时刻是动态变化的，因而如何计算油藏开采过程中不同地点和不同时间下的油藏岩石所受载荷的大小，是实现油藏渗流与应力耦合分析的一个关键问题。

第四节　多枝导流适度出砂井产能评价模型

一、裸眼完井表皮系数模型研究

针对非均质油藏的全井段完井表皮系数预测问题，根据广义表皮系数的概念，从非均质油藏表皮系数积分表达式出发，首次建立了非均质油藏水平井裸眼完井方式的表皮系数模

型，丰富和发展了完井表皮系数理论，实现了非均质油藏全井段完井表皮系数预测，研究了非均质油藏全井段完井表皮系数的分布规律。为非均质油藏水平井目标井段完井参数分段优化提供理论基础。

如图 3-15 所示是非均质油藏裸眼水平井井筒附近储层污染示意图，根据非均质油藏水平井表皮系数积分表达式，裸眼完井表皮系数模型可表示为

$$\begin{aligned} s_{\mathrm{a,O}}(x) &= 2\pi\bar{k}L\left[\int_{\xi_0}^{\xi_1}\frac{1}{k(x,\xi)A(\xi)}\mathrm{d}\xi - \int_{\xi_0'}^{\xi_1'}\frac{1}{k(x,\xi')A(\xi')}\mathrm{d}\xi'\right] \\ &= 2\pi\bar{k}L\left[\int_{r_\mathrm{w}}^{r}\frac{1}{k(x,r)2\pi rL}\mathrm{d}r - \int_{r_\mathrm{w}}^{r}\frac{1}{\bar{k}2\pi rL}\mathrm{d}r\right] \\ &= \int_{r_\mathrm{w}}^{r}\frac{\bar{k}}{k(x,r)r}\mathrm{d}r - \int_{r_\mathrm{w}}^{r}\frac{1}{r}\mathrm{d}r \end{aligned} \tag{3-116}$$

假设渗透率非均质为 r_a，且大于等于污染半径，则在水平井筒 x 位置沿径向不同渗透率区域积分得非均质油藏裸眼完井表皮系数模型为

$$\begin{aligned} s_{\mathrm{a,O}}(x) &= \int_{r_\mathrm{w}}^{r_\mathrm{d}(x)}\frac{\bar{k}}{k_\mathrm{d}(x)r}\mathrm{d}r + \int_{r_\mathrm{d}(x)}^{r_\mathrm{a}}\frac{\bar{k}}{k(x)r}\mathrm{d}r + \int_{r_\mathrm{a}}^{r}\frac{1}{r}\mathrm{d}r - \int_{r_\mathrm{w}}^{r}\frac{1}{r}\mathrm{d}r \\ &= \frac{\bar{k}}{k_\mathrm{d}(x)}\ln\frac{r_\mathrm{d}(x)}{r_\mathrm{w}} + \frac{\bar{k}}{k(x)}\ln\frac{r_\mathrm{a}}{r_\mathrm{d}(x)} + \ln\frac{r}{r_\mathrm{a}} - \ln\frac{r}{r_\mathrm{w}} \\ &= \left[\frac{\bar{k}}{k_\mathrm{d}(x)} - 1\right]\ln\frac{r_\mathrm{d}(x)}{r_\mathrm{w}} + \left[\frac{\bar{k}}{k(x)} - 1\right]\ln\frac{r_\mathrm{a}}{r_\mathrm{d}(x)} \end{aligned} \tag{3-117}$$

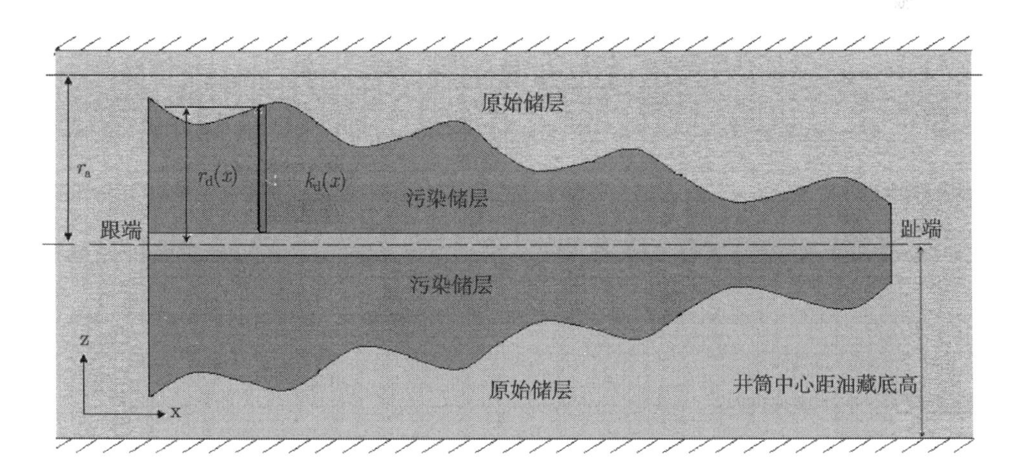

图 3-15　非均质储层沿水平井筒污染示意图

若考虑地层渗透率各向异性，则沿水平井筒任意位置处裸眼完井地层污染剖面图如图 3-16 所示，Peaceman[52] 给出了各向异性油藏当量井眼半径为

$$\begin{aligned} \bar{r}_\mathrm{w} &= 0.5r_\mathrm{w}(I_\mathrm{ani}+1)/\sqrt{I_\mathrm{ani}} \\ I_\mathrm{ani} &= \sqrt{k_\mathrm{y}/k_\mathrm{z}} \end{aligned} \tag{3-118}$$

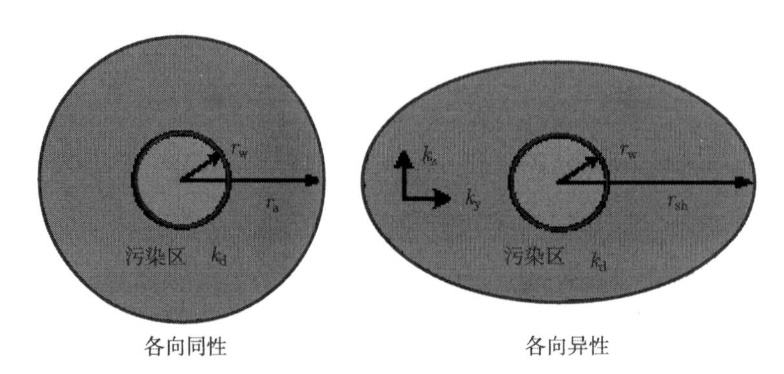

图 3-16　水平井裸眼完井地层污染剖面图

根据 Furui[53-56] 的研究结果，平均污染半径可以由油藏各向异性及水平方向的污染半径表示：

$$\bar{r}_\mathrm{s} = 0.5r_\mathrm{w}\left(r_\mathrm{DsH} + \sqrt{r_\mathrm{DsH}^2 + I_\mathrm{ani}^2 - 1}\right) / \sqrt{I_\mathrm{ani}} \tag{3-119}$$

$$r_\mathrm{DsH} = r_\mathrm{sH} / r_\mathrm{w}$$

将式 (3-118) 和式 (3-119) 代入式 (3-117) 得非均质油藏水平井裸眼完井表皮系数模型为

$$\begin{aligned} s_{\mathrm{a,O}}(x) &= \left[\frac{\bar{k}}{k_\mathrm{d}(x)} - 1\right] \ln\left[\frac{r_\mathrm{DsH}(x) + \sqrt{r_\mathrm{DsH}^2(x) + I_\mathrm{ani}^2 - 1}}{I_\mathrm{ani} + 1}\right] \\ &\quad + \left[\frac{\bar{k}}{k(x)} - 1\right] \ln \frac{2r_\mathrm{a}\sqrt{I_\mathrm{ani}}}{r_\mathrm{w}\left[r_\mathrm{DsH}(x) + \sqrt{r_\mathrm{DsH}^2(x) + I_\mathrm{ani}^2 - 1}\right]} \\ &= s_\mathrm{d}(x) + s_\mathrm{a}(x) \end{aligned} \tag{3-120}$$

式中，$s_{\mathrm{a,O}}(x)$ 为非均质油藏裸眼水平井完井表皮系数，无因次；$s_\mathrm{a}(x)$ 为非均质表皮系数，无因次；$s_\mathrm{d}(x)$ 为污染表皮系数，无因次；r_w 为裸眼井半径，m；$r_\mathrm{sH}(x)$ 为污染带长轴半径，m；k_y 为储层水平渗透率，$10^{-3}\mu\mathrm{m}^2$；k_z 为储层垂直渗透率，$10^{-3}\mu\mathrm{m}^2$；$k_\mathrm{d}(x)$ 为储层污染带渗透率，$10^{-3}\mu\mathrm{m}^2$；r_a 为渗透率非均质半径，m。

由式 (3-120) 可以看出，非均质油藏水平井裸眼完井表皮系数有两部分组成：污染表皮系数和非均质表皮系数，与均质油藏表皮系数相比不但沿井筒的污染表皮系数是沿井筒坐标的函数，另外还多一项非均质表皮系数。

二、多枝导流井井筒流动模型

多枝导流井的实际流动状态复杂，多个流汇形成变质量的井筒流动，各个分枝段的倾角、分枝段的结构、流体类型都将造成对主井筒流动的影响。采用微元的概念，将多枝导流井按各自分枝的主轴方向划分成若干小段，在每个微元段上不考虑段两端的压降损失 (视为具有无限导流能力的裂缝)。由于每一微元段长度较短，可以假设流体从油层沿此微元线汇各处均匀流入井筒，即假设该段线汇为均匀流量线汇，而每微元线汇的流量不相等。

将主井眼井底作为求解节点，建立求解节点处各分枝汇流模型；将多分枝水平井压力系统分为两大部分：油层 → 各分枝水平段 → 各分枝弯曲段 → 各分枝垂直段 → 求解节点 →

井口；针对各分枝井眼在主井眼井底 (求解节点处) 的汇流，采用最佳平方逼近求解非线性方程组，借鉴工程流体力学多管汇流相关理论，建立多分枝井眼在主井眼井底汇流的计算模型。

(一) 井段的微元处理方法

多枝导流井由于其井眼轨迹复杂，导致其流动状态的复杂性：各个分枝段的倾角、分枝段的结构、流体类型都将造成对主井筒流动规律的影响，由于存在多个流汇，井筒内属于变质量管流。

采用“微元段法”近似处理复杂生产段，该方法的基本假设包括：

(1) 各分枝井眼的汇流近视为等温流动；

(2) 主井眼及分枝多枝导流生产段以各种倾角钻遇所在油藏，完井方式可以采用裸眼、射孔以及割缝衬管中的任何一种或组合；

(3) 分枝井眼与主井眼具有一定的夹角；

(4) 主井眼与分枝井眼处于一套压力系统，存在压力干扰，各分枝无回灌；

(5) 油藏及主井眼和各分枝井眼流动为油 - 气 - 水 - 固流动，但模型计算处理为均相流，流体密度和黏度按体积加权处理；

(6) 主井眼及分枝井眼井筒内的流动均为变质量管流，且与近井油藏渗流存在耦合作用。

“微元段法”的运用原理是：

(1) 按各分枝主轴的方向划分成若干小段，在每个小段上假设是等质量流，再分段计算，按势能从低到高对流量进行逐段累加；

(2) 按投影将各个微元段分解成直井和水平井，按各自产能公式计算再叠加。

图 3-17 表示了多枝导流井微元法的处理思路和步骤。

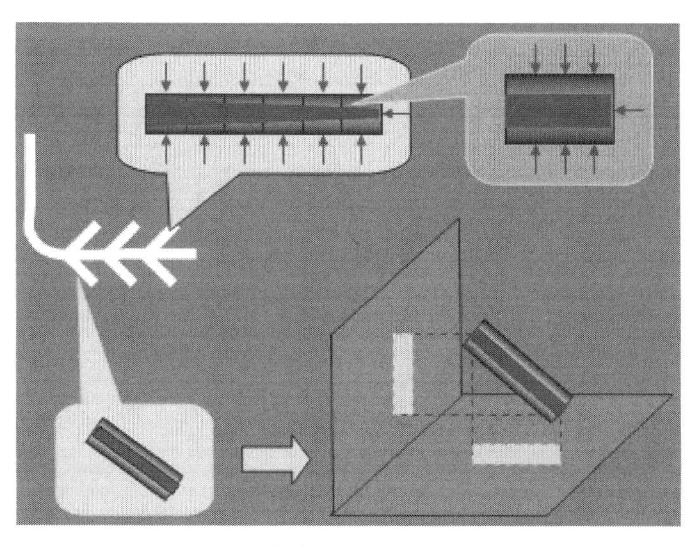

图 3-17　复杂生产段的微元处理示意图

（二） 井眼轨迹数学模型

多枝导流井的三维可视化设计，包括主井眼以及各个分支的空间几何位置，可直观展示井筒内流量、压力的分布及变化；

按照钻完井工艺标准，多枝导流井三维空间中表征某一井点的相对坐标数学描述包括垂深、井斜角θ以及方位角ω，因此多枝导流井生产段主井眼的第 i 微元段($i = 1、2、\dots、M$) 中点坐标 $M_i(x_{mi}、y_{mi}、z_{mi})$ 满足下列关系式：

$$x_{mi} = x_{m0} + \Delta L_m \times \sum_{k=1}^{i} (\sin\theta_k \times \cos\omega_k) \tag{3-121}$$

$$y_{mi} = y_{m0} + \Delta L_m \times \sum_{k=1}^{i} (\sin\theta_k \times \sin\omega_k) \tag{3-122}$$

$$z_{mi} = z_{m0} + \Delta L_m \times \sum_{k=1}^{i} \cos\theta_k \tag{3-123}$$

其中，

$$t = \mathrm{int}\left(\frac{L_{mfj}}{\Delta L_m}\right) \tag{3-124}$$

那么第 j 分枝井眼的第 k 微元段($k = 1、2、\dots、\mathrm{N}$) 中点坐标 $R_{jk}(x_{fjk}、y_{fjk}、z_{fjk})$ 满足下列关系式：

$$x_{fjk} = x_{fj0} + \Delta L_f \times \sum_{v=1}^{k} (\sin\theta_v \times \cos\omega_v) \tag{3-125}$$

$$y_{fjk} = y_{fj0} + \Delta L_f \times \sum_{v=1}^{k} (\sin\theta_v \times \sin\omega_v) \tag{3-126}$$

$$z_{fjk} = z_{fj0} + \Delta L_f \times \sum_{v=1}^{k} \cos\theta_v \tag{3-127}$$

整理上式可得以多枝导流井生产段起始坐标 $M_0(x_{m0}、y_{m0}、z_{m0})$ 为参照点，第 j 分枝井眼第 k 微元段 ($k = 1、2、\dots、N$) 中点坐标 $R_{jk}(x_{fjk}、y_{fjk}、z_{fjk})$：

$$x_{fjk} = x_{m0} + \Delta L_m \times \sum_{k=1}^{t} (\sin\theta_k \times \cos\omega_k) + \Delta L_f \times \sum_{v=1}^{k} (\sin\theta_v \times \cos\omega_v) + \delta_x \tag{3-128}$$

$$y_{fjk} = y_{m0} + \Delta L_m \times \sum_{k=1}^{t} (\sin\theta_k \times \sin\omega_k) + \Delta L_f \times \sum_{v=1}^{k} (\sin\theta_v \times \sin\omega_v) + \delta_y \tag{3-129}$$

$$z_{fjk} = z_{m0} + \Delta L_m \times \sum_{k=1}^{t} \cos\theta_k + \Delta L_f \times \sum_{v=1}^{k} \cos\theta_v + \delta_z \tag{3-130}$$

式中，δ_x 、δ_y 和 δ_z 为计算偏差修正值。

多枝导流井生产段主井眼微元段中点坐标与分枝井眼微元段中点坐标构成了多枝导流井的空间三维数学描述模型。

（三）微元段产能

实际井筒内的流动为非均匀流量，即从油层沿井长度方向流入井筒的流量不相等。因此，将生产段沿长度方向分成若干个连续的微元，由于每一微元段长度较短，可以假设流体从油层沿此微元各处均匀流入井筒，而各微元的流量不等。

1. 直井

$$Q_v = \frac{542.87 K_h h \Delta P}{\mu_o B_o \left(\ln \dfrac{R_{ev}}{R_{wv}} + S_v\right)} \tag{3-131}$$

式中，Q_v 为直井的产量，m^3/d；K_h 为水平方向渗透率，μm^2；h 为油层有效厚度，m；ΔP 为生产压差，MPa；μ_o 为原油黏度，mPa·s；B_o 为地层原油体积系数，m^3/m^3；R_{ev} 为直井泄油半径，m；R_{wv} 为直井井筒半径，m；S_v 为直井表皮系数，无因次。

2. 斜井

$$Q_s = \frac{542.87 K_e h \Delta P}{\mu_o B_o \left(\ln \dfrac{R_{ev}}{r_{we}} + S_v\right)} \tag{3-132}$$

$$r_{we} = (L/4)\left[0.454 \sin\left(2\pi R_{wv}/h\right)\right]^{\frac{h}{L}} \tag{3-133}$$

$$L = \frac{h}{\cos \alpha} \tag{3-134}$$

$$K_e = \sqrt{K_h \cdot K_v} \tag{3-135}$$

式中，Q_s 为斜井产量，m^3/d；r_{we} 为斜井有效井筒半径，m；L 为斜井井筒长度，m；α 为斜井倾角；K_v 为垂向渗透率，μm^2。

3. 水平井

(1) 分枝水平井公式：

$$Q_1 = \frac{542.87 K_h h \Delta P/(\mu_o B_o)}{\ln \dfrac{4^{\frac{1}{n}} R_{eh}}{L} + \dfrac{h\beta}{nL}\left[\ln \dfrac{h\beta/\sin\dfrac{\pi a}{h}}{2\pi R_{wh}} + (S_h + n \times dS \times L)\right]} \tag{3-136}$$

$$\beta = \sqrt{K_h/K_v} \tag{3-137}$$

式中，Q_1 为水平井产量，m^3/d；h 为油层有效厚度，m；L 为分枝水平井单支长度，m；a 为水平井至油藏底部的距离，m；K_h 为水平方向渗透率，μm^2；K_v 为垂向渗透率，μm^2；R_{eh} 为水平井泄油半径，m；R_{wh} 为水平井井筒半径，m；S_h 为水平井表皮系数基值，无因次；dS 为水平井表皮系数随水平段长度的增长率，1/m；n 为水平井分枝数。

(2)Giger 公式[57]：

$$Q_2 = \frac{542.87 K_h h \Delta P/(\mu_o B_o)}{\ln \dfrac{1 + \sqrt{1 - \left(\dfrac{L}{2R_{eh}}\right)^2}}{\dfrac{L}{2R_{eh}}} + \dfrac{\beta h}{L}\left[\ln \dfrac{\beta h}{2\pi R_{wh}} + (S_h + dS \times L)\right]} \tag{3-138}$$

(3)Borisov 公式[58]：

$$Q_3 = \frac{542.87K_h h\Delta P/(\mu_o B_o)}{\ln\dfrac{4R_{eh}}{L} + \dfrac{\beta h}{L}\left[\ln\dfrac{\beta h}{2\pi R_{wh}} + (S_h + \mathrm{d}S\times L)\right]} \tag{3-139}$$

(4)Renard 和 Dupuy 公式[59]：

$$Q_4 = \frac{542.87K_h h\Delta P/(\mu_o B_o)}{\cosh^{-1}(X) + (\beta h/L)\left\{\ln\left[\beta h/(2\pi R_{wh})\right] + (S_h + \mathrm{d}S\times L)\right\}} \tag{3-140}$$

$$aa = (L/2)\left[0.5 + \sqrt{0.25 + (2R_{eh}/L)^4}\right]^{0.5} \tag{3-141}$$

式中，X 为对椭圆排油区域，X=$2aa/L$；aa 为椭圆排油区域长轴的一半，m。

(5)Joshi 公式[60]：

$$Q_5 = \frac{542.87K_h h\Delta P/(\mu_o B_o)}{\ln\dfrac{aa+\sqrt{aa^2-(L/2)^2}}{L/2} + (\beta h/L)\{\ln[\beta h/(2R_{wh})] + (S_h + \mathrm{d}S\times L)\}} \tag{3-142}$$

4. 生产段流动模型

流体从油藏沿井长度方向各点流入井筒后，再从流入点处流向井根端，要使井筒内流体保持流动，指端到根端必然有一定的压力降。当油藏渗透率较低时，其压降比从油藏至井筒的压力降小得多，但当地层渗透率较高时，生产段较长且井筒内为紊流或多相流时，压力损失较大，就不能再忽略井筒内的压力降了。

生产时，井筒内除了沿井长度方向有流动 (主流) 外，油藏流体还沿井筒径向各处流入井筒。从分枝井筒指端到井筒根端，流体流量是逐渐增加的 (即变质量流)，沿主流方向流速也逐渐增加，加速度压降的影响不能忽略；油藏流体沿水平井筒径向流入，干扰了主流管壁边界层，影响了其速度剖面，从而改变了由速度分布决定的壁面摩擦阻力；另一方面，径向流入的流量大小影响水平井筒内压力分布及压降大小，反过来井筒内的压力分布也影响从油藏径向流入井筒的流量大小，因而油藏内的渗流与水平井筒内的流动存在一种耦合的关系。

设 n 分枝井眼在主井眼井底汇流，第 i 分枝井眼直径 d_i、横截面积 A_i、平均流速及流量分别为 v_i 和 Q_i、压力 p_i、汇流后流出流体速度 Q_z、主井眼直径 d_z、主井眼横截面积 A_z、压力 p_z。由工程流体力学可知，n 分枝圆管合流时第 i 圆管流向主圆管的能量公式为

$$\frac{p_i}{\gamma_i} + \frac{v_i^2}{2g} = \frac{p_z}{\gamma_z} + \frac{v_z^2}{2g} + \lambda_i\frac{l_i}{d_i}\frac{v_i^2}{2g} + \lambda_z\frac{l_z}{d_z}\frac{v_z^2}{2g} + h_{viz} \tag{3-143}$$

$$h_{viz} = \left(1 - \frac{d_i^2}{d_z^2}\right)^2 \frac{8\left(\sum Q_i\right)^2}{\pi^2 d_z^4 g} \tag{3-144}$$

式中，h_{viz} 为由第 i 分支井眼流向主井眼汇流时所产生的合流损失。

忽略求解节点处汇流前后流动长度上的压差损失：

$$\lambda_i\frac{l_i}{d_i}\frac{v_i^2}{2g} \approx 0 \tag{3-145}$$

$$\lambda_z \frac{l_z}{d_z} \frac{v_z^2}{2g} \approx 0 \tag{3-146}$$

得到

$$\frac{p_i}{\gamma_i} + \frac{v_i^2}{2g} = \frac{p_z}{\gamma_z} + \frac{v_z^2}{2g} + h_{viz} \tag{3-147}$$

整理后得到 n 分枝井眼在主井眼井底汇流时，第 i 分枝井眼流向主井眼的能量方程：

$$f\left(Q_i\right) + \frac{8\rho_i Q_i^2}{\pi^2 d_i^4} = p_z + \sum\left(\rho_i Q_i\right)\sum\left(Q_i\right)\frac{8}{\pi^2 d_z^4}\left[1 + \left(1 - \frac{d_i^2}{d_z^2}\right)^2\right] \tag{3-148}$$

5. 多枝导流井产能评价

多枝导流井作为多分枝井的一种特殊井型，日益在国内外油田，尤其是海上油田得到广泛应用，而多枝导流井井身结构的复杂性更增加了这种井型产能评价的难度。

按照多枝导流井的分枝井眼在主井眼两侧的分布特点，可将多枝导流井井型分为对称和非对称。在对多枝导流井生产段 (主井眼和分枝井眼) 进行数学描述的基础上，利用势叠加原理和微元线汇理论，考虑各分枝之间以及与主井眼之间的干扰，推导出封闭边界油藏中对称多枝导流井和非对称多枝导流井的产能评价数学模型。

设多枝导流井分枝井眼数为 N，将主井筒划分为 M 段 (对称多枝导流井 $M = N/2+1$；非对称多枝导流井 $M = N+1$)，分枝井眼单独一段，则可以得到多枝导流井划分的计算段数 NF 为 $M+N$。多枝导流井主井眼与所有分枝井眼同时生产时在任意点 $\mathrm{M}(x,y,z)$ 所产生的势为

$$\begin{aligned}\Phi\left(x,y,z\right) &= \sum_{i=1}^{M}\Phi_{m,i}\left(x,y,z\right) + \sum_{j=1}^{N}\Phi_{f,j}\left(x,y,z\right)\\ &= \sum_{i=1}^{M}\left[-\frac{q_{rm}\left(i\right)}{4\pi}\ln\frac{r_{m1}+r_{m2}+\Delta L_m\left(i\right)}{r_{m1}+r_{m2}-\Delta L_m\left(i\right)}\right] + \sum_{j=1}^{N}\left[-\frac{q_{rf}\left(j\right)}{4\pi}\ln\frac{r_{f1}+r_{f2}+L_f\left(j\right)}{r_{f1}+r_{f2}-L_f\left(j\right)}\right] + C\end{aligned} \tag{3-149}$$

根据镜像反映原理，厚度为 h 的封闭边界油藏中，多枝导流井生产段在 $\mathrm{M}(x,y,z)$ 点所产生的势为

$$\begin{aligned}\Phi(x,y,z) &= \sum_{i=1}^{M}\Phi_{m,i}(x,y,z) + \sum_{j=1}^{N}\Phi_{f,j}(x,y,z)\\ &= \sum_{i=1}^{M}\left(\begin{aligned}&-\frac{q_{rm}(i)}{4\pi}\Big\{\xi_{m,i}(z_{m,i},x,y,z) + \xi_{m,i}(-z_{m,i},x,y,z)\\ &+\sum_{n=1}^{\infty}[\xi_{m,i}(2nh+z_{m,i},x,y,z)+\\ &\xi_{m,i}(-2nh+z_{m,i},x,y,z) + \xi_{m,i}(2nh-z_{m,i},x,y,z)\\ &+\xi_{m,i}(-2nh-z_{m,i},x,y,z) + \frac{2\Delta L_m(i)}{nh}\Big]\Big\}\end{aligned}\right)\end{aligned}$$

$$+\sum_{j=1}^{N}\left[\begin{array}{l}-\dfrac{q_{rf}(j)}{4\pi}\left\{\xi_{f,j}(z_{f,j},x,y,z)+\xi_{f,j}(-z_{f,j},x,y,z)\right.\\ +\displaystyle\sum_{n=1}^{\infty}[\xi_{f,j}(2nh+z_{f,j},x,y,z)+\\ \xi_{f,j}(-2nh+z_{f,j},x,y,z)+\xi_{f,j}(2nh-z_{f,j},x,y,z)\\ \left.+\xi_{f,j}(-2nh-z_{f,j},x,y,z)+\dfrac{2L_f(j)}{nh}\right]\Bigg\}\end{array}\right]+C \tag{3-150}$$

在裸眼完井方式下，多枝导流井生产段沿程径向流量 $q_{rm}(i)$、$q_{rf}(j)$ 与流压 $p_{wfm}(i)$、$p_{wff}(j)(1\leqslant i\leqslant M,1\leqslant j\leqslant N)$ 的关系模型为

$$\begin{bmatrix}\boldsymbol{A}_{N\times N} & \boldsymbol{B}_{N\times M}\\ \boldsymbol{C}_{M\times N} & \boldsymbol{D}_{M\times M}\end{bmatrix}\begin{bmatrix}q_{rf}(1)\\ q_{rf}(2)\\ \vdots\\ q_{rf}(N)\\ q_{rm}(1)\\ q_{rm}(2)\\ \vdots\\ q_{rm}(M)\end{bmatrix}=\frac{4\pi K}{\mu_o}\begin{bmatrix}p_e-p_{wf,f}(1)\\ p_e-p_{wf,f}(1)\\ \vdots\\ p_e-p_{wf,f}(N)\\ p_e-p_{wf,m}(1)\\ p_e-p_{wf,m}(2)\\ \vdots\\ p_e-p_{wf,m}(M)\end{bmatrix} \tag{3-151}$$

根据质量守恒原理，第 i 微元段控制体的质量守恒方程为

$$q_{lm}\left(i-\frac{1}{2}\right)-q_{lm}(i-1)=-q_{rm}(i) \tag{3-152}$$

在忽略质量力作用的情况下，微元段控制体中流体沿井筒长度方向上受到摩擦阻力、上下游端面压力以及径向入流流体的惯性力作用，根据动量守恒定理有

$$\begin{aligned}&\left[p_{wf,m}\left(i-\frac{1}{2}\right)-p_{wf,m}(i-1)\right]\cdot\frac{\pi D_m^2}{4}-\tau_{w,m}(i)\pi D_m\Delta L_m(i)\\ &=\rho\frac{4\cdot q_{rm}(i)\left[q_{lm}\left(i-\dfrac{1}{2}\right)+q_{lm}(i-1)\right]}{\pi D_m^2}\end{aligned} \tag{3-153}$$

得到裸眼完井方式下非对称多枝导流井主井眼生产段沿程压力降计算模型为

$$\begin{aligned}\Delta p_{wf,m}(i)=&\frac{2\rho\Delta L_m(i)}{\pi^2 D_m^5}f_m\left[2q_{lm}(i-1)-q_{rm}(i)\Delta L_m(i)\right]^2\\ &+\frac{16\rho\Delta L_m(i)}{\pi^2 D_m^4}q_{rm}(i)\left[2q_{lm}(i-1)-q_{rm}(i)\Delta L_m(i)\right]\\ &+\frac{16\rho\cdot q_{rf}(i)}{\pi^2 D_m^4}\left\{\left[q_{lm}\left(i-\frac{1}{2}\right)+q_{lm}(i)\right]-q_{rf}(i)\cdot\frac{D_m^2}{D_f^2}\cos(Beta(i))\right\}\end{aligned} \tag{3-154}$$

以及非对称多枝导流井主井眼生产段沿程压力降计算模型为

$$
\begin{aligned}
\Delta p_{wf,m}(i) =& \frac{2\rho\Delta L_m(i)}{\pi^2 D_m^5} f_m \left[2q_{lm}(i-1) - q_{rm}(i)\Delta L_m(i)\right]^2 \\
&+ \frac{16\rho\Delta L_m(i)}{\pi^2 D_m^4} q_{rm}(i)\left[2q_{lm}(i-1) - q_{rm}(i)\Delta L_m(i)\right] \\
&+ \frac{16\rho\cdot q_{rf}(i)}{\pi^2 D_m^4}\left\{2\cdot\left[q_{lm}\left(i-\frac{1}{2}\right) + q_{lm}(i)\right]\right. \\
&\left. - \left[q_{rf}^2(i-1)\cos(Beta(i-1)) + q_{rf}^2(i)\cos(Beta(i))\right]\cdot\frac{D_m^2}{D_f^2}\right\}
\end{aligned}
\tag{3-155}
$$

多枝导流井产能评价步骤如图 3-18。

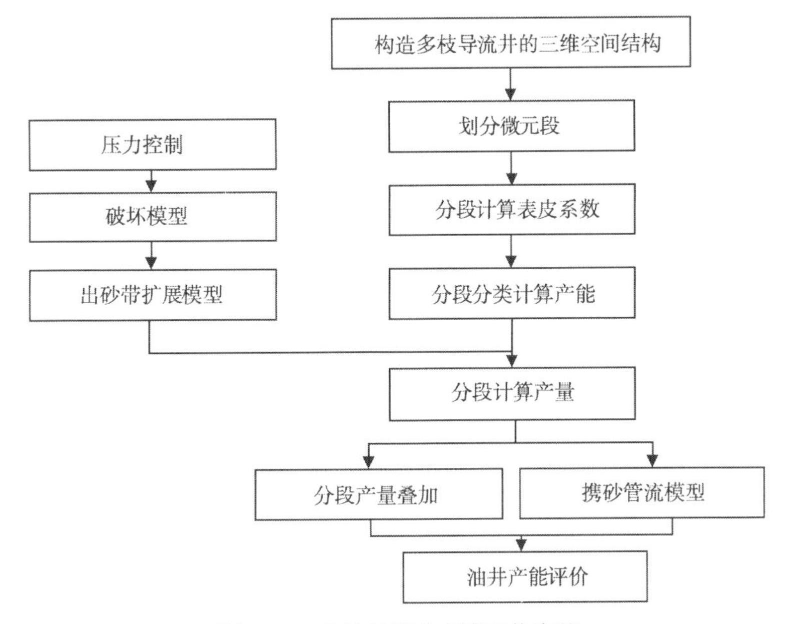

图 3-18　多枝导流井产能评价步骤

三、多枝导流适度出砂井产能求解过程

相对于常规生产井，出砂井产能预测的最大特点在于：出砂井的产量不仅来自于井筒射孔段，还来自于出砂孔道的尖端和出砂孔道的砂墙；其复杂性在于：不仅要预测出砂孔道的扩展动态，还要预测出砂孔道内压力和储层之间压差的变化。

出砂孔道的扩展是一个动态的过程，因此出砂井的产能也是一个动态的变化过程。按照以下流程预测油井的出砂量和对应的产能 (图 3-19)：

(1) 通过岩石力学实验及其他方式，获取储层岩石的强度、内摩擦角参数；

(2) 评价岩石强度随地层有效应力、流体等的改变趋势；

(3) 估算地层出砂的临界压力和临界流速；

(4) 利用岩心驱替和出砂实验，测算储层岩石的剥蚀系数；

(5) 设定模拟的初始时间；

(6) 利用油藏数值模拟软件，计算储层内压力和流体饱和度、流速的分布；
(7) 根据应力 - 应变及岩石破坏准则，判断储层内是否出砂以及出砂半径；
(8) 利用剥蚀模型计算出砂带扩展的时间动态；
(9) 利用分形几何模型，计算出砂带内的出砂孔道数量及几何尺寸；
(10) 根据出砂孔道内压力和储层压力，计算出砂孔道尖端的液 - 砂流量；
(11) 利用剥蚀模型计算出砂孔道砂墙的液 - 砂流量；
(12) 计算出砂孔道内的孔、渗、混合物黏度以及液 - 砂的浓度分布；
(13) 计算出砂孔道内的压力分布；
(14) 利用出砂孔道内压力和储层压力之间的差值计算出砂孔道的液 - 砂产量；
(15) 将出砂孔道产量并入井筒产量，得到出砂井产量；
(16) 增加时间步长；
(17) 重复 (6) ～ (16)。

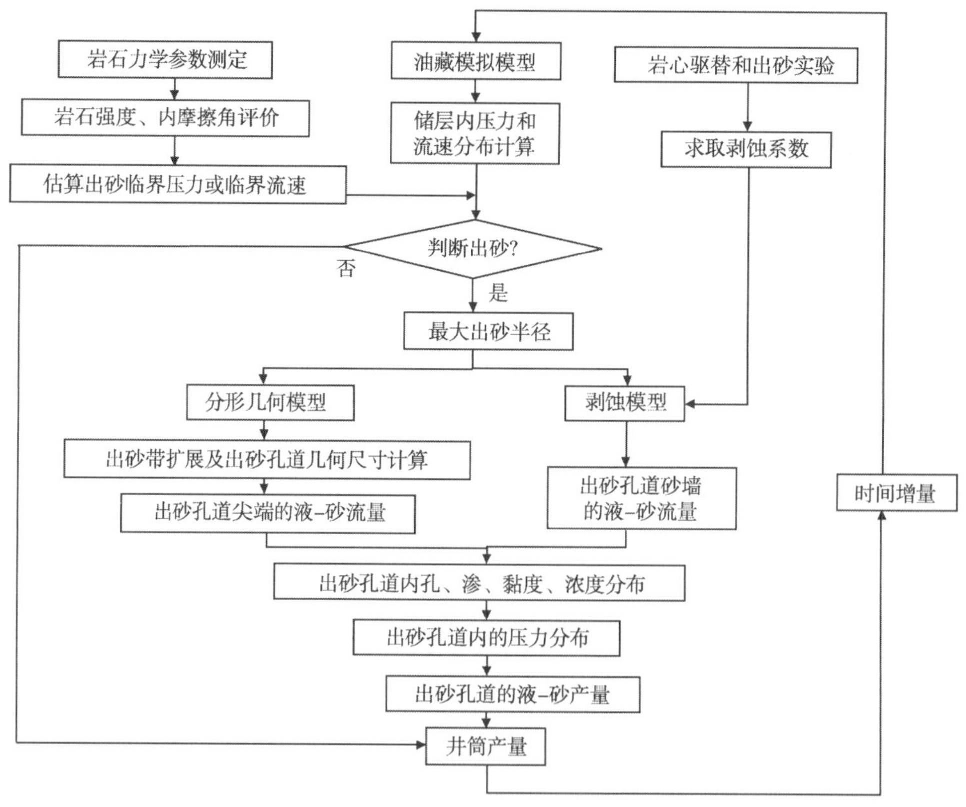

图 3-19 出砂井产能预测计算流程图

四、产能影响因素分析

(一) 出砂带的影响

在一定的地层强度下，不同的完井方式、防砂方式、生产压差将导致不同的出砂扰动带半径，从而对油井产量的影响程度也不一样。根据适度出砂井产能计算模型，对出砂带半径对产能的影响进行敏感性分析。结果表明，出砂带越长，产能提高越大，但由于产出砂对地层也具有一定的堵塞作用，因此对产能改善的幅度是逐渐变小的。

随着出砂带渗透率的改善油井产能提高，与出砂带半径相比，其渗透率对产能的影响更明显。

（二）　环空堆积砂的影响

根据适度出砂井产能计算模型，对环空堆积砂对产能的影响进行敏感性分析。计算结果表明，油井的米采油指数随着环空堆积砂厚度的增加和渗透率的降低而降低，且环空堆积砂渗透率对油井产能的影响较环空堆积砂厚度的影响大。

研究表明，环空的渗透率主要和环空堆积砂的砂粒粒径组成有关。当环空中的砂粒粒径小于 45μm 时，油井产能下降可达 60%～ 90%；当环空中砂粒粒径超过 150μm 后，油井产量可达 85%以上。环空堆积的砂粒越细，对产能降低的幅度越大；相反，环空堆积的砂粒越粗，对产能影响较小。因此，适当放大防砂管参数 (防砂精度) 可获得高产。

由于筛管的型号不同，其与地层或套管间的缝隙宽度不同，对产能的影响也不同。缝隙越宽，产能降低越大；反之亦然。因此，如果开始就在环空中充填大粒径砾石，这样可以减少环空堆积砂对产能的影响，利于防砂稳产。

（三）　不同防砂方式对产能的影响

通过对金属棉、金属网、割缝管三种防砂管进行测试，发现不同的防砂管对油井的产能影响程度不一样，其结果见表 3-1。

表 3-1　各种防砂管的防砂特征

类型	压差	砂量	砂粒	对泥质敏感性	对小颗粒的阻挡能力	防砂能力	产量
金属棉	较大	较低	开始较大，随后减小	敏感	强	强	低、稳产且有增大趋势
金属网	基本为 0	大	大	不太敏感	弱	弱	较高，但波动较大
割缝管	较小	较低	大且变化不大	不太敏感	弱	弱	最高，但有下降趋势

油井产量降低不仅仅是防砂管堵塞造成的，出砂后产出砂在防砂管与地层 (或套管) 的环空之间堆积 (图 3-20)，形成附加压降，同样严重影响油井产量。地层出砂后，当产出砂都随流体流经筛管携出井底而不在环空堆积时，与不进行适度出砂生产相比，油井产能将提高 1.71 倍，但当环空充满砂时产能仅提高 14.7%。

环空堆积不同粒径的砂对产能的影响程度不一样：堆积微细砂 ($<$ 45μm) 时产能下降 70%～ 90%；当堆积砂粒径超过 150μm 后产能可达到 80%～ 85%。环空堆积的砂粒越细，对产能降低的幅度越大；相反，环空堆积的砂粒越粗对产能影响越小。因此，适当放大防砂管参数 (防砂精度) 是获得高产所必需的。

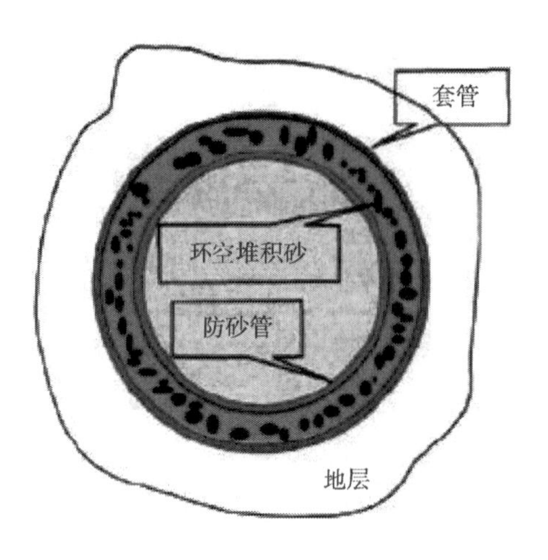

图 3-20　产出砂在环空堆积

第四章　多枝导流适度出砂井井壁稳定性研究

海上疏松砂岩稠油油藏开发存在以下特点：海上平台有使用寿命要求，因此，开采速度应尽量提高；提高生产压差后，由于地层自身稳定性差引起的地层出砂必须是可控的，其量应是平台有限范围内能有效处理和解决的，其可能出现的井下问题也应该是在保证海上油田经济开发前提下能满足和解决的。为此，保证海上疏松砂岩稠油油藏高效开发必须研究解决：①如何在保证有较高生产压差的同时，地层的出砂问题又能在可控制的范围内；②哪种构型的分枝井最稳定，在裸眼井条件下具有最大的生产压差；③如何保证分枝井系统在较长时间内稳定开采；④主井筒一定，分枝数越多，分枝井筒越长，泄油面积越大，但分枝井眼数量增大的同时，井眼间是否会相互影响，导致系统稳定性降低，从而导致可用生产压差减小，增加不必要的投入；⑤疏松砂岩地层见水后，分枝井能否继续采用原有生产压差正常稳定开采；⑥疏松砂岩地层压力下降后，分枝井生产压差是否需要调整以满足地层稳定的需要。

本章将针对海上油田开发特点，在疏松砂岩变形破坏特征、长期强度特性实验研究的基础上，研究分析疏松砂岩油藏适度出砂条件下的稳定性判别标准和判别方法，进而开展不同构型分枝井的稳定性及临界生产压差数值计算，研究提出正断型应力场下的最佳分枝井构型，为该类油藏分枝井构型优化提供指导性意见和建议。

主要包括如下研究内容：

(1) 多枝导流适度出砂井分枝结构对分枝井眼系统稳定性及临界生产压差的影响研究；

(2) 多枝导流井适度出砂开采对井壁稳定性的影响研究；

(3) 地层水侵对疏松砂岩稠油油藏分枝井系统稳定性的影响研究；

(4) 疏松砂岩稠油油藏多枝导流适度出砂分枝裸眼井系统的稳定性评价方法及优化设计软件开发。

第一节　分枝结构对分枝井眼系统稳定性及临界生产压差的影响

地应力状态一定的情况下，多分枝井结构及延伸方位是影响井眼系统稳定性的重要因素。本书利用有限元法以 SZ36-1 油田东营组油藏为研究对象，基于有限元数值模拟计算技术，建立 63 种构型模型，开展了主井眼延伸方位、主分井眼夹角、分枝井造斜率以及分枝井眼间距等因素对多分枝井系统稳定性及临界生产压差的影响研究。

一、有限元数值模型建立

利用有限元分析软件，首先必须建立合理的模型。本书采用 10 节点单元，建立 63 组不同空间构型的分枝井模型，主要包括 7 个主井筒延伸方位 (与水平最大主应力方位夹角 0°、15°、30°、45°、60°、75°、90°) 和 9 个主、分枝井筒夹角 (10°、20°、30°、40°、50°、60°、70°、

80°、90°)。图 4-1 所示为主井筒延伸方位平行于水平向最大主应力时的三维有限元实体模型。

模型尺寸：外基块 800m×600m×50m；主井筒长 700m，分枝井筒长 200m，分枝井筒间距 80m。

加载方式及约束如图 4-1 所示。

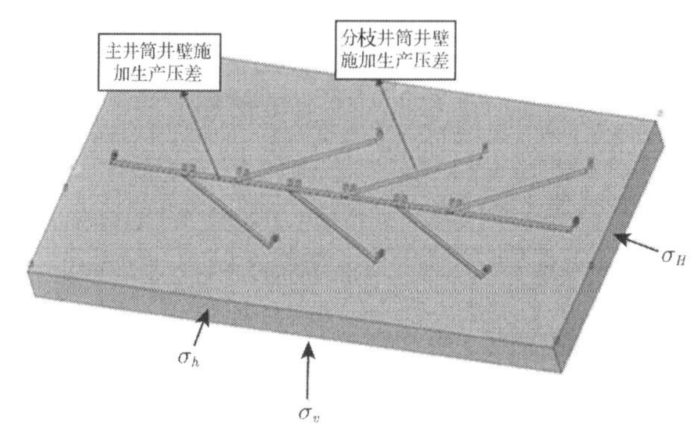

图 4-1　三维有限元实体模型

主井筒延伸方位平行于水平向最大主应力，主、分枝井筒夹角 40°，σ_H 为最大水平主应力，σ_h 为最小水平主应力，σ_v 为垂向应力

数值模型的相关地质力学参数见表 4-1(取自绥中 36-1 油田井壁稳定性相关研究报告)。

表 4-1　地质力学参数及分枝井基本参数

计算参数	取值
井区	绥中 36-1
地层	东营组
水平最大主应力/MPa	26.3
水平最小主应力/MPa	19.6
垂向主应力/MPa	29.7
弹性模量/MPa	8500
泊松比	0.22
内聚力/MPa	2.03
内摩擦角/(°)	30

二、分枝与主井筒夹角对分枝井井眼系统稳定性及临界生产压差的影响研究

为了研究主井眼延伸方向、主分井筒夹角对分枝井井眼系统稳定性及临界生产压差的影响，共建立了 81 种构型的分枝井有限元力学模型，见表 4-2 所示。

表 4-2　81 种分枝井构型

	主井筒与原地最大水平主应力方位间的夹角/(°)									
	0	10	20	30	40	50	60	70	80	90
主分井筒间夹角/(°)	10	10	10	10	10	10	10	10	10	10
	20	20	20	20	20	20	20	20	20	20

续表

	主井筒与原地最大水平主应力方位间的夹角/(°)									
	0	10	20	30	40	50	60	70	80	90
主分井筒间夹角/(°)	30	30	30	30	30	30	30	30	30	30
	40	40	40	40	40	40	40	40	40	40
	50	50	50	50	50	50	50	50	50	50
	60	60	60	60	60	60	60	60	60	60
	70	70	70	70	70	70	70	70	70	70
	80	80	80	80	80	80	80	80	80	80
	90	90	90	90	90	90	90	90	90	90

图 4-2 所示为主井筒平行于水平向最小主应力，主、分井筒夹角从 10° 变化到 90° 的分枝井实体模型及有限元力学模型。

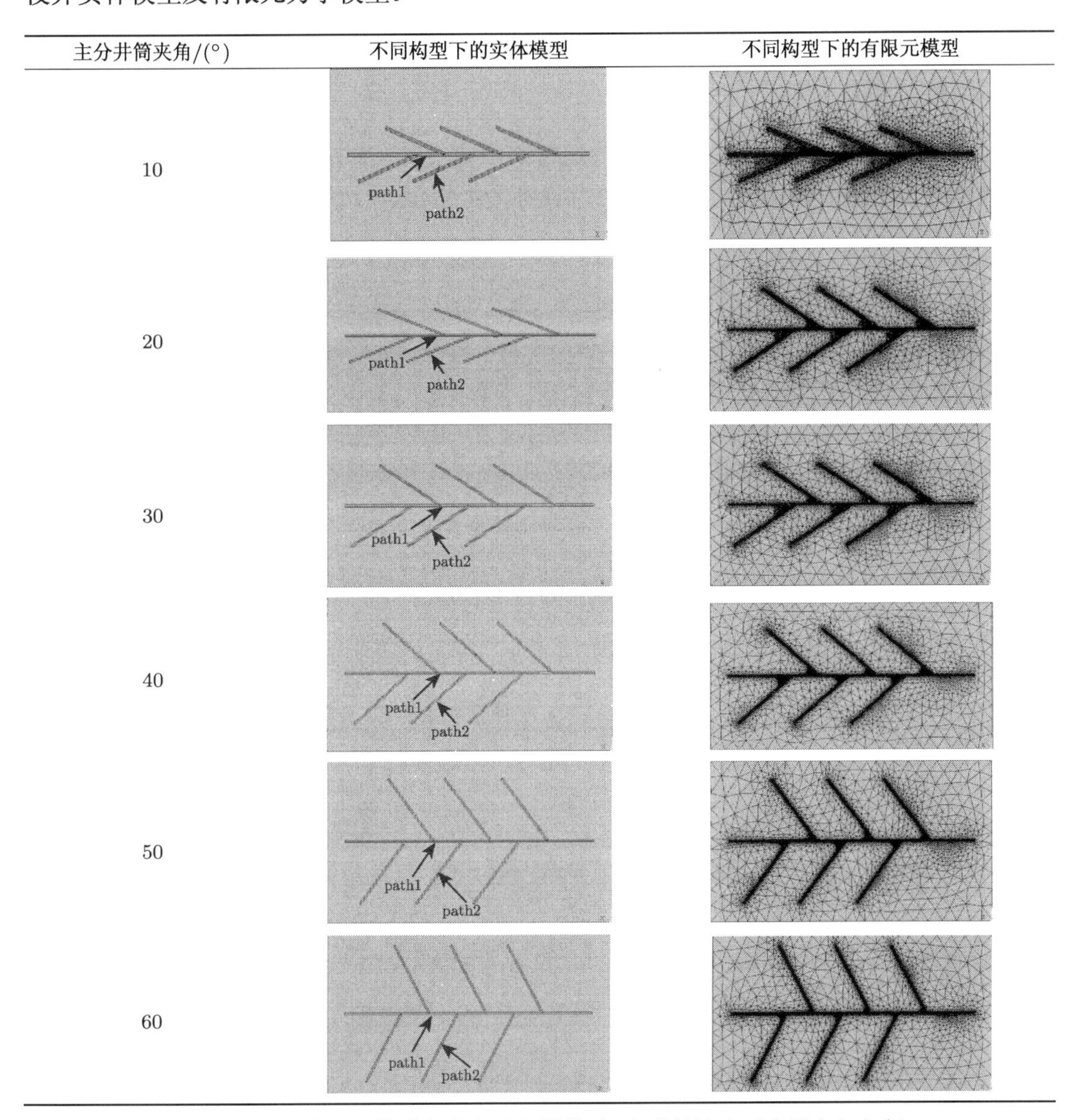

图 4-2　不同构型分枝井的有限元力学模型 (主井筒沿水平向最小主应力)

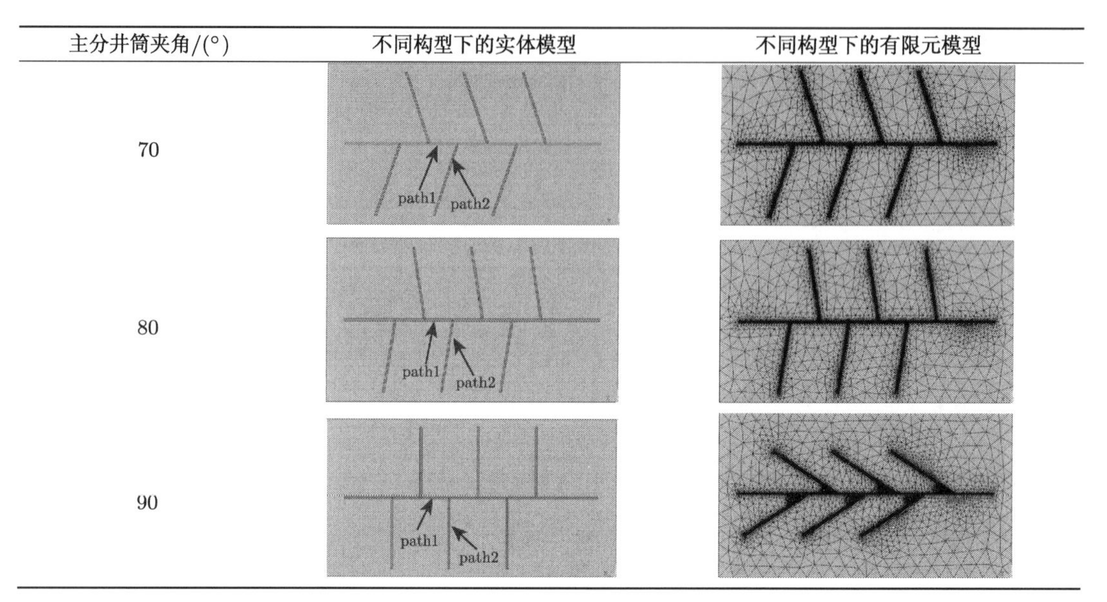

图 4-2(续)　不同构型分枝井的有限元力学模型 (主井筒沿水平向最小主应力)

主井筒分别平行于水平向最小主应力和水平向最大主应力时，改变主、分井筒夹角，用有限元软件模拟夹壁墙处的等效塑性应变分布。

根据计算结果得出，无论分枝井的空间构型如何变化，夹壁墙处均会产生很大的塑性应变，导致地层失稳，根据弹性力学，不同构型分枝裸眼井系统的实际可用生产压差均为零。不考虑结合部区域地层的影响，以远离结合部区域 (50m 外) 的井筒作为比较对象。此时，根据岩石力学的相关理论，可以认为分枝井眼、主井眼相互不影响，其稳定性及可用生产压差取决于两支水平井中最弱的一支。根据有限元计算得到的不同构型分枝井的临界生产压差见表 4-3。

表 4-3　不同构型分枝井的临界生产压差

		分枝井与最大水平主应力之间的夹角/(°)									
		0	10	20	30	40	50	60	70	80	90
主井眼与最大水平主应力之间的夹角/(°)	0	—	1.3	1.3	1.3	1.3	1.3	1.3	1.3	1.3	1.3
	10	1.3	—	1.4	1.4	1.4	1.4	1.4	1.4	1.4	1.4
	20	1.3	1.4	—	1.5	1.5	1.5	1.5	1.5	1.5	1.5
	30	1.3	1.4	1.5	—	1.6	1.6	1.6	1.6	1.6	1.6
	40	1.3	1.4	1.5	1.6	—	1.8	1.8	1.8	1.8	1.3
	50	1.3	1.4	1.5	1.6	1.8	—	2.1	2.1	2.1	2.1
	60	1.3	1.4	1.5	1.6	1.8	2.1	—	2.2	2.2	2.2
	70	1.3	1.4	1.5	1.6	1.8	2.1	2.2	—	2.2	2.2
	80	1.3	1.4	1.5	1.6	1.8	2.1	2.2	2.2	—	2.3
	90	1.3	1.4	1.5	1.6	1.8	2.1	2.2	2.2	2.3	—

根据有限元计算得到的不同延伸方向水平井筒的临界生产压差，可以看出当分枝井筒沿水平向最大主应力方向时，裸眼分枝井系统的临界生产压差取决于该分枝的稳定性；随着分枝井眼与水平向最大主应力夹角的增大，裸眼分枝井系统的临界生产压差取决于主井眼

的稳定性，总体表现出临界生产压差逐渐增大的趋势。

三、分枝延伸方向对分枝井井眼系统稳定性及临界生产压差的影响研究

综合上述研究，可以得到分枝井稳定性及临界生产压差与构型的关系见图 4-3 和图 4-4。由图可见，在分枝延伸方向一定的情况下，主井筒延伸方向越靠近最小水平主应力方向，总体生产压差越高；在主井筒延伸方向一定的情况下，分枝井筒延伸方向越靠近最小水平主应力方向，总体生产压差越高。

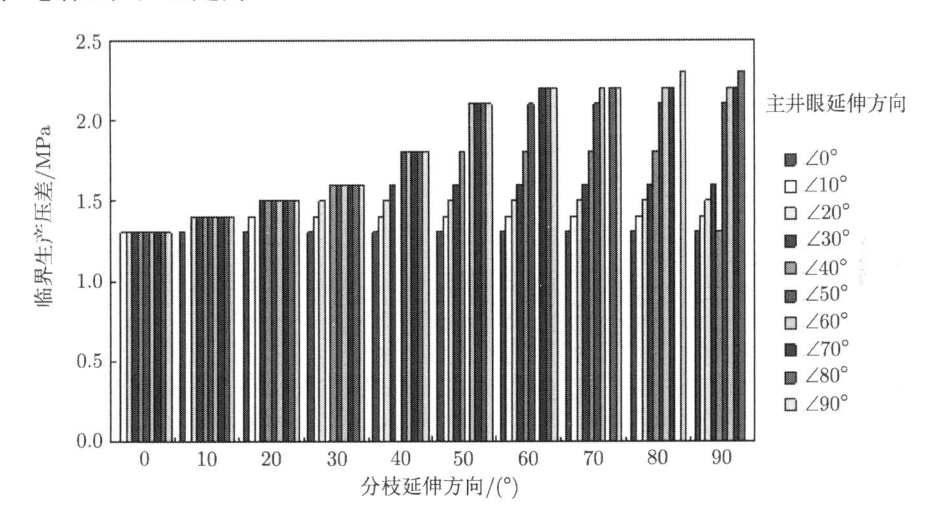

图 4-3　分枝井临界压差与空间构型关系图 (a)

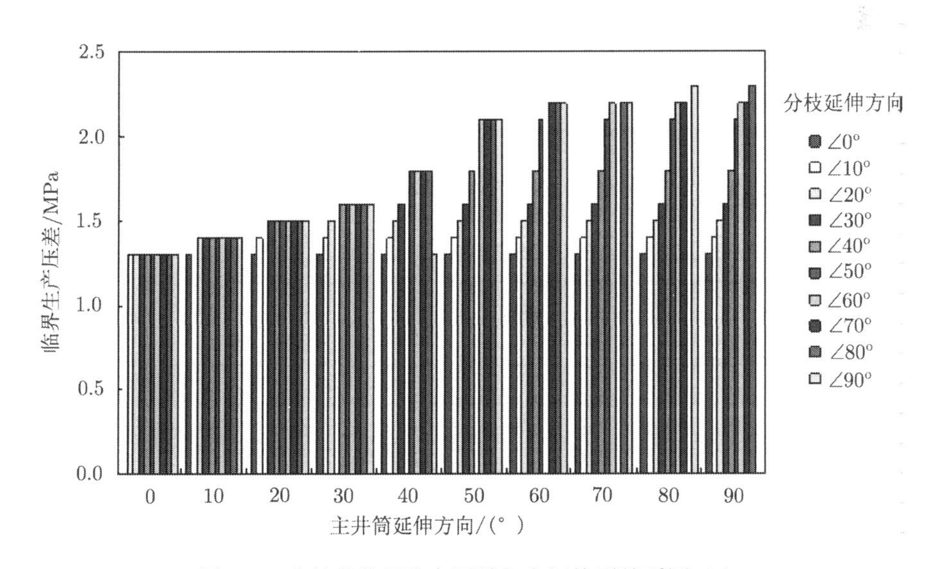

图 4-4　分枝井临界生产压差与空间构型关系图 (b)

四、分枝间距对临界生产压差的影响研究

分枝井筒间距是影响分枝井井壁稳定性的另一个主要因素，在其他条件相同的情况下，

相邻两个分枝井筒间是否会相互影响，影响有多大？以有限元力学模型为依据，开展了分枝间距对分枝井系统稳定性及临界生产压差的影响。模型中主井筒长 500m，分枝井筒长 150m，主井筒与分枝井筒夹角 20°，主井筒沿水平向最小主应力方向。

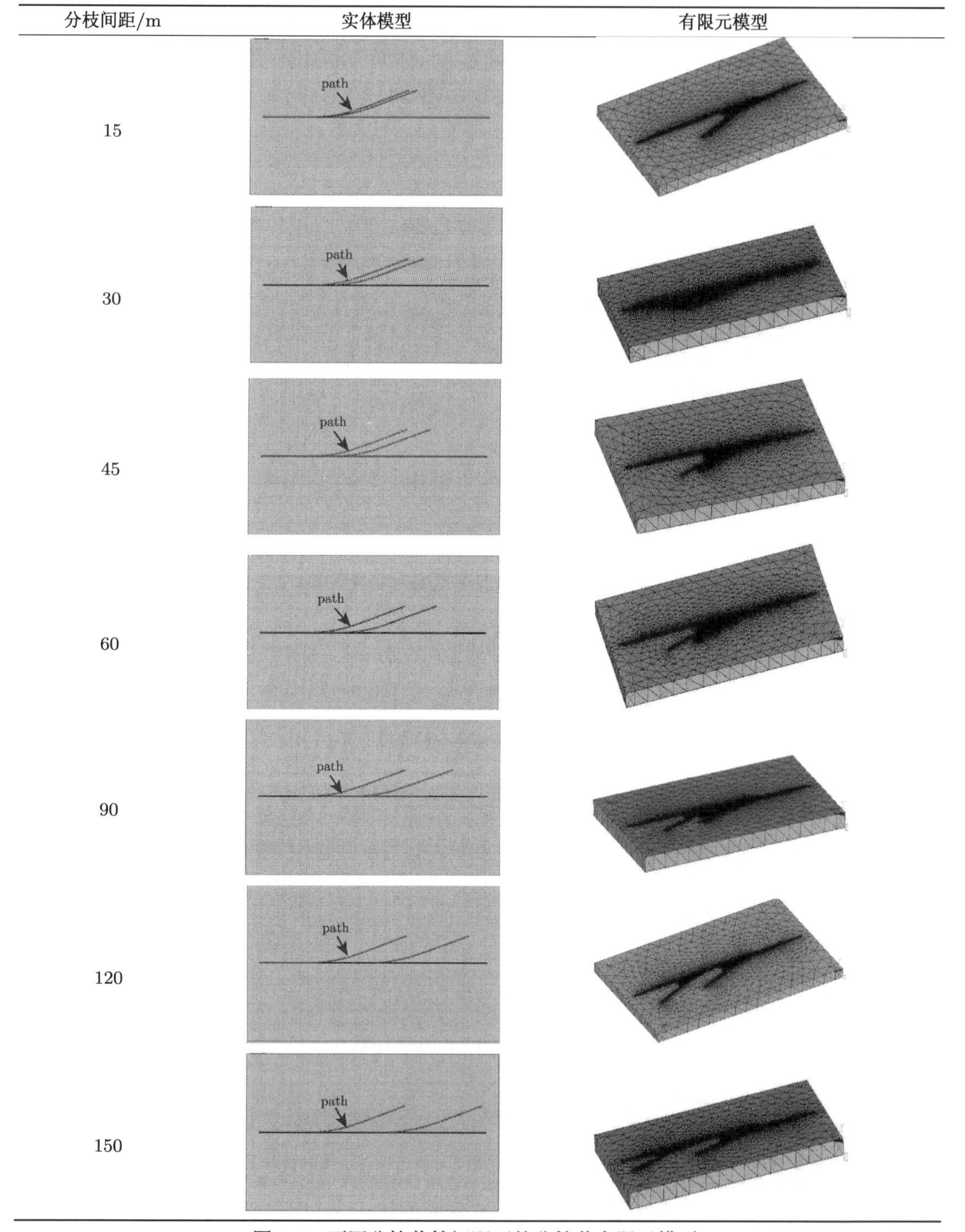

图 4-5　不同分枝井筒间距下的分枝井有限元模型

沿着 path 做出等效塑性应变与路径的关系图 (图 4-5)。以临界等效塑性应变 6‰为标准，确定在此空间构型下分枝井的临界生产压差。分枝井筒间距为 15m 时，临界生产压差为 1.2MPa；分枝井筒间距为 30m 时，临界生产压差为 2.4MPa；分枝井筒间距为 45m 时，临界生产压差为 3.1MPa；分枝井筒间距为 60m 时，临界生产压差为 3.3MPa；分枝井筒间距为 90m 时，临界生产压差约为 3.1MPa；分枝井筒间距为 120m 时，临界生产压差为 3.1MPa；分枝井筒间距为 150m 时，临界生产压差为 3.1MPa。

根据上述的计算，得到分枝井筒间距与临界生产压差的关系见图 4-6。

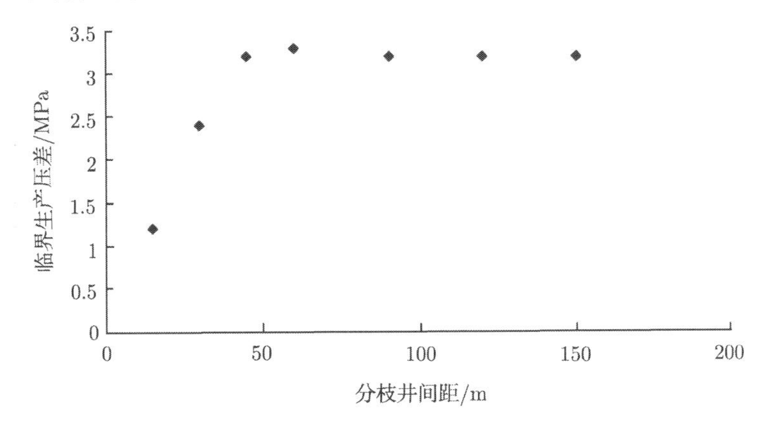

图 4-6　分枝井筒间距与临界生产压差关系图

从图 4-6 可见，当分枝井筒间距过小时，分枝井筒间相互干扰显著。随着分枝井筒间距增大，干扰逐渐减弱直至消失。对本研究涉及地层，分枝间距大于 45m 后分枝间影响可忽略。

采用同样方法，对分枝异侧的情况进行分析。建模参数，地质力学参数同前。根据计算，得到分枝同侧时井筒间距与临界生产压差关系图，如图 4-7 所示。从计算结果看，当分枝间距达到 40m 左右时，分枝间的干扰基本消失，分枝井的临界生产压差相同。

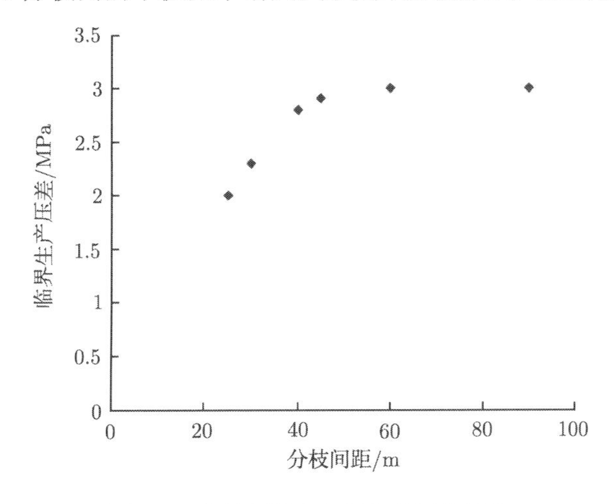

图 4-7　分枝间距与临界生产压差关系

五、分枝井造斜率对分枝井系统稳定性及临界生产压差的影响

（一） 造斜率对井壁稳定性的影响研究

结合目前研究区块分枝井实际井眼轨迹 (表 4-4)，研究了不同造斜率对分枝井井壁稳定性的影响。

表 4-4 分枝井井眼轨迹参数表

井眼轨迹基本参数	取值
垂深/m	1350
主井筒井眼尺寸/m	0.3
分枝井井眼尺寸/m	0.28
主井筒长度/m	400
分枝井长度/m	200
主井筒延伸方位	平行于水平向最大主应力
第一造斜点坐标 (已转换为直角坐标 x、y、z)	(100，100，0)
第二造斜点坐标 (已转换为直角坐标 x、y、z)	(200，100，0)
造斜率	1.5°/30m、3°/30m、6°/30m、10°/30m
主井筒与分枝井筒夹角/(°)	20
分枝间距/m	100

通过计算得到的不同造斜率下，塑性破坏深度与生产压差的关系见图 4-8。

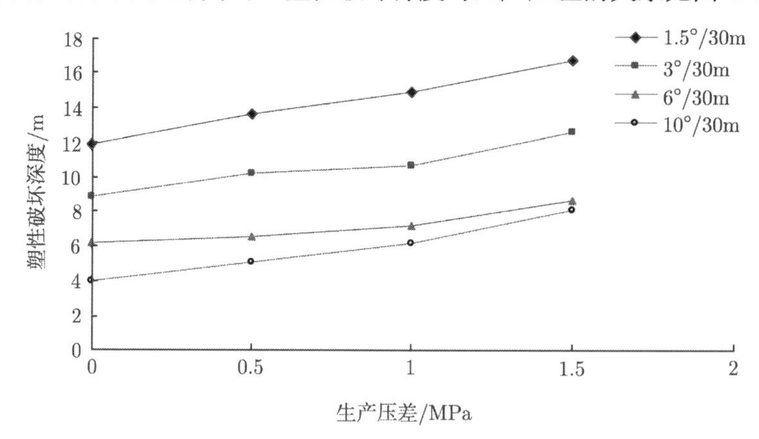

图 4-8 不同造斜率下生产压差与塑性破坏深度的关系

由图 4-8 可知，相同压差下，随分枝井眼造斜率增大，分井井眼系统的塑性破坏深度减小；但夹壁墙处的井壁失稳现象仍然非常严重，无法实现裸眼开采；在主、分井筒长度一定，主、分井筒夹角相同时，采用较大造斜率设计的分枝井具有更好的井壁稳定性；但此时，建议仍然采用能够对夹壁墙处起到支撑作用的完井方式来提高分枝井的系统稳定性。

（二） 造斜率为 3°/30m 时，主分井筒间不同夹角对井壁稳定性的影响

由前可知，随造斜率增大，分枝井系统稳定性增大。本节针对造斜率为 3°/30m 的分枝井，进一步研究了主、分井筒夹角为 4°、8°、10°、15° 时分枝井的井壁稳定性。

通过计算可知 (图 4-9)，主、分井筒夹角为 4° 时，临界生产压差为 2.5MPa；主、分井筒

夹角为 8° 时，临界生产压差为 2.8MPa；主、分井筒夹角为 10° 时，临界生产压差为 3.1MPa；主、分井筒夹角为 15° 时，临界生产压差为 3.4MPa。

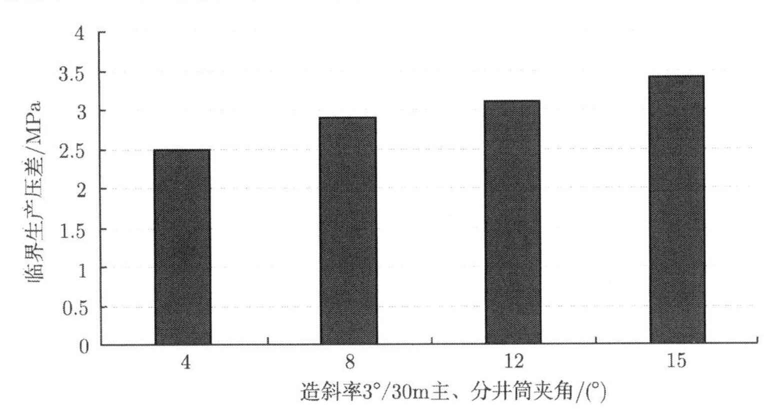

图 4-9 主、分井筒夹角与临界生产压差关系图

对以上计算结果进行分析可以得出以下结论：

(1) 随着主、分井筒夹角逐渐增大，临界生产压差逐渐增大；

(2) 随着主、分井筒夹角逐渐增大，主、分井筒结合区域的塑性破坏深度逐渐减小；

(3) 即便是在生产压差为 0MPa 时，夹壁墙区域的塑性应变值也超过了 6‰，即夹壁墙处存在很严重的失稳问题，在完井过程中应封固该区域。

六、疏松砂岩蠕变特性对分枝井临界生产压差及井壁长期稳定性的影响

疏松砂岩在载荷的作用下表现出蠕变特性，因此，为了保证分枝井系统的长期稳定性，必须考虑蠕变的影响。本书以 SZ36-1-A0 井为例，研究临界生产压差和蠕变对其长期稳定性的影响。

根据 SZ36-1-A0 井的钻井数据，水平井主井筒长度为 220m，主方位为 217°；只有一个水平分枝，其长度为 154m，最大方位角为 229°。根据实际井眼轨迹数据建立了如图 4-10 所示的水平分枝井模型。

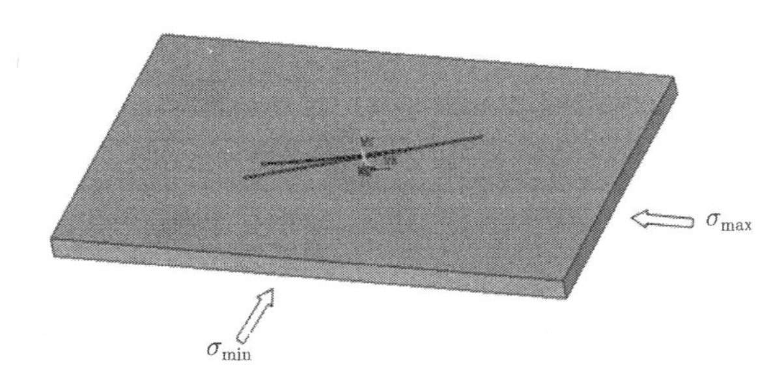

图 4-10 SZ36-1-A0 井实体模型

σ_{max} 为最大水平主应力，σ_{min} 为最小水平主应力

在开展该井生产压差研究过程中采用了如表 4-5 所示的计算参数。

表 4-5　地质力学参数及岩石强度参数

计算参数	取值
垂深/m	1510
水平最大主应力/MPa	29.25
水平最大主应力方位	N60°E
水平最小主应力/MPa	21.75
垂向主应力/MPa	33
弹性模量/MPa	8500
泊松比	0.22
内聚力/MPa	2.03
内摩擦角/(°)	30

分别计算了在不同压差下，在主井筒中下入筛管 + 盲管组合后分枝井眼周围地层的等效塑性应变，如图 4-11 所示。

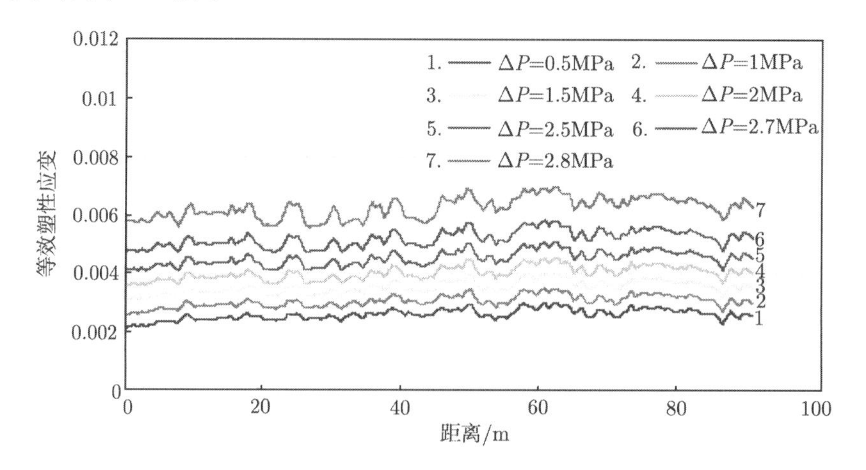

图 4-11　不同生产压差下分枝井筒夹壁墙侧等效塑性应变分布

从图 4-11 可以看出，当生产压差为 2.5MPa 时，分枝井井段的塑性变形均未超过临界等效塑性应变 6 ‰；当生产压差为 2.8MPa 时，分枝井部分井段塑性变形已超过临界等效塑性应变，为保持分枝井眼稳定，该井生产压差应不高于 2.8MPa。

由于 SZ36-1-A0 井位于疏松砂岩的地层，不可避免要受到蠕变的影响。下面计算了 SZ36-1-A0 井在生产压差分别为 1MPa、2MPa、2.5MPa、2.7MPa 时井壁的长期稳定性。结果如图 4-12 所示。

由图 4-12 可知，SZ36-1-A0 井生产压差适当调整后，可以保持井壁的长期稳定性。生产压差为 2.7MPa 时，安全生产时间为 90 天左右；生产压差 2.5MPa 时，安全生产时间可超过 1250 天。因此，采用 2.5MPa 或更低生产压差时，即便考虑蠕变的影响，也可以在长时间内保持井壁的稳定性，安全生产时间较长。

根据以上计算，得到如下结论：

(1) 在绥中地区地应力及岩石强度条件下，分枝裸眼井只要开井生产地层就将产出骨架砂，其在不同构型分枝井的计算结果上表现为 0MPa 条件下，沿主分井眼近井壁地层都有较大的塑性变形，一般大于 0.2%，因此，这种地层的生产实际本身就是在一定的骨架砂产出背景下进行的。

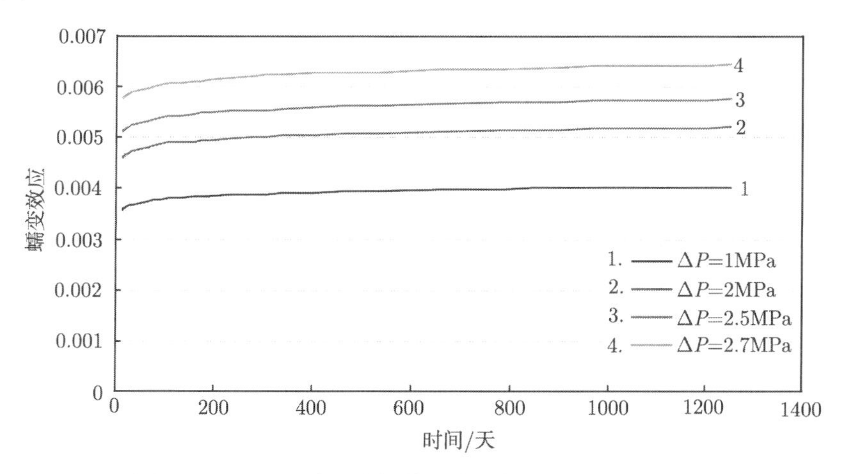

图 4-12 不同压差时分枝井侧壁蠕变应变与时间关系图

(2) 主分井眼结合部地层只要开井就将发生垮塌。

(3) 分枝井筒的间距会影响分枝井的临界生产压差。当分枝井筒间距过小，分枝井筒间会产生相互干扰。在当前地应力状态下，对同侧分枝井眼间距应不小于 45m；异侧分枝井眼间距应不小于 40m。

(4) 对 1.5°/30m、3°/30m、6°/30m、10°/30m 四种造斜率的计算分析表明，分枝长度相同时，随造斜率增大，分枝井眼系统稳定性增大。

(5) 研究区块的疏松砂岩抗压强度较低，具有一定的蠕变性，为保持油井长期较稳定的开采，必须考虑蠕变对生产压差的影响。地层的蠕变应变满足修正时间硬化模型，与时间呈幂指数函数关系。

七、游离砂启动生产压差分析

生产压差的改变除了影响地层塑性变形，引起骨架砂的剥落，还将引起流体流速的变化。当流体流速足够大时，会将地层中的游离砂携带出地层。即生产压差的增大到一定程度将引起地层中游离砂的产出。本节将就游离砂起动生产压差进行分析。

地层砂粒可在油流绕流过程中产生的作用力下推动迁移，最终导致井筒出砂。要判断井筒出砂能力，就要得知油藏孔隙中油流的携砂能力，这需要分析砂粒的受力情况。我们可将油藏孔隙内砂粒作为离散相，即视为分散在连续相中的球形颗粒。油藏孔隙简化为管流通道，单个颗粒在这样的孔隙通道中运动时所受的力有：拖曳力、上举力、压力梯度力、附加质量力、Basset 力、Saffman 升力和 Magnus 力、有效重力等 (图 4-13)。

由于颗粒在油流中的运动极为复杂，要完全分析颗粒的运动几乎是不可能的，所以对上述各力做适当的简化假设。一般油藏孔隙内的砂粒都较小，颗粒所受拖曳力、上举力、重力为主要作用力，其他作用力相比较小，可忽略不计。当油流流动加强到一定程度时，孔道中的砂粒开始脱离静止而运动，这一临界油流条件称为砂粒的起动条件。由于孔道表面是由各种不同大小、形态、比重、方位及不同相互位置的砂粒所组成的，故各自需要的起动条件具有随机性。为了近似分析，假设砂粒都是均匀的球形颗粒，形态、大小、方位一致，砂粒在外力作用下失去平衡的时候，这时油流作用在砂粒上的拖曳力为临界拖曳力。图 4-14 为孔道砂粒的受力情况。

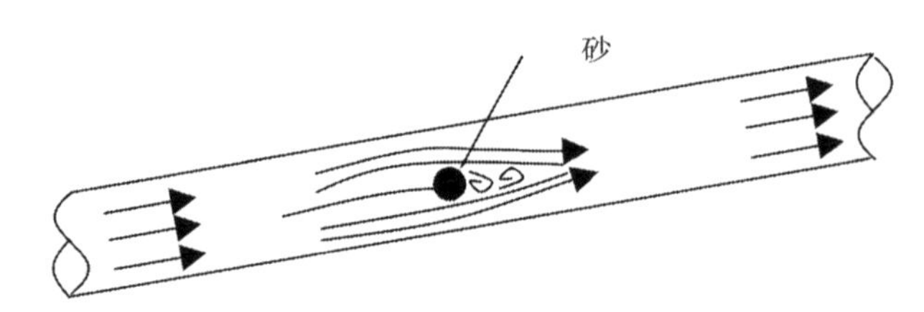

图 4-13　孔隙通道中砂粒的流动情况

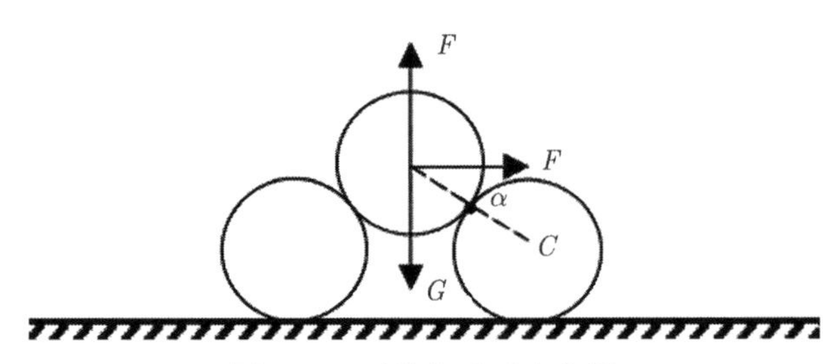

图 4-14　砂粒起动受力分析

根据 SZ36-1 油田东营组地层已有研究分析结果，依据上述理论分析游离砂的起动流速。结果如图 4-15、图 4-16 所示。

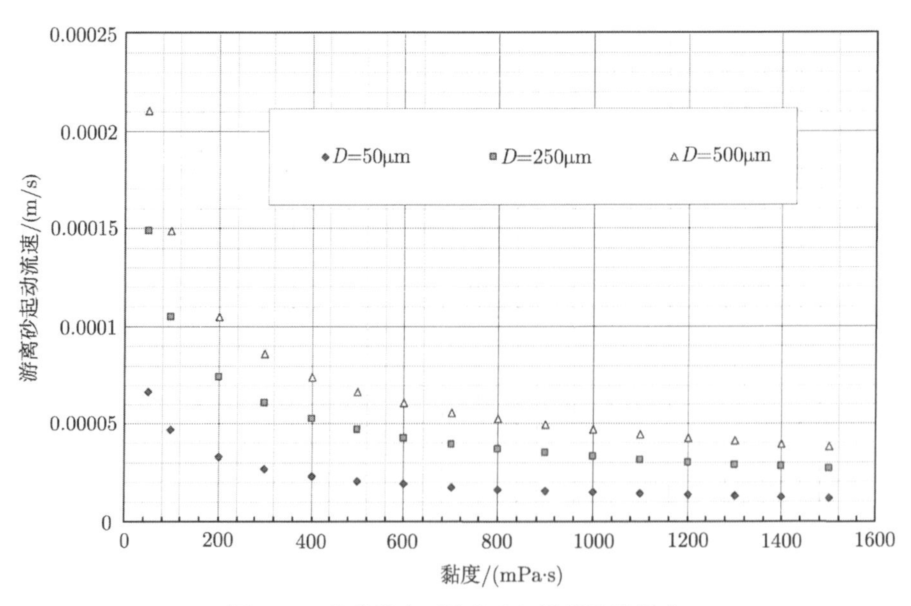

图 4-15　流体黏度对游离砂门限流速的影响

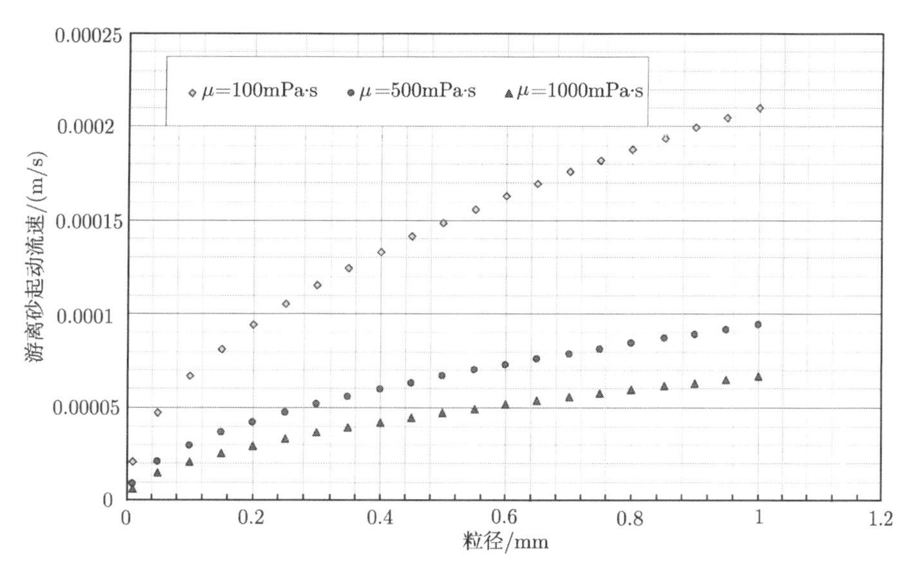

图 4-16 游离砂粒径对门限流速的影响

由上两图的分析结果可看出：

(1) 对于相同粒径的游离砂，起动门限流速随流体黏度的增大呈现乘幂关系减小。这是由于流体黏度越大，流动过程中的黏滞作用越强，起动相同粒径游离砂所需流速越小。

(2) 对于相同黏度的流体，起动门限流速随游离砂粒径的增大呈现乘幂关系增大。

(3) 已有研究表明：SZ36-1 油田东营组下段储层主要是中、细粉砂岩组成，D50 粒度分布范围主要在 50 ～ 400μm 之间；脱气原油黏度在 600 ～ 2245mPa·s。其所对应的游离砂起动门限流速为 10 ～ 80μm/s。

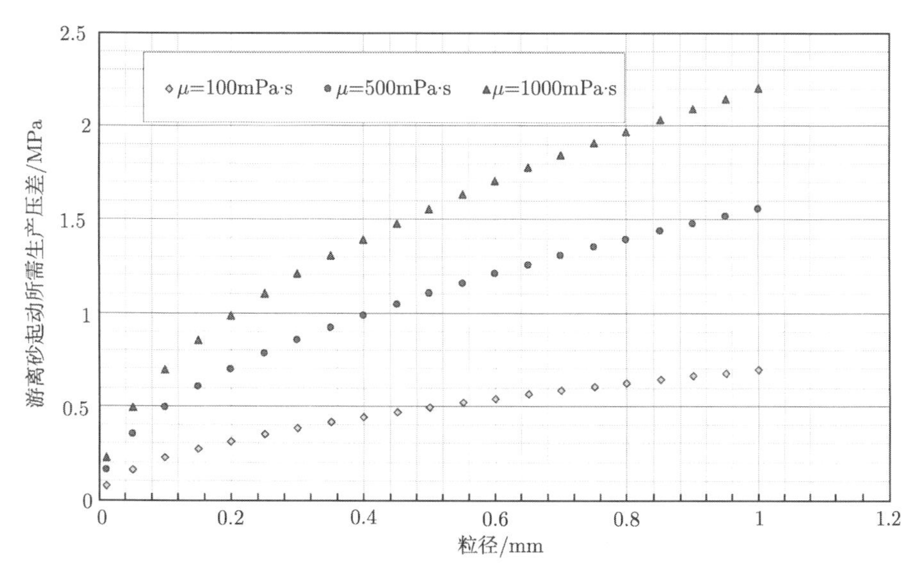

图 4-17 游离砂起动所需生产压差随砂粒粒径的变化

在临界流速分析的基础上，可进一步分析井周游离砂起动所需的最小生产压差，结果如

图 4-17 所示。结果显示：

(1) 流体黏度相同条件下，游离砂粒径越大，起动所需的生产压差越高；而原油黏度越高，对于同一粒径游离砂，起动所需生产压差也越高。这主要是由于流体黏度越大，流动性越差，达到相近流速，其所需要的生产压差越大。

(2) 对于 SZ36-1 油田东营组下段储层，D50 粒度分布范围在 50 ～ 400μm 之间，其流入井筒的起动压差均小于 2MPa。也就是说，即使在生产压差小于 2MPa 的条件下开采，由于流体的拖曳作用，仍会有地层游离砂产出。

第二节　多枝导流井适度出砂开采对井壁稳定性的影响研究

一、出砂量对疏松砂岩岩石强度特性的影响

研究区块的稠油油藏疏松砂岩地层只要开井生产实际就处于塑性状态，处于一定的出砂条件下。因此，随着开采的进行，地层中的少量骨架砂会随着流体的流动而产出。宏观产出砂中同时包含游离砂和少量的骨架砂，两种砂的产出对岩石强度的影响是不同的，但不管哪种砂产出，地层的有效孔隙度都将得到提高。为了对地层砂产出对岩石强度特性的影响有比较直观的认识，本书中分别采用填砂管模型和成型岩心对出砂后孔隙度的改善作用和岩石强度的影响进行了实验研究。

(一)　利用填砂管实验研究疏松砂岩地层出砂程度及对孔隙度的改善作用

填砂管实验准备：

(1) 实验用水采用现场实际地层水。

(2) 岩心制备：取储层露头岩心砂样，粉碎后做为原料，以实验填砂模型 (2.0cm×20cm) 为载体制备岩心，保持岩心均质且孔隙度在 30%～ 35%之间。

(3) 流程连接：根据实验需要布置实验流程，如图 4-18 所示。

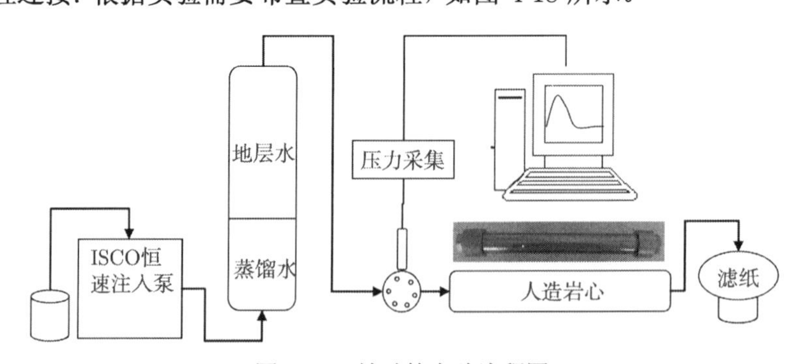

图 4-18　填砂管实验流程图

填砂管实验步骤：

(1) 孔隙度测定：为保证岩心不至于在饱和水过程中出砂，实验用极低流速对岩心实行长时间充分饱和。以饱和前后岩心重量的差值除注入水密度作为岩心孔隙体积。

(2) 出砂量测定：以恒定速度 (3mL/min) 对岩心进行冲洗，在岩心入口处测定注入压力并记录。在尾端根据出砂情况按一定间隔时间，用滤纸过滤出口处流体，收集出砂，之后在

烘箱内烘干称重。

(3) 数据处理：以每个出砂点对应压力点为依据，计算岩心渗透率。根据所收集出砂的重量以及砂的密度，计算累积出砂量并得出岩心孔隙度增量。以岩心孔隙度增量为横坐标，岩心渗透率为纵坐标作图。

为消除偶然误差，做了多组重复实验。实验过程中，在出砂情况下的压力变化、孔隙度增量对渗透率的影响情况分别见图 4-19 和图 4-20。

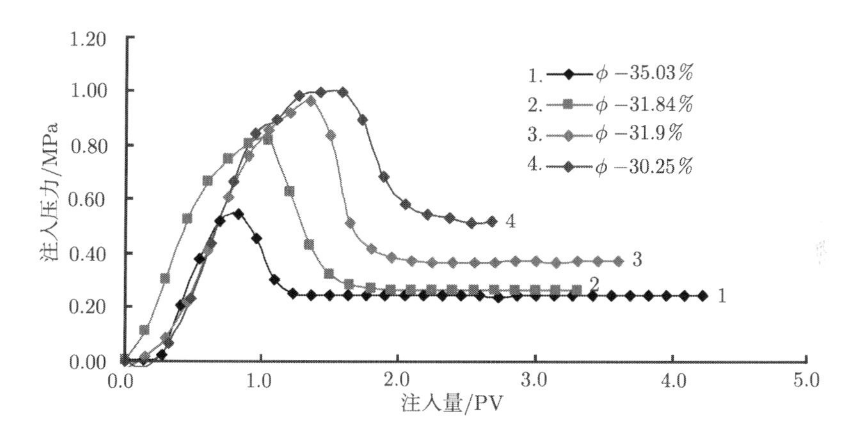

图 4-19 入口处压力变化曲线

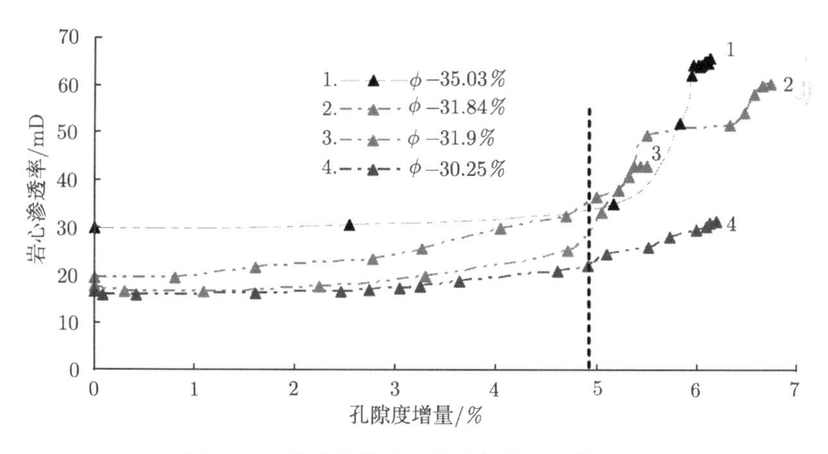

图 4-20 孔隙度增量对渗透率的影响情况图

从多组实验结果可以看出，随着注入量的增加，注入压力不断升高，随之岩心开始出砂，压力升高速度减缓，而注入量达到一定程度 (约 1 ～ 1.5PV)，由于注入水对岩心的冲刷作用使得岩心结构遭到破坏，导致大量出砂。当出砂量增加到一定程度之后，注入压力出现陡降，渗透率突然增大。从孔隙度增量对渗透率的影响情况图中我们可以看到，当出砂使得孔隙度增加幅度达到 5%左右时，岩心渗透率增加速度明显加快，之后出砂量逐步减少，岩心渗透率也达到一个相对稳定的值，即岩心孔隙度达到 35%～ 40%时，岩心在注入水一定的渗流速度下渗透率可以达到一个相对稳定的值。

(二) 基于成型岩心研究出砂量对疏松砂岩强度特性的影响

为了获得不同出砂量下岩石的强度特性，选取一批孔隙度相同的岩心，采用如图 4-21 所示的流程，在不同的流动压差下采用气驱疏松砂岩，在出口端粗略计量出砂体积，当预计满足要求时将岩心取出，重新测量岩心的孔隙度。孔、渗测量采用如图 4-22 所示的装置。

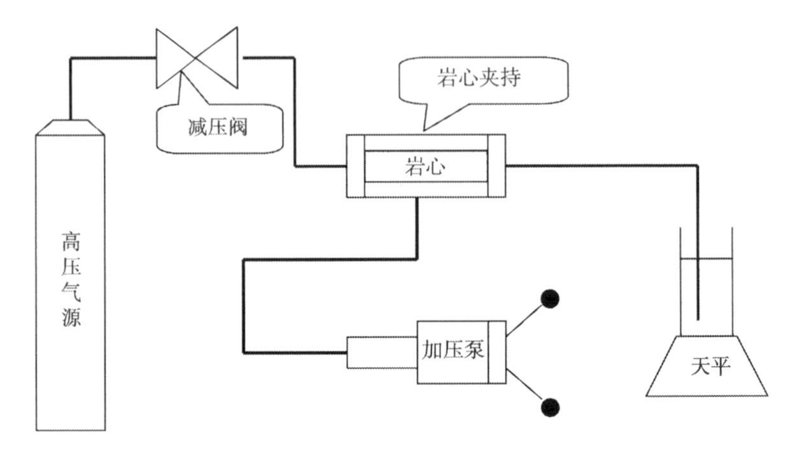

图 4-21　疏松砂岩气驱流程

图 4-22　孔、渗测量仪

选取孔隙度与 SZ36-1 油田岩石孔隙度及初始强度相当的砂岩露头岩心 12 块，采用氮气驱砂实验获取不同孔隙度的疏松砂岩岩心，得到各岩心的应力–应变曲线。分析得到的各岩心的临界等效塑性应变。从表 4-6 可见，随着少量地层砂的产出，孔隙度会有所增大，但在出砂限度内与原岩相比，临界塑性应变值变化不大。驱替实验发现，能够驱出的砂量非常小，对孔隙度的改变一般不足 5%。

疏松砂岩出砂前、后临界等效塑性应变对比见图 4-23。从实验数据及对比看，在骨架稳定的条件下岩心少量出砂不会引起岩石强度及临界等效塑性应变的明显改变。

表 4-6　岩石氮气驱替不同孔隙度条件下的抗压强度特性

岩心	孔隙度/%	抗压强度/MPa	屈服强度/ MPa	弹性摸量/MPa	泊松比	等效塑性应变/%
J1	33.3	19.6	9.20	2315.7	0.2117	0.757
J2	33.3	14.9	8.90	1604.7	0.2922	0.440
J7	32.9	23.9	15.0	2442.4	0.1604	0.526
J8	32.8	16.6	13.8	1617.7	0.4090	0.588
J9	29.6	28.7	13.7	3173.9	——	0.442
J10	30.1	19.3	12.8	1771.8	——	0.582
G1	33.3	26.0	16.3	2357.1	0.1819	0.607
G2	33.0	19.0	11.9	1941.2	0.3188	0.467
G3	31.7	25.2	15.1	3018.2	——	0.690
G4	32.8	20.3	15.2	2577.2	——	0.709
G5	33.6	22.3	13.1	2266.9	——	0.499
G6	33.9	16.2	8.50	1516.7	0.2932	0.780

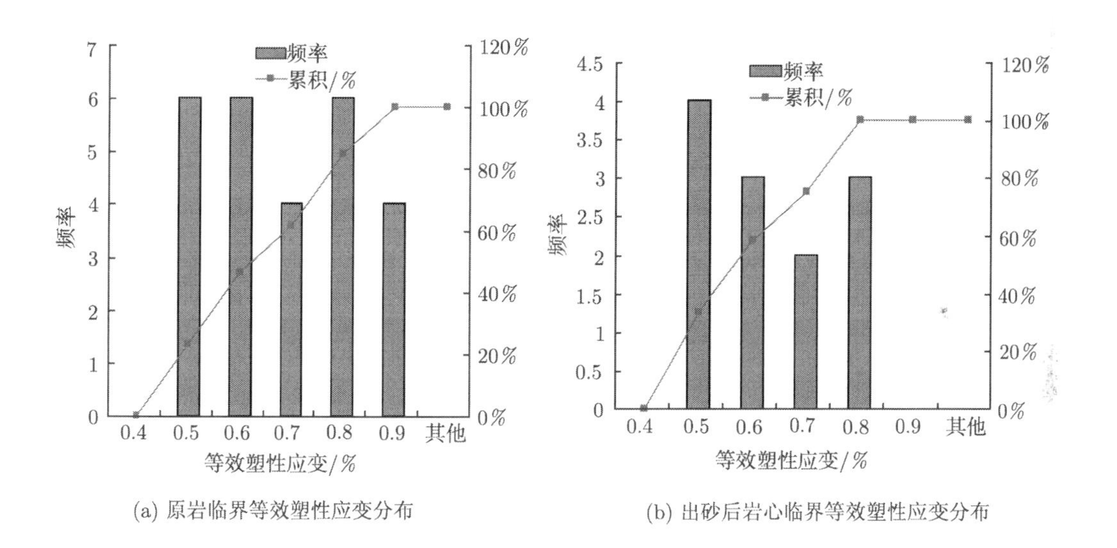

(a) 原岩临界等效塑性应变分布　　(b) 出砂后岩心临界等效塑性应变分布

图 4-23　出砂前后临界等效塑性应变对比图

二、油藏适度出砂开采对井壁稳定性及出砂区域的影响研究

以 SZ36-1 油田区块 C0 为例，建立实体模型 (图 4-24)。模型尺寸：500m×300m×20m。该井造斜率 2.2°/30m，主、分井筒夹角 17°，主井眼长 400m，分枝井筒 170m，分枝间距 80m。地应力及岩石强度参数同前。

采用该实体模型分别计算分析了裸眼井和主井筒下筛管两种完井方式下，井周地层的变形特征。

(一)　生产压差对出砂波及体积的影响

图 4-25 所示为不同压差下，裸眼完井分枝井井壁变形。图 4-26 为不同压差下，沿夹壁墙一侧塑性应变超过 6‰的井段长度 (破坏深度) 随压差的变化关系。从图 4-26 可见，破坏深度随压差增大呈指数增长。

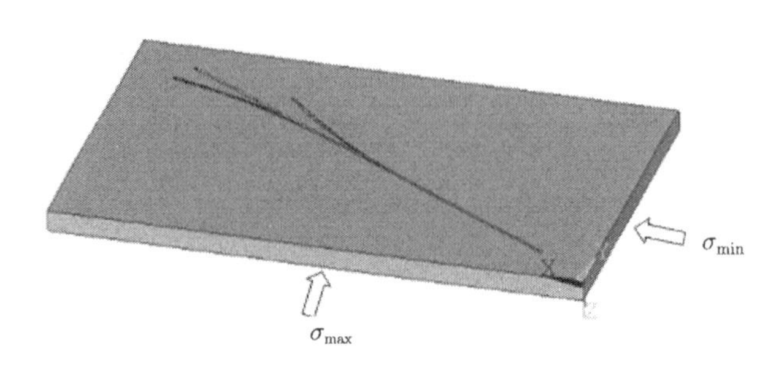

图 4-24　实体模型

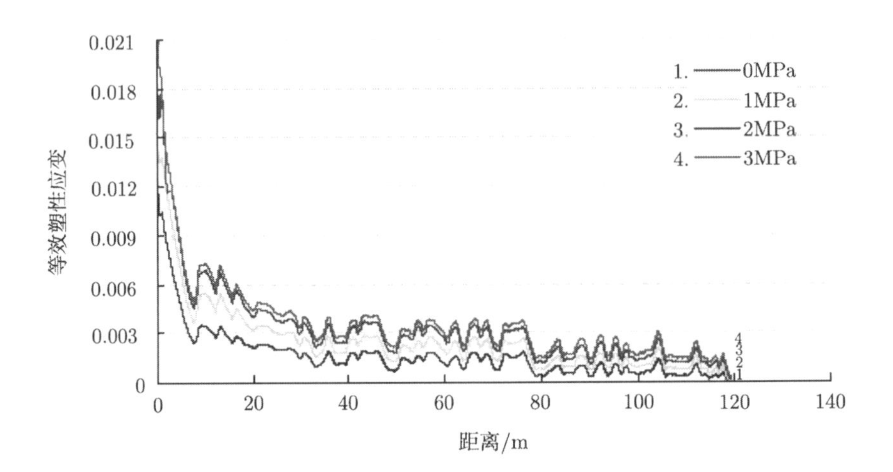

图 4-25　不同压差下分枝井筒夹壁墙侧等效塑性应变分布

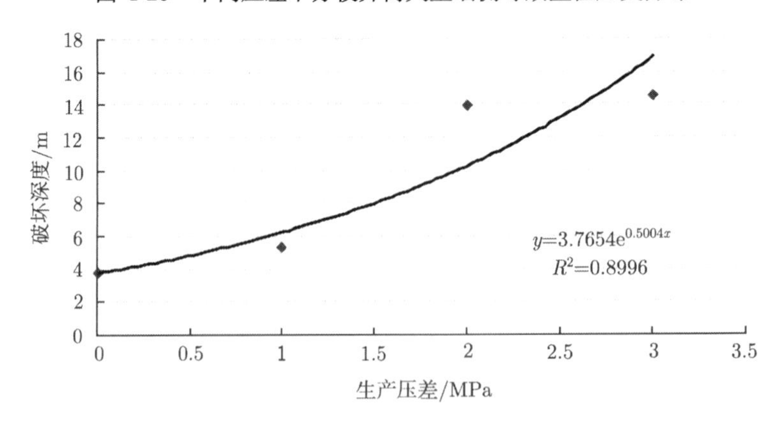

图 4-26 分枝井眼破坏井段长度与压差关系

图 4-27 所示为不同压差下，裸眼分枝井夹壁墙垮塌体积与总垮塌体积关系。可见，在低压差下，地层出砂主要来自夹壁墙及其附近地层。随压差增大，出砂区域将逐渐波及整个井筒。

图 4-28 所示为不同压差两种完井方式下的出砂波及地层体积对比。

综合图 4-28 及前面各图可见：

(1) 出砂波及区域体积随生产压差增大呈指数增大。

(2) 完井方式改变对夹壁墙、井周地层变形程度及出砂趋势有很大影响。裸眼完井时，分枝井结合部地层极不稳定，部分投产前实际已垮塌。主井筒下筛管后，结合部塑性变形、出砂趋势都大幅下降。

(3) 当生产压差较低时，分枝井垮塌出砂主要集中在分枝井结合部，对分枝井结合部进行处理后可以较为稳定的进行生产。当生产压差增加到一定程度后，分枝井其他部位出砂趋势及出砂量会逐渐增加，如果继续增大生产压差，将给分枝井系统带来灾难性破坏。此时可以有两种方法降低出砂风险：一是选择合适的生产压差，控制垮塌出砂区域；二是继续提高生产压差但必须采取更高级别完井措施。

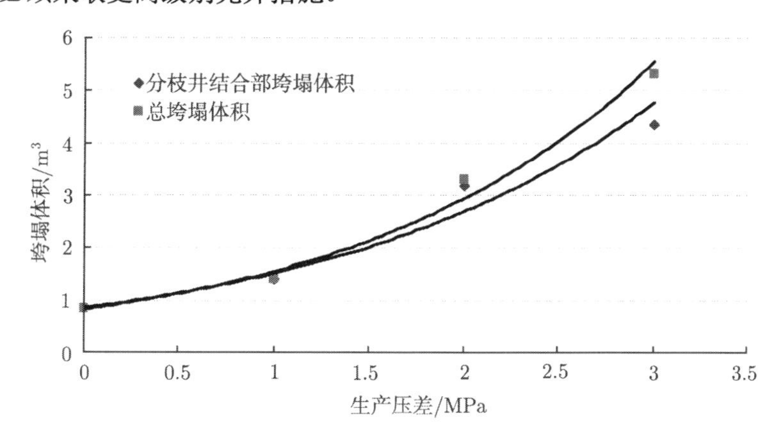

图 4-27　不同压差时结合部垮塌体积与总垮塌体积

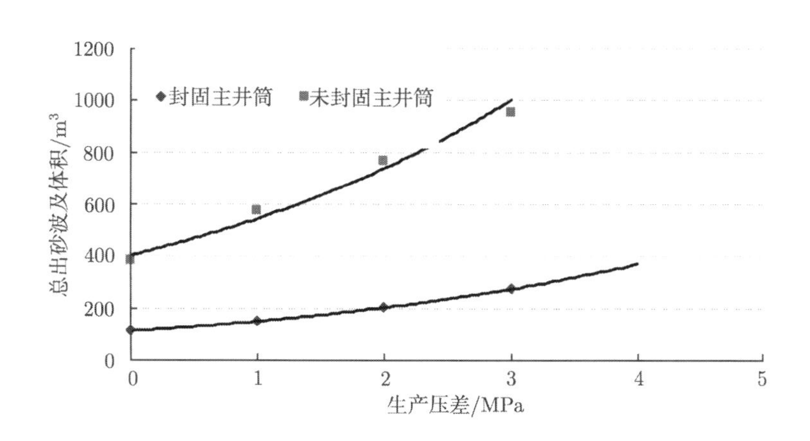

图 4-28　不同压差下封固前后分枝井出砂波及体积

(二)　生产压差对出砂半径的影响

根据计算结果，分别得到不同压差下，主井筒、分枝井筒 4 个截面的塑性变形区域半径 (图 4-29) 以其平均值作为各压差下的平均出砂区域半径 (图 4-30)。

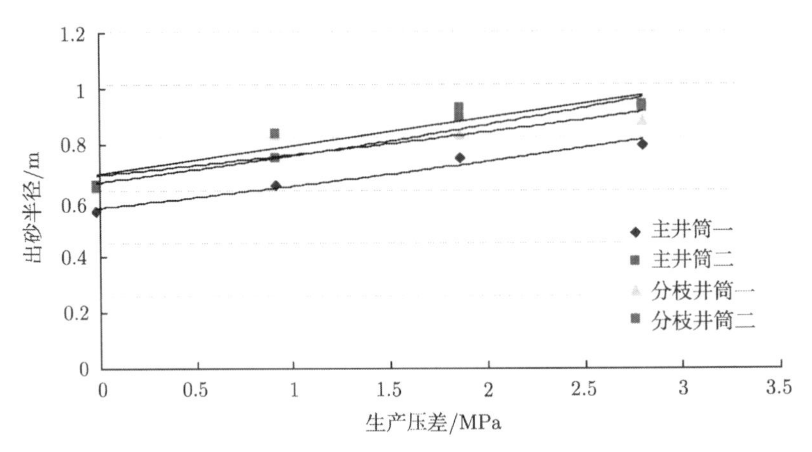

图 4-29　主井筒分枝井筒出砂半径与生产压差关系图

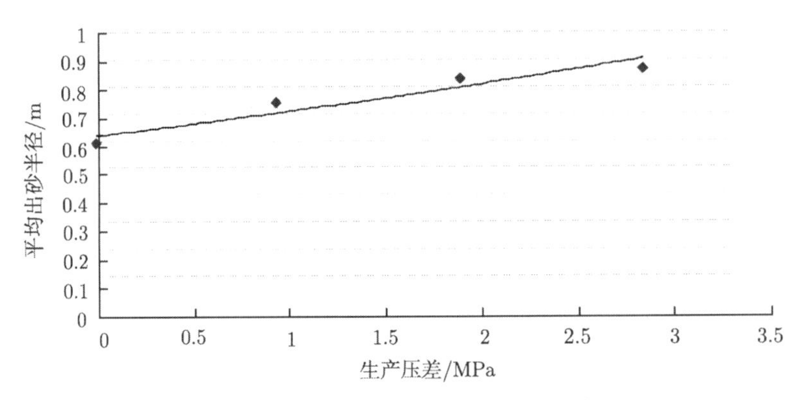

图 4-30　平均出砂半径与生产压差关系图

从图 4-29 可见，主、分井筒周围出砂半径随生产压差增大呈线性增大，但变化斜率较小，即压差从 0MPa 增至 3MPa 时，出砂半径仅增加不足 0.3m。但从图 4-28 可以看到，出砂波及区域体积增速明显。这说明地层出砂主要是由于井筒附近地层塑性变形增大引起，而非出砂半径扩展。

综上可以得到以下认识：地层出砂的来源主要是主、分井筒附近区域，有可能井筒附近地层大量出砂垮塌，甚至被掏空，但远离井筒的地层还是保持稳定。

（三）油藏压力变化对主井眼及分枝系统稳定性的影响研究

随着地层中油气的不断采出，油藏压力将逐渐降低。从而改变井周地层应力分布进而影响分枝井的稳定性。

继续以 SZ36-1-A0 井井为模型，计算得到压力系数下降为 0.9、0.8、0.7、0.6、0.5 的两井的等效率塑性应变云图及临界生产压差。计算得到 SZ36-1-A0 井不同压差下的等效应变变化，及临界生产压差随地层压力的变化 (图 4-31) 随压力系数下降，相同压差下井眼周围地层中的等效塑性应变增大，临界生产压差随地层压力降低呈指数下降。

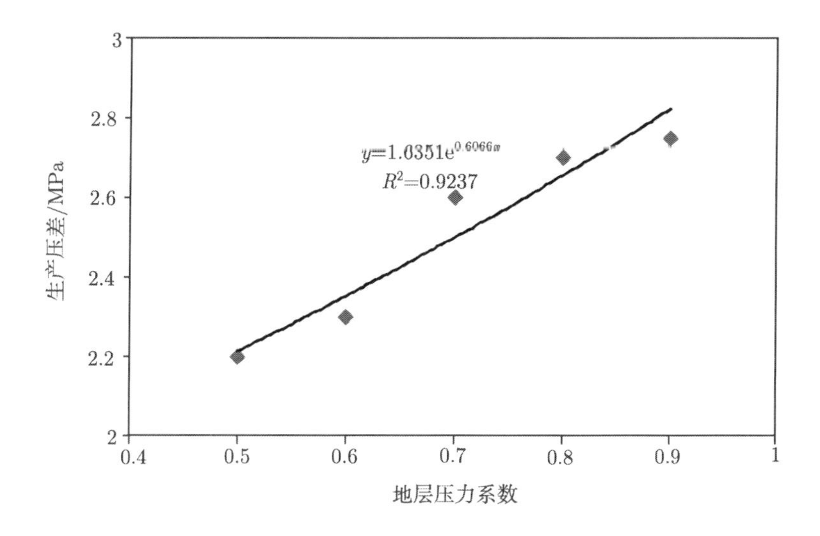

图 4-31　压力降低对 SZ36-1-A0 井临界生产压差的影响

第 三 节　地层水侵对主井眼及分枝系统井壁稳定性的影响研究

水作用将降低岩石的力学强度，对于以泥质为主要胶结物的疏松砂岩，地层水对岩石强度的弱化作用将更加明显。以实验测试为手段，分析研究地层水作用时间对疏松砂岩强度的影响，进而分析地层水侵作用下疏松砂岩稠油油藏的分枝井系统稳定状况。

由于现场取心有限，且强度实验属于破坏性实验，要完成水对砂岩强度的实验研究较为困难，分别利用 SZ36-1 油田东营组、南堡 35-2 油田明化镇组地层砂及露头岩石试样进行不同水侵条件下的强度测试分析。

一、地层水侵入量对分枝井系统稳定性的影响研究

通过以上分析得到内聚力降低率与含水饱和度 e 的关系式：

$$C/C_0 = 1.0325e^{-0.0092S} \quad (R^2 = 0.8666) \tag{4-1}$$

以内聚力 2.03 为初值，将上式转换为油层内聚力 C 与含水饱和度关系式：

$$C = 2.0960e^{-0.0092S} \tag{4-2}$$

利用式 (4-2)，分析含水饱和度对临界生产压差的影响，改变饱和度值得到相应饱和度下的内聚力值，内摩擦角保持 30° 不变。

以 SZ36-1-A0 实际井为例，计算在不同岩石强度 (即不同 C、φ) 下分枝井的临界生产压差变化情况。

计算模型如图 4-32 所示。

以分枝井筒侧井壁为路径提取等效塑性应变值，以临界等效塑性应变值 6‰为基准，计算在不同岩石强度下的临界生产压差。分析结果如图 4-33 所示。

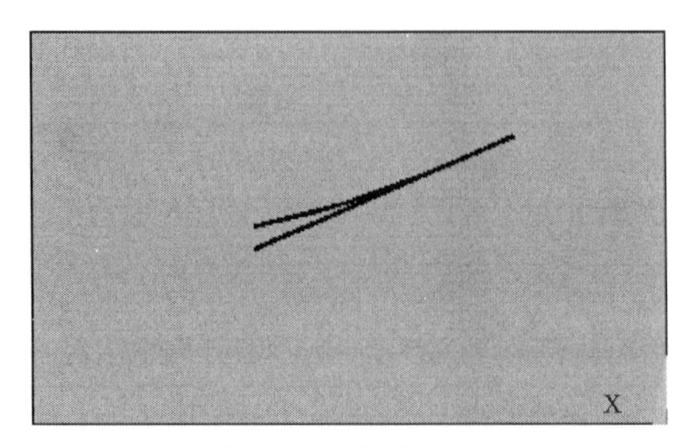

图 4-32　有限元实体模型图 (SZ36-1-A0)

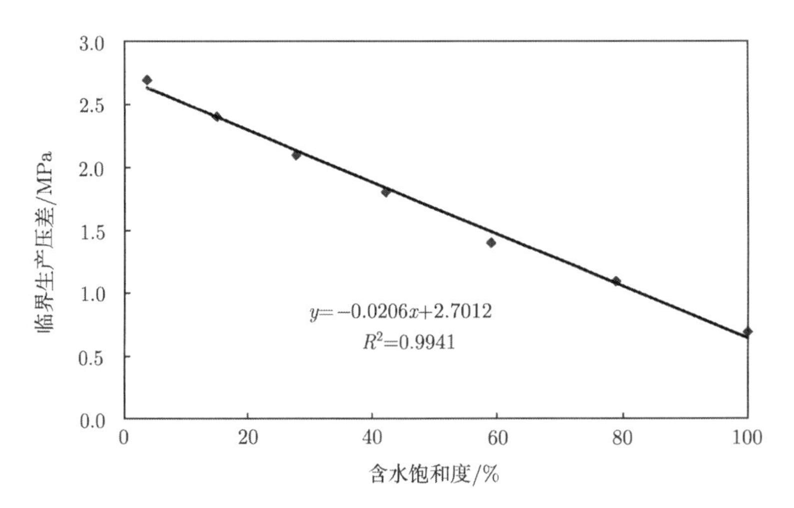

图 4-33　临界生产压差与含水饱和度的关系曲线 (SZ36-1-A0)

从图 4-33 中可以看出随含水饱和度增大，临界生产压差急剧降低，且呈直线关系。对 SZ36-1-A0 井眼模型，含水饱和度为 100%时，临界生产压差降至 0.7MPa，降低了 74.1%。

利用 SZ36-1-A0 井眼模型，得到临界压差 (ΔP，MPa) 与含水饱和度 (S，%) 的关系为

$$\Delta P = -0.0206S + 2.7012 \quad (R^2 = 0.9941). \tag{4-3}$$

二、地层饱水时间对分枝井系统稳定性的影响研究

以上分析得出了完全饱和饱水时间与内聚力降低率间的关系：

$$C/C_0 = -0.0624\ln(t) + 0.4298 \quad (R^2 = 0.9846) \tag{4-4}$$

以内聚力 2.03 为初值，将上两式转换为油层内聚力与完全饱和饱水时间关系：

$$C = -0.1253\ln(t) + 0.8910 \tag{4-5}$$

基于式 (4-5)，分析饱水时间对临界生产压差的影响，改变饱水时间得到相应状态下的内聚力值，进而分析不同饱水时间下的临界生产压差。分析结果如图 4-34 所示。

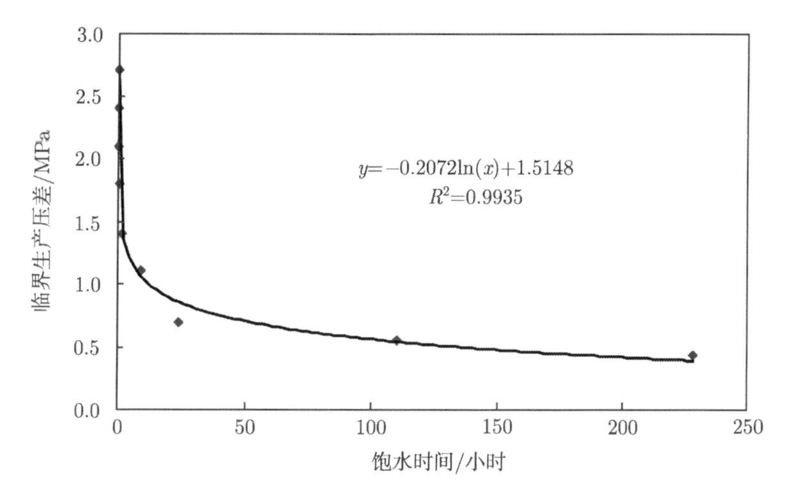

图 4-34　临界生产压差与饱水时间的关系曲线 (SZ36-1-A0)

从图 4-34 可以看出，随饱水时间延长，临界生产压差呈对数下降。当饱水时间超过 24 小时后，临界生产压差降低缓慢。从饱水初始时刻到饱水 24 小时，对于 SZ36-1-A0 井眼模型，临界生产压差由 2.7MPa 降至 0.7MPa，降低率为 74.1%；这说明在边底水侵、注入水作用都将导致地层的生产压差突降，降低率不可忽略。临界生产压差与饱水时间呈对数递减关系。

利用 SZ36-1-A0 井眼模型，得到临界压差 (ΔP，MPa) 与饱水时间 (t，小时) 的关系为

$$\Delta P = -0.2072\ln(t) + 1.5148 \quad (R^2 = 0.9935). \tag{4-6}$$

第四节　疏松砂岩油藏多枝导流适度出砂分枝裸眼井稳定性评价方法

一、多枝导流适度出砂分枝裸眼井系统稳定性评价技术思路

井眼稳定是保证油井安全高效生产、提高油藏采收率的基础。多枝导流井结构复杂，特别是主分井眼结合部附近井眼的空间形态更为多变。而原地应力大小和方向、分枝造斜方位、造斜半径等因素的不同，均会导致井周地层应力集中程度及井筒稳定状态的变化，同时，适度出砂开采将进一步加剧分枝井的井眼稳定问题。因此，对于多枝导流井这样一个空间不规则的几何体而言，很难用解析方法建立力学评价模型对其井周的应力分布进行准确描述并进行井眼稳定性分析。数值计算分析方法则为这一问题的解决提供了途径。

疏松砂岩稠油油藏多枝导流适度出砂分枝裸眼井系统的稳定性评价可遵循如下技术思路：以岩石力学为理论基础，综合实验分析及数值计算模拟等技术手段，通过对地层岩石进行实验测试分析，分析其力学强度及变形破坏规律，获取地层的岩石力学参数，研究井眼发生不可控制破坏失稳的判别准则，确定适度出砂的“度”，并依据工程实际 (主井筒延伸方位、分枝井筒造斜率等) 构建分枝井数值模型，进而基于数值模拟计算技术，研究评价多枝导流适度出砂分枝裸眼井系统的稳定状态。评价技术流程如图 4-35 所示。

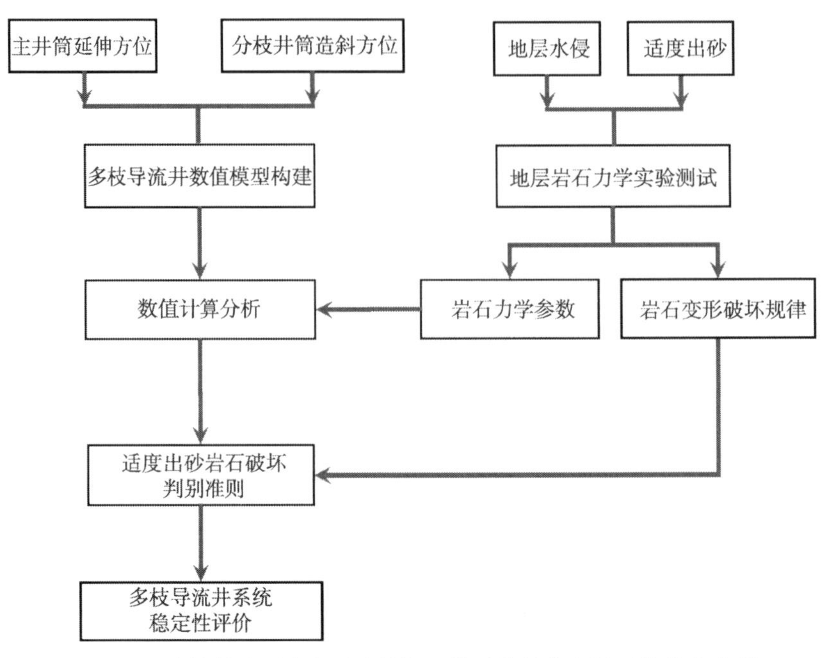

图 4-35　多枝导流适度出砂分枝裸眼井系统的稳定性评价技术流程

二、多枝导流适度出砂分枝井数值模型构建

考虑到目前海上疏松砂岩油藏多枝导流井的工程实际，可将多枝导流井主井眼近似简化为直线，可通过起点坐标 (N_{0s}，E_{0s})、终点坐标 (N_{0e}，E_{0e}) 以及井眼尺寸实现主井眼的模型构建。

分枝井眼则采用圆弧法实现，通过造斜起始点坐标 (N_{is}，E_{is})、造斜率 (K_c) 以及最大造斜方位 (即稳斜方位，φ_i) 进行模型构建。分枝井眼模型各参数确定方法如下：

(1) 确定主井眼延伸方位 (φ_0)

$$\varphi_0=\arctan\left(\frac{E_{0e}-E_{0s}}{N_{0e}-N_{0s}}\right) \tag{4-7}$$

(2) 确定造斜段曲率半径 (R)

$$R=1719/K_c \tag{4-8}$$

(3) 确定造斜段圆弧圆心 (N_{ic}，E_{ic})

当 $\varphi_i\geqslant\varphi_0$ 时

$$\begin{cases}E_{ic}=E_{is}+R\sin\left(\varphi_0+\dfrac{\pi}{2}\right)\\ N_{ic}=N_{is}+R\cos\left(\varphi_0+\dfrac{\pi}{2}\right)\end{cases} \tag{4-9}$$

当 $\varphi_i<\varphi_0$ 时

$$\begin{cases}E_{ic}=E_{is}+R\sin\left(\varphi_0-\dfrac{\pi}{2}\right)\\ N_{ic}=N_{is}+R\cos\left(\varphi_0-\dfrac{\pi}{2}\right)\end{cases} \tag{4-10}$$

(4) 确定造斜终点坐标 (N_{ie}, E_{ie})

当 $\varphi_i \geqslant \varphi_0$ 时

$$\begin{cases} E_{ie} = E_{ic} + R\sin\left(\dfrac{3\pi}{2} + \varphi_i\right) \\ N_{ie} = N_{ic} + R\cos\left(\dfrac{3\pi}{2} + \varphi_i\right) \end{cases} \tag{4-11}$$

当 $\varphi_i < \varphi_0$ 时

$$\begin{cases} E_{ie} = E_{ic} + R\sin\left(\dfrac{\pi}{2} + \varphi_i\right) \\ N_{ie} = N_{ic} + R\cos\left(\dfrac{\pi}{2} + \varphi_i\right) \end{cases} \tag{4-12}$$

(5) 确定造斜段长度 (L)

$$L = \pi R(\varphi_i - \varphi_0)/180 \tag{4-13}$$

三、适度出砂条件下井壁稳定判别准则及结构优化分析方法

（一） 适度出砂条件下井壁稳定判别准则

由前面章节的相关研究可知，当地层等效塑性应变小于临界等效塑性应变时，地层的少量出砂不会导致地层岩石强度显著改变；地层岩石的临界等效塑性应变可作为适度出砂开采的井壁稳定判别准则。即，对于井周塑性屈服地层各点的塑性应变满足式 4-14 时，井壁发生破坏性失稳。

$$\min \quad \varepsilon_{pi} > \varepsilon_{pc} \tag{4-14}$$

式中，ε_{pi} 为井周地层 i 点处的塑性应变，ε_{pc} 为地层临界塑性应变。依据前述研究成果可知，对于绥中 36-1 油田类型疏松砂岩油藏，临界塑性应变大小为 6‰。

（二） 多枝导流井结构优化分析

首先依据 Drucker-Prager 准则，井眼的稳定系数可表示如下：

$$f = \frac{aI_1 + K}{J_2} \tag{4-15}$$

其中，$a = \dfrac{\sqrt{3}\sin\varphi}{3\sqrt{3+\sin^2\varphi}}$，$K = \dfrac{\sqrt{3}\cos\varphi}{\sqrt{3+\sin^2\varphi}}c$，$c$ 和 φ 分别地层岩石的内聚力及内摩擦角。I_1、J_2 为井周岩石的应力第一不变量、第二应力不变量。

可看出，井眼的稳定性系数越高，则井周地层的稳定性越强。

因此，在具体特定的原地应力、地层岩石强度以及生产压差条件下，基于井壁稳定性的多枝导流井结构优化分析的状态变量可设置为 f，目标函数如式 (4-16)。

$$\min \ f = f(\text{主井眼延伸方位，主分井眼夹角}) \tag{4-16}$$

相同压差下，分析不同结构分枝井井周地层的稳定性系数，稳定性系数最大的多枝导流井其结构最优。

第五章　复杂结构适度出砂井井筒携砂采油理论研究

第一节　井筒砂–液混合流动模型

一、携砂流动的研究思路

为确保适度出砂开采的油井近井地带不被产出砂堵塞，除了优化完井和生产压差，更重要的是将地层中产出的砂泥尽可能多地随生产流体顺利地携带到地面，而不是让其沉积在井底、油管、机采设施和工具中，造成通道堵塞、机采设施和井下工具磨损而影响油井的正常生产时效。对于海上油田来说，同时还要求到达地面的砂泥能够被及时地从油水中分离开来，含油砂泥在处理后达到能够排放的环保要求。在油田的开发过程中，生产条件和油井出砂情况在不断发生变化，通过出砂监测判断油井出砂情况，并及时调整有关生产参数，使得油井产能、井筒输砂能力和地面处理能力协调一致，达到优化生产的目的。

研究砂粒在井筒中的运移规律是为了通过合理的携砂产量设计，减少井内沉砂积累速度，延长冲砂周期，提高经济效益。

井筒携砂预测包括井筒携砂能力和压降梯度计算两部分，确定井筒的携砂能力，其实质就是计算和确定临界携砂速度，而压降梯度计算就是确定不同含砂浓度下流体的压力损失，以选择合理的机采设备参数。

考虑以上各因素，为加强运动条件下对研究结果的理论支持，并降低实验数据的处理难度，在前人研究成果的基础上，通过对颗粒受力和运动条件的分析，建立颗粒在井筒中运动极限条件的理论模型；再通过实验分析，修正理论模型，并给出生产条件下井筒携砂的理论预测。

二、颗粒沉降模型

(一)　单颗粒沉降

颗粒在静止流体中的受力分析：当颗粒直径大于 2 ~ 3μm 时，无布朗运动发生，这时可以将流体作为连续介质考虑。在静止的流体中，颗粒主要受到以下三种力的作用 (图 5-1)：

重力：$F_g = mg$；

浮力：$F_b = \dfrac{m}{\rho_s}\rho_l g$；

曳力：$F_D = C_D A_s \left(\dfrac{1}{2}\rho_l u_t^2\right)$。

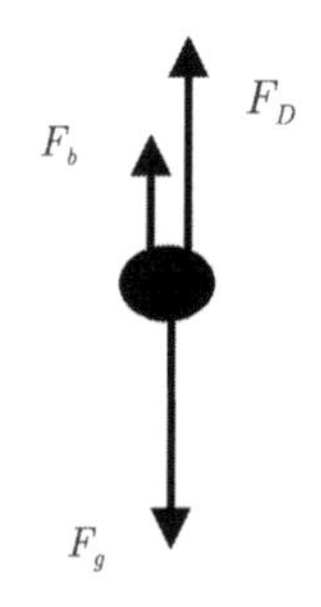

图 5-1　颗粒受力分析示意

式中，C_D 为曳力系数，无因次；A_s 为颗粒在运动方向的投影面积，m^2；ρ_l 为流体的密度，kg/m^3；ρ_s 为颗粒的密度，kg/m^3；u_t 为颗粒相对于流体的运动速度，m/s；m 为颗粒的质量，kg；g 为重力加速度，9.81m/s^2。

单个颗粒在液体中的沉降过程经很短时间的加速阶段后，进入等速沉降阶段，所受合力为零。根据受力分析并适当推导可得单颗粒自由沉降速度计算公式：

$$u_t = \sqrt{\frac{4(\rho_s - \rho_l)gd_p}{3\rho_l C_D}} \tag{5-1}$$

式中，d_p 为颗粒的直径，m。其余符号意义同上。

曳力系数 C_D 通过实验确定，目前多采用《Perry 化学工程手册》(1978) 引用的 Clift 推荐数据，表示为以下形式：

$$C_D = \begin{cases} \dfrac{24}{Re_t} & Re_t < 2 & \text{层流沉降区} \\ \dfrac{18.6}{Re_t^{0.6}} & 2 \leqslant Re_t < 500 & \text{过渡流沉降区} \\ 0.44 & 500 \leqslant Re_t < 2\times 10^5 & \text{紊流沉降区} \end{cases} \tag{5-2}$$

式中，Re_t 为颗粒沉降的雷诺数，无因次，$Re_t = \dfrac{d_p\rho_s u_t}{\mu}$；$\mu$ 为流体的黏度，Pa · s；其余符号意义同上。

关于曳力系数的全域拟合公式如式 (5-3)，计算的平均偏差范围 $-4\%\sim 6\%$：

$$C_D = \frac{24}{Re_t}(1 + 0.15Re_t^{0.687}) + \frac{0.42}{1 + 4.25\times 10^4 Re_t^{-1.16}} \tag{5-3}$$

颗粒的沉降速度还受到颗粒形状系数的影响，计算雷诺数时，颗粒直径取等体积球的粒径。由激光粒度分析得到的粒径含形状系数因素，计算较为准确；而标准筛得到的数据则不包括形状系数因素，计算数值偏大。

形状系数 ϕ 定义为体积与颗粒相等的球形颗粒表面积与该颗粒的表面积之比。由于相同体积的不同形状颗粒中，球形颗粒的表面积最小，所以对非球形颗粒而言，总有 $\phi < 1$，对于球形颗粒，$\phi = 1$。对于砂粒，ϕ 值一般在 $0.534 \sim 0.628$ 之间 (图 5-2)。

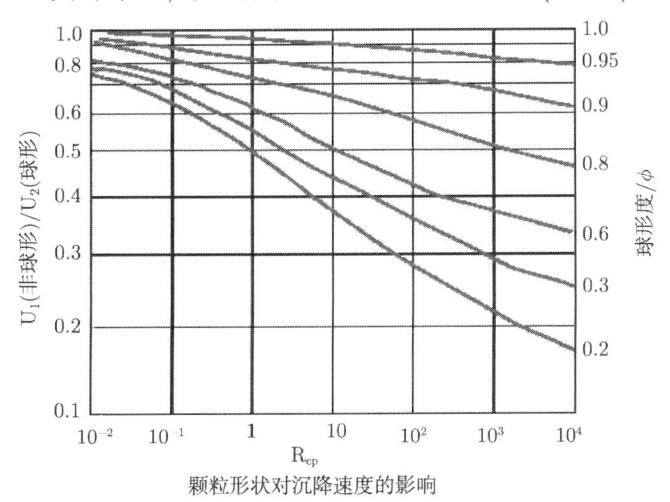

图 5-2 颗粒摩阻系数和形状系数的影响

（二） 颗粒群干涉沉降

关于颗粒群干涉沉降的计算方法很多，按照一般化学工程手册的内容，本书推荐采用式 (5-4)，适用于所有浓度和雷诺数范围。

$$u_{ts} = u_t(1 - C_s)^n \tag{5-4}$$

$$\begin{aligned}
&n = 4.65 + 19.5(d_p/D), && Re_t < 0.2\\
&n = \left(4.35 + 17.5\frac{d_p}{D}\right)Re_t^{-0.03}, && 0.2 \leqslant Re_t < 1\\
&n = \left(4.45 + 18\frac{d_p}{D}\right)Re_t^{-0.1}, && 1 \leqslant Re_t < 200\\
&n = 4.45Re_t^{-0.1}, && 200 \leqslant Re_t < 500\\
&n = 2.39, && 500 \leqslant Re_t \leqslant 2\times 10^5
\end{aligned}$$

式中，u_t 为自由沉降速度，m/s；u_{ts} 为考虑颗粒群干涉后的沉降速度，m/s；C_s 为颗粒容积浓度；D 为容器内径，m。

（三） 器壁效应

器壁效应定义为实际沉降速度与自由沉降速度之比，以器壁效应因子 f_w 表示。关于器壁干涉沉降的计算方法也很多，式 (5-5) 适用于所有浓度和雷诺数。

$$u_{tw} = f_w \cdot u_{ts} \tag{5-5}$$

$$\begin{aligned}
&f_w = \frac{1 - d_p/D}{1 + 0.475d_p/D}, && Re_t < 2;\\
&f_w = \frac{1}{1 + 2.35d_p/D}, && 2 \leqslant Re_t < 500;\\
&f_w = 1 - (d_p/D)^{1.5}, && 500 \leqslant Re_t < 2\times 10^5
\end{aligned}$$

式中，u_{tw} 为器壁干涉沉降速度, m/s; f_w 为器壁效应修正系数；d_p 为颗粒直径，m。

（四） 颗粒沉降速度的影响因素

根据沉降原理可以获得以下认识：颗粒在流体中的沉降速度随颗粒粒径的增加而增加，随固液密度差的增加而增加；随流体黏度增加而减小，随颗粒浓度增加和管道直径减小而减小。

根据文献调研资料，给出了单颗粒自由沉降速度计算公式和受颗粒群及器壁影响的干涉沉降速度计算公式，同时给出了曳力系数计算的一般公式和全域拟合公式，为进一步开展理论和实验研究创造了条件。

三、井筒临界携砂流速

（一） 井筒携砂流动模式

如图 5-3 所示，颗粒在斜度为 θ 的井筒内以移动床方式运动时，主要受到四个力的影响：流体流动的产生的曳力 F_D、重力 F_g、浮力 F_b 和颗粒与管壁 (或颗粒间) 的摩擦力 F_f。

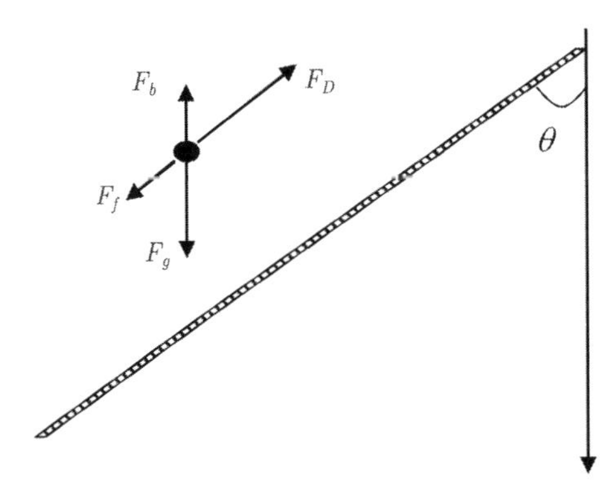

图 5-3　颗粒受力分析示意

若颗粒的壁摩擦系数为 f，则颗粒沿壁面向上运动的条件是

$$F_D + F_b \cos\theta - f(F_g - F_b)\sin\theta \geqslant F_g \cos\theta \tag{5-6}$$

设井筒内径为 D，无腐蚀铁质管道的摩阻系数 f_d 可用式 (5-7) 计算：

$$f_d = 0.0285\frac{\sqrt{gD}}{u_c - u_d} \tag{5-7}$$

经过适当推导后可得井筒携砂临界流速的理论计算公式：

$$u_c = u_d + 0.0285\sqrt{gD}\frac{\sin\theta}{1-\cos\theta} \tag{5-8}$$

式中，u_c 为携砂的临界速度，m/s；u_d 为颗粒的沉降速度，一般取为干涉沉降速度，m/s；D 为井筒内径，m；θ 为井斜角；g 为重力加速度，m/s^2。

一定粒径的颗粒在管道中运移时，若携砂速度一定，随井斜角的减小，其运动方式逐渐由跳跃和移动床模式向非均匀悬浮液的分层流动、均匀悬浮液流动过渡。

若颗粒以固液分层方式流动，则颗粒间的摩擦阻力占据主导，壁面摩擦力退居次要地位。若取颗粒间的内摩擦角为 65°，并假设颗粒速度等于流体平均速度为临界条件，可以推导出式 (5-9)：

$$u_c = u_d\sqrt{\cos\theta + \sin\theta\tan 65^\circ} \tag{5-9}$$

不同粒径的颗粒在不同井斜角时，运移方式不同则产生的结果不同。当颗粒以分层流动方式运移时，与颗粒的内摩擦角一致，大约在井斜 45° ～ 65° 时临界携砂速度最大，以移动床方式运移时，临界携砂速度则随井斜角的增加而减小。

分析临界携砂速度随颗粒粒径变化的趋势：不同粒径的颗粒趋向于以最小能量方式运动。当颗粒直径很小时，颗粒趋向于以分层流动方式为临界运移条件，当颗粒直径较大时，颗粒趋向于以移动床方式为临界运移条件。

在实际携砂过程中，由于流体速度分布引起的颗粒旋转以及外部震动、颗粒聚集等因素使颗粒的实际曳力系数下降，沉降速度加快。设该修正系数为 α，则得临界携砂速度计算公式为

$$u_c = \alpha\cdot u_d + 0.0285\sqrt{gD}\frac{\sin\theta}{1-\cos\theta}(\text{移动床}) \tag{5-10}$$

$$u_c = \alpha\cdot u_d\sqrt{\cos\theta + \sin\theta\tan 65^\circ}(\text{分层流动}) \tag{5-11}$$

(二) 垂直井筒临界携砂速度

常规模式主要针对流体平均速度直接关联颗粒的自由沉降速度，进行一定的修正后作为临界携砂速度。因此，这些公式适用范围有限，仅能用于试验条件下的携带作业。从理论上分析，当携砂流体速度略大于颗粒群沉降速度时，就能够将砂粒携带出井筒，但由于各种因素的影响，实际的携砂速度应大于颗粒群沉降速度很多。

实际的采油生产中，修正系数一般取为 2.0，还有人在深海采矿时，取沉降末速的 3 倍作为携砂流体的平均流速计算最小携砂流量。气体稀相输送时的经验数值见表 5-1。

表 5-1 气流速度的经验修正系数

输送物料情况	气流速度 u/(m/s)
松散物料在垂直管中	$u \geqslant (1.3\sim1.7)u_t$
松散物料在倾斜管中	$u \geqslant (1.5\sim1.9)u_t$
松散物料在水平管中	$u \geqslant (1.8\sim2.0)u_t$
有一个弯头的上升管	$u \geqslant 2.2u_t$
有两个弯头的垂直或倾斜管	$u \geqslant (2.4\sim4.0)u_t$
管路布置较复杂时	$u \geqslant (2.6\sim5.0)u_t$
细粉状物料	$u \geqslant (50\sim100)u_t$

注：u_t 为沉降速度。

通过携砂试验可以获得修正系数与粒径的关系如下, 具体见图 5-4。

$$\alpha = 1.1 + 6.038e^{-3837.3d_p} \tag{5-12}$$

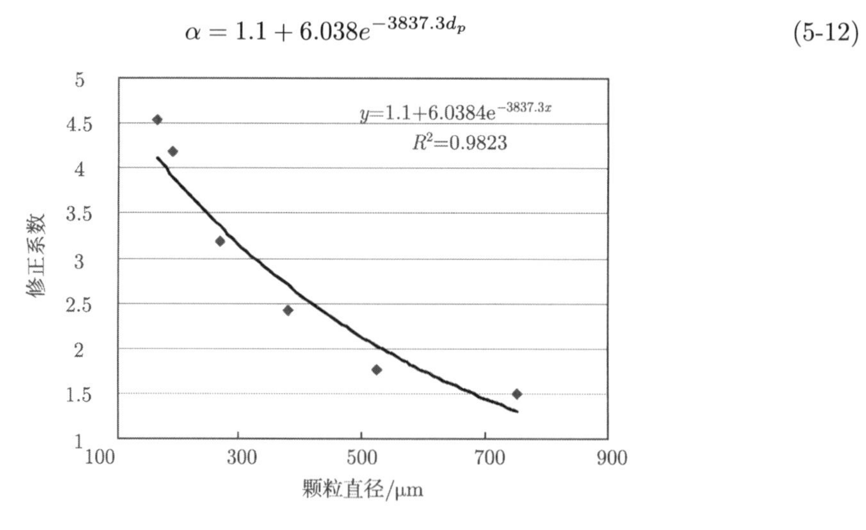

图 5-4 垂直井筒携砂的修正系数与颗粒直径的关系

将沉降速度和修正系数公式代入得垂直井筒临界携砂速度计算公式为

$$u_c = (1.1 + 6.0384e^{-3837.3d_p}) \cdot \sqrt{\frac{4(\rho_s - \rho_l)gd_p\phi}{3\rho_l C_D}}(1 - C_s)^n f_w \tag{5-13}$$

式中，u_c 为临界携砂速度，m/s；ϕ 为形状系数，为体积相等的球形颗粒表面积与该颗粒表面积之比；d_p 为颗粒的直径，m；C_D 为曳力系数，无因次；ρ_l 为流体的密度，kg/m^3；ρ_s 为颗粒的密度，kg/m^3；g 为重力加速度，9.81m/s^2；C_s 为颗粒容积浓度，m^3/m^3；f_w 为器壁效应修正系数；n 为浓度干扰系数。

测定颗粒形状系数及垂直井筒临界携砂速度的实验结果如表 5-2、表 5-3 所示。

表 5-2　测定颗粒形状系数的实验

颗粒直径/μm	实测颗粒沉降速度/(m/s)	计算自由沉降速度/(m/s)	颗粒形状系数
525	0.0546	0.0743	0.541
383	0.0402	0.0518	0.603
270	0.0294	0.0348	0.718
192	0.0219	0.0250	0.771
165	0.0158	0.0198	0.638
颗粒形状系数平均值			0.654

表 5-3　测定垂直井筒临界携砂速度的实验

粒径/μm	平均粒径/μm	流量/(L/s)	实测的临界携砂速度/(m/s)	理论计算的干涉沉降速度/(m/s)	实测修正系数
150	165	0.228	0.0687	0.0151	4.540
160	192	0.250	0.0753	0.0180	4.187
224	270	0.280	0.0842	0.0265	3.184
315	382	0.316	0.0948	0.0393	2.414
450	525	0.330	0.0995	0.0562	1.770
600	750	0.414	0.125	0.0839	1.490
900	1075	0.576	0.174	0.125	1.390

系数 n 值和 f_w 值的计算方法如表 5-4 所示。

表 5-4　n 值和 f_w 值计算方法

n 值计算方法		f_w 值计算方法	
n 值计算公式	雷诺数范围	f_w 值计算公式	雷诺数范围
$n=4.65+19.5(d_p/D)$	$Re_t<0.2$	$f_w=\dfrac{1-d_p/D}{1+0.475d_p/D}$	$Re_t<2$
$n=\left(4.35+17.5\dfrac{d_p}{D}\right)Re_t^{-0.03}$	$0.2\leqslant Re_t<1$	$f_w=\dfrac{1}{1+2.35d_p/D}$	$2\leqslant Re_t<5$
$n=\left(4.45+18\dfrac{d_p}{D}\right)Re_t^{-0.1}$	$1\leqslant Re_t<200$	$f_w=1-(d_p/D)^{1.5}$	$500\leqslant Re_t<2\times10^5$
$n=4.45Re_t^{-0.1}$	$200\leqslant Re_t<500$		
$n=2.39$	$500\leqslant Re_t<2\times10^5$		

(三) 水平井筒临界携砂速度

水平管道的临界携砂速度取决于颗粒的沉积速度。固液两相流中，水平管路的流动特点较垂直管路复杂。Newiit 等人根据实验，描述了不同流体表观速度时颗粒的流态特征

(图 5-5)。判断这些区域之间过渡的临界速度计算公式为

$$V_h = \sqrt[3]{1800gDu_{tw}} \tag{5-14}$$

$$V_b = 17u_{tw} \tag{5-15}$$

$$V_c = F_d\sqrt{2gD\left(\frac{\rho_s}{\rho_l}-1\right)} \tag{5-16}$$

式中，V_h 为均质悬浮液的临界速度，m/s；V_b 为非均质悬浮液的临界速度，m/s；V_c 为跳跃及移动床的临界速度，m/s；u_{tw} 为颗粒的干涉沉降速度，m /s；ρ_l 为流体的密度，kg/m^3；ρ_s 为颗粒的密度，kg/m^3；F_d 为 Froude 系数，表征液流的缓急程度，与颗粒浓度和粒径有关，一般为 0.35 ～ 2.35；D 为管道内径，m；g 为重力加速度，9.81m/s^2。

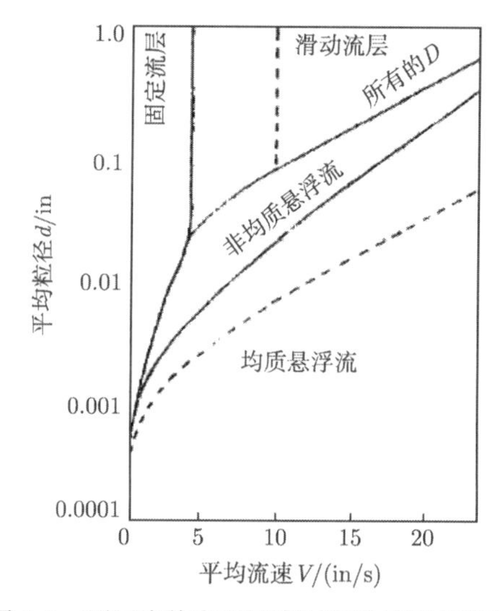

图 5-5　不同流体表观速度时颗粒的流态特征

一定流体流速下，当颗粒直径小于某一范围时，颗粒将以均质悬浮方式流动，颗粒直径继续增加，其流动方式按非均质悬浮流、滑动流顺序逐步变化。值得注意的是：对于某一粒径范围以上的颗粒，也存在一个固定床的临界流速。

对水平井筒的实验数据按分层流动和移动床模式均进行了回归分析。虽然理论预见水平井筒中以临界携砂速度运动的颗粒应主要以移动床方式运动，但实际计算发现分层流动模式更符合实验情况，原因是携出的砂粒是以分层流动方式运动。令式 (5-11) 中的井斜角为 90°，可得水平井筒临界携砂速度计算式如下：

$$u_c = \alpha \cdot u_d \cdot \sqrt{\tan 65^\circ} \tag{5-17}$$

根据携砂试验数据拟合出水平井筒修正系数和颗粒直径的关系如下式，具体见图 5-6。

$$\alpha = 1.1 + 7.414e^{-5307.8d_p} \tag{5-18}$$

水平井筒临界携砂速度计算公式为

$$u_c = (1.1 + 7.414e^{-5307.8d_p}) \cdot \sqrt{\frac{4(\rho_s - \rho_l)gd_p\phi}{3\rho_l C_D}(1 - C_s)^n f_w \sqrt{\tan 65^\circ}} \tag{5-19}$$

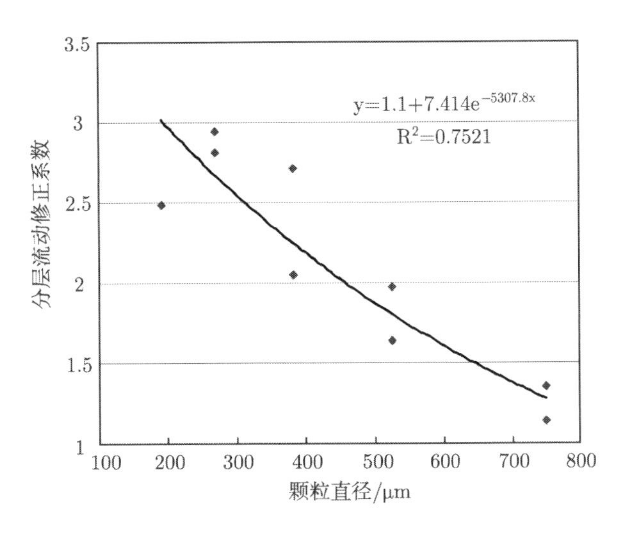

图 5-6 水平井筒携砂的修正系数与颗粒直径的关系

公式中符号的物理意义同前。水平井筒携砂实测临界携砂速度与公式计算值对比如图 5-7。

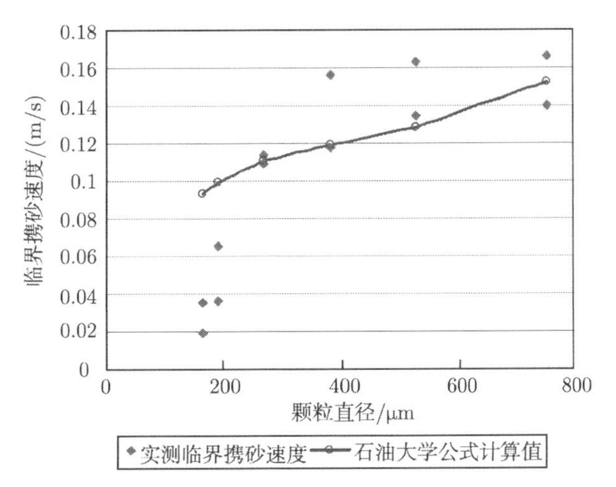

图 5-7 水平井筒携砂实测临界携砂速度与公式计算值对比

（四）倾斜井筒临界携砂速度

在倾斜管道临界携砂速度增加的主要原因有两个：一是，弯曲管道造成流体脉动增加，进而影响到颗粒的表面流动状态，使其曳力系数减小，沉降速度增加。这一现象也包括流道突然变化、管道阀门等附件的影响；二是，由于重力原因倾斜管道中部分颗粒直接向管壁运动，造成与管壁的摩阻增加，悬浮颗粒所需的最小流速增加。

倾斜井筒临界携砂速度计算公式为

$$u_c = \alpha \cdot u_d + 0.0285\sqrt{gD}\frac{\sin\theta}{1-\cos\theta}(\text{移动床}) \tag{5-20}$$

$$u_c = \alpha \cdot u_d\sqrt{\cos\theta + \sin\theta\tan 65^\circ}(\text{分层流动}) \tag{5-21}$$

根据携砂试验数据拟合出倾斜井筒修正系数和颗粒直径的关系如下：

$$\alpha = 1.1 + 9.6245e^{-1339.9d_p}(\text{移动床}) \tag{5-22}$$

$$\alpha = 1.1 + 6.87e^{-1412.8d_p}(\text{分层流动}) \tag{5-23}$$

倾斜井筒临界携砂速度计算公式为

$$u_c = (1.1 + 9.6245e^{-1339.9d_p}) \cdot \sqrt{\frac{4(\rho_s - \rho_l)gd_p\phi}{3\rho_l C_D}(1-C_s)^n f_w} + 0.0285\sqrt{gD}\frac{\sin\theta}{1-\cos\theta}(\text{移动床}) \tag{5-24}$$

$$u_c = (1.1 + 6.87e^{-1412.8d_p}) \cdot \sqrt{\frac{4(\rho_s - \rho_l)gd_p\phi}{3\rho_l C_D}(1-C_s)^n f_w}\sqrt{\cos\theta + \sin\theta\tan 65^\circ}(\text{分层流动}) \tag{5-25}$$

由于颗粒趋向于以最小能量方式运动，故实际计算时应按分层流动公式。

四、井筒携砂的压降模型

一定的油藏条件和井筒几何条件下，携砂液可携带的砂浓度是有限的，其影响因素主要取决于携砂流体在井筒中产生的压降和地层压力对比，当携砂流体在井筒中产生的压降小于地层压力时，携砂生产才可以保持正常运行。固液两相流的压降包括：摩阻压降、位能压降、颗粒碰撞附加的压降，即

$$P = P_f + P_i\cos\theta + P_r\sin\theta \tag{5-26}$$

式中，P 为固液两相流的总压降，Pa/m；P_f 为连续相和分散相的摩阻压降，Pa/m；P_i 为分散相的位能压降，Pa/m；P_r 为颗粒碰撞附加的压降，Pa/m；θ 为管道与垂直线的夹角。

（一） 摩阻压降

携砂液在单位长度上的摩阻损失采用 Fanning 公式计算：

$$P_f = \frac{2\rho_l f_c u_c^2}{D}(1-C_s) + \frac{2\rho_s f_d u_d^2}{D}C_s \tag{5-27}$$

式中，P_f 为摩擦阻力，Pa/m；f_c, f_d 为携砂液和颗粒 Fanning 摩擦因子；C_s 为颗粒在管道内的体积浓度，m^3/m^3；ρ_l, ρ_s 分别为携砂液和颗粒的密度，kg/m^3；u_c, u_d 分别为携砂液和颗粒的速度，m/s；D 为管道内径，m。

由固液两相流理论，Fanning 摩擦因子计算公式如下：

$$f_c = \frac{16}{Re}，Re \leqslant 2100，\text{或} f_c = \frac{0.079}{Re^{0.25}}，Re > 2100$$

$$f_d = 0.0285\frac{\sqrt{gD}}{u_c - u_{tw}}$$

需要更高计算精度时，可以采用更精确的公式计算 Fanning 摩擦因子。

(二)　位能压降

位能损失是由于携砂液与混合物的密度差造成的，与颗粒密度和浓度有关。若管道内的颗粒浓度为 C_o，携砂液和固相颗粒的密度分别为 ρ_s 和 ρ_l，则由此产生的位能损失 P_i 为

$$P_i = C_s \left(\frac{\rho_s}{\rho_l} - 1\right) \rho_l g \tag{5-28}$$

颗粒在管道内的浓度 C_s 与入口处的浓度 C_0 与颗粒群的沉降速度 u_{tw} 及浆体的输送速度 u_c 有关，可以通过颗粒滑移速度进行理论计算：

$$C_s = \frac{1}{2}\left(1 - \frac{u_c}{u_{tw}}\right) + \left[\frac{1}{4}\left(1 - \frac{u_c}{u_{tw}}\right)^2 + C_0 \cdot \frac{u_c}{u_{tw}}\right]^{\frac{1}{2}} \tag{5-29}$$

(三)　颗粒碰撞附加的压降

根据颗粒流关于弥散应力与碰撞应力对比消长的判别准则，当颗粒体积浓度小于 4%时，可以不考虑颗粒碰撞的影响，否则，颗粒碰撞作用不能忽略。地层大量出砂阶段的压力计算应考虑颗粒碰撞作用。

影响颗粒碰撞能耗变化的因素主要有颗粒浓度、速度、密度、粒径、形状及分布，颗粒的碰撞性质 (弹性或非弹性) 也有一定影响。碰撞产生的附加压力损失主要是颗粒间的非弹性碰撞引起部分动能转化为热能而耗散。

颗粒间碰撞能耗 γ 可以表示为

$$\gamma = N_c \cdot \Delta E \tag{5-30}$$

式中，N_c 为单位时间单位体积内颗粒的碰撞次数；ΔE 为每次碰撞产生的能量损失。

Katsura[61] 根据颗粒随机运动统计力学得出了粒子碰撞频率计算方法。假设颗粒直径为 d_p，速度为 U 的粒子，其碰撞频率 h 为

$$h = \frac{\pi}{\sqrt{2}} N d_p^2 U \tag{5-31}$$

式中，N 为浓度 (个数/m^3)，若以颗粒体积浓度表示，则有

$$N = \frac{6C_s}{\pi d_p^3} \tag{5-32}$$

对于 N 个颗粒的群体则有

$$N_c = h \cdot N$$

假定颗粒碰撞仅在两两之间发生，不考虑两个以上颗粒同时碰撞，考虑颗粒的光滑非弹性碰撞，颗粒的碰撞恢复系数为 e，已知颗粒间相对速度 u_{12} 和两颗粒质量 m_1、m_2，矢量方向 $\boldsymbol{k}$ 为碰撞点穿过颗粒质心射线方向，则两颗粒碰撞前后的动能变化为

$$\Delta E = \frac{1}{2}\frac{m_1 m_2}{m_1 + m_2}(1 - e^2)(u_{12}\boldsymbol{k})^2 \tag{5-33}$$

故有

$$\gamma=\frac{\pi}{2\sqrt{2}}\cdot\frac{m_1m_2}{m_1+m_2}N^2d_p^2u_c\cdot(1-e^2)(u_{12}\boldsymbol{k})^2 \tag{5-34}$$

若用 E 表示单位时间流经某断面的颗粒碰撞能耗量，则由能量守恒原理得

$$E=\gamma\cdot\pi\frac{D^2}{4}u_c=P_r\rho_mQ_mg \tag{5-35}$$

故颗粒碰撞引起的压力损失为

$$P_r=\frac{\gamma}{\rho_mg} \tag{5-36}$$

式中，ρ_m 为混合物密度；Q_m 为混合物体积。

由于颗粒间相对速度的确定很困难，在碰撞能耗计算中，部分学者采用了以下简化形式，用于细颗粒和中等粒径颗粒的计算，精度也令人满意。

$$\gamma=C_s\frac{\overline{d}_p\cdot u_c}{D^2}\frac{\rho_lg}{(1-C_s/C_{\max})^{5C_s/2}} \tag{5-37}$$

式中，$C_{\max}$ 为颗粒可达到的最大浓度，部分学者取 62%、65%和 70%，对于地层产出砂，建议取为 52.5%。

第二节　复杂结构井全井段携砂能力预测模型

油井适度出砂生产时要求地层产出液尽可能地将地层砂携带至地面，以防止地层砂沉积于井底或抽油泵中形成砂埋而影响生产。而研究井内流体最低携砂举升能力，其实质是确定地层砂在流体中上升运动的临界条件，因此可将固体颗粒在流体中运动规律这一固液两相流理论作为研究的出发点，对固体球形颗粒的自由沉降运动进行较准确的定量计算。

一、垂直井段携砂能力预测模型

从理论上讲，固体颗粒在流动液体中的沉降末速应为沉降末速与流体实际流速的矢量和，即如果流体以小于颗粒沉降末速的流速向上流动，颗粒将下沉；反之，颗粒将被携带上升。如果流体流速与颗粒沉降末速相等，颗粒将悬浮于流体中。然而，实际井筒沉砂过程受井筒内流体速度场的影响而趋向复杂化。

流体在管道中流动时，由于受到管壁的影响，流体速度在横截面上的分布并不均匀。管道中心处的流速最大，接近管壁处的流速较小，在管壁上的流速为零。在层流条件下，管道断面上液流速度的分布式为

$$u(r)=\frac{\Delta p}{4\mu l}(r_w^2-r^2) \tag{5-38}$$

式中，$u(r)$ 为距离管道中心 r 处的流体流速；$\dfrac{\Delta p}{l}$ 为流体沿管道流动的压力梯度；μ 为流体黏度；r_w 为管道的半径。

由式 (5-38) 可知，层流条件下，管道中流体速度的最大值出现在管道轴心，其计算式为

$$u_{\max}=\frac{\Delta p}{4\mu l}r_w^2 \tag{5-39}$$

而管道中流体的平均流速出现在半径为 $\sqrt{2}r_w/2$ 的圆环上，其计算式为

$$\overline{u}=\frac{\Delta p}{8\mu l}r_w^2 \tag{5-40}$$

还可进一步推导出距离管轴心 r 以外区域内流体的平均流速为

$$\overline{u}|_r^{r_w}=\frac{\Delta p}{8\mu l}(r_w^2-r^2) \tag{5-41}$$

它与全管道内的平均流速之比为

$$\frac{\overline{u}|_r^{r_w}}{\overline{u}}=1-\left(\frac{r}{r_w}\right)^2 \tag{5-42}$$

由上述公式可知，流体在管道中流动时，由于管壁黏滞阻力的作用，速度分布的不均匀性，即使是同一颗粒，当处于管道中不同位置时，它所表现出的运动形式也可能不同。本书建议将固体颗粒沉降速度的两倍作为其被携带的临界速度，这样砂粒总体上表现为上升运动，即能被地层产出流体携至地面。这与人们通常认为只要流体平均流速大于砂砾自由沉降速度即可把砂砾携带上来的观点大不相同，更符合实际情况。

二、斜井段携砂能力预测模型

大斜度井和水平井中，流体携砂具有很强的特殊性，井筒中地层砂的运移明显不同于直井。在直井段，由于地层砂的下沉方向与所采出的地层流体轴向速度在同一直线上，原则上，地层流体的平均流速大于地层砂的沉降速度，地层砂就可以被携带出井筒。而在倾斜段，地层砂的沉降方向与地层流体的轴向速度方向不在一条直线上，尤其是在水平井段，二者的方向是垂直的，其合速度指向井眼下侧，因而极易在井壁下侧形成地层砂沉积床，但存在一不淤积临界流速，即固定床高度为零。如图 5-8 所示为运动床层地层砂受力图，F_D 和 L_D 分别表示拖曳力和力矩，F_L 表示举升力，F_N 表示由上覆颗粒重力引起的压力，L_L、L_B、L_D 均为力矩，W_P 表示单个颗粒重力，A_P 为颗粒迎流面积，各参数计算式如下：

$$F_D=\frac{1}{2}C_D\rho_l U_{mb}^2 A_P \tag{5-43}$$

$$A_P=\frac{1}{4}\pi d_s^2-\frac{1}{8}d_s^2\left(\frac{\pi}{3}-\sin\frac{\pi}{3}\right)=0.763d_s^2 \tag{5-44}$$

$$L_D=\frac{1}{2}d_s\cos\frac{\pi}{6} \tag{5-45}$$

$$L_B=\frac{1}{2}d_s\sin\left(\frac{\pi}{6}+\beta\right) \tag{5-46}$$

$$L_L=\frac{1}{2}d_s\sin\frac{\pi}{6} \tag{5-47}$$

$$W_P=\frac{1}{6}\pi(\rho_s-\rho_l)gd_s^3 \tag{5-48}$$

$$F_N=N_{um}W_P\cos\beta=\frac{1}{6}\pi(\rho_s-\rho_l)gd_s^3\cdot C_{mb}\cdot\frac{y_{mb}-d_s}{d_s}\cdot\cos\beta \tag{5-49}$$

式中，β 为井筒相对水平方向倾角；C_{m_b} 为岩屑床体积分数；N_{um} 为砂粒数量；y_{mb} 为岩屑床厚度。

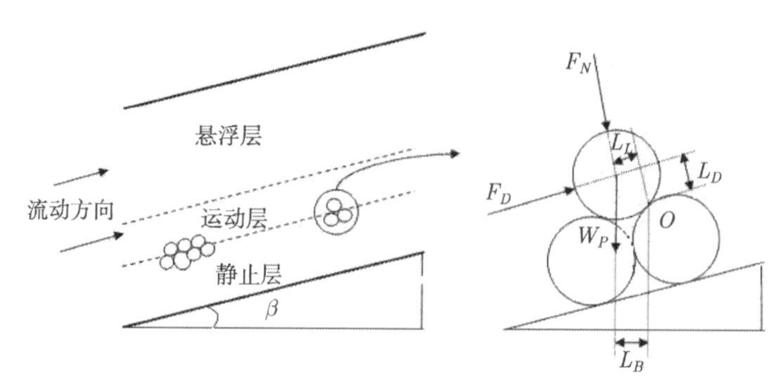

图 5-8　运动床层受力图

由力矩平衡 $F_DL_D - F_NL_L - W_pL_B = 0$，可以得到颗粒的起动速度为

$$U_{mb} = \sqrt{\frac{1.5847(\rho_s - \rho_l)gd_s\left[\sin\left(\frac{\pi}{6}+\beta\right)+\frac{\cos\beta}{2}C_{mb}\left(\frac{y_{mb}}{d_s}-1\right)\right]}{\rho_l C_D}} \tag{5-50}$$

U_{mb} 即为运动层速度，这时颗粒在其底部滚动，这也是运动层的最小速度。当混合流体的速度减小，运动层的高度增加。U_{mb} 随着混合流体速度的减小而减小，当运动层速度小于 U_{mb} 时，将出现静止层。

通过编程求解砂粒起动速度模型 (稠油密度设为 958kg/m^3，砂粒密度设为 2632kg/m^3)，得到井斜角、砂床高度、稠油黏度、砂粒粒径等参数对砂粒起动速度的影响规律：随着砂床高度的增大砂粒的起动速度逐渐增大，即悬浮层速度逐渐增大，且井斜角对砂粒起动速度的影响较大。同一高度的砂床下，随着井斜角的逐渐降低，砂粒起动速度也逐渐降低，即圆管水平时同一粒径的砂粒起动速度最大。由此可以得出，在适度出砂开采过程中，水平井段的砂粒被携带至倾斜段后，在同一产量下，产出砂将被顺利携带至井口。随着稠油黏度的增大，砂粒的起动速度逐渐降低，由此可得稠油黏度对稠油的携砂能力影响很大。同时，在稠油黏度固定时，井斜角的变化对砂粒的起动速度影响不大。

三、水平井段携砂能力规律分析

水平井筒携砂能力主要反应在截面浓度分布和砂床高度上，在相同计算条件下，悬浮层含砂浓度越大，砂床高度越低，则表示携砂能力越强，同时各参数对井筒压降的影响也对适度出砂工艺的设计起到关键性影响。

因此建立了井筒流动模型，其内径 0.1571m，长度 5m(其中为了消除入口段和出口段对流场的影响，分别设定 3m 的稳定入流段，1m 的稳定出口段)。网格划分过程中，为了捕捉固液两相流动分层界面高度 (即砂床高度)，对井筒底部区域进行加密处理。井筒入口边界设定为速度入口，出口边界设定为自由出流边界，壁面处采用无滑移边界条件，砂粒均匀分布在入口截面上。

(一)　井筒流速的影响

渤海疏松砂岩稠油油藏适度出砂开采过程中，单井产量介于 50 ～ 150m^3/d，水平井筒一般采用 7 寸筛管，故数值模拟时将井筒流速范围设定在 0.03 ～ 0.12m/s。数值模拟过程中，在其他参数固定的情况下，通过改变井筒入口的流速来模拟不同产量条件下水平井段砂床高度和井筒压降的变化规律。数值模拟结果显示：不同流速条件下，井筒截面浓度分层明显，可直观的分成悬浮层和砂床层，同时随着井筒流速的增大，悬浮层含砂浓度逐渐增大，砂床高度逐渐降低，即随着流速的增大，携砂能力逐渐增大，但在渤海产量范围内均存在砂床。

通过截取井筒截面含砂浓度绘制得到径向截面含砂浓度曲线图 (图 5-9) 可以观察到，当流速较低时 (0.03 m/s)，悬浮层含砂浓度在距离井筒底部 0.7 ～ 0.8 倍管径处开始明显增大，砂床高度为 0.1 倍的管径左右，当流量增加到 0.07m/s(即产量在 117.17m^3/d 时) 之后，悬浮层含砂浓度和砂床高度变化趋势不再明显。即在适度出砂开采过程中，本书计算条件下，无论水平井筒流速大小，均会在井筒底部产生砂床，随着井筒流速的增大，砂床高度逐渐降低，并存在一临界流速，当流速超过该临界流速后，砂床高度受井筒流速的影响不再明显。由于稠油黏度较大，在渤海疏松砂岩油藏生产条件下呈现层流流动，随着水平井筒流速的增加，井筒轴线压降近似呈线性增大，并保持一定斜率。

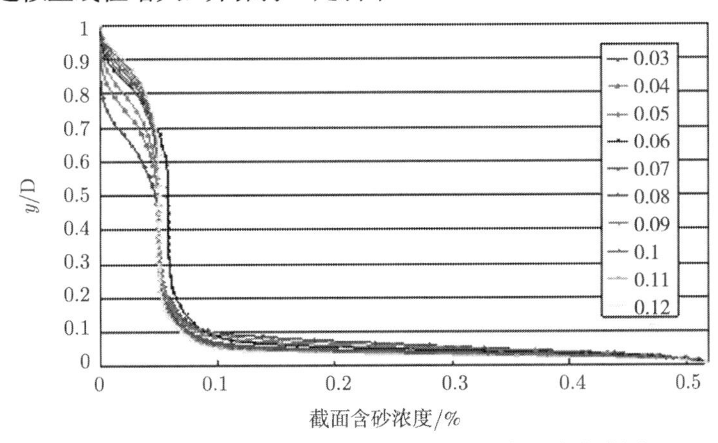

图 5-9　不同产量的水平井筒截面含砂浓度分布曲线图

(二)　稠油黏度的影响

渤海疏松砂岩稠油油藏地层条件下原油黏度在 50 ～ 700mPa·s，其中部分稠油黏度甚至大于 700mPa·s，数值模拟时将流体黏度范围设定在 50 ～ 700mPa·s。在此数值模拟过程中，在其他参数固定的情况下，通过改变稠油黏度来模拟不同稠油黏度条件下水平井段砂床高度和井筒压降的变化规律。数值模拟结果显示：流体黏度对携砂能力和井筒压降的影响较为明显，随着流体黏度的增大，砂床高度逐渐降低，悬浮层含砂浓度逐渐升高。当稠油黏度增大到 300mPa·s 以后，水平井筒截面砂床高度逐渐趋于稳定，悬浮层含砂浓度分布逐渐趋于稳定，即在适度出砂开采过程中，针对不同粒径的地层产出砂，同时也存在一个临界稠油黏度，当稠油黏度超过该临界稠油黏度时，砂床高度趋于稳定。随着稠油黏度的增大，水平井筒轴线压降呈线性增大，相比井筒流速对井筒轴线压降的影响，稠油黏度对压降的影响更大。

(三)　出砂粒径的影响

渤海适度出砂开采过程中，允许产出的砂粒粒径范围分布在 0.3mm 以下，因此数值模拟过程中将砂粒粒径的变化范围扩大到 0.1 ～ 0.4mm。在此数值模拟过程中，在其他参数固定的情况下，通过改变地层产出砂砂粒粒径来模拟不同稠油黏度条件下水平井段砂床高度和井筒压降的变化规律。数值模拟结果显示：相比井筒流速和稠油黏度而言，砂粒粒径对悬浮层含砂浓度和砂床高度的影响更为重要。通过对比不同砂粒粒径条件下，水平井筒径向截面含砂浓度曲线图 (图 5-10) 可知，当砂粒粒径为 0.05mm 时，悬浮层含砂浓度约为 7%，且悬浮层含砂浓度分布较为稳定；当砂粒粒径增大到 0.4mm 时，悬浮层含砂浓度分布明显呈现分段趋势。井筒顶部至距离井筒底部 0.8 倍距离之间，含砂浓度近似为 0；在 0.4 ～ 0.8 倍管径之间，含砂浓度迅速增大；在 0.4 倍管径处含沙浓度增大到 7%并趋于稳定。即随着砂粒粒径的逐渐增大，砂床高度逐渐升高，悬浮层的含砂浓度逐渐降低。相比井筒流速和稠油黏度对截面含砂浓度的影响，砂粒粒径对截面含砂浓度的影响更大。随着砂粒粒径的增大，轴线压降逐渐升高，但相比而言，砂粒粒径对水平井筒压降的影响较小，变化范围在 16.8 ～ 18.4Pa 之间，其中砂粒粒径在 0.1 ～ 0.3mm 范围内。

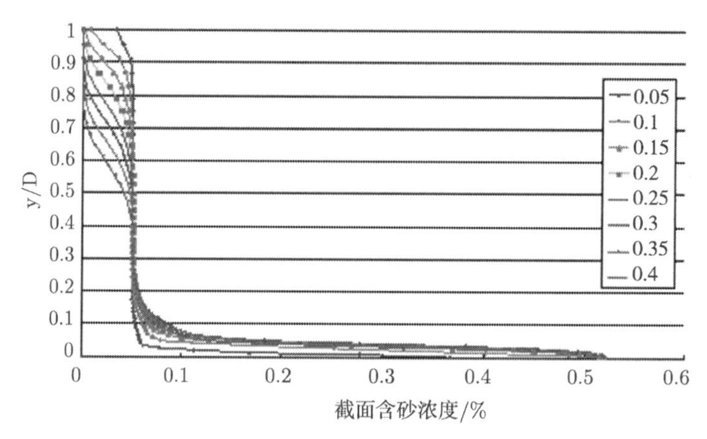

图 5-10　不同砂粒粒径水平井筒截面含砂浓度分布曲线图

渤海适度出砂开采安全生产过程中井口允许产出的含砂浓度在 5%以下，因此数值模拟过程中将出砂量的变化范围设定在 0.1 ～ 0.5mm 之内。在此数值模拟过程中，在其他参数固定的情况下，通过改变地层出砂量来模拟不同出砂量条件下水平井段砂床高度和井筒压降的变化规律。数值模拟结果显示：当出砂量为 1%时，悬浮层浓度约为 2%，砂床高度约为 0.05 倍管径，随着出砂量的逐渐增大，悬浮层含砂浓度逐渐增大，但砂床高度较为稳定；当出砂量为 5%时，悬浮层浓度增大到 6%，砂床高度仍保持在 0.05 ～ 0.07 倍管径之间。随着出砂量的增加，水平井筒轴线压降逐渐降低，但出砂量的改变对井筒压降的影响较小。

因此，在适度出砂开采过程中，当稠油黏度一定，出砂量在 5%范围以内时，控制出砂量对砂床高度和井筒压降的影响较小。

第三节　复杂结构井压降预测模型

宏观上讲，在任一给定的砂粒浓度下，当由高到低逐渐降低混合液速度时，可以观察到四种不同的流动物理模型 (图 5-11)：

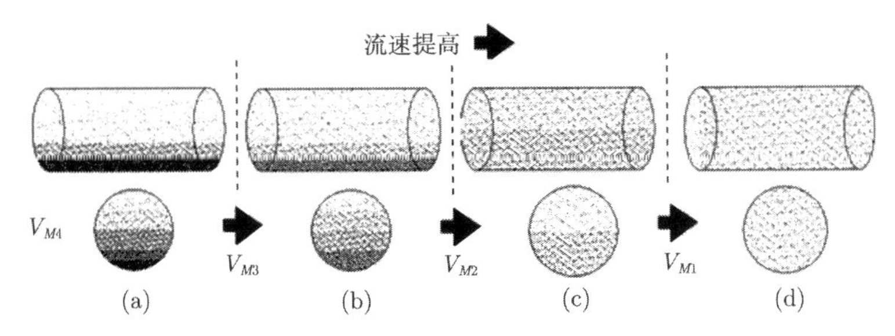

图 5-11　水平圆管固液两相流流型划分图

(a) 固定床部分静止/悬浮；(b) 移动床部分跃动/悬浮；(c) 非均称悬浮；(d) 均称悬浮

(1) 均称悬浮模型：在较高的流速下，细和中等的固体颗粒完全悬浮，在油管内的分布虽然不一定是均匀的，但却是均称的，称为均称悬浮的流动模型。

(2) 非均称悬浮模型：当流速、紊流强度和外力降低时，由于力的减弱使颗粒能够悬浮，也可能引起沉降，因而颗粒浓度分布变形，称为非均称悬浮流动模型。

(3) 移动床流动模型：在某一流速下，全部颗粒冲击管壁，有的颗粒反弹回液流中，有的沉积于管底边。先是个别沙丘的形成，然后形成连续的移动床，沙丘或床层顶部的颗粒移动比下部更迅速。由于液体的切应力作用使颗粒旋转、跌落，对于相近的颗粒基本上全部在沙丘或移动床中，这时上部液体是清净的。对于混合有大小颗粒的系统，沉降速度有大有小，床层由沉降速度快的颗粒所组成。具有中等沉降速度的颗粒处于非均称悬浮中，最低沉降速度的颗粒处于均称悬浮中，称为移动床流动模型。

(4) 固定床流动模型：当混合物的流速进一步降低时，床层最底部的颗粒几乎停止运动，使床层增厚，由于最上层颗粒相互翻滚致使床层发生移动，形成淤积，其结果使有效流动面积减小。较小的颗粒仍然处于非均称悬浮中，这就是固定床带有跳跃和非均称悬浮流动的模型。最后当连续降低流速且存在床层时，流动的压力降急剧增加，即阻力增大。若流动继续减弱，则可能导致管道堵塞，这就是固定床流动模型。

大斜度井和水平井中，流体携砂具有很强的特殊性，井筒中地层砂的运移明显不同于直井。在直井段，由于地层砂的下沉方向与所采出的地层流体轴向速度在同一直线上。原则上，地层流体的平均流速大于地层砂的沉降速度，地层砂就可以被携带出井筒，这与直井相同。而在倾斜段，地层砂的沉降方向与地层流体的轴向速度方向不在一条直线上，尤其是在水平井段，二者的方向是垂直的，其合速度指向井眼下侧，因而极易在井壁下侧形成地层砂沉积床，故有必要对其运动规律进行研究。

一、斜井段稠油携砂压降预测模型

图 5-12 给出了稳定状态时井筒内地层砂分布及各层受力情况。定义：下标 h、mb 分别表示悬浮层和运动床层，U 表示速度，y 表示高度，z 表示切应力，F 表示干摩擦力，F_G 表示重力，β 为管路倾角，y_{mb} 为运动层高度，θ_{mb} 为运动层高度的中心角。

(1) 假定固液相之间无滑动，则固、液相的连续性方程可表示如下：

固相

$$U_hC_hA_h + U_{mb}C_{mb}A_{mb} = U_sC_sA \tag{5-51}$$

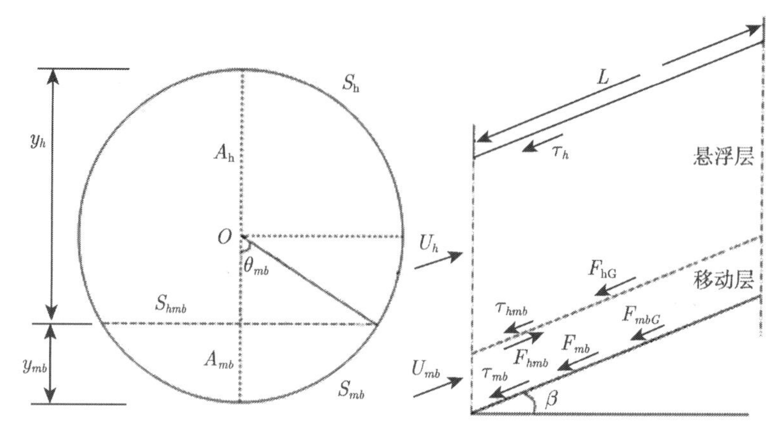

图 5-12　井筒内地层砂分布及受力图

液相

$$U_h(1-C_h)A_h+U_{mb}(1-C_{mb})A_{mb}=U_s(1-C_s)A \tag{5-52}$$

其中，下标 s 代表混合流体。A 为井筒面积; A_h 为液相截面积; A_{mb} 为沉积固相截面积; C_h 为液相体积分数; C_s 为液体含砂体积浓度。

(2) 动量方程

悬浮层

$$A_h\frac{\mathrm{d}p}{\mathrm{d}x}=-\tau_h S_h-\tau_{hmb}S_{hmb}-F_{hG} \tag{5-53}$$

管壁上的剪切应力

$$\tau_h=\frac{1}{2}\rho_h\left|U_h\right|U_h f_h \tag{5-54}$$

悬浮层与运动床层之间的剪切应力

$$\tau_{hmb}=\frac{1}{2}\rho_h\left|U_h-U_{mb}\right|(U_h-U_{mb})f_{hmb} \tag{5-55}$$

悬浮层的有效密度 ρ_h 为

$$\rho_h=\rho_s C_h+\rho_l(1-C_h) \tag{5-56}$$

其中，ρ_s、ρ_l 分别为固相和液相的密度。

F_{hG} 为上层混合物的重力

$$F_{hG}=\rho_h g A_h\sin\beta \tag{5-57}$$

悬浮层管壁的摩擦系数

$$f_h=\alpha_h Re_h^{-\beta_h} \tag{5-58}$$

紊流时，$\alpha_h=0.046$，$\beta_h=0.02$；层流时，α_h=16，$\beta_h=1$。雷诺数 $Re_h=\rho_h U_h D_h/\mu_l$ 是建立在水力直径 D_h 基础上的，$D_h=4A_h/(S_h+S_{hmb})$。

应用粗糙管中的 Colebrook 界面摩擦系数公式，悬浮层与运动床层之间的摩擦系数计算公式为

$$\frac{1}{\sqrt{2f_{hmb}}}=-0.86\ln\left(\frac{\frac{d_s}{D_h}}{3.7}+\frac{2.51}{Re_h\sqrt{2f_{hmb}}}\right) \tag{5-59}$$

运动床层

$$A_{mb}\frac{\mathrm{d}p}{\mathrm{d}x}=-F_{mbsb}-\tau_{mbsb}S_{mbsb}-F_{mb}-\tau_{mb}S_{mb}+\tau_{hmb}S_{hmb}-F_{mbG} \tag{5-60}$$

τ_{mbsb} 为运动床层与静止床之间的剪切应力

$$\tau_{mbsb}=\frac{1}{2}\rho_l\left|U_{mb}\right|U_{mb}f_{mbsb} \tag{5-61}$$

τ_{mb} 为在 S_{mb} 面上的剪切应力

$$\tau_{mb}=\frac{1}{2}\rho_l\left|U_{mb}\right|U_{mb}f_{mb} \tag{5-62}$$

运动层与管壁的摩擦系数

$$f_{mb}=\alpha_{mb}Re_{mb}^{-\beta_{mb}} \tag{5-63}$$

紊流时，$\alpha_{mb}=0.046$，$\beta_{mb}=0.02$；层流时，$\alpha_{mb}=16$，$\beta_{mb}=1$。雷诺数 $Re_{mb}=\rho_lU_{mb}D_{mb}/\mu_l$ 是建立在水力直径 D_{mb} 基础上的，$D_{mb}=4A_{mb}/(S_{mb}+S_{mbsb})$。

F_{mbG} 为运动层的重力

$$F_{mbG}=\rho_{mb}gA_{mb}\sin\beta \tag{5-64}$$

运动床层与静止床之间两层间的摩擦系数为

$$\frac{1}{\sqrt{2f_{mbsb}}}=-0.86\ln\left(\frac{\dfrac{d_p}{D_{mb}}}{3.7}+\frac{2.51}{Re_{mb}\sqrt{2f_{mbsb}}}\right) \tag{5-65}$$

F_{mb} 为运动床层与管壁的干摩擦力，由两部分力作用而成：颗粒的有效重力产生的摩擦力 F_{Wmb} 和界面处流体的剪切运动产生的摩擦力 $F_{\phi mb}$。

$$F_{mb}=F_{Wmb}+F_{\phi mb} \tag{5-66}$$

F_{Wmb} 用拟流体力学压力分布法，来计算颗粒的沉没重量，主要是对粗糙颗粒的近似计算。沿作用面 S_{mb} 进行积分：

$$\begin{aligned}F_{Wmb}&=2\eta\int_{\theta_{sb}}^{\theta_{mb}+\theta_{sb}}(\rho_S-\rho_l)g\cos\beta C_{mb}\left(\frac{D}{2}\right)^2\left[\cos\gamma-\cos\left(\theta_{sb}+\theta_{mb}\right)\right]\cos\gamma\mathrm{d}\gamma\\&=\eta(\rho_S-\rho_l)gC_{mb}\cos\beta\left(\frac{D}{2}\right)^2\times\left\{\theta_{mb}+\frac{1}{2}\left[\sin 2(\theta_{sb}+\theta_{mb})-\sin 2\theta_{sb}\right]\right.\\&\quad\left.-2[\sin(\theta_{sb}+\theta_{mb})-\sin\theta_{sb})\cos(\theta_{sb}+\theta_{mb})\right\}\end{aligned} \tag{5-67}$$

式中，η 为干动力学摩擦系数，g 为重力加速度。

在界面 S_{hmb} 上的剪切力与该面上的正压力有关，$\tau_N=\tau_{hmb}/\tan\phi$，$\tan\phi$ 是由 Bagnold 在 1954 年定义的内摩擦角的正切值，$\tan\phi=0.35\sim0.75$。Bagnold 模型假设剪切压力恒定，由堆积床形成的正压力传递导致摩擦阻力的产生：

$$F_{\phi mb}=\eta\frac{\tau_{hmb}S_{mb}}{\tan\phi} \tag{5-68}$$

固定床作用在界面 S_{mbsb} 上的摩擦力 $F_{mbsb} = F_{Wmbsb} + F_{\phi mbsb}$。

由运动床层颗粒有效重力引起的干摩擦力为

$$F_{Wmbsb} = \eta(\rho_s - \rho_l)g\cos\beta C_{mb} y_{mb} S_{mbsb} \tag{5-69}$$

由界面剪切力引起的静摩擦力为

$$F_{\phi mbsb} = \eta \frac{\tau_{hmb} S_{mbsb}}{\tan\phi} \tag{5-70}$$

F_{sbG} 为运动层的重力

$$F_{sbG} = \rho_{sb} g A_{sb} \sin\beta \tag{5-71}$$

固定床是否存在由最小床层速度决定。另外，在整个静止床上的力平衡也必须考虑。为了不让床层整体滑动，总的驱动力不能超过最大阻力，当静止床存在的时候这个条件必须考虑。

驱动力由压力梯度和床层间的剪切力组成。所以

$$A_{sb}\frac{\mathrm{d}p}{\mathrm{d}x} + F_{mbsb} + \tau_{mbsb} S_{mbsb} + F_{sbG} \leqslant F_{sb} \tag{5-72}$$

其中，A_{sb} 为静止床的横截面积，F_{sb} 静止床外围的静摩擦力：

$$F_{sb} = F_{Wsb} + F_{\phi sb} \tag{5-73}$$

其中的两部分为

$$F_{Wsb} = 2\eta_s \int_0^{\theta_{sb}} (\rho_s - \rho_l)g\cos\beta C_{sb}\left(\frac{D}{2}\right)^2 [\cos\gamma - \cos(\theta_{sb} + \theta_{mb})]\cos\gamma \mathrm{d}\gamma \tag{5-74}$$

$$F_{\phi sb} = \eta_s \frac{\tau_{hmb} S_{sb}}{\tan\phi} \tag{5-75}$$

对于给定的直径 D，几何参数可以由 y_{mb} 和 y_{sb} 表示如下：

$$A_h = \left(\frac{D}{2}\right)^2 \left\{\cos^{-1}\left[\frac{2(y_{mb}+y_{sb})}{D} - 1\right] - \left[\frac{2(y_{mb}+y_{sb})}{D} - 1\right]\sqrt{1 - \left[\frac{2(y_{mb}+y_{sb})}{D} - 1\right]^2}\right\} \tag{5-76}$$

$$A_{sb} = \left(\frac{D}{2}\right)^2 \left[\cos^{-1}\left(1 - \frac{2y_{sb}}{D}\right) - \left(1 - \frac{2y_{sb}}{D}\right)\sqrt{1 - \left(1 - \frac{2y_{sb}}{D}\right)^2}\right] \tag{5-77}$$

$$A_{mb} = \frac{1}{4}\pi D^2 - (A_h + A_{sb}) \tag{5-78}$$

$$A = \frac{1}{4}\pi D^2 \tag{5-79}$$

$$S_h = D\cos^{-1}\left[\frac{2(y_{mb}+y_{sb})}{D} - 1\right] \tag{5-80}$$

$$S_{sb} = D\cos^{-1}\left(1 - \frac{2y_{sb}}{D}\right) \tag{5-81}$$

$$S_{mb}=\pi D-(S_h+S_{sb}) \tag{5-82}$$

$$S_{hmb}=D\sqrt{1-\left[\frac{2(y_{mb}+y_{sb})}{D}-1\right]^2} \tag{5-83}$$

$$S_{mbsb}=D\sqrt{1-\left(1-\frac{2y_{sb}}{D}\right)^2} \tag{5-84}$$

$$\theta_{mb}=\pi-\cos^{-1}\left(1-\frac{2y_{sb}}{D}\right)-\cos^{-1}\left[\frac{2(y_{mb}+y_{sb})}{D}-1\right] \tag{5-85}$$

$$\theta_{sb}=\cos^{-1}\left(1-\frac{2y_{sb}}{D}\right) \tag{5-86}$$

根据守恒方程，上层固体颗粒的扩散作用必须考虑。这个被称为紊动扩散过程，它由大规模的旋转控制，使流动趋于均匀。因此，会使固体颗粒由浓度高的区域向低的区域扩散。假设顶部非均质层的固体颗粒扩散遵守扩散方程：

$$\varepsilon\frac{\mathrm{d}^2C}{\mathrm{d}y^2}+w\frac{\mathrm{d}C}{\mathrm{d}y}=0 \tag{5-87}$$

式中，y 为纵坐标，与管的轴线垂直；ε 为扩散系数；w 为颗粒的沉降速度。忽略浓度的侧向变化，视为单向变化。运动床浓度 C_{mb} 为边界条件，对上式进行二重积分得到悬浮层的浓度剖面为

$$C(y)=C_{mb}\exp\left\{-\frac{w\cos\beta\left[y-(y_{mb}+y_{sb})\right]}{\varepsilon}\right\} \tag{5-88}$$

颗粒扩散系数 ε 与颗粒及流体的物性、悬浮液中颗粒浓度以及悬浮液流速 U_h 密切相关。Wasp 等人认为颗粒扩散系数随颗粒尺寸的增加而增大。Walton 提出颗粒扩散系数是悬浮层中流体雷诺数 Re_h 的函数，即

$$\varepsilon=0.014\varepsilon_o d_s U_h Re_h^{1/3} \tag{5-89}$$

式中，当 $C\geqslant 0.05$ 时，$\varepsilon_o=\left(\frac{C}{0.12}\right)^{0.25}$；当 $C<0.05$ 时，$\varepsilon_o=1.24\left(\frac{C}{0.12}\right)^{0.5}$。

流体雷诺数 Re_h 定义为：$Re_h=\frac{\rho_h d_s U_h}{\mu}$。

对式 (5-88) 在悬浮层横截面上积分得

$$\frac{C_h}{C_{mb}}=\frac{2\left(\frac{D}{2}\right)^2}{A_h}\int_{\theta_{mb}+\theta_{sb}}^{\pi}\exp\left\{-\frac{w\cos\beta D}{2\varepsilon}\left[-\cos\gamma+\cos\left(\theta_{mb}+\theta_{sb}\right)\right]\right\}\sin^2\gamma\mathrm{d}\gamma \tag{5-90}$$

由于该方程的积分上下限与各层高度有关，积分很困难，因此在编写程序的过程中，要嵌套多层循环，在解的过程中采用数值解法，给定精度作为循环限制条件，编程求解上式。本书应用复化 Simpson 公式求解，即可得到悬浮层含砂浓度 C_h。

二、目标井段变质量流动压降预测模型

如图 5-13 所示，为目标井段变质量流动时各层受力分析以及分层流动示意图，由于海上疏松砂岩稠油油田的具体特征与适度出砂实际工程要求，要确保井筒携砂能力大于地层出砂能力，在目标井段要求不能产生砂床，因此本节对目标井段油砂两相变质量分层流动进行了微元分析，同时考虑壁面入流对主流固液两相变质量分层流动压降的影响，分别对油砂两相应用连续性方程和动量守恒方程，得出了目标井段固液两相变质量分层流动的基本模型和压降计算模型。

为了建模方便，首先对控制体进行如下几点假设：

(1) 井筒中液相为不可压缩的牛顿流体，且液相物性连续；

(2) 目标段流动为等温稳态流动，流体与环境之间不存在热传递；

(3) 壁面入流进入井筒后瞬间分层；

(4) 移动床层固相为连续相，体积浓度设为 52%；

(5) 不考虑固液两相之间的滑动。

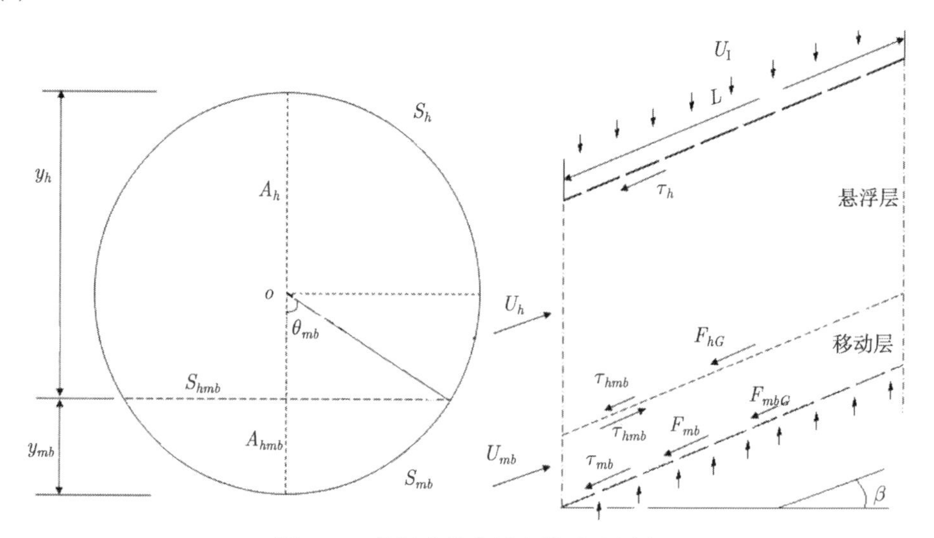

图 5-13　目标井段分层流模型示意图

由此，对目标井段微元段液固两相分别应用质量守恒方程得

(1) 固相：

$$\frac{\mathrm{d}}{\mathrm{d}x}(\rho_s U_h C_h A_h + \rho_s U_{mb} C_{mb} A_{mb}) = \rho_s C_{Is} q_I \tag{5-91}$$

(2) 液相：

$$\frac{\mathrm{d}}{\mathrm{d}x}\left[\rho_l U_h (1 - C_h) A_h + \rho_l U_{mb} (1 - C_{mb}) A_{mb}\right] = \rho_l (1 - C_{Is}) q_I \tag{5-92}$$

对目标井段微元段各层应用动量方程得

(1) 悬浮层：

$$A_h \frac{\mathrm{d}p}{\mathrm{d}x} = -\tau_h S_h - \tau_{hmb} S_{hmb} - F_{hG} - \frac{\mathrm{d}(\rho_h A_h U_h^2)}{\mathrm{d}x} \tag{5-93}$$

管壁上的剪切应力：

$$\tau_h = \frac{1}{2}\rho_h |U_h| U_h f_h \tag{5-94}$$

悬浮层与运动床层之间的剪切应力：

$$\tau_{hmb} = \frac{1}{2}\rho_h |U_h - U_{mb}| (U_h - U_{mb}) f_{hmb} \tag{5-95}$$

悬浮层的有效密度 ρ_h 为：

$$\rho_h = \rho_s C_h + \rho_l (1 - C_h) \tag{5-96}$$

其中，ρ_s、ρ_l 分别为固相和液相的密度。

F_{hG} 为上层混合物的重力：

$$F_{hG} = \rho_h g A_h \sin\beta \tag{5-97}$$

悬浮层管壁的摩擦系数：

$$f_h = \alpha_h Re_h^{-\beta_h} \tag{5-98}$$

紊流时，$\alpha_h = 0.046$，$\beta_h = 0.02$；层流时，$\alpha_h = 16$，$\beta_h = 1$。雷诺数 $Re_h = \rho_h U_h D_h / \mu_l$ 是建立在水力直径 D_h 基础上的，$D_h = 4A_h/(S_h + S_{hmb})$。

应用粗糙管中的 Colebrook 界面摩擦系数公式，悬浮层与运动床层之间的摩擦系数计算公式为

$$\frac{1}{\sqrt{2f_{hmb}}} = -0.86 \ln\left(\frac{\frac{d_s}{D_h}}{3.7} + \frac{2.51}{Re_h\sqrt{2f_{hmb}}}\right) \tag{5-99}$$

(2) 运动床层：

$$A_{mb}\frac{\mathrm{d}p}{\mathrm{d}x} = -F_{mbh} - \tau_{mb}S_{mb} + \tau_{hmb}S_{hmb} - F_{mbG} - \frac{\mathrm{d}}{\mathrm{d}x}(\rho_{mb}A_{mb}U_{mb}^2) \tag{5-100}$$

τ_{mb} 为在 S_{mb} 面上的剪切应力：

$$\tau_{mb} = \frac{1}{2}\rho_l |U_{mb}| U_{mb} f_{mb} \tag{5-101}$$

运动层与管壁的摩擦系数：

$$f_{mb} = \alpha_{mb} Re_{mb}^{-\beta_{mb}} \tag{5-102}$$

紊流时，$\alpha_{mb} = 0.046$，$\beta_{mb} = 0.02$；层流时，$\alpha_{mb} = 16$，$\beta_{mb} = 1$。雷诺数 $Re_{mb} = \rho_l U_{mb} D_{mb} / \mu_l$ 是建立在水力直径基础上的，$D_{mb} = 4A_{mb}/(S_{mb} + S_{hmb})$。

F_{mbG} 为运动层的重力：

$$F_{mbG} = \rho_{mb} g A_{mb} \sin\beta \tag{5-103}$$

运动床层与静止床之间两层间的摩擦系数为

$$\frac{1}{\sqrt{2f_{mbsb}}} = -0.86\ln\left(\frac{\frac{d_p}{D_{mb}}}{3.7} + \frac{2.51}{Re_{mb}\sqrt{2f_{mbsb}}}\right) \tag{5-104}$$

F_{mbh} 为运动床层与管壁的水动力学摩擦力，由两部分力作用而成：颗粒的有效重力产生的摩擦力 N_w 和界面处流体的剪切运动产生的摩擦力 N_ϕ。

$$F_{mbh}=\eta\left(N_w+N_\phi\right) \tag{5-105}$$

η 为干动力学摩擦系数，N_w 用拟流体力学压力分布法，来计算颗粒的沉没重量，主要是对粗糙颗粒的近似计算。沿作用面 S_{mb} 进行积分：

$$N_w=0.5(\rho_s-\rho_l)gc_{mb}D^2\left[\left(\frac{2y_{mb}}{D}-1\right)\left(\theta_{mb}+\frac{\pi}{2}\right)+\cos\theta_{mb}\right] \tag{5-106}$$

式中，g 为重力加速度。

在界面 S_{hmb} 上的剪切力与该面上的正压力有关，$\tau_N=\tau_{hmb}/\tan\phi$，$\tan\phi$ 定义同上，$\tan\phi=0.35\sim0.75$。Bagnold 模型假设剪切压力恒定，由堆积床形成的正压力传递导致摩擦阻力的产生：

$$N_\phi=\frac{\tau_{hmb}S_{hmb}}{\tan\phi} \tag{5-107}$$

对于给定的直径 D，几何参数可以由移动床层高度 y_{mb} 表示如下：

$$A_h=\left(\frac{D}{2}\right)^2\left[\pi-\theta_{mb}-\left(\frac{2y_{mb}}{D}-1\right)\sqrt{1-\left(\frac{2y_{mb}}{D}-1\right)^2}\right] \tag{5-108}$$

$$S_h=\pi D-S_{mb} \tag{5-109}$$

$$A_{mb}=\frac{1}{4}\pi D^2-A_h \tag{5-110}$$

$$S_{mb}=D\theta_{mb} \tag{5-111}$$

$$S_{hmb}=2\sqrt{y_{mb}\left(D-y_{mb}\right)} \tag{5-112}$$

根据守恒方程，上层固体颗粒的扩散作用必须考虑。这个紊动扩散过程，由大规模的旋转控制，使流动趋于均匀。因此，会使固体颗粒由浓度高的区域向低的区域扩散。假设顶部非均质层的固体颗粒扩散遵守扩散方程：

$$\varepsilon\frac{\partial^2C(y)}{\partial y^2}+v\frac{\partial C(y)}{\partial y}=0 \tag{5-113}$$

式中，y 为纵坐标，与管的轴线垂直；ε 为扩散系数；v 为颗粒的沉降速度。忽略浓度的侧向变化，视为单向变化。运动床浓度 C_{mb} 为边界条件，对上式进行二重积分得到悬浮层的浓度剖面为

$$C\left(y\right)=C_{mb}\exp\left[-\frac{v}{\varepsilon}\left(y-y_{mb}\right)\right] \tag{5-114}$$

颗粒扩散系数 ε 与颗粒及流体的物性、悬浮液中颗粒浓度以及悬浮液流速 U_h 密切相关。假设质量传递系数和动量传递系数相等，那么通过 Taylor 公式可得

$$\varepsilon=0.052U_*r \tag{5-115}$$

式中，$U_*=U_h\sqrt{f_i/2}$，即剪切速度；f_i 为剪切摩擦系统数；r 是悬浮层截面水力半径，$r=4A_h/\left(S_h+S_{mb}\right)$。

单颗粒沉降末速是对流体中单个颗粒进行受力分析得到的，单个颗粒在流体中自由沉降时受到自身重力和流体拖曳力，当受力平衡时，固体颗粒自由沉降的速度即为单颗粒沉降末速：

$$v_o = \sqrt{\frac{4}{3}\frac{(s-1)\,d_s g}{C_D}} \tag{5-116}$$

式中，当 $0.1 < Re_p < 500$ 时，$C_D = 18.5Re_p^{-0.6}$；当 $500 \leqslant Re_p < 2\times10^5$ 时，$C_D = 0.44$。

流体雷诺数 Re_h 定义为：$Re_h = \dfrac{\rho_h d_s U_h}{\mu}$，$\rho_h$ 为悬浮层混合密度。

但是实际生产中，颗粒沉降速度受到砂粒体积浓度的影响，当浓度很小时，颗粒沉降过程中彼此干扰很小，可看成自由沉降。当浓度达到一定程度后，如油井携砂生产时颗粒相互干扰，使沉降速度低于自由沉降速度，此时

$$\frac{v}{v_0} = (1-c_s)^m \tag{5-117}$$

式中，v 为体积浓度为 c_s 时的均匀砂沉降速度；m 为指数，是与砂粒沉降雷诺数有关的经验常数；c_s 为砂粒在液体中的体积浓度。

对式 (5-114) 在悬浮层横截面上积分得：

$$\frac{C_h}{C_{mb}} = \frac{2\left(\dfrac{D}{2}\right)^2}{A_h}\int_{\theta_{mb}+\theta_{sb}}^{\pi} \exp\left\{-\frac{v\cos\beta D}{2\varepsilon}\left[-\cos\gamma + \cos\left(\theta_{mb}+\theta_{sb}\right)\right]\right\}\sin^2\gamma \mathrm{d}\gamma \tag{5-118}$$

由于该方程的积分上下限与各层高度有关，积分很困难，因此在编写程序的过程中，要嵌套多层循环，在解的过程中采用数值解法，给定精度作为循环限制条件，编程求解上式。依然应用复化 Simpson 公式求解，即可得到悬浮层含砂浓度 C_h。

实际生产过程中砂粒沉积过程示意图如图 5-14。

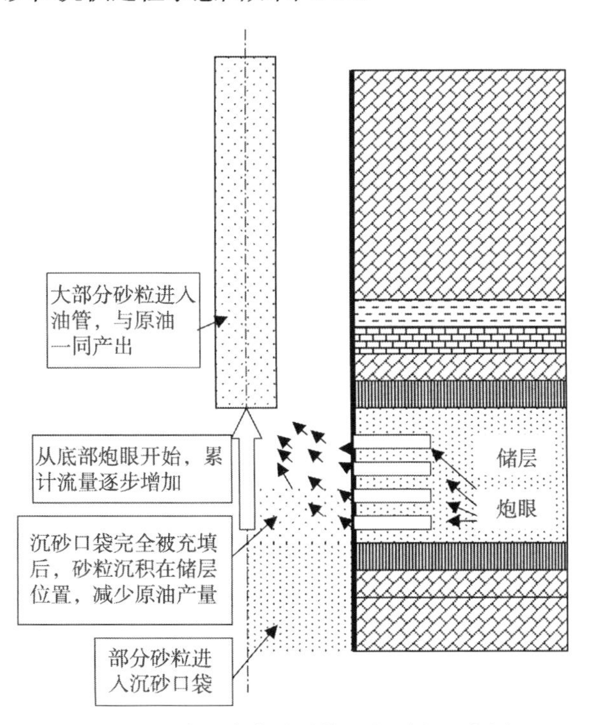

图 5-14　实际生产时砂粒沉积过程示意图

第四节　适度出砂油井井筒携砂计算

以 LD5-2 油田参数为例进行适度出砂油井井筒携砂测算。

（一）输入参数

由 LD5-2 油田地层砂粒度分析结果可知，地层砂最大粒径 1533.9μm，中值粒径 175.35～497.46μm。结合缝宽设计的结果，并考虑到含砂浓度较高时颗粒沉降速度可能以流化床的流化速度为判断依据，携砂计算最大粒径取 105μm、117μm、160μm、175μm、190μm、500μm、1600μm。

由临界携砂产量和流体黏度的敏感性分析（图 5-15）可知，原油黏度 50mPa·s 以内临界

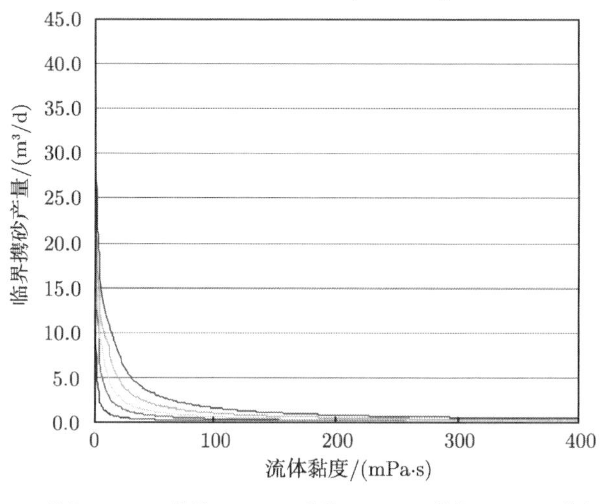

图 5-15　87.8mm 油管中临界携砂产量和流体黏度的关系

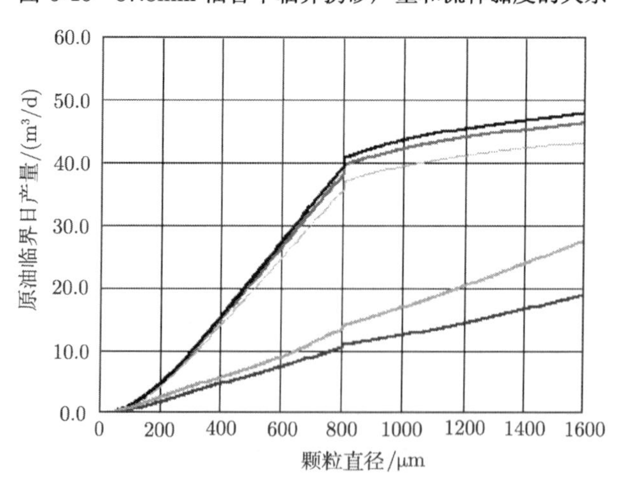

图 5-16　73mm 油管内原油黏度 15mPa·s 时粒径与临界携砂产量的关系

携砂产量较大。结合 LD5-2 油田原油物性资料，携砂计算的原油黏度取 15mPa·s、210mPa·s、400mPa·s。根据生产管柱和井身结构，计算管柱直径取 73mm、88.9mm 和 177.8mm(图 5-16 至图 5-21)。

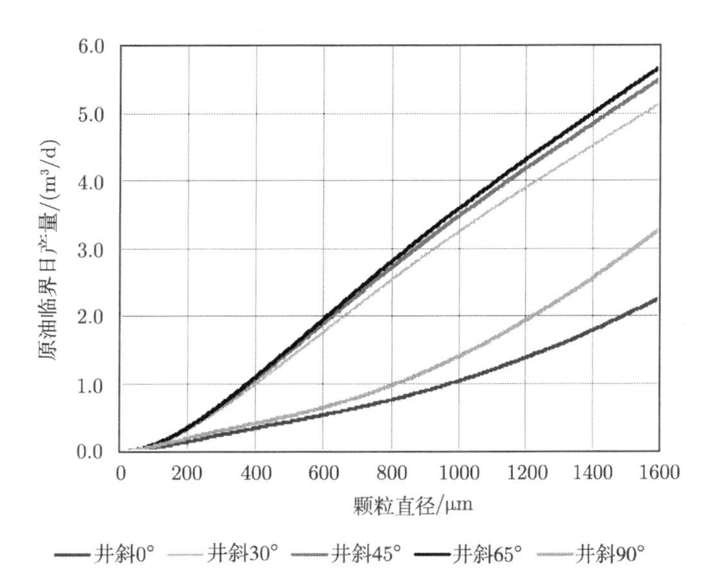

图 5-17 73mm 油管内原油黏度 210mPa·s 时粒径与临界携砂产量的关系

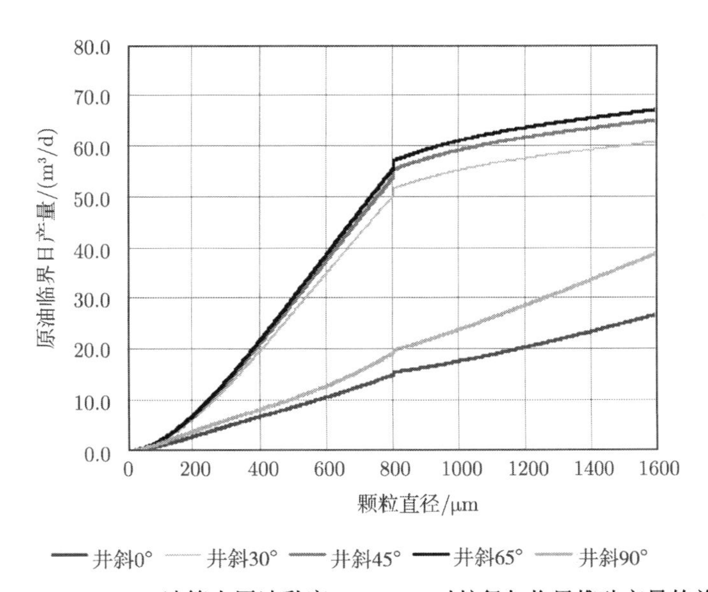

图 5-18 88.9mm 油管内原油黏度 15mPa·s 时粒径与临界携砂产量的关系

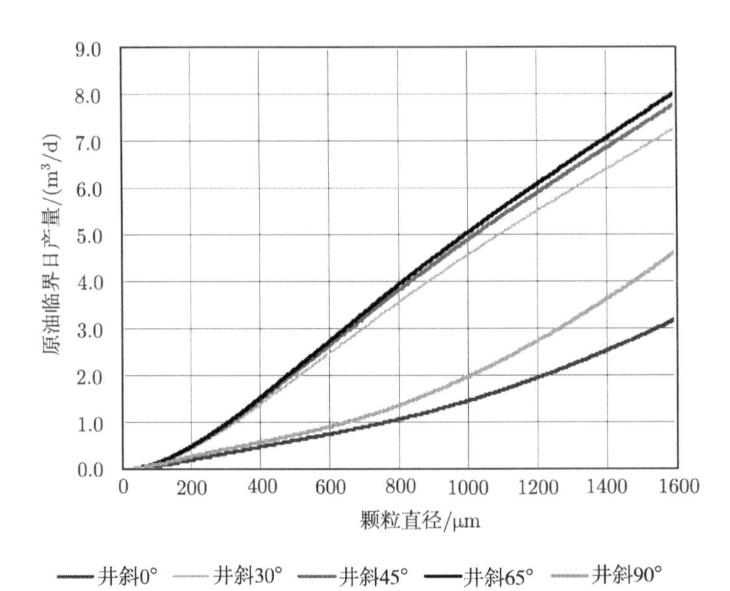

图 5-19　88.9mm 油管内原油黏度 210mPa·s 时粒径与临界携砂产量的关系

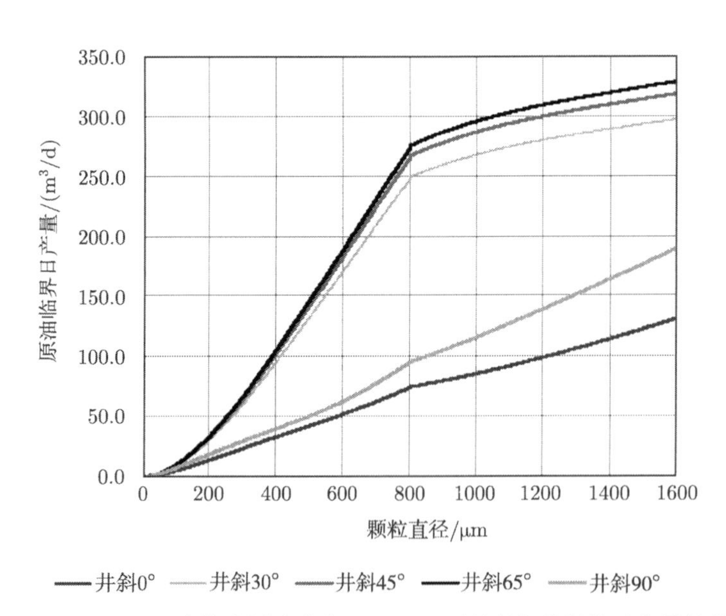

图 5-20　177.8mm 套管内原油黏度 15mPa·s 时粒径与临界携砂产量的关系

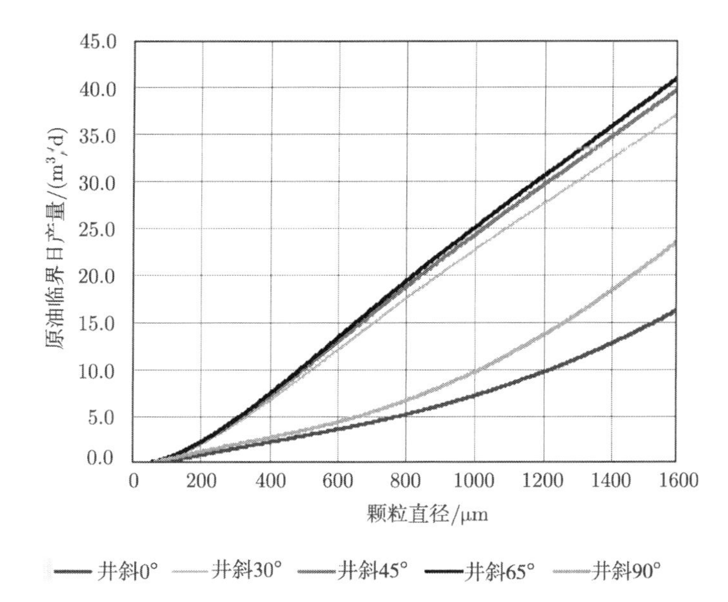

图 5-21　177.8mm 套管内原油黏度 210mPa·s 时粒径与临界携砂产量的关系

由缝宽设计的原则和结果，确定不同条件下的最大颗粒直径和地层砂浓度并直接与缝宽关联 (表 5-5)，用于计算缝宽与临界携砂产量的关系。

表 5-5　不同条件下最大颗粒直径、砂浓度与缝宽的关系

防砂管遮挡地层砂的累计重量百分比/%	以最大浓度 19% 计算的地层砂浓度/%	对应的最大颗粒直径/μm	对应的缝宽/μm
98	0.38	21.09	52.725
95	0.95	48.716	121.79
90	1.94	110.774	276.935
85	2.91	139.163	347.9075
80	3.88	158.169	395.4225
75	4.75	176.597	441.4925
70	5.7	193.339	483.3475
65	6.65	209.046	522.615
88	2.28	122.13	305.325
82	3.42	150.798	376.995
78	4.18	165.54	413.85
62	7.22	218.471	546.1775

（二） 计算结果

取 LD5-2 油田的地层砂形状系数 0.654，平均砂浓度 5%，计算了不同直径颗粒在不同黏度原油中的临界携砂产量 (表 5-6)。结果表明，流体黏度对临界携砂产量影响明显。

表 5-6　不同条件下的临界携砂产量　(单位: m^3/d)

井斜/(°)	颗粒直径/μm	73.0mm 油管			88.9mm 油管			177.8m 套管		
		15 mPa·s	210 mPa·s	400 mPa·s	15 mPa·s	210 mPa·s	400 mPa·s	15 mPa·s	210 mPa·s	400 mPa·s
0	105	0.585	0.042	0.022	0.812	0.058	0.030	3.892	0.278	0.146
	117	0.699	0.050	0.026	0.971	0.069	0.036	4.659	0.333	0.175
	160	1.147	0.082	0.043	1.595	0.114	0.060	7.667	0.548	0.288
	175	1.313	0.094	0.049	1.826	0.130	0.068	8.783	0.627	0.329
	190	1.481	0.106	0.056	2.060	0.147	0.077	9.920	0.709	0.372
	500	4.998	0.350	0.184	6.986	0.490	0.257	34.161	2.397	1.258
	1600	15.592	1.790	0.933	21.873	2.549	1.329	108.176	13.189	6.883
30	105	1.113	0.079	0.042	1.546	0.110	0.058	7.409	0.529	0.278
	117	1.360	0.097	0.051	1.890	0.135	0.071	9.064	0.647	0.340
	160	2.406	0.172	0.090	3.345	0.239	0.125	16.081	1.149	0.603
	175	2.824	0.202	0.106	3.926	0.280	0.147	18.889	1.349	0.708
	190	3.265	0.233	0.122	4.541	0.324	0.170	21.864	1.562	0.820
	500	15.726	1.103	0.579	21.983	1.542	0.809	107.494	7.542	3.959
	1600	35.429	4.067	2.120	49.700	5.792	3.020	245.801	29.969	15.639
65	105	1.230	0.088	0.046	1.708	0.122	0.064	8.186	0.585	0.307
	117	1.503	0.107	0.056	2.088	0.149	0.078	10.015	0.715	0.376
	160	2.659	0.190	0.100	3.696	0.264	0.139	17.767	1.269	0.666
	175	3.120	0.223	0.117	4.338	0.310	0.163	20.870	1.491	0.783
	190	3.608	0.258	0.135	5.018	0.358	0.188	24.157	1.726	0.906
	500	17.376	1.218	0.640	24.288	1.703	0.894	118.769	8.333	4.375
	1600	39.145	4.493	2.343	54.913	6.399	3.337	271.582	33.112	17.279
90	105	0.891	0.064	0.033	1.238	0.088	0.046	5.933	0.424	0.222
	117	1.051	0.075	0.039	1.460	0.104	0.055	7.002	0.500	0.263
	160	1.643	0.117	0.062	2.284	0.163	0.086	10.980	0.784	0.412
	175	1.851	0.132	0.069	2.573	0.184	0.097	12.380	0.884	0.464
	190	2.057	0.147	0.077	2.861	0.204	0.107	13.773	0.984	0.516
	500	5.975	0.419	0.220	8.352	0.586	0.308	40.842	2.865	1.504
	1600	22.598	2.594	1.352	31.700	3.694	1.926	156.778	19.115	9.975

对于垂直井筒，黏度 15mPa·s 时的临界携砂产量为黏度 210mPa·s 时的 8.6 ～ 14 倍，井斜 65° 时临界携砂产量最大，约为垂直井筒的 2 ～ 4 倍。由于水平井的轨迹必然经过井斜 65°，故井斜大于 65° 时的临界携砂产量应与井斜 65° 的临界携砂产量一致。

在 177.8mm 套管内，500μm 颗粒在流体黏度 15mPa·s 时垂直井筒的临界产量 $34.2m^3/d$，井斜 65° 时的临界携砂产量 $118.8m^3/d$，可能需要在生产中对地层砂加以适当控制。流体黏度较高时，500μm 颗粒的临界产量 $8.3m^3/d$，防砂需求降低。

(三)　结果分析

以上计算显示出颗粒在高黏度流体中的临界携砂产量远低于清水中的临界携砂产量。实际生产过程中，由于原油的高黏度将会抑制流体脉动，进而降低临界携砂速度。黏度 105mPa·s 的油品在垂直井筒的临界携砂速度试验结果如表 5-7。

表 5-7　黏度 105mPa·s 的油品在垂直井筒的临界携砂速度试验

平均粒径/μm	实测的临界携砂速度/(m/s)	理论计算的干涉沉降速度/(m/s)	垂直井筒公式计算的临界携砂速度/(m/s)
165	0.000 473	0.000 191	0.000 821
202	0.000 444	0.000 285	0.001 11
269.5	0.001 33	0.000 504	0.001 63
382.5	0.001 29	0.001 00	0.002 50

(四)　风险分析

根据以上计算可知在携砂流体黏度较高时所需的油井临界携砂产量很低。但在实际生产过程中，由于井身结构和管柱设计的特殊性以及生产制度产生的影响，不可能将井筒内的砂粒完全携出，不同的临界携砂产量对应的冲砂周期不同，故完井设计时应注意考虑携砂生产对产量的综合影响。

如图 5-21 所示，若油管下在产层顶部，不论油井产量多大，由于原油产量由下至上逐步增加，在井眼下部总存在一段区域，地层产出的砂粒不能被携出井眼，而是逐步沉积在井眼下部。

当沉砂积累到一定程度时，由于原油流过砂层的阻力增加，泄油面积减小，造成油井产量下降，进一步加剧砂粒的沉降。这时，就需要进行洗井作业了。

当油管下入产层底部时，虽然总体用于携砂的流量增加，储层部位沉砂可能性减小，但除了生产工艺的风险外，遇到储层突然大量出砂时，又存在环空砂埋的可能，同样引起产量下降，造成洗井作业。

若油井的原油日产量 $40m^3/d$，完井套管尺寸 177.8mm，采用 73mm 油管，采取防砂措施后允许进入井筒的最大颗粒直径 400μm。当产层总厚度 20m 时，则平均每米产量 $2(m^3/d)/m$。对于黏度 210mPa·s 的原油，垂直井筒的油管内的临界产量 $0.34m^3/d$，井斜 65° 时的临界携砂产量 $1.1m^3/d$；垂直井筒的套管内的临界产量 $2.32m^3/d$，井斜 65° 时的临界携砂产量 $7.4m^3/d$。

计算数据表明，若油管下在储层顶部，则在垂直井筒内井底沉砂将可能从套管内距储层底界处 1.16m 开始发生，在井斜 65° 的井筒内井底沉砂将可能从套管内距储层底界 3.7m 处开始发生，砂面随着采油过程缓慢上升，直至进行洗井作业；若油管下在储层底部，在油井无突然出砂的情况下，井底沉砂将仅限于充填满沉砂口袋，仅需 $1.1 \sim 2.32m^3/d$ 的日产量即可将 400μm 的砂粒携出。

第六章　多枝导流适度出砂井防砂实验研究

第一节　适度出砂管理的防砂方式

一、常规防砂方式

总体上讲，现有的防砂方式可分为化学防砂和机械防砂两大类。化学防砂主要是针对细粉砂地层，应用范围较窄，并且随着机械防砂技术的发展已越来越显得不重要，因此我们不把其作为一种通用方法考虑。目前国内外最常见的机械防砂方式有：割缝衬管防砂、绕丝筛管防砂、预充填类筛管防砂、优质筛管防砂、砾石充填防砂。

从满足适度出砂标准的角度，分析比较这些防砂完井方式，能够实现精确控制出砂粒径的方法只有绕丝筛管和割缝衬管。两者的防砂机理都是通过矩形缝来挡砂，不同的是，绕丝筛管过流面积大，割缝衬管过流面积小，可以根据油井产量的大小进行选择 (表 6-1)。

表 6-1　防砂方式比较

防砂方式	防砂效果	能否精确防砂	成本	是否容易发生堵塞
砾石充填	好	不能	高	容易堵塞砾石层
压裂充填	好	不能	高	不容易堵塞砾石层
优质筛管	一般	不能	较高	容易堵塞筛管
绕丝筛管	一般	能	较低	不容易堵塞筛管
割缝衬管	一般	能	低	不容易堵塞筛管

二、适度出砂防砂方式初探

虽然通过分析能够实现适度出砂要求的精确控制出砂粒径的方法只有绕丝筛管和割缝衬管，但是通过以往的应用实践证明，绕丝筛管和割缝衬管随着砂粒的冲蚀会发生磨损，造成筛缝局部变宽，使得防砂效果变差，甚至会造成筛管冲蚀破坏，大量出砂。因此，在海上油田实际开发中应用较少。

考虑采用适度出砂技术来优化防砂设计，释放油井产能。通过对以往的应用情况分析，初步提出了三种方案：选择合适的优质筛管；适当放大优质筛管的挡砂精度；适当放大砾石充填的尺寸。

目前使用的优质筛管种类较多，主要有陶瓷滤砂管、冶金粉末滤砂管、树脂石英砂滤砂管、复合微孔滤砂管、金属 (棉、毡、网布) 滤砂管、双层预充填砾石绕丝筛管等。这些滤砂管的基本原理都是使用金属或砾石形成多孔挡砂介质，允许流体通过同时根据挡砂精度的不同阻挡相应粒径地层砂粒。

现在现场最常用的机械防砂管有金属编织网、金属棉等几种类型，它们各自有其不同的结构特点及适用条件。近几年来，渤海湾部分油田在现场试验中采用了金属网及金属棉优质筛管防砂，防砂效果较好。但部分油井中也存在一定的问题，比如出砂严重或者几乎没有产能，存在这些问题的原因关键在于防砂参数的设计不合理。

常规优质筛网是多层复合结构，容易造成空间的堵塞，不可解除。金属棉优质筛管采用平面结构，在生产压差较大的情况下一些细颗粒可以挤过筛网，进入井筒，避免筛管的堵塞，因此可以通过控制压差来实现筛网的清洁。

编织网过滤介质具有如下不利因素：

(1) 因网状平面结构，决定了防砂适用范围窄，对地层砂的粒度分布范围很敏感 (要么防的太死，要么大量出砂)。

(2) 易堵塞：细小颗粒很易通过，但大的颗粒或匹配刚好的颗粒易堵塞网格空间，造成过流面积随生产变得越来越小。

(3) 筛网的网格易被冲蚀而变大，精度发生变化。

(4) 平面上过流面积较大，不存在立体过流面积。

金属绵过滤介质的立体结构决定了其具有如下特点：

(1) 防砂适用范围广，对地层砂的粒度分布范围不太敏感，区间大。

(2) 自洁功能：细小颗粒易通过，即使被堵塞，也不会在平面上流动使通道被堵死。

(3) 自修复功能：在压差较大情况下，部分大颗粒被“挤出”，因金属丝的弹性，其原有的形状很易恢复。

(4) 平面上可能过流面积较小，但立体过流面积大。

通过油田的实际应用，金属绵过滤介质的筛管在防砂效果上要优于编织网过滤介质的筛管，但是对于精确防砂，金属网布优质筛管具有一定的优势。

第 二 节　防砂方式选择依据及优选方法

一、防砂方式选择依据

取得有代表性的砂样并对其进行粒度分析是防砂工艺设计的基础。现场能取得的储层砂样有限，一般只有几口探井和特殊用途井进行取心，在一定程度上具有代表性。由于沉积环境的差异和地层的非均质性和各向异性，所取砂样并不能完全代表周边井的粒度分布情况。利用其进行防砂方式和防砂参数的设计精度会明显降低，特别是适度出砂技术，对粒度特性参数的要求进一步提高，能否高效进行防砂方式及参数的选择，粒度参数的准确确定是关键。对国内外粒度分析进行了调研，常规方法有岩屑直接测试法 (激光粒度与筛析法)。该方法的不足：一个新区块探井数量不多，取心有限，不足以弄清整个区域的纵横向粒度分布规律；探井的岩心测试结果也不能够完全反映出开发井的储层粒度特性。为了克服上述方法的不足，提出了一种实测与沉积微相相结合的储层粒度区域分布规律预测新方法。

1. 储层粒度纵向分布规律预测新方法

该方法可预测整个井段各储层粒度分布，为防砂设计提供更为准确的依据，在国内属于首次开展这方面的研究和应用，具体如图 6-1。

利用神经网络技术，根据绥中 36-1 油田区块建立的样本库对临近旅大 4-2-1 井进行预测，如图 6-2 所示，预测结果能够反映储层粒度波动趋势，说明了该方法对临近区块的预测精度较好。

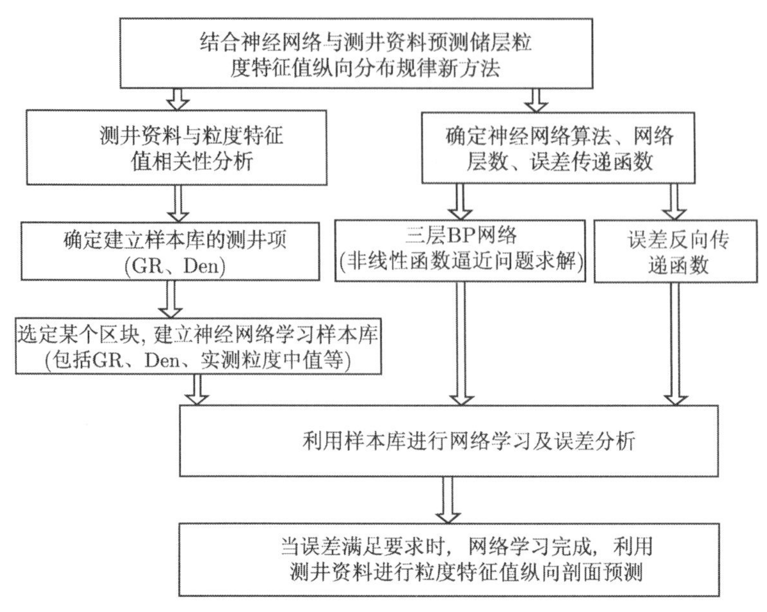

图 6-1　神经网络粒度分布纵向预测技术

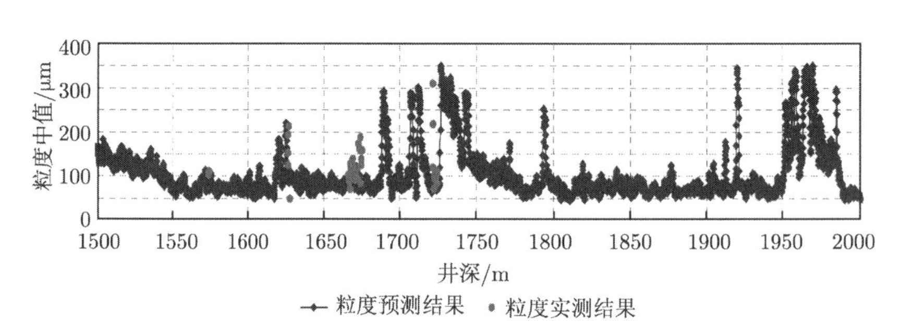

图 6-2　旅大 4-2-1 井粒度纵向预测结果

2. 储层粒度区域分布规律预测新方法

该方法利用沉积微相与粒度分布的内在联系，可以预测出整个油田粒度区域分布规律，在国内属于首次开展这方面的研究和应用。具体如图 6-3。在绥中 36-1 油田得到很好的应用(图 6-4 和图 6-5)。

二、防砂方式优选方法

通过对国内外文献的大量调研，在防砂设计方面的研究很多，具有代表性的主要人物有：Coberly，Abrams，Ballard，Byrne，Markestad，Slayter，Farrow，Schwartz，Bennett，Tiffen 等，对不同地区的防砂提出自己的观点和看法。最具代表性的是在 1998 年英国石油 (BP) 公司提出 Tiffen 设计方法沿用至今，已形成防砂设计软件。Tiffen 设计方法引入了两个新的参数来对地层砂的粒度分布进行评价：分选性 $Sc(d_{10}/d_{95})$ 及细粉砂的质量分数 ($<$44μm 的颗粒的质量分数)，这样再加上地层砂的非均匀系数 Uc，组成了新的砾石充填或筛管完井选择标准。Tiffen 认为，目前砾石充填完井可以很好的防止那些砂粒分布正常的油藏砂粒侵入，

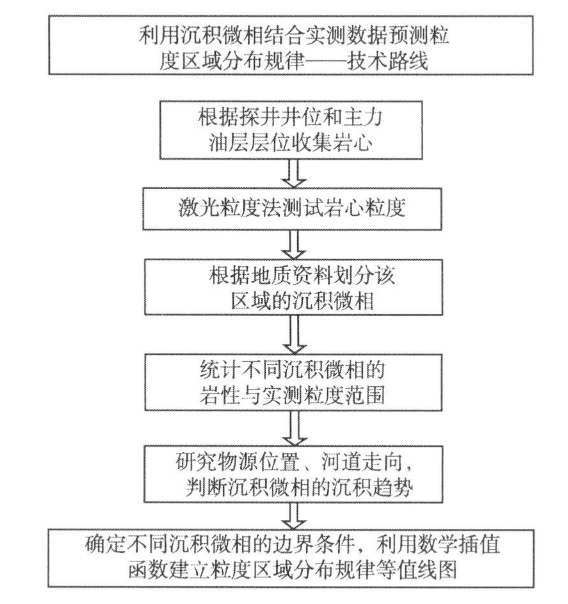

图 6-3　沉积微相储层粒度区域分布规律预测新方法

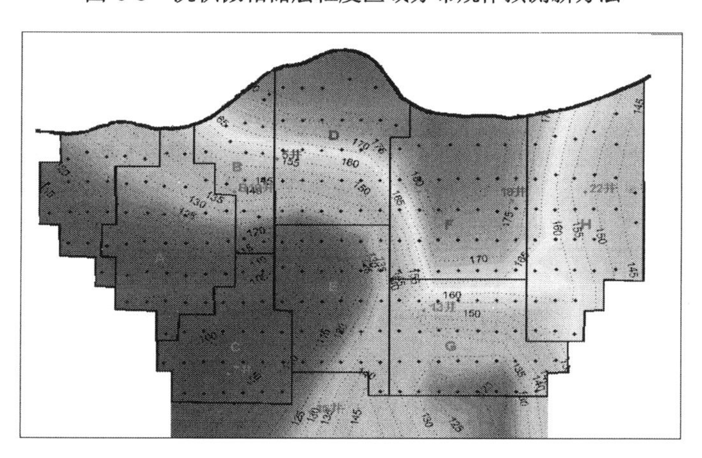

图 6-4　SZ36-1 油田某油层粒度纵向分布规律 (I)

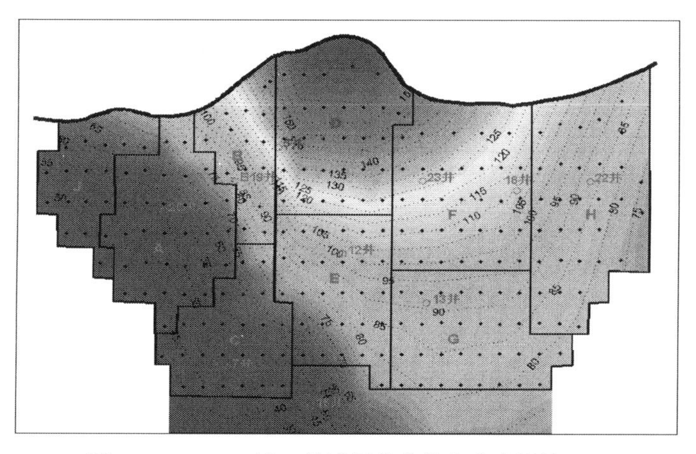

图 6-5　SZ36-1 油田某油层粒度纵向分布规律 (II)

但是对于非均匀性强并且粉砂岩含量高的油藏，传统的设计方法会导致较高的表皮系数，甚至出现防砂失效。

Tiffen 对一般筛管、优质筛管、常规砾石充填与压裂充填等防砂方式制定的选择准则为：

(1) $Sc(D_{10}/D_{95}) < 10$，$Uc(D_{40}/D_{90}) < 3$，细砂粒 $< 2\%$：可选择单一筛管完井方式；

(2) $Sc < 10$，$Uc < 5$，细砂粒 $< 5\%$：可以选择单一优质筛管完井方式；

(3) $Sc < 20$，$Uc < 5$，细砂粒 $< 5\%$：最佳选择为常规砾石充填完井方式；

(4) $Sc < 20$，$Uc < 5$，细砂粒 $< 10\%$：优质筛管进行常规砾石充填完井方式；

(5) $Sc > 20$，$Uc > 5$，细砂粒 $> 10\%$：压裂充填完井或其他方式。

该方法以储层单个筛析样品为设计基础，在整个储层段粒度范围变化不大的情况下，该方法具有很好的参考意义。目前海上油田采用水平井和定向井较普遍，对于定向井，会涉及多个油层的开采，而油层间的粒度特性通常会有差异。针对该种情况，如果选用 Tiffen 设计方法，只能采用保守的原则，取最易出砂的层段和最难防砂的层段来考虑，设计结果往往会偏保守。

2000 年，美国 USF 大学的 George Gillespie 和 Johnson 通过大量的实验研究，给出了绕丝筛管、优质筛管、预充填筛管及砾石充填完井的选择方法。绕丝筛管和割缝管多用于出砂不严重，地层有一定固结强度的地层，筛缝尺寸设计多以砂桥理论进行设计。从 Johnson 的研究中我们可以看出，他既考虑了地层砂粒度中值的分布范围，又考虑了地层的不均匀系数，归纳 Johnson 的研究成果，可以得出以下防砂方式选择方法：

(1) 细粉砂 ($D_{50} = 50 \sim 125\mu m$) 防砂方式选择方法：

$D_{50} = 0 \sim \pm 25\%$，$Uc = 1 \sim 4$，选择高导流能力绕丝筛管防砂；

$D_{50} = \pm 25\% \sim \pm 50\%$，$Uc = 1 \sim 4$，选择优质筛管防砂；

$D_{50} \geqslant \pm 50\%$，$Uc = 1 \sim 4$ 或者 $D_{50} \leqslant \pm 50\%$，$Uc = 4 \sim 8$，选择砾石充填防砂。

(2) 细砂 ($D_{50} = 125 \sim 250\mu m$) 防砂方式选择方法：

$D_{50} = 0 \sim \pm 25\%$，$Uc = 1 \sim 3$，选择普通绕丝筛管防砂；

$D_{50} = 0 \sim \pm 25\%$，$Uc = 3 \sim 5$，选择高导流能力绕丝筛管防砂；

$D_{50} = \pm 25\% \sim \pm 100\%$，$Uc = 1 \sim 3$，选择预充填筛管防砂；

$D_{50} = \pm 25\% \sim \pm 100\%$，$Uc = 3 \sim 6$，选择优质筛管防砂；

$D_{50} \geqslant \pm 100\%$，$Uc = 1 \sim 8$ 或者 $D_{50} \leqslant \pm 100\%$，$Uc = 5 \sim 8$，选择砾石充填防砂。

(3) 中砂 ($D_{50} = 250 \sim 500\mu m$) 防砂方式选择方法：

$D_{50} = 0 \sim \pm 25\%$，$Uc = 1 \sim 3$，选择 90 绕丝筛管防砂；

$D_{50} = 0 \sim \pm 25\%$，$Uc = 3 \sim 6$，选择高导流能力绕丝筛管防砂；

$D_{50} = \pm 25\% \sim \pm 50\%$，$Uc = 1 \sim 3$，选择预充填筛管防砂；

$D_{50} = \pm 25\% \sim \pm 50\%$，$Uc = 3 \sim 5$ 或者 $D_{50} = \pm 50\% \sim \pm 100\%$，$Uc = 1 \sim 5$，选择优质筛管防砂；

$D_{50} \geqslant \pm 100\%$，$Uc = 1 \sim 8$ 或者 $D_{50} \leqslant \pm 100\%$，$Uc = 6 \sim 8$，选择砾石充填防砂。

Johnson 的方法不仅考虑的单个砂样的粒度中值、非均质性，还考虑了整个储层的粒度变化范围，具有更广泛的适用性。

但最新的研究发现，除了地层砂的粒度分布、非均匀系数外，细颗粒含量及矿物组分在防砂方式和参数设计中也同样不可忽略。

第 三 节　防砂管防砂效果及抗堵能力评价实验

一、实验装置

本节中介绍了一套防砂管防砂效果评价装置，并针对海上疏松砂岩的特征，进行了大量的实验研究，提出了适度出砂井控砂理论及确定实验参数的方法，为海上油田完井防砂设计提供了依据。

防砂管的堵塞过程是一个缓慢而长时间的过程，其堵塞程度不仅与防砂管本身的结构、挡砂精度密切相关，还与通过防砂管的砂粒粒径、非均质性、微颗粒的含量、泥质含量、泥质中黏土矿物组分以及油的黏度、流速、现场生产时的压差、压差变化的激烈程度等一系列因素相关，因此是非常复杂的一个过程。如果利用室内模拟实验来代替现场实际的生产过程，其中最大的一个问题就是实验周期的问题。任何实验都无法完全模拟现场实际周期，因此本套设备最大的一个特点就是不考虑储层的孔渗特性，利用配置好的油砂混合液进行循环，控制流量与压差，加快防砂管的堵塞进程，可以通过实验室内短短的几个或十几个小时来模拟防砂管在井下几个月或几年的堵塞程度，从而实现了不同特性防砂管的抗堵能力评价。装置的组成及流程图如图 6-6 所示。

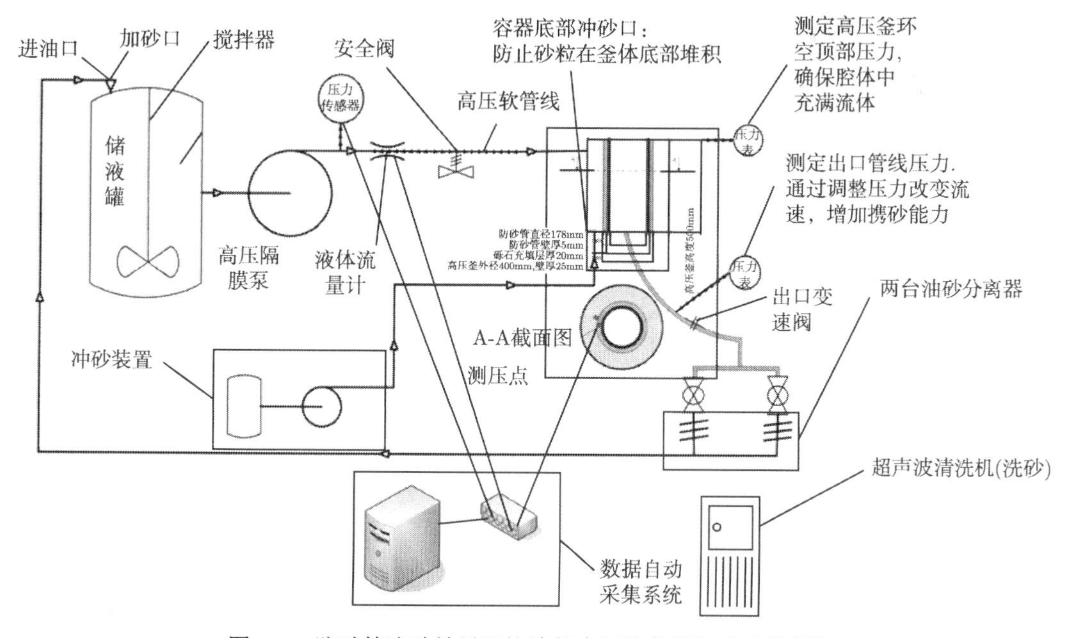

图 6-6　防砂管防砂效果及抗堵能力评价装置组成及流程图

目标：研究防砂参数对产能、出砂量的长期影响规律，建立适度出砂条件下的防砂设计图版。

装置特点：①全尺寸防砂管 (最大 7in) ＋裸眼完井或砾石充填模拟；②可进行恒压差

或恒流量两种方式的实验；③周向进油，可实现平面径向流动，代替以往直线流；④出口控压，模拟井底流压，实现真正意义上的生产压差；⑤全自动计算机数据采集，多层分点测压，可进行长时间筛管堵塞实验；⑥设置四个方向观察摄像孔，可实时观察筛管表面堵塞过程；⑦振动筛油砂自动分离，超声波清洗仪自动洗砂。

装置性能指标：①高压釜体直径 1m，高 0.6m，可消除防砂管端面效应；②高压釜承压能力可达 30MPa，高压泵供压能力最高 15MPa；③输送砂浓度可达到 10%，最高流量 $3m^3/h$，最高模拟现场米采油指数 $48m^3/(d·m·MPa)$；④压力传感器及流量计测试精度可达 3‰，完全满足实验测试要求。

装置功能：

(1) 给定压差及完井防砂方式：产量随时间的变化、出砂量随时间的变化、产出砂的粒径分布、防砂管堵塞情况 (测量防砂管两端的压差) 随时间的变化、砾石充填层堵塞情况。

(2) 可以改变防砂管参数：砾石充填尺寸、充填厚度、储层粒径分布、泥质含量、原油黏度。

装置测量的参数主要有：①设置四个压力传感器，分别测量进口压力、防砂管外压力、砾石层外压力、出口压力；②设置流量传感器，测量实验流量；③测定出砂量，计算油中产出砂含砂量；④对产出砂进行粒度分析，评价挡砂精度。

装置的实物图如图 6-7 所示。整个装置由五部分构成：油砂混合搅拌系统、加压供液循环系统、出砂实验模拟装置、油砂分离系统、数据自动采集系统。

图 6-7 防砂管防砂效果及抗堵能力评价装置实物图

油砂混合搅拌系统：该部分是为了按照储层的粒度特性以及泥质含量配好相应的油砂，确定含砂浓度，在搅拌罐中利用电机及搅拌器搅拌均匀，防止砂粒沉淀。

加压供液循环系统：该部分主要由高压柱塞隔膜泵与变频电机组成，可以改变输送压力以及流量，对模拟装置循环供入油砂混合液。

出砂实验模拟装置：该装置是整套设备的主体，直径 1m，高度 0.6m，壁厚 25mm，最大承压能力 30MPa，整个高压釜体由 16 锰钢锻造，里外镀锌防锈蚀。釜体四周中部对称设置四个进油口，底部设置一个出油口，高压釜体内部沿径向在不同位置设置 3 个压力传感器，以便测试防砂管堵塞前后的压力变化。釜体内壁沿周向成螺旋形分别设置四个透视口，安装高压钢化玻璃以及微型摄像头，以便在实验过程中观察防砂管外表面的堵塞情形。

油砂分离系统：该部分由两台旋震筛与一台超声波清洗机组成，旋震筛内安装400 目精密过滤筛布，可以过滤所有大于 38μm 的颗粒，达到油砂分离的目的。超声波清洗机将通过防砂管后由旋震筛分离的砂进行洗油干燥，以便对样品进行后续测量。

数据自动采集系统：该部分包括一台计算机、一张 36 通道的数据采集卡以及一套数据采集软件，能实现数据的实时采集、显示以及存储功能。

二、实验评价指标

为了更好地结合现场实际情况，在本实验中借鉴现场“米采油指数”作为实验的评价指标。根据米采油指数的定义，其计算表达式：

$$K=\frac{Q}{\Delta P\times m} \tag{6-1}$$

式中，K 为米采油指数，$m^3/(MPa\cdot m\cdot d)$；Q 为通过防砂管或者砾石层的流量，m^3/d；m 为防砂管或者砾石充填层有效过流长度，m；ΔP 为生产压差，MPa。

由于在本实验中，供油压力并不能代表现场实际生产压差，因此可以通过测试模拟储层压力梯度，利用式 (6-2) 来求取实际供给半径 200m 处的压力，以此作为生产压差求得米采油指数，使实验结论更接近现场生产实际条件。

$$P=P_e-\frac{P_e-P_{wf}}{\ln(R_e/R_w)}\ln(R_e/R) \tag{6-2}$$

式中，P 为供给半径内任何一点的压力，MPa；P_e 为实验供油进口压力，MPa；P_{wf} 为井底压力，在本实验中为一个标准大气压，MPa；R_e 为实验模拟储层砂半径，在本实验中为高压釜内径 0.430m；R_w 为井眼半径，在本实验中为模拟井眼半径 0.210m；R 为油藏实际供油半径，在本实验中取 200m。

三、实验条件及步骤

（一） 实验条件

1. 防砂管样品制作

防砂管样品为现场实际标准防砂管，直径 3-7/8in、5.5in、7in，长度 30 ~ 50cm，防砂管两端齐平，端面垂直于防砂管轴线，其中一端用铁板密封，另一端敞口。

2. 测试环境

室温，高压：30MPa 以内。

3. 实验流体介质

实验介质可为清水、白油 (黏度 30 ~ 250mPa·s)、机械润滑油等。

4. 实验配砂要求

根据实际储层粒度测试曲线，按照市场标准目数石英砂按不同比例配制，要求配砂粒度特征值 (d_{50}、d_{10}、d_{40}、d_{90} 等) 能与实际储层一致。

5. 充填砾石要求

砾石充填实验要求充填标准目数陶粒，规格为现场实际充填目数：16 ～ 30 目、20 ～ 40 目、40 ～ 60 目等。

6. 测试数据要求

每次实验均要求测试不同时间点的流量、防砂管内外压降、砾石层压降、进口压力、出砂量、出砂粒径等参数。

（二） 实验标准步骤

设备调试、安装。首先注入白油，确保各注进油口都有流体流出，同时对压力测量系统进行校对；根据模拟地层的粒度分布进行配砂，加入黏土混合均匀，按照设定的油砂浓度，将白油、散砂和黏土加入油砂搅拌系统；关闭高压釜出口，启动加压供液循环系统，循环流体，稳定压力在 2MPa，打开出口阀，同时打开计算机数据采集系统，开始实验，记录流量、各点压力等数据；针对实验的产出砂，进行激光粒度分析并测量不同时段内砂粒的质量；当流量、压力等参数均稳定 1 小时候后，停泵，拆出防砂管，拍照，循环泵疏通管线并清洗设备。

分析数据：绘制流量–时间、压力–时间、出砂量–时间、产出砂粒径–时间曲线 (表 6-2)。

表 6-2　实验评价指标

实验数据处理	评价指标
流量–时间	初始流量越高，防砂管过流能力越大；稳定后流量越高，防砂管长期产能越好
压力–时间	压力越高，堵塞越严重
出砂量–时间	油中含砂量 (0.3 ‰以内，防砂效果好；0.3 ‰～ 0.5 ‰，防砂效果中等；0.5 ‰以上，防砂效果差)
产出砂粒径–时间	d_{10}、d_{40}，d_{50}，d_{90}、Uc
防砂管抗堵性能	该值越小，防砂管抗堵能力越强，越不容易堵塞
米采油指数	$I_P = Q/(P \times T \times L)$

四、实验数据处理及评价指标

图 6-8、图 6-9 是典型的防砂管抗堵实验流量随时间变化曲线及出砂量随时间的变化，从曲线可以看出，随着实验进行，防砂管逐渐堵塞，压力上升，流量下降，不同条件下不同的筛管堵塞过程并不一致，本实验的目的就是为了测试防砂管的堵塞程度以及堵塞前后流量、出砂量的变化状况，因此可以将实验结果分为两个阶段。

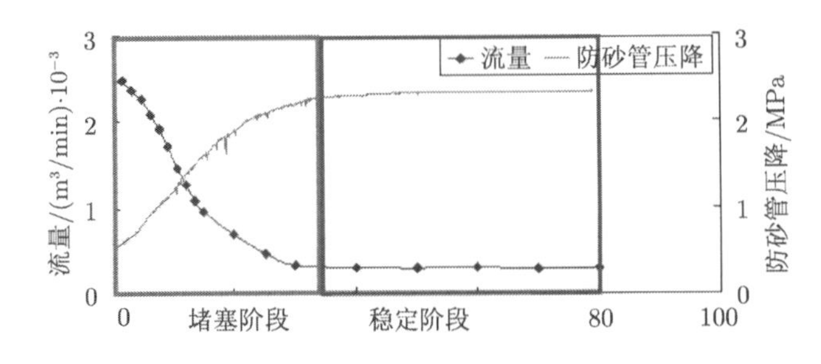

图 6-8　出砂模拟实验典型流量–压力测试曲线

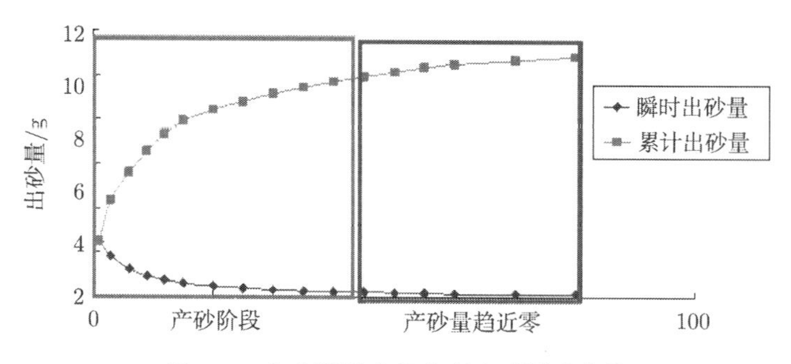

图 6-9 出砂模拟实验典型出砂测试曲线

阶段一：逐步堵塞过程，此时油中携带的砂粒以及泥质在防砂管外表面开始堆积，形成泥饼，并进一步阻止砂粒通过防砂管。在该过程中，压力曲线逐渐上升，流量曲线逐渐下降。该过程的时间长短跟防砂管的抗堵性能、油中携带的砂粒浓度、砂粒的粒径分布以及泥质含量高低等因素密切相关，是本实验测试的重要阶段。

阶段二：当防砂管外表面堵塞到一定程度，压力与流量逐渐趋于稳定，这就是该实验的第二个阶段。此时的流量反映了防砂管堵塞后的过流能力，是衡量防砂管长期稳定产能的一个重要指标。

第四节 砾石充填防砂模拟与挡砂精度实验

对 SZ36-1 油田取样井每个层段取三个样品进行分析，将结果平均处理。SZ36-1 油田地层砂可以定义为均匀细砂。

一、地层砂出砂模拟实验

采用砾石充填模拟实验 (图 6-10) 确定适度出砂与防砂的挡砂精度，需要解决以下问题：

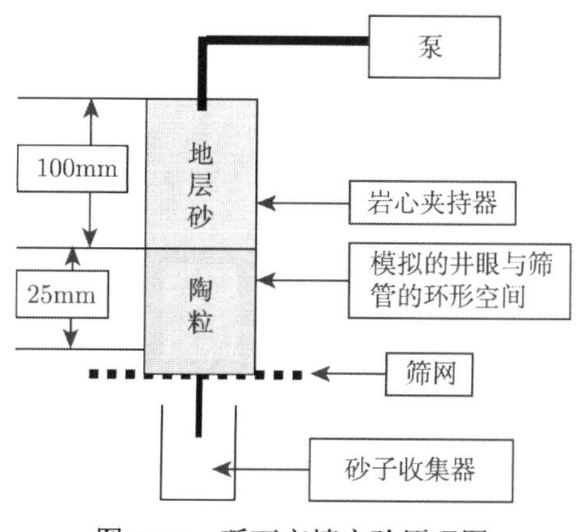

图 6-10 砾石充填实验原理图

(1) 砾石的粒度中值 $D_{50}=(5\sim6)d_{50}$ 情况下，出砂量情况，是否满足适度出砂的出砂量要求；

(2) 满足适度出砂出砂量要求的情况下，确定砾石与地层砂的粒度中值比例；

(3) 研究不同的砾石与地层砂的粒度中值比例所对应的出砂量。

采用所获取的地层砂混合进行实验，采用黏度为 100mPa·s 的模拟原油作为实验流体，计量总出砂量、流量、压力，计算陶粒充填层在原始状态和地层砂侵入状态下的渗透率。

实验所用筛网，根据对应砾石的目数，按照行业标准选取，见表 6-3。

表 6-3　砾石目数与尺寸及配套筛管缝隙的对应表

砾石目数 (美国标准筛目)	砾石尺寸/mm	筛管缝隙/mm
40 ~ 60	0.249 ~ 0.419	0.15
30 ~ 50	0.297 ~ 0.595	0.20
30 ~ 40	0.419 ~ 0.595	0.25
20 ~ 40	0.419 ~ 0.841	0.30
16 ~ 30	0.595 ~ 1.190	0.35
10 ~ 30	0.595 ~ 2.000	0.40

根据国外采用石英砂测量的砾石层原始渗透率结果表 6-4 和各种目数圣戈班陶粒充填层的原始渗透率测量结果表 6-5 分析可知，砾石充填最好采用陶粒，以保证砾石充填层保有更高的渗透率。

表 6-6 是采用 SZ36-1 油田的地层砂，利用各种目数的陶粒作为砾石充填层的出砂模拟。

表 6-4　各种目数石英砂充填层的原始渗透率测量结果

标准筛目/目数	近似粒度中值		测量渗透率/μm^2
	in	mm	国外结果
3 ~ 4	0.226	5.74	8100
4 ~ 6	0.160	4.06	3700
6 ~ 8	0.113	2.87	1900
8 ~ 10	0.0865	2.20	1150
10 ~ 14	0.0675	1.71	800
10 ~ 20	0.056	1.42	325
10 ~ 30	0.051	1.295	191
20 ~ 40	0.025	0.635	121
30 ~ 40	0.0198	0.503	110
40 ~ 50	0.014	0.356	66
40 ~ 60	0.013	0.330	45
50 ~ 60	0.0108	0.274	43
60 ~ 70	0.009	0.229	31

表 6-5　各种目数圣戈班陶粒充填层的原始渗透率测量结果

标准筛目/目数	近似粒度中值		圣戈班陶粒原始渗透率/μm^2
	in	mm	
3 ~ 4	0.226	5.74	9500.3
4 ~ 6	0.16	4.06	4200.1
6 ~ 8	0.113	2.87	2100.5
8 ~ 10	0.0865	2.2	1350.9

续表

标准筛目/目数	近似粒度中值		圣戈班陶粒原始渗透率/μm²
	in	mm	
10 ~ 14	0.0675	1.71	680.7
10 ~ 20	0.056	1.42	450.9
10 ~ 30	0.051	1.295	268.8
16 ~ 20	0.040	1.016	260.2
20 ~ 40	0.025	0.635	252.2
30 ~ 40	0.0198	0.503	235.7
40 ~ 50	0.014	0.356	210.5
40 ~ 60	0.013	0.33	190.5
50 ~ 60	0.0108	0.274	172.7
60 ~ 70	0.009	0.229	140.6

表 6-6 各种目数陶粒充填层的出砂模拟实验结果

SZ36-1 地层砂粒度中值/mm	砾石近似粒度中值/mm	砾石粒度中值 D_{50}/地层砂粒度中值 d_{50}	砾石层原始渗透率/μm²	砾石充填实验后砾石充填层剩余渗透率/μm²	砾石充填层剩余渗透率/砾石层原始渗透率	通过砾石充填层产出液的含砂浓度/(t/10⁴m³)
0.078	0.229	2.94	140.6	121.9	0.87	1.9792
0.078	0.330	4.23	190.5	162.6	0.85	2.0542
0.078	0.356	4.56	210.5	177.3	0.84	2.0792
0.078	0.503	6.45	235.7	189.6	0.80	2.1458
0.078	0.635	8.14	252.2	121.7	0.48	3.4708
0.078	1.015	13.01	260.2	107.3	0.41	5.5491
0.078	1.295	16.60	268.8	221.6	0.82	9.2125

图 6-11、图 6-12 和图 6-13 为 SZ36-1 油田地层砂砾石充填实验结果。

SZ36-1 油田实际地层砂的出砂模拟实验结论：

(1) 考虑常规防砂，以 $D_{50} = (5 \sim 6)d_{50}$ 设计挡砂是很合适的。

(2) 考虑适度出砂，以 $D_{50} = (6 \sim 7)d_{50}$ 设计挡砂最为合理。此时，砾石层渗透率较高，有利于提高产量，且出砂量小于 2.5 $t/10^4m^3$ 的要求。

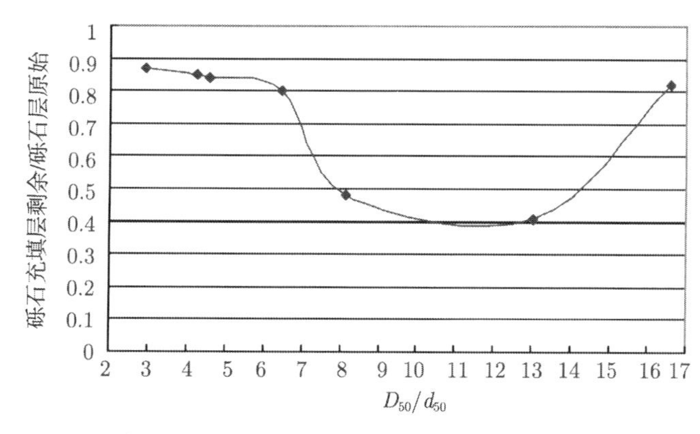

图 6-11 SZ36-1 砾石充填模型 —— 砾石充填层剩余渗透率/砾石层原始渗透率

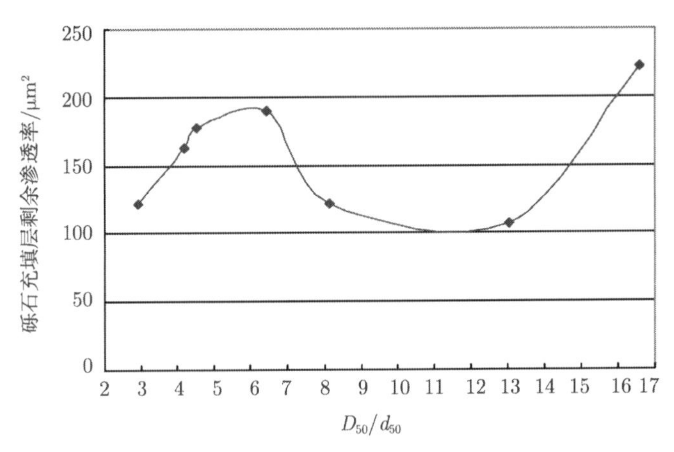

图 6-12　SZ36-1 砾石充填模型 —— 砾石充填层剩余渗透率

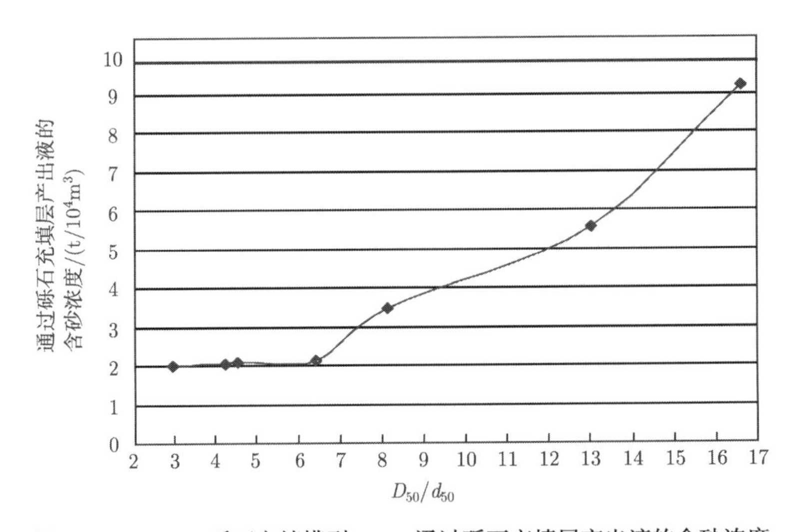

图 6-13　SZ36-1 砾石充填模型 —— 通过砾石充填层产出液的含砂浓度

(3) 当 $D_{50}=(8\sim12)d_{50}$ 时，尽管出砂量满足小于 $5\mathrm{t}/10^4\mathrm{m}^3$ 的要求，但是砾石充填层的渗透率最低，不利于提高产量。

(4) 当 $D_{50}>12d_{50}$ 以后，尽管砾石充填层的渗透率很高，但出砂量高于 $5\mathrm{t}/10^4\mathrm{m}^3$ 的要求已经不能起到防砂的作用。

二、砾石充填挡砂精度实验研究

采用不同目数的陶粒作为模拟的地层砂，由于是模拟的地层骨架砂的出砂，所以，不添加黏土，其模拟的参数见表 6-7。

本次研究完成了砾石充填出砂模拟实验共 216 组，获得了以下成果：

(1) SZ36-1 油田适度出砂的砾石充填防砂设计原则和公式 1 个；

(2) 粗、中、细、粉四种级别 (均匀砂、不均匀砂、极不均匀砂三种情况)，原油黏度为高、中、低三种情况下共 36 个砾石充填适度出砂与防砂的挡砂精度设计原则和经验公式

(表 6-8)。

表 6-7　模拟的地层砂和原油的技术参数

砂型	序号	粒度参数 (粒度单位：mm)				定义
		d_{40}	d_{50}	d_{90}	C	
粗砂	1-1	1.19	0.841	0.42	2.83	均匀砂
粗砂	1-2	1.19	0.841	0.21	5.67	不均匀砂
粗砂	1-3	1.19	0.841	0.105	11.33	很不均匀砂
中砂	2-1	0.42	0.297	0.149	2.822	均匀砂
中砂	2-2	0.42	0.297	0.053	7.92	不均匀砂
中砂	2-3	0.42	0.297	0.037	11.35	很不均匀砂
细砂	3-1	0.297	0.177	0.105	2.83	均匀砂
细砂	3-2	0.297	0.177	0.044	6.75	不均匀砂
细砂	3-3	0.42	0.177	0.037	11.35	很不均匀砂
特细砂或粉砂	4-1	0.105	0.088	0.044	2.39	均匀砂
特细砂或粉砂	4-2	0.25	0.088	0.044	5.68	不均匀砂
特细砂或粉砂	4-3	0.42	0.088	0.037	11.35	很不均匀砂
模拟原油黏度分别为 150mPa·s，30mPa·s，3mPa·s						

表 6-8　适度出砂与防砂条件下砾石充填防砂的挡砂精度设计原则和经验公式

序号	砂型	分选性	原油黏度	适度出砂的砾石充填设计公式
1	粗砂	均匀砂	高	$D_{50}=(6\sim7)d_{50}$
2		不均匀砂		
3		很不均匀砂		
4	中砂	均匀砂		$D_{50}=(7\sim8)d_{50}$
5		不均匀砂		
6		很不均匀砂		
7	细砂	均匀砂		$D_{50}=(5\sim7)d_{50}$
8		不均匀砂		
9		很不均匀砂		
10	特细砂或粉砂	均匀砂		
11		不均匀砂		
12		很不均匀砂		
13	粗砂	均匀砂	中	$D_{50}=(6\sim7)d_{50}$
14		不均匀砂		
15		很不均匀砂		
16	中砂	均匀砂		$D_{50}=(7\sim8)d_{50}$
17		不均匀砂		
18		很不均匀砂		
19	细砂	均匀砂		$D_{50}=(5\sim7)d_{50}$
20		不均匀砂		
21		很不均匀砂		
22	特细砂或粉砂	均匀砂		
23		不均匀砂		
24		很不均匀砂		

续表

序号	砂型	分选性	原油黏度	适度出砂的砾石充填设计公式
25	粗砂	均匀砂	低	D_{50}=(6 ～ 7)d_{50}
26		不均匀砂		
27		很不均匀砂		
28	中砂	均匀砂		D_{50}=(7 ～ 8)d_{50}
29		不均匀砂		
30		很不均匀砂		
31	细砂	均匀砂		D_{50}=(5 ～ 8)d_{50}
32		不均匀砂		
33		很不均匀砂		
34	特细砂或粉砂	均匀砂		D_{50}=(6 ～ 7)d_{50}
35		不均匀砂		
36		很不均匀砂		

得到以下结论：

(1) 粗砂地层，不论原油的黏度高低，也不论地层砂的分选性好坏，都可以按照 $D_{50} = (6 \sim 7)d_{50}$ 设计适度出砂的砾石充填挡砂精度。

(2) 中砂地层，不论原油的黏度高低，也不论地层砂的分选性好坏，都可以按照 $D_{50} = (7 \sim 8)d_{50}$ 设计适度出砂的砾石充填挡砂精度。

(3) 细砂地层，原油黏度高或者中等时，不论地层砂的分选性好坏，都可以按照 $D_{50} = (5 \sim 7)d_{50}$ 设计适度出砂的砾石充填挡砂精度。而原油黏度低时，不论地层砂的分选性好坏，都可以按照 $D_{50} = (5 \sim 8)d_{50}$ 设计适度出砂的砾石充填挡砂精度。

(4) 特细砂地层，原油黏度高或者中等时，不论地层砂的分选性好坏，都可以按照 $D_{50} = (5 \sim 7)d_{50}$ 设计适度出砂的砾石充填挡砂精度。而原油黏度低时，不论地层砂的分选性好坏，都可以按照 $D_{50} = (6 \sim 7)d_{50}$ 设计适度出砂的砾石充填挡砂精度。

第五节　不同方式防砂模拟实验及防砂图版建立

一、四个区块不同储层特性防砂模拟试验

根据我国四个海域不同疏松砂岩的储层特性，主要针对渤海湾、南海东部、南海西部文昌油田群、南海西部涠洲油田群进行了储层特性的统计，这里主要以粒度中值、U_C 和泥质含量为统计对象，具体结果如图 6-14 至图 6-16。

由图 6-14 ～图 6-16 可以得出以下结论：

(1) 国内海上油田粒度中值 90%集中在 50 ～ 250μm 之间；

(2) 国内海上油田非均质系数 80%集中在 4 ～ 10 之间；

(3) 国内海上油田泥质含量 90%集中在 5%～ 20%之间。

通过进行 60 组不同条件下的出砂模拟实验，其中包括改变储层特性及防砂方式 (24 组)，改变防砂管类型 (图 6-17) 及防砂参数 (18 组)，改变砾石尺寸 (9 组)，出砂对产能影响模拟实验 (9 组)，建立海上疏松砂岩油藏适度出砂开采设计图版。以具有代表性的南海东部储层特性：(以番禺 4-2/5-1 为代表) 中砂岩储层、非均质性强、泥质含量高、蒙脱石含量低；渤

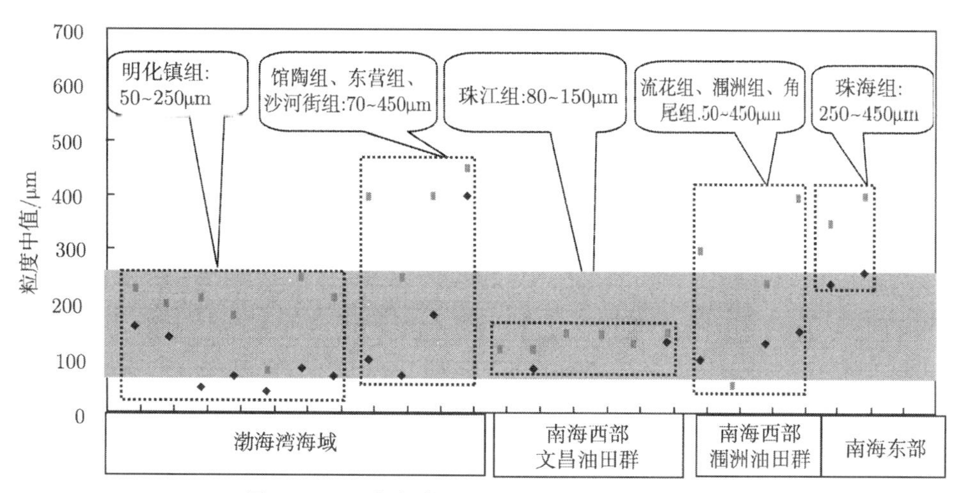

图 6-14 四个海域不同疏松砂岩粒度中值统计

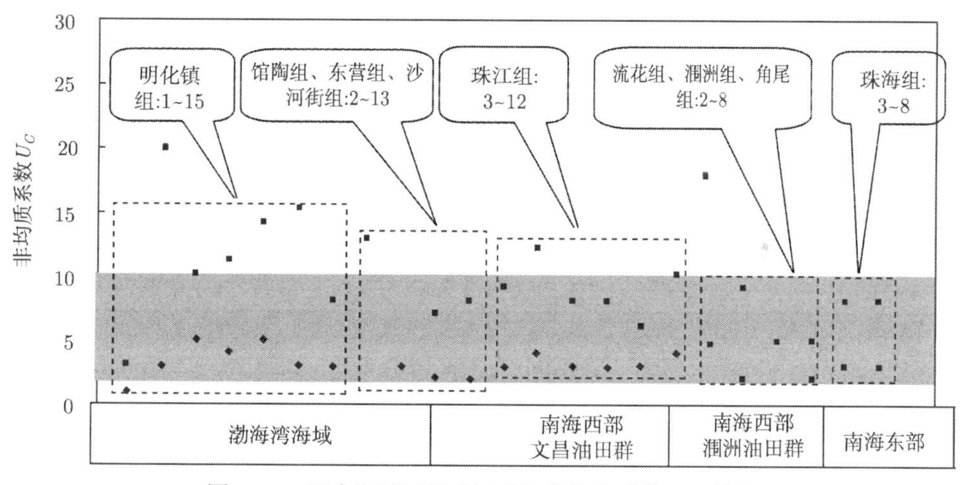

图 6-15 四个海域不同疏松砂岩非均值系数 U_C 统计

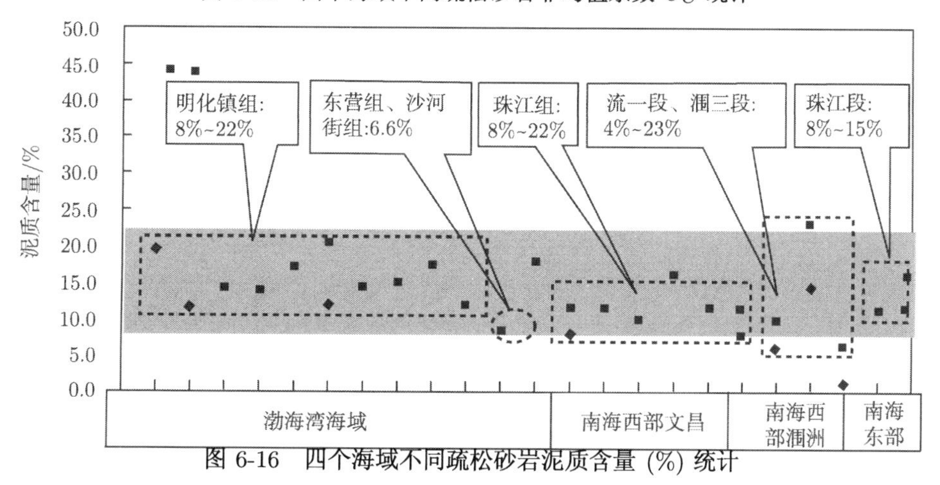

图 6-16 四个海域不同疏松砂岩泥质含量 (%) 统计

海湾地区储层特性：(以垦利 4-2、渤中 29-4S 代表) 细砂岩储层、非均质性强、泥质含量高、蒙脱石含量高；南海西部文昌油田群储层特性：(以文昌 13-6 为代表) 细砂岩储层、非均质性强、泥质含量中等、蒙脱石含量较高；南海西部涠洲油田群储层特性：(以涠洲 11-1E 为代表) 细砂岩储层、非均质性弱、泥质含量低、蒙脱石含量高。

1. 第一组：泥质含量高，蒙脱石含量低储层

储层特性：粒度中值 240μm；U_C=5 ～ 10；泥质含量 15%；黏土矿物组分以高岭石与伊利石为主，蒙脱石含量低；稠油黏度 80 ～ 130mPa·s。进行了两种种防砂方式 (250μm 优质筛管独立防砂；16 ～ 30 目砾石充填防砂)对比实验 (图 6-18、图 6-19)，试验结果表明对于泥质含量高，蒙脱石含量低的储层，采用优质筛管产能要好于砾石充填，并且能够满足防砂要求。

2. 第二组：泥质含量高，蒙脱石含量高储层

储层特性：粒度中值 80 ～ 100μm；U_C=5 ～ 10；泥质含量 13%～ 20%；黏土矿物组分以蒙脱石为主，相对含量达 58%～ 68%；稠油黏度 100mPa·s。进行了两种防砂方式 (120μm 优质筛管独立防砂；40 ～ 60 目砾石充填防砂) 对比试验 (图 6-20、图 6-21)，试验结果表明对于泥质含量高，蒙脱石含量高的储层，采用砾石充填产能要好于优质筛管，并且能够满足防砂要求。

图 6-17　三种类型：金属网、金属棉、割缝管试验防砂管样品照片

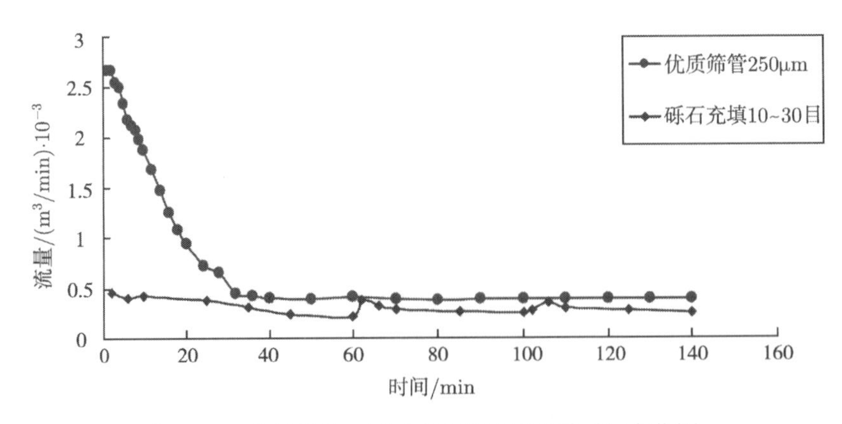

图 6-18　优质筛管与砾石充填防砂流量随时间变化图

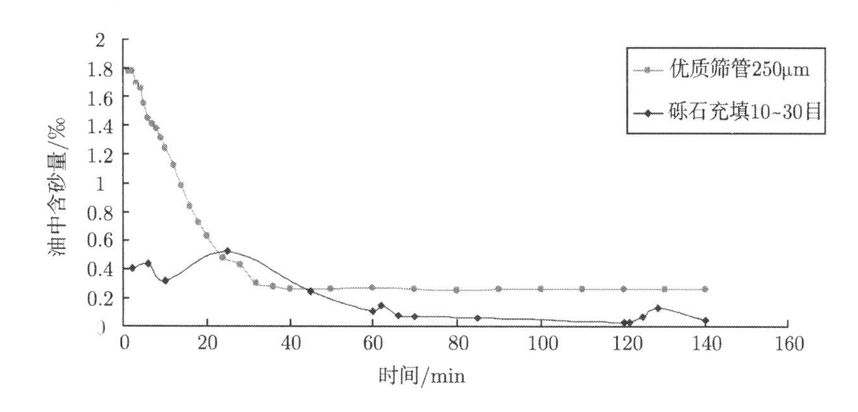

图 6-19　优质筛管与砾石充填对比实验出砂量随时间变化图

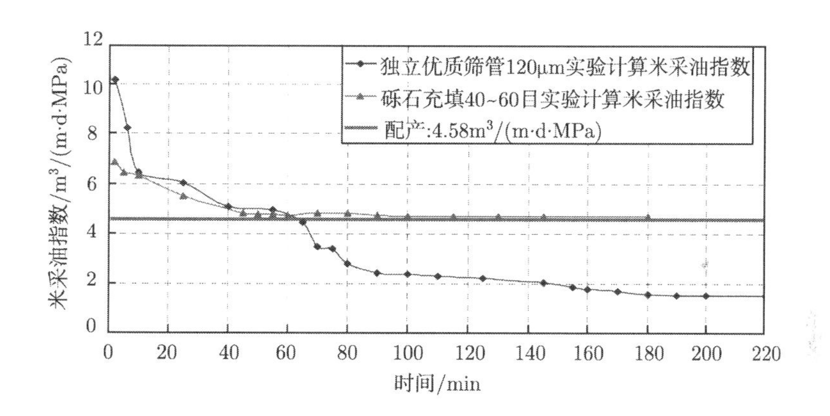

图 6-20　垦利 3-2 油田两种防砂方式产量对比 (生产压差 1MPa)

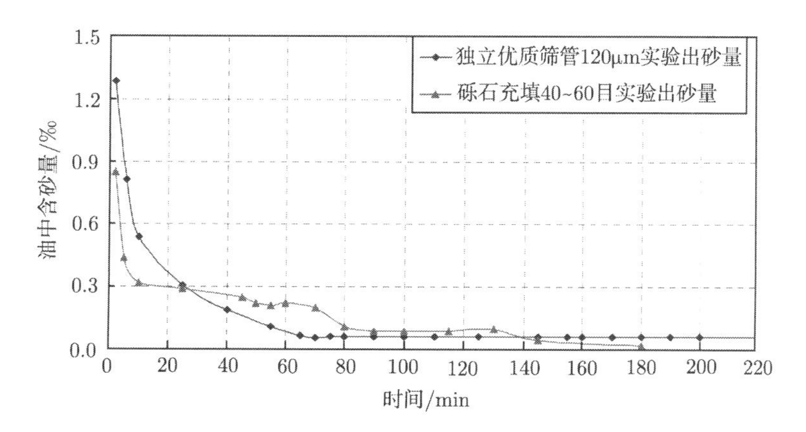

图 6-21　垦利 3-2 油田两种防砂方式出砂量对比 (生产压差 1MPa)

3. 第三组：泥质含量中等，蒙脱石含量中等储层

储层特性：粒度中值 100μm；U_C=5 ～ 10；泥质含量 6% ～ 10%；黏土矿物组分中蒙脱石含量 50%；稠油黏度 120mPa·s。进行了两种防砂方式 (125μm 优质筛管独立防砂；20 ～ 40 目砾石充填防砂) 三个压差下的对比试验 (图 6-22、图 6-23)，试验结果表明对于泥质含量中等，蒙脱石含量中等的储层，采用优质筛管产能要好于砾石充填，并且能够满足防砂要求。

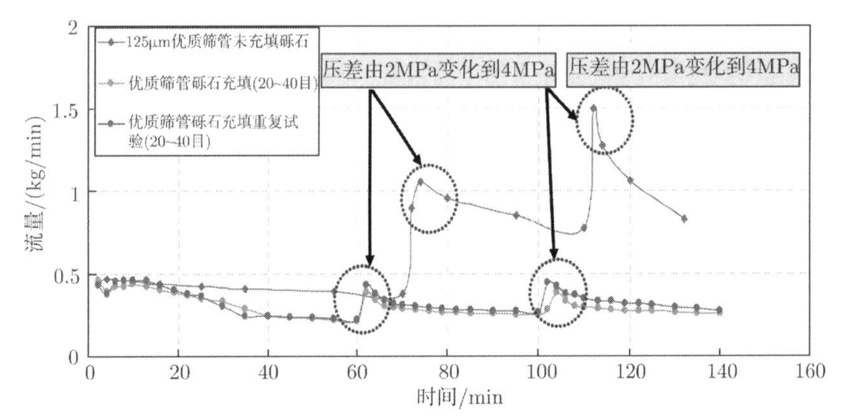

图 6-22　不同防砂方式及生产压差下流量随时间变化曲线

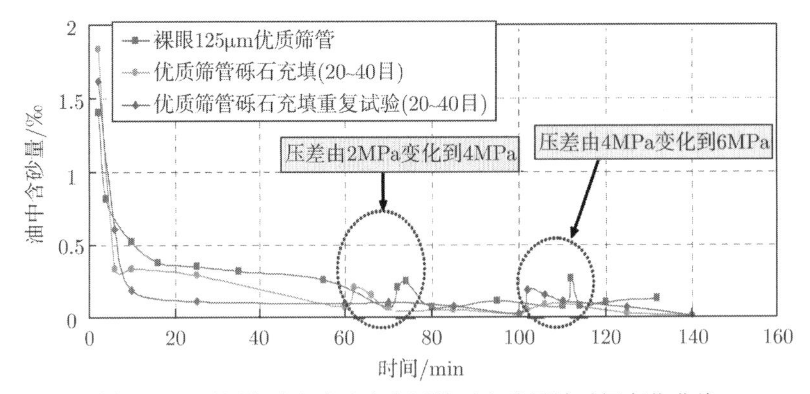

图 6-23　不同防砂方式及生产压差下出砂量随时间变化曲线

4. 第四组：泥质含量较低，蒙脱石含量较高储层

储层特性：粒度中值 200μm；$U_C < 5$；泥质含量 5%；黏土矿物组分中蒙脱石含量 60%～70%；稠油黏度 120mPa·s。进行了两种防砂方式 (225μm 优质筛管独立防砂；20 ～ 40 目砾石充填防砂) 对比试验 (图 6-24)，试验结果表明对于泥质含量较低，蒙脱石含量较高的储层，采用优质筛管产能要好于砾石充填，并且能够满足防砂要求。

四个区块不同储层特性试验结论：通过不同储层条件下防砂方式对比试验，可以看出黏土总含量与黏土中蒙脱石含量为防砂方式优选的两个重要因素。因此特针对不同泥质含量的黏土矿物含量及组分下的不同完井防砂方式进行实验，以确定其对防砂方式选择的影响。

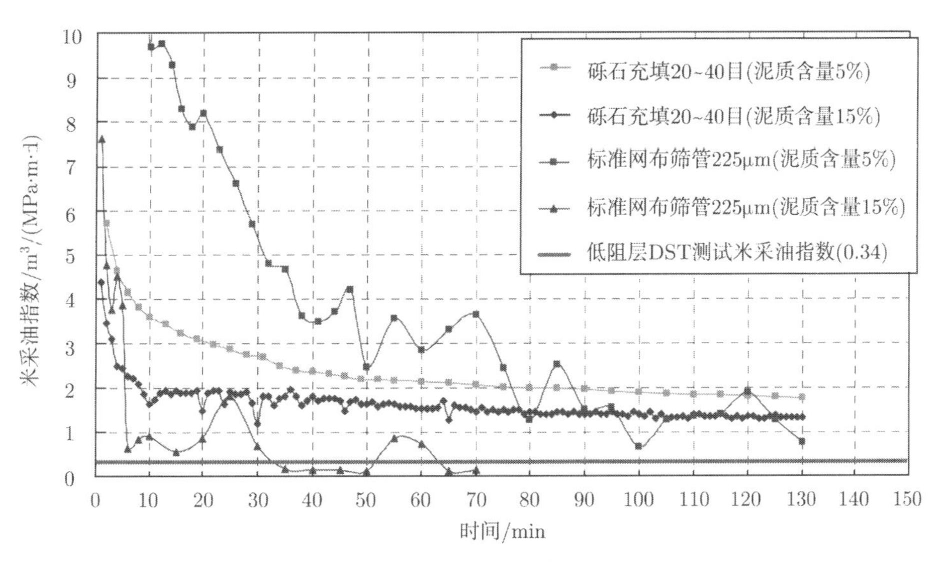

图 6-24 不同防砂方式下米采油指数对比图

二、不同泥质含量下不同完井防砂方式实验

实验条件：实验模拟地层砂为 $D_{50}=150\mu m$，$U_C=3\sim8$；原油黏度为 200mPa·s；生产压差为 3MPa；筛管尺寸为 5-1/2in；砾石尺寸为 16 ～ 30 目；筛管类型为 CMS 优质筛管 (挡砂精度 150μm)；防砂方式为裸眼优质筛管和裸眼砾石充填；黏土含量 0%～ 30%，成分均为蒙脱石。

试验目标：针对 CMS 优质筛管，模拟储层特性，改变泥质含量 0% ～ 30%，寻找不同泥质含量条件对防砂管和砾石层的防砂效果 (表 6-9、表 6-10 和图 6-25 至图 6-42) 以及产能的影响规律。

表 6-9 不同泥质含量条件下 CMS 优质筛管独立防砂对比实验

实验序号	泥质含量	含砂浓度	筛管挡砂精度	黏度	压差
1	0	1%	150μm	200mPa·s	3MPa
2	10%	1%	150μm	200mPa·s	3MPa
3	15%	1%	150μm	200mPa·s	3MPa
4	20%	1%	150μm	200mPa·s	3MPa
5	30%	1%	150μm	200mPa·s	3MPa

表 6-10 不同泥质含量条件下 CMS 优质筛管砾石充填对比实验

实验序号	泥质含量	含砂浓度	筛管挡砂精度	砾石尺寸	黏度	压差
1	0%	1%	150μm	16 ～ 30 目	200mPa·s	3MPa
2	10%	1%	150μm	16 ～ 30 目	200mPa·s	3MPa
3	15%	1%	150μm	16 ～ 30 目	200mPa·s	3MPa
4	20%	1%	150μm	16 ～ 30 目	200mPa·s	3MPa
5	30%	1%	150μm	16 ～ 30 目	200mPa·s	3MPa

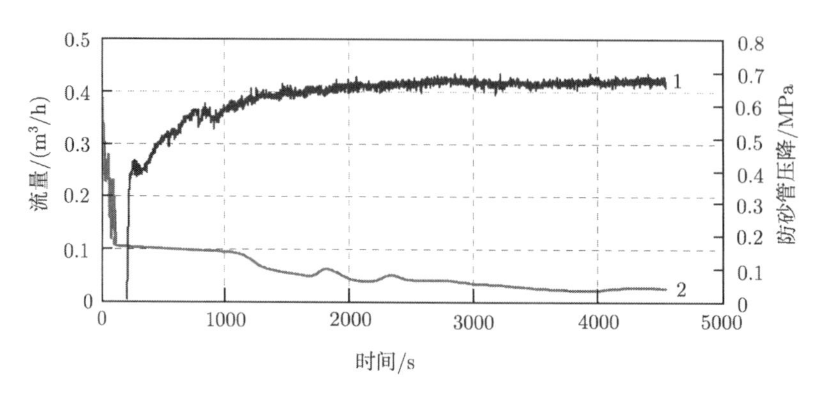

图 6-25　裸眼 CMS 优质筛管实验流量、压降与实验时间的关系图 (泥质含量 10%)

1. 防砂管压降; 2. 流量

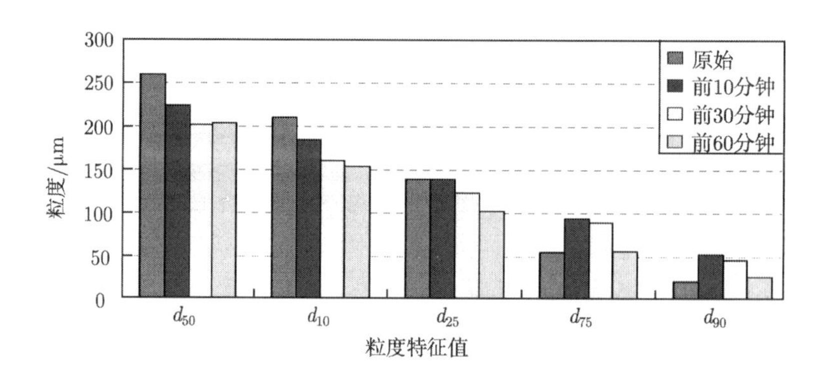

图 6-26　裸眼 CMS 优质筛管产出砂粒度特征示意图 (泥质含量 10%)

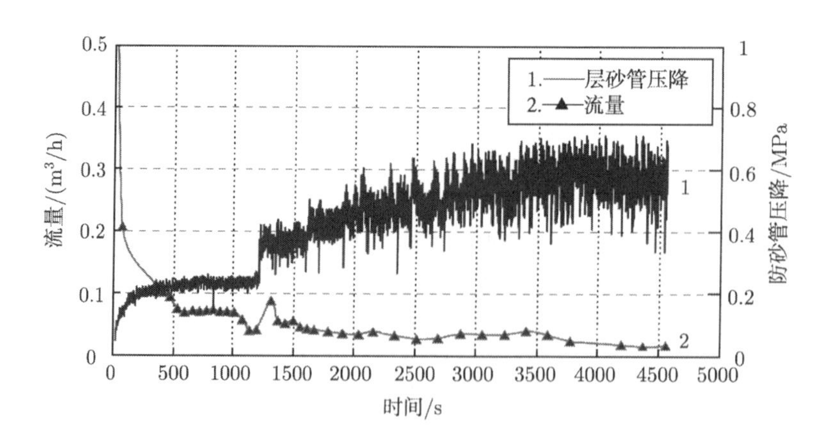

图 6-27　裸眼 CMS 优质筛管实验流量、压降与实验时间的关系图 (泥质含量 15%)

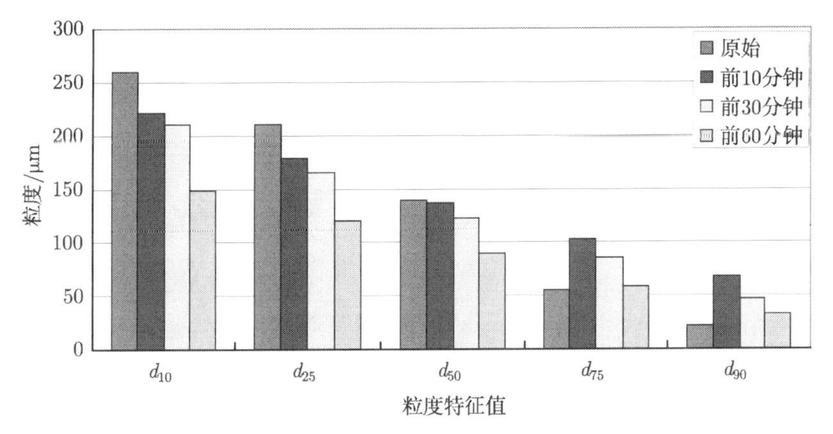

图 6-28　裸眼 CMS 优质筛管产出砂粒度特征示意图 (泥质含量 15%)

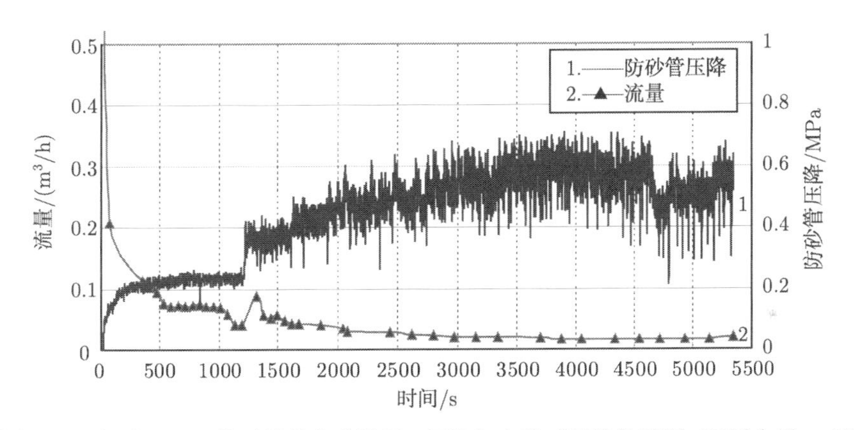

图 6-29　裸眼 CMS 优质筛管实验流量、压降与实验时间的关系图 (泥质含量 20%)

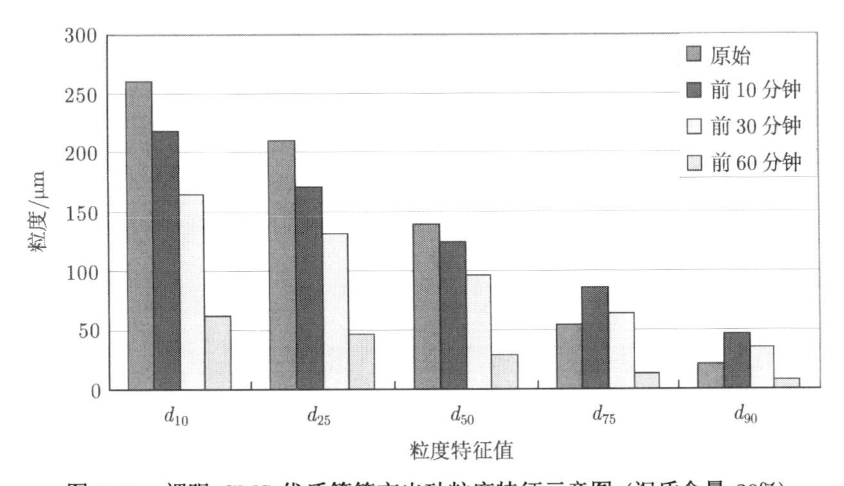

图 6-30　裸眼 CMS 优质筛管产出砂粒度特征示意图 (泥质含量 20%)

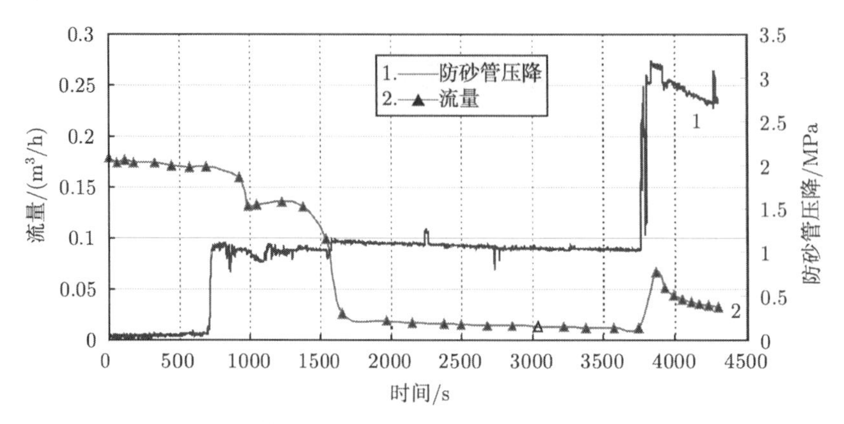

图 6-31　裸眼 CMS 优质筛管实验流量、压降与实验时间的关系图 (泥质含量 30%)

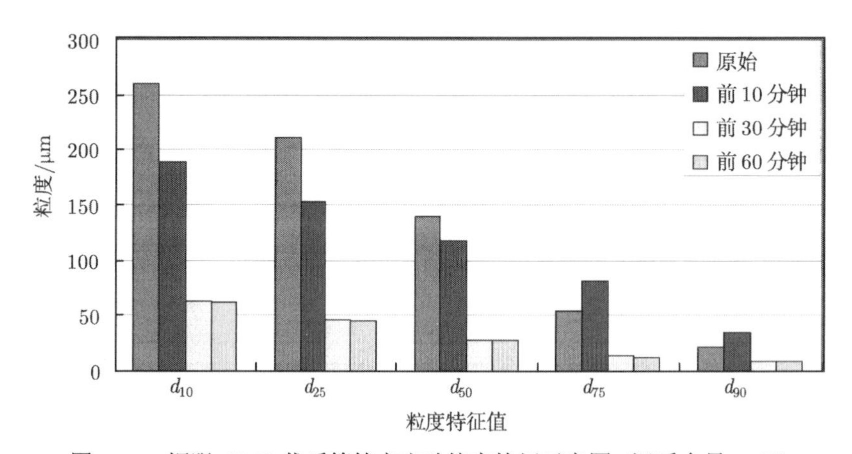

图 6-32　裸眼 CMS 优质筛管产出砂粒度特征示意图 (泥质含量 30%)

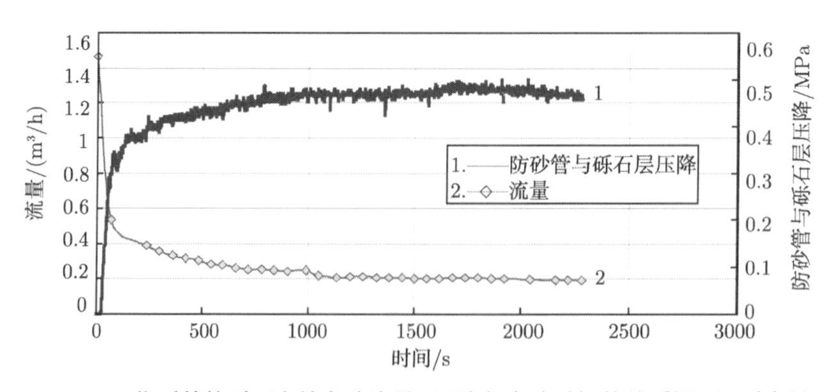

图 6-33　CMS 优质筛管砾石充填实验流量、压降与实验时间的关系图 (泥质含量 0%)

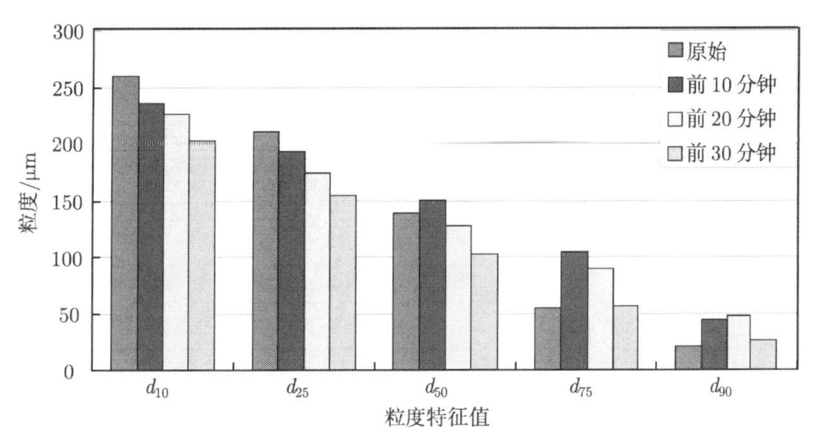

图 6-34 CMS 优质筛管砾石充填产出砂粒度特征示意图 (泥质含量 0%)

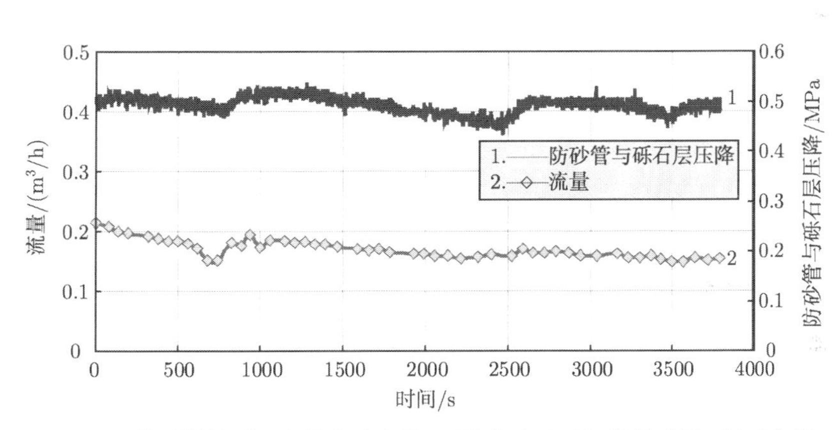

图 6-35 CMS 优质筛管砾石充填实验流量、压降与实验时间的关系图 (泥质含量 10%)

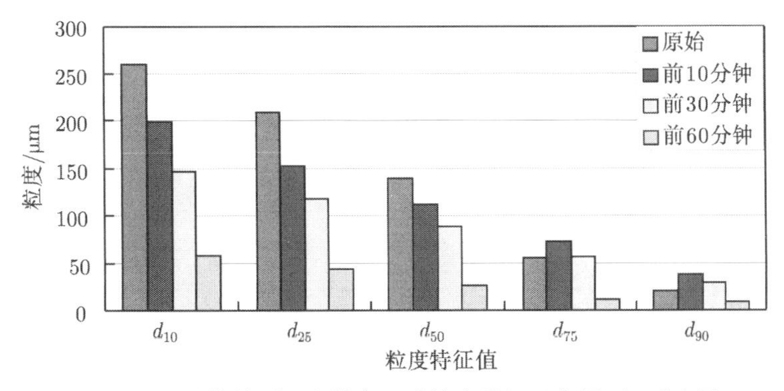

图 6-36 CMS 优质筛管砾石充填产出砂粒度特征示意图 (泥质含量 10%)

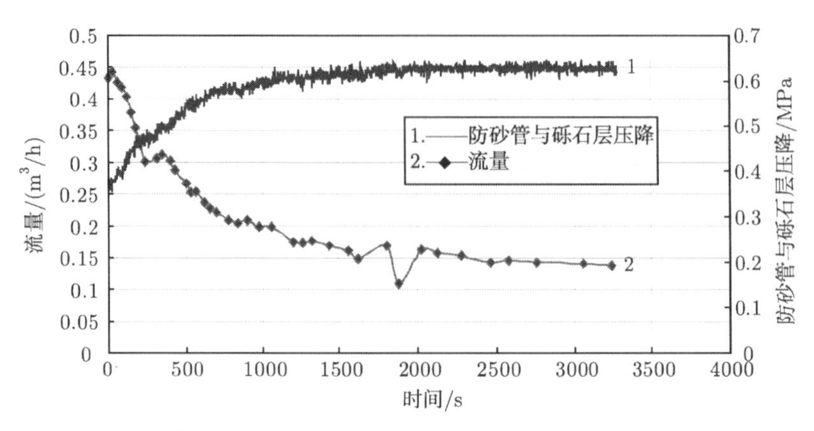

图 6-37 CMS 优质筛管砾石充填实验流量、压降与实验时间的关系图 (泥质含量 15%)

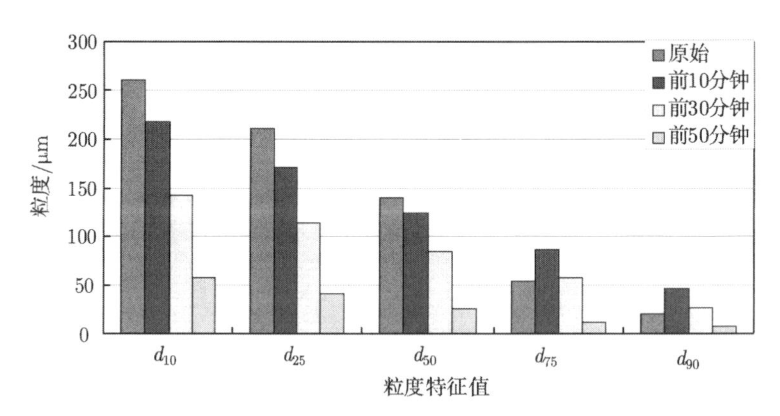

图 6-38 CMS 优质筛管砾石充填产出砂粒度特征示意图 (泥质含量 15%)

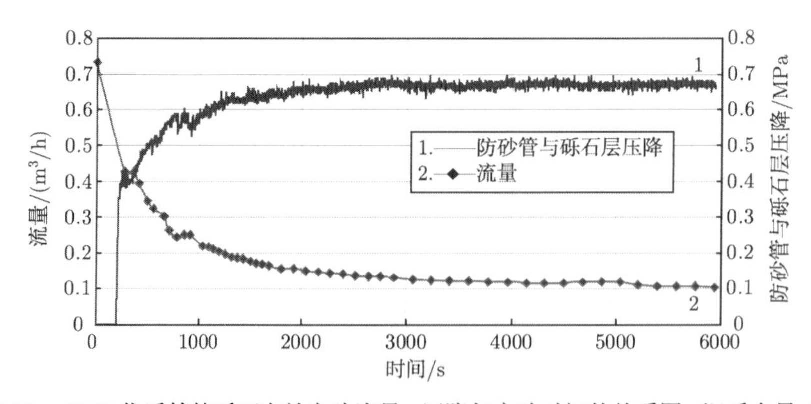

图 6-39 CMS 优质筛管砾石充填实验流量、压降与实验时间的关系图 (泥质含量 20%)

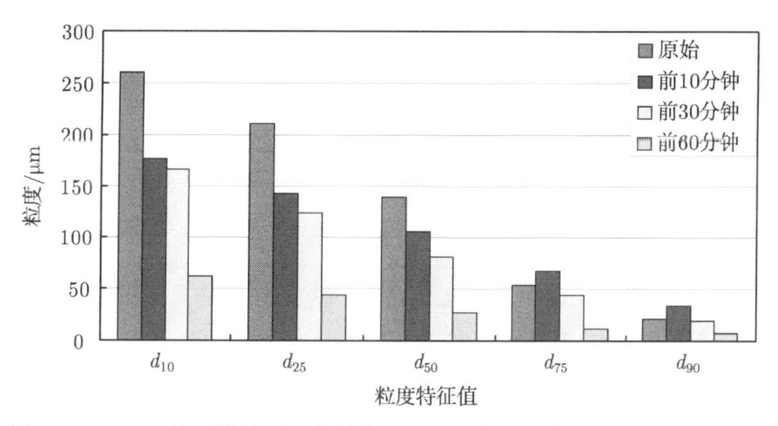

图 6-40　CMS 优质筛管砾石充填产出砂粒度特征示意图 (泥质含量 20%)

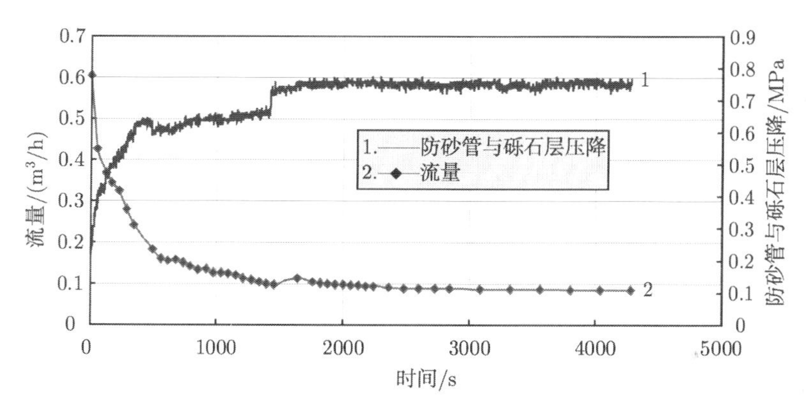

图 6-41　CMS 优质筛管砾石充填试验流量、压降与实验时间的关系图 (泥质含量 30%)

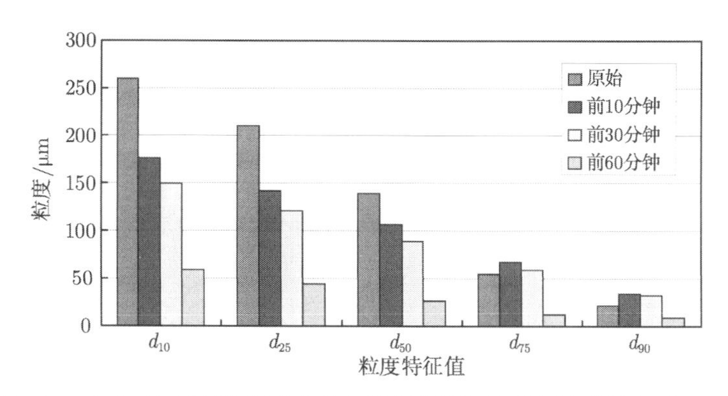

图 6-42　CMS 优质筛管砾石充填产出砂粒度特征示意图 (泥质含量 30%)

(一) 裸眼 CMS 优质筛管独立防砂实验

1. 泥质含量为 10%的实验测试数据
2. 泥质含量为 15%的实验测试数据
3. 泥质含量为 20%的实验测试数据
4. 泥质含量为 30%的实验测试数据

（二） 裸眼 CMS 优质筛管砾石充填防砂实验

1. 泥质含量为 0% 的实验测试数据
2. 泥质含量为 10%的实验测试数据
3. 泥质含量为 15%的实验测试数据
4. 泥质含量为 20%的实验测试数据
5. 泥质含量为 30%的实验测试数据

（三） 砾石充填与裸眼优质筛管实验结论

总共进行了 24 组不同蒙脱石含量下的优质筛管与砾石充填防砂产能对比试验（图 6-43，表 6-11），通过该组实验可以看出，蒙脱石含量 8%为优质筛管与砾石充填选择的界限点。

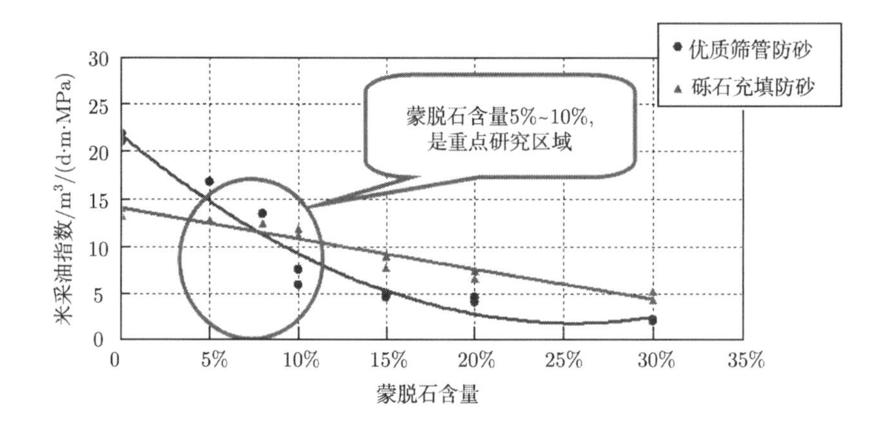

图 6-43　优质筛管与砾石充填防砂产能对比

表 6-11　裸眼优质筛管与砾石充填防砂产能对比

防砂方式	序号	泥质含量/%	初始流量/(m^3/h)	稳定后流量/(m^3/h)	防砂管压差/MPa	稳定后米采油指数
优质筛管	1	0	1.8	0.05	0.38	21.053
	2	0	—	0.055	0.4	22.000
	3	5	1.5	0.045	0.43	16.744
	4	8	—	0.042	0.5	13.440
	5	10	1.386	0.025	0.673	5.944
	6	10	—	0.028	0.595	7.529
	7	15	1.043	0.017	0.6	4.533
	8	15	—	0.019	0.62	4.903
	9	20	0.942	0.0166	0.577	4.603
	10	20	—	0.0158	0.625	4.045
	11	30	0.178	0.013	1.035	2.010
	12	30	—	0.0135	0.98	2.204

续表

防砂方式	序号	泥质含量/%	初始流量/(m^3/h)	稳定后流量/(m^3/h)	防砂管压差/MPa	稳定后米采油指数
砾石充填	1	0	1.465	0.137	0.467	14.081
	2	0	—	0.132	0.48	13.200
	3	5	1.35	0.129	0.485	12.767
	4	8	—	0.126	0.488	12.393
	5	10	0.8	0.124	0.499	11.928
	6	10	—	0.12	0.515	11.184
	7	15	0.433	0.117	0.627	8.957
	8	15	—	0.105	0.65	7.754
	9	20	0.732	0.103	0.668	7.401
	10	20	—	0.097	0.705	6.604
	11	30	0.6	0.083	0.765	5.208
	12	30	—	0.079	0.889	4.265

如图 6-44 所示，堵塞均分两个阶段：第一阶段，大于网布直径 2/3 倍的砂粒开始堵塞；第二阶段，蒙脱石含量超过 10%后由于其膨胀而加剧堵塞，形成泥饼，蒙脱石含量超过 20%，实验稳定后只有少量泥质和极细砂粒产出 ($d_{50} < 20\mu m$)。

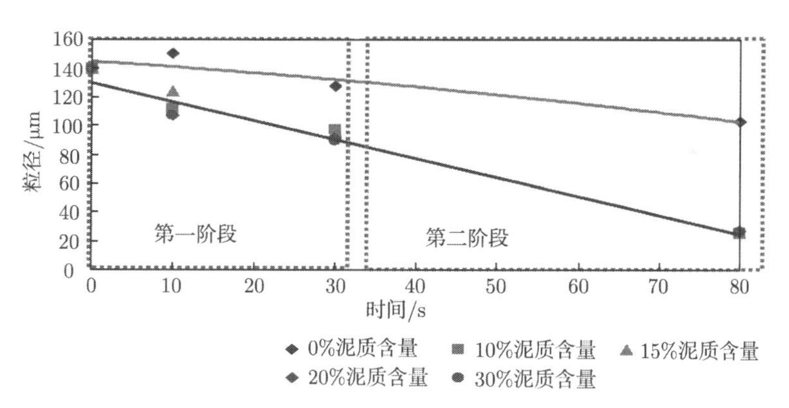

图 6-44　不同黏土含量下产出砂 d_{50} 随时间变化曲线

三、防砂方式优选图版建立

通过大量室内出砂模拟实验、国内外众多油田统计分析，建立了海上不同性质储层防砂方式优选图版 (考虑参数：粒度中值、非均值系数、泥质含量、蒙脱石含量等)，如图 6-45 和图 6-46。该图版将黏土含量以及黏土矿物吸水膨胀性作为防砂方式优选的重要因素，弥补了国外设计方法的不足，在国内的现场应用中得到了很好的验证。具体标准如下所示：

(1) $d_{50} < 50\mu m$，砾石充填；

(2) $50\mu m < d_{50} < 250\mu m$：

① 黏土总含量 <10%，优质筛管；② 黏土总含量 >25%，砾石充填；③ 10%< 黏土总含量 <25%：黏土中蒙脱石绝对含量 <8%，优质筛管；黏土中蒙脱石绝对含量 >10%，砾石充填；黏土中蒙脱石绝对含量在 8% ～ 10%，属于边界区域，由出砂模拟实验确定。

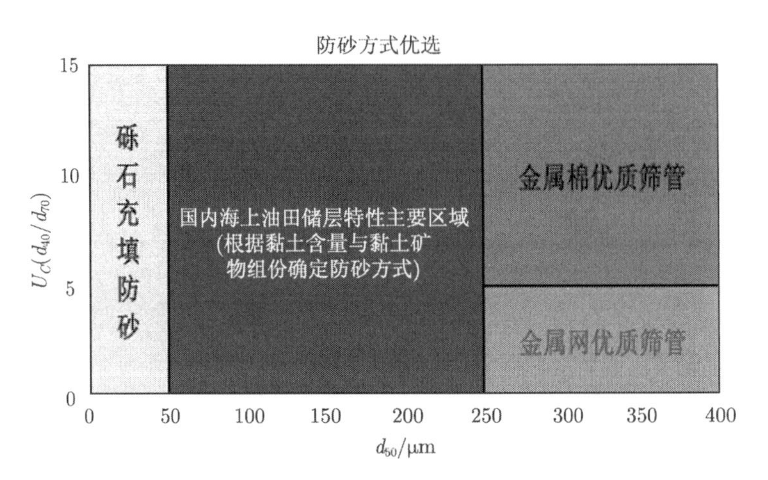

图 6-45　防砂方式优选图版 1

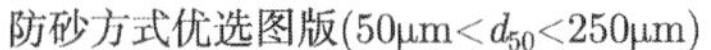

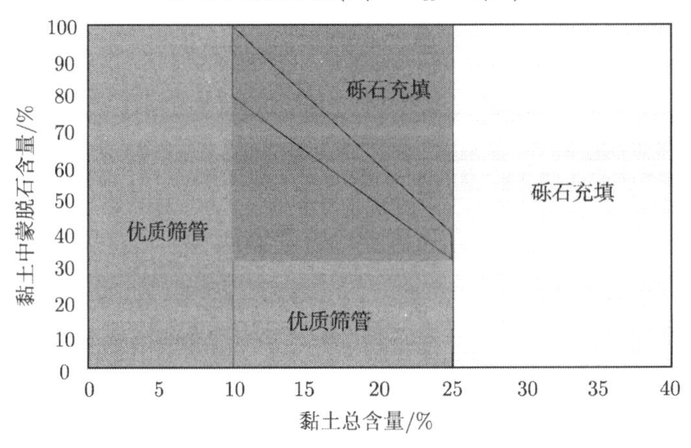

图 6-46　防砂方式优选图版 2

(3) $d_{50} > 250\mu m$，优质筛管防砂：

① $U_C > 5$，金属棉优质筛管；② $U_C < 5$，金属网优质筛管。

第六节　防砂参数设计方法

一、防砂管缝宽设计方法

绕丝筛管和割缝衬管的防砂机理是利用缝宽开口的大小把较大的砂粒阻挡在筛管外面，使大砂粒在筛管外面形成“砂桥”，从而达到防砂的目的，如图 6-47 所示。因此，防砂管的缝宽 e 是防砂设计的主要参数。

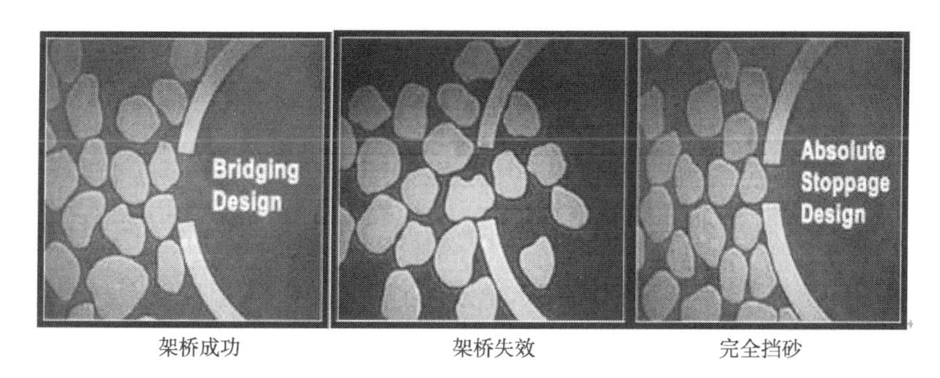

图 6-47　传统架桥理论

目前的缝宽设计主要是针对完全防砂的，设计方法主要有：

(1) $e = d_{10}$，目前在美国海湾沿海一带使用 (d_x 为岩心粒度筛析曲线中累积重量占 $x\%$ 的粒径大小)；

(2) $e = 2d_{10}$ 或 $e \leqslant 2d_{10}$，在加里福利亚地区选用 e=$2d_{10}$，我国选用 $e \leqslant 2d_{10}$；

(3) Con-slot 缝宽设计时考虑了砂粒分选系数的影响，选择方法为：

$C < 2$ 时，$e = d_{50}$；$C = 2$ 时，$e = d_{40}$；$C > 2$ 时，$e = d_{30}$。

其中, $C = d_{40}/d_{90}$，即分选系数。

(4) Markestad 考虑了多种因素，建立了一个数学模型，通过计算得到四个参数：频繁发生堵塞的最大缝宽 d–；不发生堵塞的最小缝宽 d-；不发生出砂的最大缝宽 d+；发生持续出砂的最小缝宽 d++。基于防砂考虑，缝宽选在 d- 和 d+ 之间。

为了比较这些设计方法计算的结果，选国内海上某稠油油田地层砂的实际粒度分析数据 (图 6-48) 进行了计算。

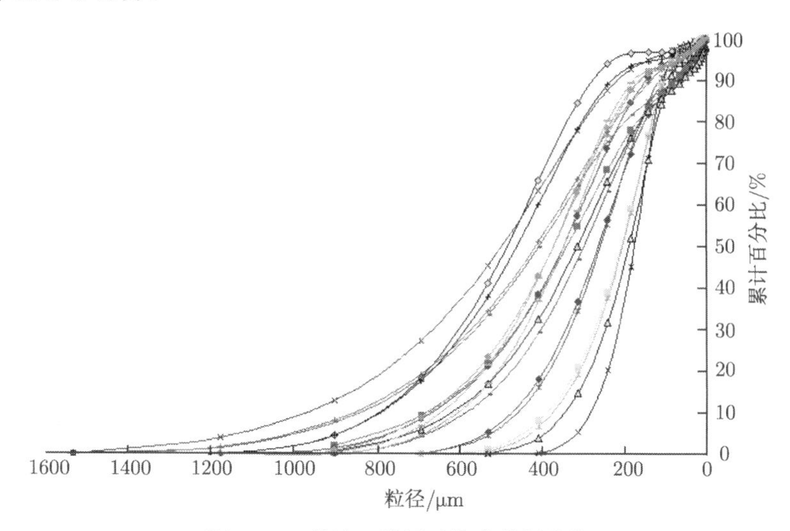

图 6-48　某油田地层砂粒度分析曲线

采用 d_{10} 方法计算的结果为 490μm；采用 $2d_{10}$ 的方法计算的结果为 980μm；采用 Con-slot 方法计算的结果为 180μm(图 6-49)；Markestad 方法计算的结果为 300μm(图 6-50)，从以上各种方法的比较可以看出：各种设计方法计算的结果差异较大，具体采用何种方法很难选择。

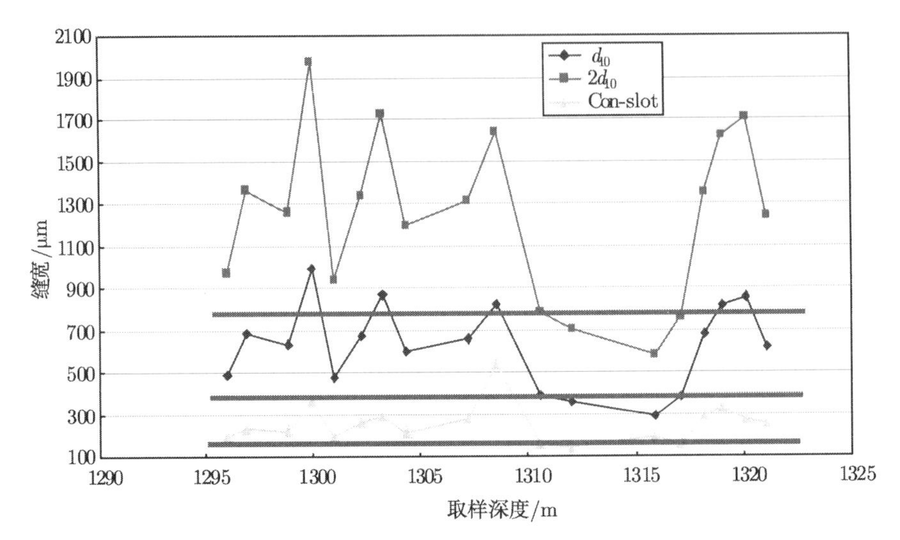

图 6-49　常规防砂模式的缝宽设计结果

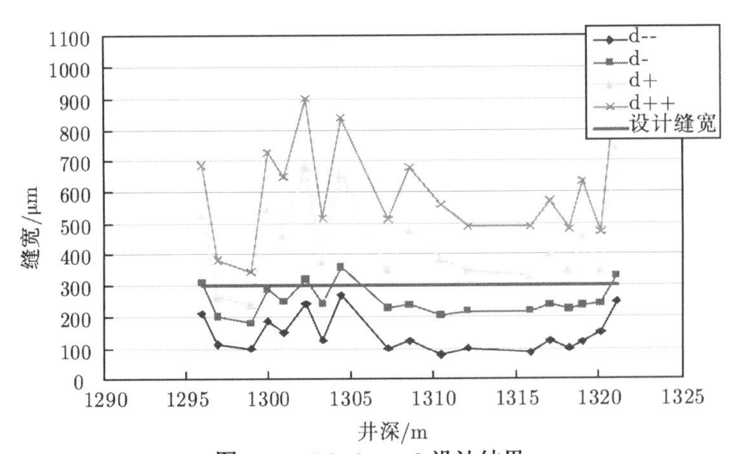

图 6-50　Markestad 设计结果

矩形缝宽防砂的基本原理是通过一定的砂粒在矩形缝外形成架桥，起到防砂的作用。Coberly 通过实验发现：球形颗粒不能通过 2 倍于颗粒大小的矩形槽；Penberthy 指出：小于矩形槽宽度 2.5 倍的球形颗粒形成不稳定的架桥，施加压差后会坍塌，造成大量出砂，因此缝宽的尺寸应为架桥砂粒的 2 ～ 2.5 倍。如果利用 d_{10} 去作为架桥粒径，那么 d_{10} 粒径的地层砂在形成砂桥前，大量小于 d_{10} 的地层砂可以通过筛管，防砂效果差。为了达到好的防砂效果，应该选用较小的粒径，保守考虑可以选用要防砂的粒径 d_{90}，以实现防砂的目的。选用 2 ～ 2.5 倍 d_{90} 计算的结果为 280μm(图 6-51)。和其他设计方法的计算结果对比发现：该方法和 Markestad 方法计算的结果接近，这也说明 Markestad 方法是较保守的一种方法。

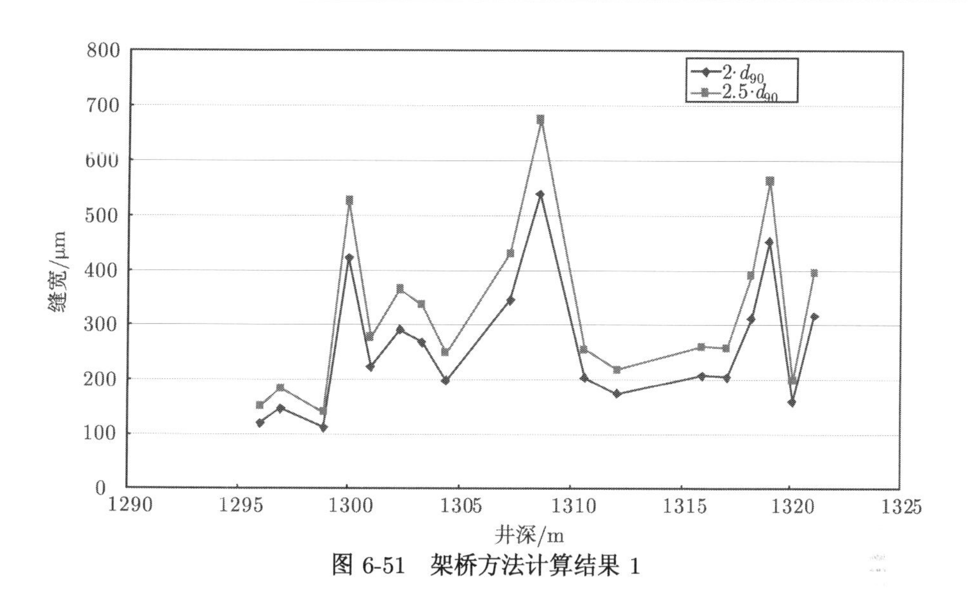

图 6-51　架桥方法计算结果 1

因此，从防砂和安全的角度进行设计时，可以采用 2 ～ 2.5 倍 d_{90} 和 Markestad 方法进行缝宽计算，根据现场应用的效果再适当地增大缝宽。

为了实现适度出砂，需要在防砂的基础上适当放大防砂标准，从 Markestad 方法的四个缝宽定义中不难看出，为了实现适度出砂，选择的缝宽尺寸应该介于不发生出砂的最大缝宽 d+ 和发生持续出砂的最小缝宽 d++ 之间。而根据矩形缝防砂理论计算的方法，防砂粒径应该适当增大，例如取 d_{85}、d_{80} 等，防砂粒径的选择和出砂量以及地面处理砂的能力有关。根据该油田的出砂量预测的初步结果，控制粒径为 d_{85}、d_{80} 时 (图 6-52)，进入防砂管内的含砂浓度为 2.91%和 3.88%，计算是基于小于防砂粒径的砂粒都产出的情况。实际上由于架桥作用，部分小于防砂粒径的砂粒也不会产出，含砂浓度会比计算值低，这样在地面处理能力可以接受的情况下，还可以适当增大缝宽尺寸。

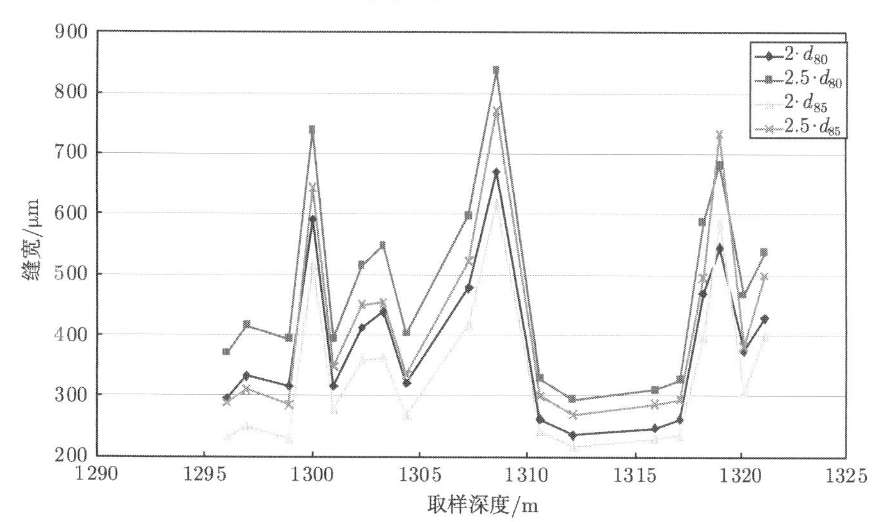

图 6-52　架桥设计计算结果 2

利用这两种方法的计算结果相近，约为 350 ～ 400μm，和基于防砂模式计算的 280 ～ 300μm 相比，有了一定的增加，可以用于指导适度出砂的现场实验的缝宽设计。

二、优质筛管挡砂精度设计方法

优质筛管近几年发展较快，不同的厂家均有不同种类的产品，根据防砂原理基本可以分为两大类 —— 金属编织网优质筛管与金属棉优质筛管。优质筛管防砂一般用于地层砂分布较均匀、粒度较粗的地层。

目前 Saucier、Coberly 以及 Schwartz 等人均提出了不同的缝宽设计准则，但这些准则均有一定的使用条件，并且对于近几年发展起来的优质筛管，这些准则具有很大的局限性。George Gillespie 在《防砂筛管选择室内实验研究》一文中专门针对金属网布优质筛管进行了大量的室内实验，通过模拟不同粒度以及非均质性砂粒样品，测试其通过标准目数筛网的出砂量、产出砂粒径以及筛网两端的压降，最终给出了标准金属网布优质筛管网孔目数选择方法，如图 6-53 所示。该方法考虑了地层砂粒度中值的范围以及整个储层的非均质性程度，金属网布的网孔直径基本为地层砂粒度中值 D_{50} 的 0.8 ～ 1.2 倍。该方法并非使用实际筛管进行实验，得出的选择标准范围较大，不能精确确定筛管的挡砂精度，在适度出砂开采中使用起来具有一定的局限性，因此有必要利用室内模拟实验进行进一步研究。

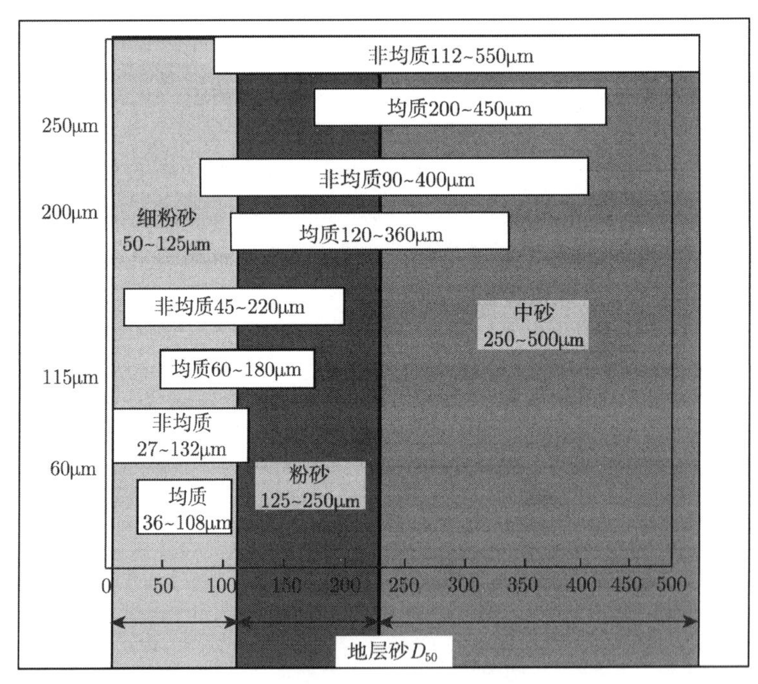

图 6-53 标准网布优质筛管网孔目数与地层砂范围关系图

根据目前海上常用的防砂方式及筛管，为建立海上疏松砂岩油藏防砂参数优化图版，对独立筛管的金属网优质筛管 (6 种精度筛管实验)、割缝管 (6 种精度筛管实验)、金属棉优质筛管 (6 种精度筛管实验) 共进行了 18 组不同条件下的实验，以标准金属网布筛管为例进行说明。

优质筛管挡砂精度评价实验如下：

(1) 实验条件：根据目前国内海上油田的粒度分布特点，确定实验模拟石英砂粒度特征值如表 6-12 所示。供油压差为 3MPa，粒度中值为 170μm，$U_C = 3 \sim 5$，模拟稠油黏度为 200mPa·s；泥质含量为 10%左右；标准金属网布筛管防砂管参数为 50μm、100μm、150μm、230μm、300μm。

表 6-12　实验模拟砂粒度特征值

粒度特征值	d_{10}	d_{40}	d_{50}	d_{90}	U_C
实验模拟石英砂	363.6	221.2	170.1	50.3	4.4

(2) 实验过程：在压力釜中放置防砂参数 50μm 金属网布优质筛管，在压力容器中填充模拟石英砂，设定供液泵工作压力 3MPa，开始加压循环流体，测试各点压力、流量与出砂量，当流量与压力稳定后结束该组实验，拆卸装置，改变防砂管参数为 100μm、150μm、230μm、300μm，重复实验。

(3) 实验分析：通过测试五组实验的流量、压降及出砂量，计算其采油指数及油中含砂量，如表 6-13 和图 6-54、图 6-55 所示。

表 6-13　金属网优质筛管出砂模拟实验数据(实验砂 d_{50}=170.1μm)

优质筛管挡砂参数 ω(μm)	ω/d_{50}	实验稳定后流量/$(m^3/min)\cdot 10^{-3}$	实验稳定后防砂管压降 ΔP_1/MPa	折算实际生产压差 ΔP/MPa	实验稳定后米采油指数 PIm/$(m^3/MPa\cdot m\cdot d)$	含砂浓度 C_{sand}/‰
50	0.29	0.19	2.80	6.65	0.27	0.060
100	0.65	0.59	2.65	6.50	0.87	0.086
150	0.88	0.95	2.60	6.45	1.41	0.377
230	1.32	1.353	2.50	6.35	2.04	0.535
300	1.76	1.59	2.45	6.30	2.42	0.740

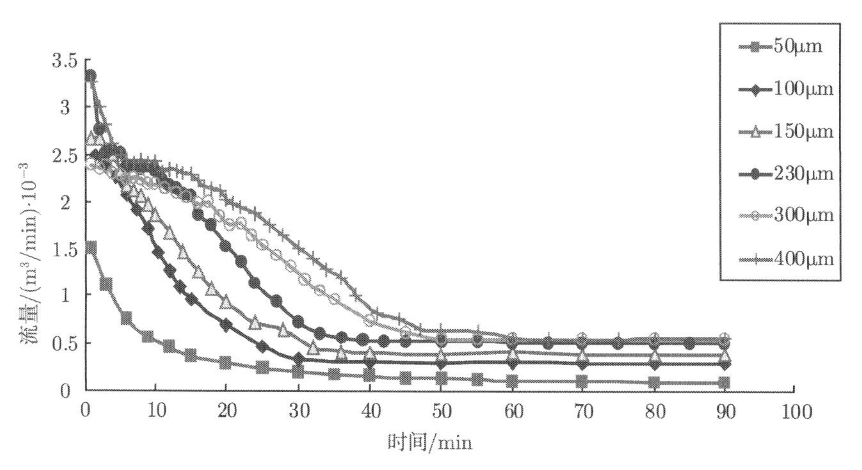

图 6-54　标准金属网布防砂管流量随时间变化图

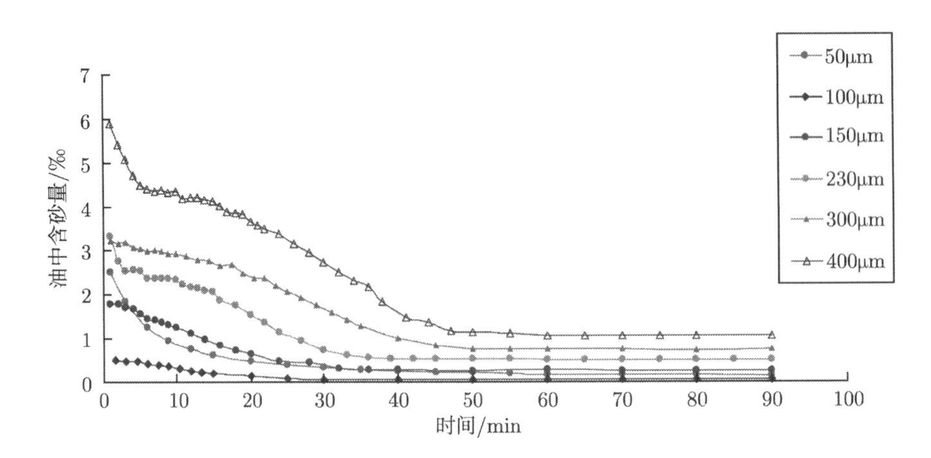

图 6-55 标准金属网布防砂管出砂量随时间变化图

将采油指数及含砂量的数据绘制成图，可以此为依据建立优质筛管的挡砂精度设计方法，如图 6-56 所示。

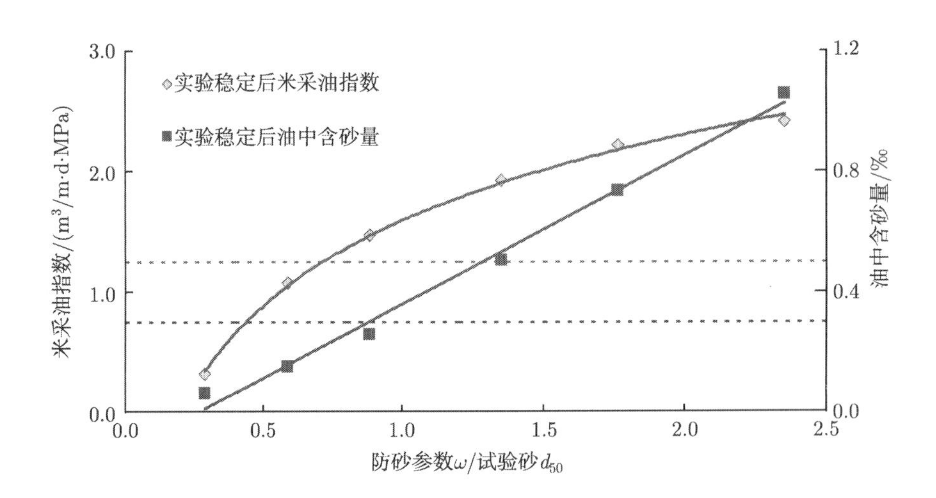

图 6-56 编织网优质筛管评价实验结果图

对测试数据点进行回归，可建立三者之间的回归关系：

$$C_{sand} = 0.5048(\omega/d_{50}) - 0.1419 \tag{6-3}$$

$$PIm = 1.2152\ln(\omega/d_{50}) + 1.6501 \tag{6-4}$$

式中，C_{sand} 为含砂浓度；ω 为防砂参数；PIm 为实验稳定后米采油指数。

(4) 实验结论：随着防砂参数的增大，产能与出砂量均随之增加，出砂量呈线性递增，产能呈指数递增。对于渤海湾稠油油藏，通过大量井筒携砂实验可得出：含砂浓度控制在 0.5 ‰以内，可保证产出砂全部携带出井筒，因此防砂参数可放大到地层砂 d_{50} 的 1.28 倍左右。优质筛管防砂精度可在原有设计方法上放大一级，不影响防砂效果，但能提高产能25%左右。

对于海上油田传统挡砂设计对出砂量的要求基本控制在 0.3 ‰以内，带入式 (6-3)，可得出防砂管防砂参数与储层砂粒度中值的关系式：

$$\omega \leqslant 0.88d_{50} \tag{6-5}$$

由于适度出砂开采可以提高油井的单井产能，因此可以在传统挡砂设计的基础上适当放大防砂管的防砂参数。根据实验建立的关系，当油中含砂量控制在 0.5 ‰以内时，防砂管的防砂参数可以放大到：

$$\omega \leqslant 1.28d_{50} \tag{6-6}$$

根据该结论，将式 (6-5)、式 (6-6) 代入式 (6-4) 中，可以计算适度出砂开采时产能相对传统挡砂设计时的变化率：

$$\Delta PI = (PI_1 - PI_2)/PI_2 \times 100\% = 30\% \tag{6-7}$$

式中，PI_1 为适度出砂开采产能。

三、砾石充填尺寸优化设计方法

砾石充填防砂主要设计砾石直径和筛管缝隙。合理地选择与地层砂粒直径相对应的砾石，才能防止地层砂流入井中。为了便于研究充填砾石和砂粒之间的关系我们假设砾石为均质、大小一致的球形颗粒。重叠球体的剖面有两种情况，一种是矩形结构，一种是三角形结构，如图 6-57 所示。

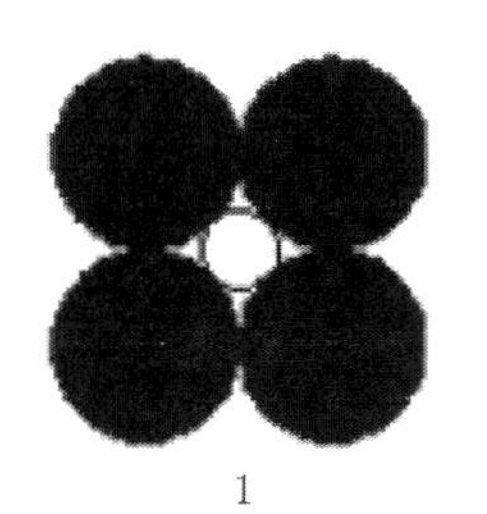

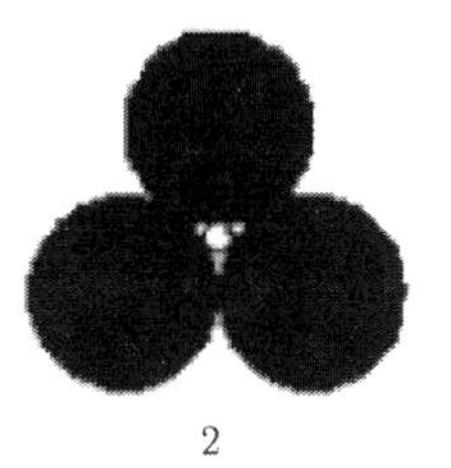

图 6-57　砾石充填结构

图中黑色球为充填砾石，它的直径为 D。通过几何分析计算得出上面两种情况砾石直径和内接圆直径 d 之间的关系分别为：

第一种情况：$D = 2(\sqrt{2}+1)d \approx 5d$；

第二种情况：$D = \sqrt{3}(2+\sqrt{3})d \approx 6d$。

分析可知，当最大充填砾石按第一种情况堆积时，所形成的孔隙是充填砾石层中的最大孔隙，而当最小充填砾石按第二种情况堆积时，所形成的孔隙是充填砾石层中的最小孔隙。因此，建议最小砾石直径应 5 倍于允许出砂的最大砂粒直径，最大的砾石直径应 6 倍于允许出砂的最大砂粒直径。砾石粒径选择的原则是砂砾能完全阻挡地层出砂。

索西埃 (Saucier) 研究了充填层的渗透率与砾石地层砂中值比的关系，如图 6-58 所示。当选择砾石与地层砂中值 d_{50} 比为 14 时，地层砂不受限制地穿过充填层流动，由于充填层渗透率高，地层砂在充填层内不易形成“砂桥”，会大量出砂。当选择砾石与砂粒中值比为 6 ～ 14 时，地层砂侵入充填层使渗透率下降；当选择砾石与砂粒中值比为 5 ～ 6 时，可阻挡地层砂进入充填层。因此索西埃建议砾石粒度中值为 5 ～ 6 倍于地层砂粒度中值，而且还建议尽可能使用较小的直径砾石。除索西埃方法以外，科伯利 (Coberly)、瓦格纳 (Wagner) 和希尔 (Hill) 等人对于砾石直径选择也进行过研究，这些方法大多建立在砂拱理论基础之上，只有索西埃方法是建立在完全阻挡机理之上的，它是现代选择砾石尺寸的基础。

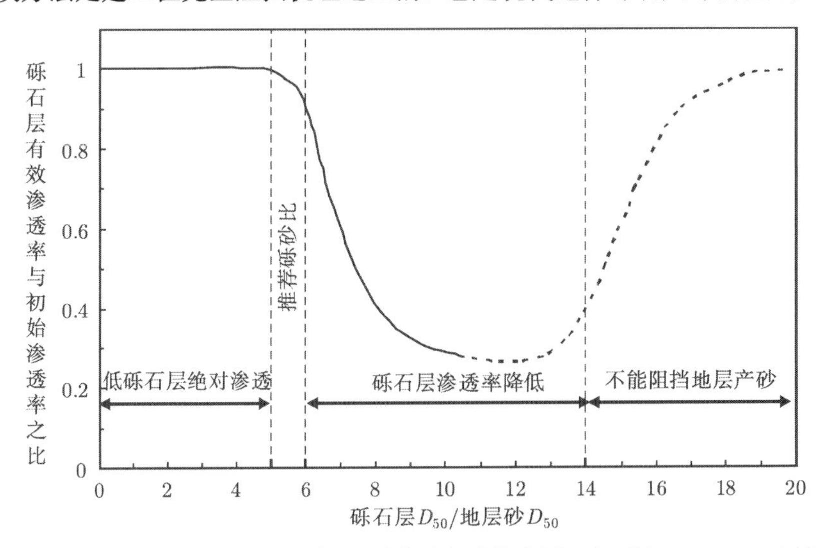

图 6-58　现场砾石充填防砂砾石尺寸优选经验模式图一索西埃 (Saucier) 方法

索西埃方法以理想颗粒砾石为实验基础，并且没有考虑到现场砾石充填中砾石层受压条件以及工业砾石颗粒的非均质性等因素，因此该方法也有进一步完善的可能。

在砾石充填完井中，筛管主要用来支撑砾石层，筛缝提供流体的入井通道，通常使用的筛管主要有绕丝筛管、割缝衬管和金属网 (或者金属棉) 滤砂管，一旦选定了砾石尺寸，便可确定机械筛管的缝宽或挡砂精度。筛管缝隙的选择应能保证砾石充填层的完整性，因此，筛管缝隙应小于砾石充填层中最小的砾石尺寸。根据 1/2 ～ 2/3 架桥原理，通常绕丝筛管缝隙为最小砾石尺寸的 1/2 ～ 2/3，推荐采用 2/3 计算；对于优质筛管，网孔直径选择最小砾石尺寸的 1/3 ～ 1/2。根据计算结果选择较接近的标准系列尺寸的筛管。表 6-14 给出了不同砾石尺寸所要求的筛管缝隙。

表 6-14　砾石与筛管配合尺寸推荐表

砾石尺寸		筛管缝隙尺寸	
标准筛目	粒度范围/mm	绕丝筛管缝隙尺寸/mm	优质筛管网孔直径/mm
40 ～ 60	0.419 ～ 0.249	0.150	0.125
20 ～ 40	0.834 ～ 0.419	0.305	0.21
16 ～ 30	1.190 ～ 0.595	0.350	0.30
10 ～ 20	2.010 ～ 0.834	0.500	0.42

目前常用的砾石充填设计方法是索西埃方法，设计砾石的尺寸为 5 ～ 6 倍地层砂粒度中值 d_{50}。索西埃方法以理想颗粒砾石为实验基础，并且没有考虑到现场砾石充填中砾石层受压条件以及工业砾石颗粒的非均质性等因素。在目前提出的适度出砂管理模式下，该设计方法是否偏于保守，砾石尺寸是否有放大的空间，出砂量是否在允许范围内，有必要通过砾石充填防砂评价实验进行论证。

(1) 实验条件：根据目前国内海上某油田馆陶组的粒度分布特点，确定实验模拟石英砂粒度特征值如表 6-15 所示。模拟生产压差为 3MPa，模拟稠油黏度为 200mPa · s；泥质含量为 10%左右；砾石尺寸为 8 ～ 10 目、8 ～ 12 目、10 ～ 16 目、10 ～ 20 目、10 ～ 30 目、16 ～ 20 目、16 ～ 30 目、20 ～ 40 目、30 ～ 40 目，根据 8.5 寸井眼下入 5.5 寸防砂管计算砾石充填厚度为 30mm。

表 6-15 实验模拟砂粒度特征值

粒度特征值	d_{10}	d_{40}	d_{50}	d_{90}	U_C
实验模拟石英砂	463.6	281.2	220	70.5	4.0

(2) 实验过程：在压力釜中放置绕丝筛管，在筛管外层充填 20 ～ 40 目工业砾石，在压力容器中填充模拟石英砂，设定供液泵工作压力为 3MPa，开始加压循环流体，测试各点压力、流量与出砂量，当流量与压力稳定后结束该组实验，拆卸装置，改变充填砾石尺寸，重复实验。

(3) 实验分析：通过测试四组实验的流量、压降及出砂量，计算其米采油指数及油中含砂量 (图 6-59)。

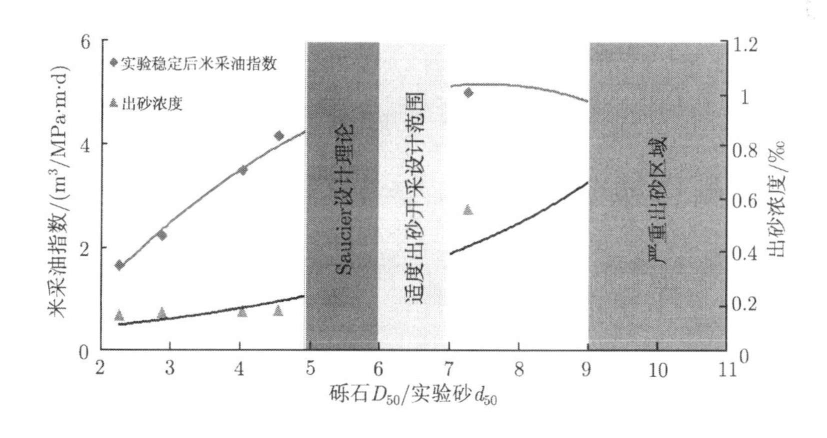

图 6-59 砾石充填评价实验结果图

(4) 实验结论

① 当 $D_{50}/d_{50} < 6$ 时，出砂量基本在 0.2 ‰以内，防砂效果好，采油指数随着砾石尺寸的放大逐渐增加。② 当 $D_{50}/d_{50} = 6.5$ 时，出砂量达到了 0.3 ‰，当 $D_{50}/d_{50} = 7$ 时，出砂量达到了 0.5 ‰，米采油指数随着砾石尺寸的放大逐渐增加。③当 $D_{50}/d_{50} > 7$ 时，采油指数开始降低，当比值达到 9.2 倍时，采油指数急剧降低到初始的 25%，油中含砂量又提高了近

70%，说明此时砾石层出现了严重的砂侵，并有部分细砂通过砾石层及防砂管产出。砾石尺寸放大到 9 倍以后，防砂效果变差。④ 因此在适度出砂开采时，允许出砂量控制在 0.5 ‰范围内，砾石尺寸的设计可适当放大到 6 ～ 7 倍左右，产能相对索西埃的经典 5 ～ 6 倍挡砂理论提高了 20% ～ 35%，能够有效防砂。

第七章　多枝导流适度出砂钻完井关键技术研究

多枝导流适度出砂钻井和完井关键技术研究围绕海上疏松砂岩稠油油田开发中所面临的挑战，开展多枝导流适度出砂条件下配套钻井和完井工艺及工具的研究，形成多枝导流井井眼轨迹控制技术、适合疏松砂岩稠油油藏的钻完井液体系、分枝井固井工艺、适度出砂条件下完井工艺及工具等关键技术。其主要研究内容包括：多枝导流适度出砂井井眼轨迹控制技术研究；多枝导流适度出砂钻完井液体系研究；多枝导流适度出砂井固井关键技术研究；多枝导流适度出砂完井工艺研究。

第一节　多枝导流适度出砂井三维可视化钻井技术

利用多枝导流井三维可视化设计及分析系统在地质力学环境中进行多枝导流井的钻井工程设计、分析，确定多枝导流井的井眼轨迹控制策略，通过对多枝导流井的轨迹设计、摩阻分析等，优化设计井眼轨迹控制工具钻具组合。

一、多枝导流井三维可视化钻井工程分析系统研究

钻井工程三维可视化技术是研究将三维可视化技术应用于钻井工程相关数据处理与分析的有关技术，属于科学计算可视化应用研究范畴。根据科学计算可视化技术的有关理论，可在通用可视化技术基本原理的基础上，针对钻井工程应用的需要，研究在三维可视化环境下进行可视化钻井工程分析目的的有关技术。为此，在可视化研究的基本参考模型基础上，设计了如图 7-1 所示的软件总体框架。

这一部分研究了如何将专业应用数据模型中的数据 (包括地质模型数据和与井眼轨迹有关的测量、解释和计算等数据) 表示成某种可绘制图象并可从图像中提取数据的抽象可视化对象，从视觉表现形式方面来研究表达数据的方法。并由相关数据的特点，抽象出基本的图形表示单元，根据数据间的几何和拓扑关系的规则，建立基于这些基本单元的特征表示数据模型，包括结构点、正交网格、结构网格、多边形和非结构网格模型，用来定量描述数据的几何形态、拓扑结构，并与有关的属性数据相结合。在此基础上，又研究了将地质模型中的地质对象归结为点、线、曲面、交线、块体、网格的空间形体表示方法及将井眼相关数据的三维曲线、带状面、三维管、规则几何体和不规则几何体等在三维空间中实现数据综合的表示方法。这部分内容是将钻井数字地质模型重构的专业应用数据与三维图像联系的纽带和桥梁。

（一）　钻井工程三维可视化数据特征模型

1. 可视化特征表示模型设计

模型由几何信息、拓扑信息和属性信息三部分组成。

2. 可视化特征模型单元拓扑关系设计

所有单元都派生自基本单元，继承基本单元的功能。另外，每个单元都具有自己特有的拓扑关系和运算功能。

图 7-1　多枝导流井三维可视化钻井工程设计及分析系统总体框架

3. 地质模型相关数据表示方法研究

根据所涉及数据的特点及其可视化的需要，在可视化理论的基础上，按所表示数据的几何和拓扑关系是否规则，抽象出五种便于计算机实现的特征表示模型，在此基础上建立了地质模型数据表示方法。将地质模型的表示形式分解为以下构成元素：

点 (例如，地震拾取)；线 (例如，井眼轨迹)；曲面 (例如，地层界面、断层面)；交线 (例如，层面与断层交线)；块体 (例如，某个空间范围的岩石)；网格 (例如，数据体油藏模拟数据体、地震数据体网格、地层界面网格)；属性 (例如，地层压力、孔隙度等)。

(二)　井眼相关数据表示方法

利用有关单元和特征表示模型，本书设计了以下几种可综合多种数据的数据表示形式来表示上述与井眼轨迹有关的数据：

三维曲线，即将有关数据表示成沿井眼轨迹的变色曲线；带状面，将有关数据转换成沿井眼轨迹的变宽度变色或纹理带状面；三维管，将有关数据转换成沿井眼轨迹的变直径变色管或具有纹理贴图的管；规则三维几何体，以规则形体，如球、立方体、锥体等来表示某种离散数据或现象；不规则几何体，以不规则的空间几何体来表示有关的数据或现象，如易发生钻井危险的地质区域。

(三) 钻井工程三维可视化环境中的场景漫游与定量空间交互技术研究

利用三维绘图模型可以由用户提供的综合数据构造出有关的三维可视化虚拟场景，但是该场景是静态的，不能响应用户的动作，无法满足观察者想从任意角度和按不同的详略程度来观察这些可视化对象的要求。在对钻井工程相关数据可视化分析的过程中，要求能在三维场景中进行交互式漫游、交互操作场景中绘制的每个数据对象以及交互式地访问绘制对象所表示的底层数据。本书针对这些交互要求，对关键算法进行了研究，并在有关算法的基础上，设计实现了多种空间交互工具，这些交互工具都是封装了有关算法的可复用的软件类构件。空间交互技术的内容和设计的交互工具如图 7-2 所示。

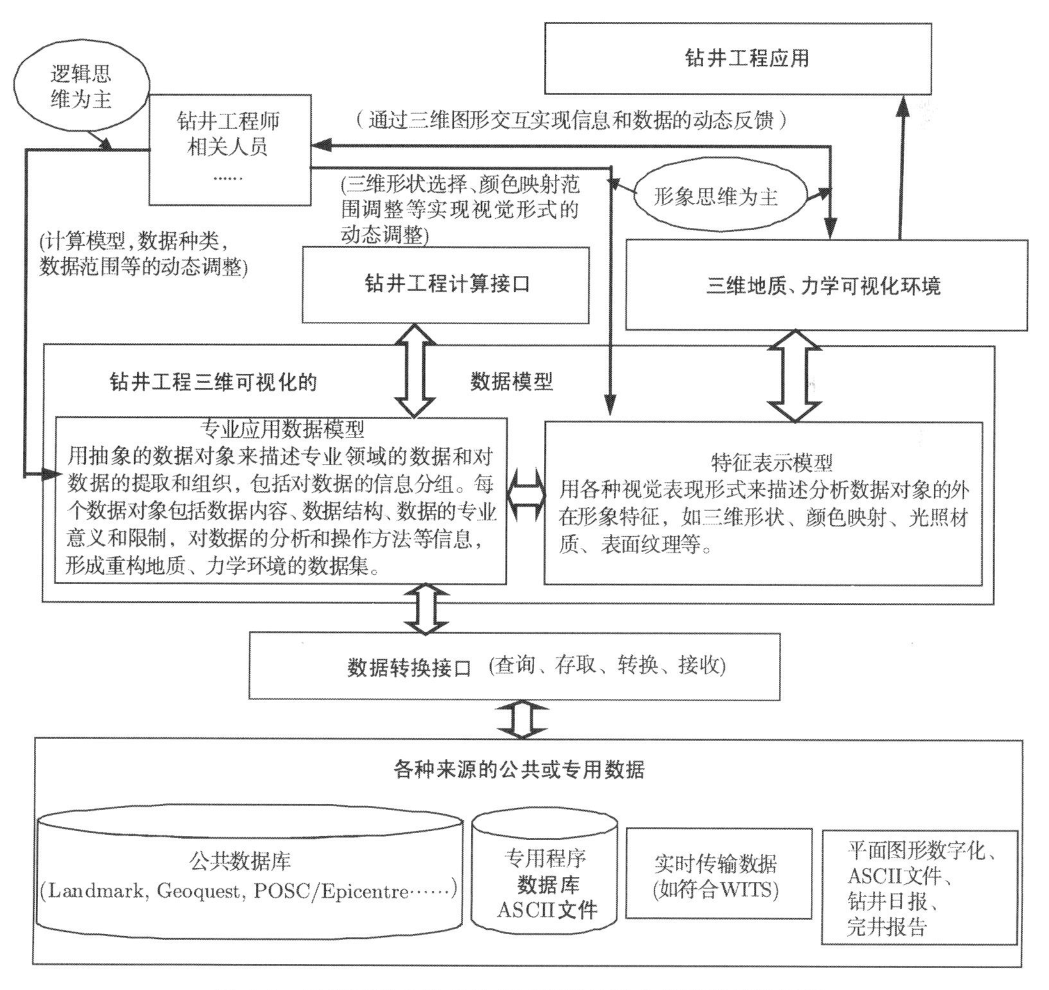

图 7-2　三维可视化技术钻井工程设计及分析系统设计框架

按照图 7-2 所示的“多枝导流井三维可视化钻井工程设计及分析系统”，将突出分析人员在应用三维可视化技术进行钻井工程分析时的主导作用，在可视化分析过程中，把人从可视化环境中观察到的体现数据相互关系、地质或工程现象与规律的具体视觉方式 (图形、图像、动画等) 与表达地质和钻井工程客观规律的数据关系、分析计算模型 (用数据、公式等非图形、非感觉的方式表示) 有机的结合起来。通过分析计算模型等非视觉方式表达客观规律的本质，利用视觉方式来表达客观规律本质的现象，现象与本质相辅相成。这样，既可以利用基于数学、力学或统计方法建立的数学模型来反映数据的内在特性和数据间的客观规律，通过对数学模型的数值计算来实现对问题的解析求解，又可利用各种视觉表现形式来描述对象的外在形象特征，并通过对形象特征的可视化操作来实现对问题的形象化求解。在形象化求解过程中，通过对图形的交互操作来获取感兴趣的数据，以此来对解析计算和分析模型进行干预和交互，保证分析过程既可以是一个主动控制的过程，又可以作为事后的观察回顾过程。此外，通过交互地改变数据的可视化方式，可以将同一抽象数据转换为不同的图形表达形式，实现从不同的角度和侧面来分析问题，充分调动人的形象思维能力和逻辑思维能力，以此来认识钻井工程与地质环境的相互关系和工程约束条件，满足钻井工程分析的需要，并能与相关学科交流关键技术问题。在此研究框架中，需解决的关键技术问题是:

(1) 解决地质、测井、钻井、油藏等不同来源的数据进行提取和规范化的问题，重构钻井工程的地质和力学环境 (由地质模型、测量和计算数据来反映);

(2) 如何用恰当的抽象可视化对象来表示地质、力学环境中的有关对象，如地层、地层参数的分布、与井眼空间位置有关的测量、计算和解释数据的空间几何形态或分布特征;

(3) 绘制上述抽象可视化对象的真实感图形及构建可操控的三维可视化环境的机制;

(4) 三维交互技术的研究，包括对图形的自然操控 (如移动、缩放、沿井眼漫游等) 和实现在三维可视化环境下进行交互式定量化分析的技术，例如某地层图像上任意点的屏幕像素坐标对应的实际空间位置和地层压力。

二、三维多目标位置和方向约束条件下的分枝井轨迹设计模型

由于在稠油油藏中，水平井眼的延伸范围有限，靠增加水平段长度来提高泄油通道的优势受到了限制。因此，作为水平井技术的延伸，通常采用主水平井眼一侧或两侧钻出多个分枝，能显著增加油层裸露面积，扩大蒸汽驱波及范围，提高油藏利用程度，同时利用稠油油藏重力泄油能力，提高采收率。

分枝井的井眼轨迹是在满足现场工具能力的要求下所设计出来的，轨迹具有合理的井眼曲率、井斜变化率和方位变化率，满足分枝井侧钻工艺、完井工艺和修井工艺的实施。同时设计还需满足稠油油藏地质体的限制，在最大化提高油藏利用程度的同时，保证分枝井井眼全部在稠油油藏中穿过。同时，以合理的分枝井轨迹形态利用稠油油藏的重力泄油能力，达到提高单井采收率的目的。

目前在稠油油藏中, 多采用螺杆钻具一趟钻成鱼骨型分枝井的开窗和侧钻工艺，即钻遇分枝井窗口处时，调整螺杆钻具的装置角，悬空侧钻分枝井眼，在垂向和水平方向快速形成具有一定偏离的稳定窗口，分枝井眼完成后，再沿着分枝井眼高边方向侧钻主井眼至下一分枝窗口处，直至完成全部分枝井眼和主井眼。由于分枝井稳斜井段是采用螺杆钻具旋钻的方式完成的，故螺杆钻具的角度受到一定限制，多采用小角度螺杆钻具完成分枝井段的开窗和侧钻。因此，在进行分枝井设计时，分枝井段的井眼曲率须控制在合理范围内。井眼曲率太大，导致螺杆钻具不能完成该分枝井段的造斜能力；井眼曲率太小，导致造斜段太长，增加了分枝井段的施工难度，须根据选用的螺杆钻具造斜能力设计相对应的适宜于分枝井段开

窗和侧钻的井眼轨迹形态。

由于分枝井兼顾了水平井和侧钻井的设计特点，因此在进行分枝井的轨迹设计时，需要分别考虑水平井段和分枝井段的设计。主水平井眼根据水平井轨迹的设计方式进行设计，分枝井眼采用水平段侧钻分枝井段的方式进行设计。主水平段井眼的二维或三维轨迹设计比较简单，问题的难点在于如何在已知的主水平段轨迹参数和对目标井段方向有要求的基础上设计出合理的适宜于稠油油藏开发的分枝井段井眼轨迹。因此，分枝井段的通常需设计为三维水平井轨迹。

三维水平井轨道设计是要研究出既满足约束点的地下空间位置约束 (北坐标、东坐标、垂深)，又满足轨道姿态约束 (井斜角和方位角)，且要求曲线井段的井眼曲率为常数的三维轨道设计模型。此处的约束点既可以是靶点，也可以是工程上有一定要求的特殊地下空间位置。

如图 7-3 所示，X 轴、Y 轴、Z 轴分别表示正北、正东和垂深方向。当前井眼所在点 $S(X_S,Y_S,Z_S)$，其井斜和方位角分别为 α_S 、ϕ_S；目标点为 $D(X_D,Y_D,Z_D)$ ，其井斜和方位角分别为 α_D 、ϕ_D。S 点可以是地下空间任意位置，也可以是地面。

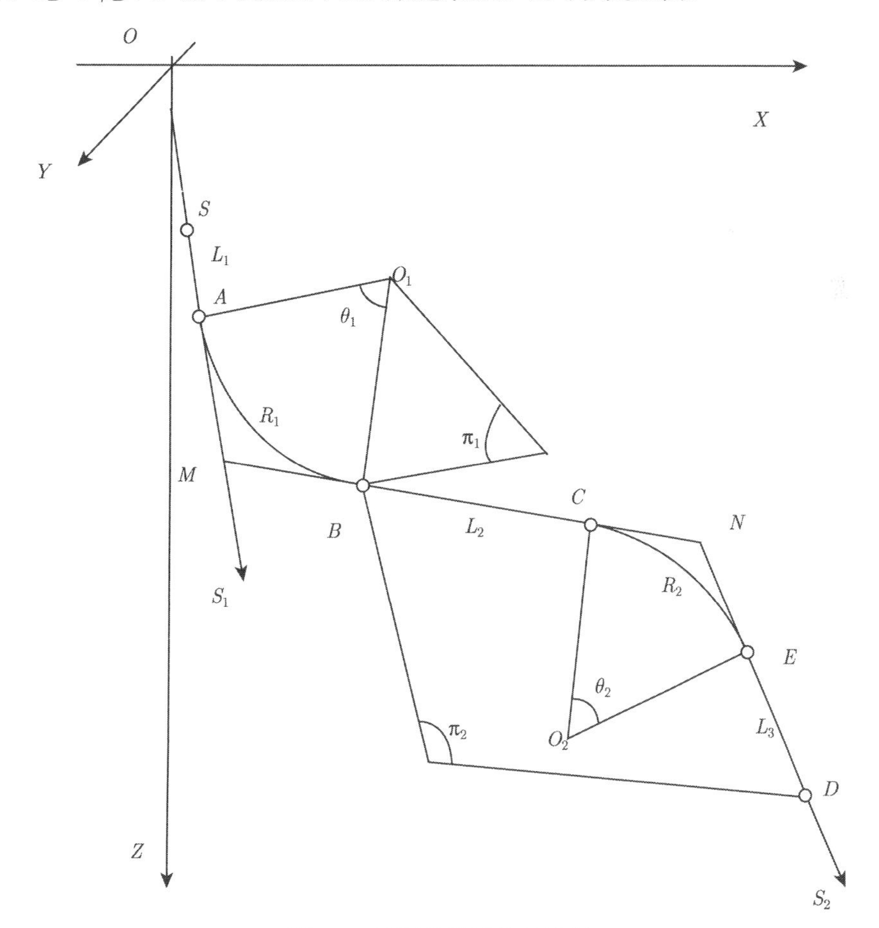

图 7-3　三维轨道设计示意图

考虑到一般情形，为满足进入目标点 D 的三维空间坐标及井斜角、方位角为给定的值，

在空间两点 S 和 D 之间的轨道假设是沿当前井底的切线方向延伸一段空间直线 (L_1)+ 空间圆弧 (R_1)+ 空间直线 (L_2)+ 空间圆弧 (R_2)+ 空间直线 (L_3) 的组合方式，该组合方式可以演变成以下 8 种剖面形式：

直线 (L_1)+ 圆弧 (R_1)+ 直线 (L_2)+ 圆弧 (R_2)+ 直线 (L_3)　(一般形式)

圆弧 (R_1)+ 直线 (L_2)+ 圆弧 (R_2)+ 直线 (L_3)　$(L_1=0)$

直线 (L_1)+ 圆弧 (R_1)+ 圆弧 (R_2)+ 直线 (L_3)　$(L_2=0)$

直线 (L_1)+ 圆弧 (R_1)+ 直线 (L_2)+ 圆弧 (R_2)　$(L_3=0)$

圆弧 (R_1)+ 圆弧 (R_2)+ 直线 (L_3)　$(L_1=0, L_2=0)$

圆弧 (R_1)+ 直线 (L_2)+ 圆弧 (R_2)　$(L_1=0, L_3=0)$

直线 (L_1)+ 圆弧 (R_1)+ 圆弧 (R_2)　$(L_2=0, L_3=0)$

圆弧 (R_1)+ 圆弧 (R_2)　$(L_1=0, L_2=0, L_3=0)$

上述组合形式中，L_1，L_3 是人为给定的，而 L_2 根据计算结果可以为 0，选择哪一种剖面可以根据用户的需要而定。

1. 三维轨道设计模型的建立

根据已知条件，S 点和 D 点切线方向向量分别为

$$\boldsymbol{S}_1=\{\sin\alpha_S\cos\phi_S,\sin\alpha_S\sin\phi_S,\cos\alpha_S\}$$
$$\boldsymbol{S}_2=\{\sin\alpha_D\cos\phi_D,\sin\alpha_D\sin\phi_D,\cos\alpha_D\}$$

如上所述，第一直线段的段长 (L_1) 和第二直线段的段长 (L_3) 由设计者自行合理选择，一经选择后，从 S 点向前延伸 L_1 后得到 A 点，从 D 点向后延伸 L_2 后得到 E 点，A 点和 E 点的位置由式 (7-1) 和式 (7-2) 给出：

$$\boldsymbol{A}=\boldsymbol{S}+L_1\cdot\boldsymbol{S}_1\quad L_1>0 \tag{7-1}$$

$$\boldsymbol{E}=\boldsymbol{D}-L_3\cdot\boldsymbol{S}_2\quad L_3>0 \tag{7-2}$$

A 点与其切线方向构成的直线为

$$\overline{\boldsymbol{AS}}_1=\boldsymbol{A}+L\cdot\boldsymbol{S}_1\quad L>0 \tag{7-3}$$

在直线 AS_1 上取点 M，在直线 DE 上取点 N 后，连接 MN，则 MN 与 AS_1 构成平面 π_1，MN 与 DE 构成平面 π_2。在 π_1 与 π_2 上分别取点用斜平面法采用圆弧过渡进行设计。有如下关系式：

$$\boldsymbol{M}=\boldsymbol{A}+AM\cdot\boldsymbol{S}_1\quad AM>0 \tag{7-4}$$

$$\boldsymbol{N}=\boldsymbol{E}-EN\cdot\boldsymbol{S}_2\quad EN>0 \tag{7-5}$$

由圆弧与其切线关系有

$$\cos\theta_1=\overline{\boldsymbol{MN}}^0\cdot\rightarrow S_1 \tag{7-6}$$

$$\cos\theta_2=\overline{\boldsymbol{MN}}^0\cdot\rightarrow S_2 \tag{7-7}$$

其中，

$$\overline{\boldsymbol{MN}}^0 = \frac{\overline{\boldsymbol{MN}}}{|MN|}$$

在斜平面 π_1 上，

$$R_1 = \frac{|AM|}{\tan(\theta_1/2)} \tag{7-8}$$

在斜平面 π_2 上，

$$R_2 = \frac{|EN|}{\tan(\theta_2/2)} \tag{7-9}$$

联立以上式 (7-4) 至式 (7-9)，因 6 个方程含有 8 个未知数 M、N、AM、EN、R_1、R_2、θ_1、θ_2，给定其中两个参数，便可确定一组解。三维设计时，一般情形是：①给出第一、二圆弧所对应的夹角 θ_1、θ_2；②给出接点 B 的井斜角 α_B 和方位角 ϕ_B；③给出第一、二圆弧所对应的曲率半径 R_1、R_2。通常情况下给出的是上下两段圆弧井眼的井眼曲率 K_1、K_2，由此计算出曲率半径 R_1、R_2。根据已有工具造斜率的范围，先合理给出某一 R_1 值，求出 R_2 的范围。这样，便可保证同时给出 R_1、R_2 时，对该问题都有实际意义。给出 R_1, R_2，联立式 (7-4) 至式 (7-9)，便可求出 M、N、AM、EN、θ_1、θ_2，从而可求出其他设计所需参数。但存在两处难点：a、曲率半径 R_2 的确定；b、非线性方程的求解。

2. 井身参数计算

在求出 N、M 点和 AM、EN 后，则 B、C 点位置可求得

$$B点：B = M + |AM| \cdot MN^0 \tag{7-10}$$

$$C点：C = N - |EN| \cdot MN^0 \tag{7-11}$$

$$线段|BC|长：|BC| = |MN| - |AM| - |EN| \quad |BC| \geqslant 0 \tag{7-12}$$

B 点的井斜角和方位角可通过 M、N 点坐标来求得。

此时，平面 π_1，π_2 分别求出，再用斜平面法设计轨道上各点参数。

3. 轨迹设计模型的特点

①新研究的轨迹设计模型，可以设计平面轨迹，也可以设计三维轨迹。

②适合于分枝井、侧钻井、待钻井眼轨迹设计。

4. 计算流程与设计实例

图 7-4 是三维常曲率轨迹设计计算框图。

应用该模型，可完成如图 7-5 所示的分枝井轨迹设计及图 7-6 所示的满足钻井、地质和油藏约束条件的轨迹设计。

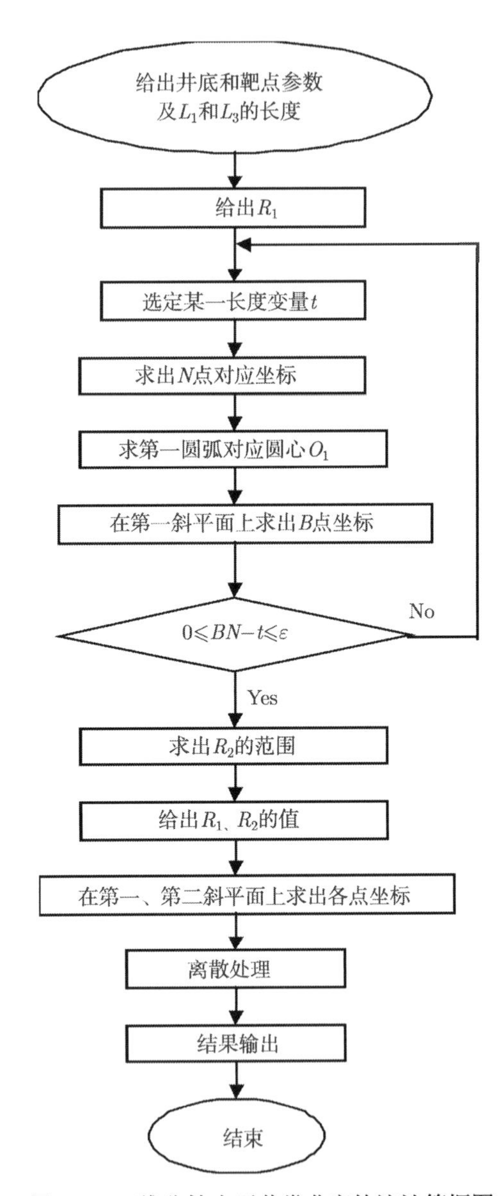

图 7-4　三维分枝水平井常曲率轨迹计算框图

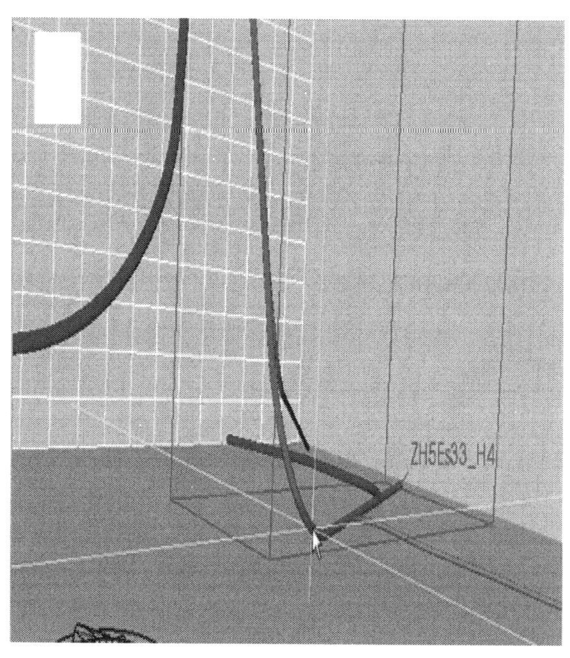

图 7-5　分枝井轨迹设计实例

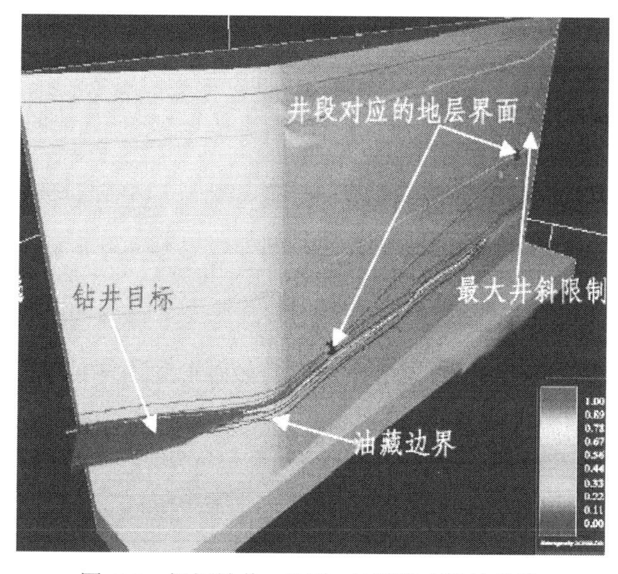

图 7-6　根据钻井、地质、油藏约束设计井眼

第 二 节　多枝导流适度出砂钻完井液体系研究

针对疏松砂岩孔隙喉道大、孔隙连通性好，容易受到入井流体固液相侵入的特点，提出利用钻井液初失水的特点与高分子聚合物分子链自胶束和高分子聚合物分子链束缚水的原理，使得钻井液在井壁附近快速成膜封堵，防止钻井液中固液相对储层的深度污染损害。首次将分子胶束增黏理论应用于钻井液体系中，研制了能够通过分子间缔合形成网架结构来

增黏提切的分子胶束增黏剂，在此基础上建立一套适用于海上疏松砂岩稠油油藏多枝导流适度出砂钻完井液体系。

针对聚合物充填液在完井后期存在不能彻底破胶问题，研制了能自动破胶的低分子胶束充填液体系，可以最大限度地保护油气层。

针对稠油油藏储层保护要求，研制了适用于海上疏松砂岩稠油油藏多枝导流适度出砂技术的超低界面张力清洁活性盐水完井液体系，该完井液不仅能改善完井液与稠油的配伍性，降低稠油流动阻力，而且能同时降低油 - 液界面张力，可以达到保护储层和提高采收率的目的。

一、适合于疏松砂岩稠油油藏的钻完井液要求

（一） 钻井液要求

埋藏较浅的疏松砂岩稠油油藏因为压实成岩作用差，储层胶结疏松，孔隙喉道大、孔隙连通性好，没有稳定的孔隙骨架，容易受到入井流体固液相侵入。因此适合于疏松砂岩稠油油藏的钻井液体系应具有如下特性：

(1) 疏松砂岩孔隙大，外来固相易于侵入，特别是钻井液中的黏土颗粒侵入后将会造成储层的永久伤害，因此要求钻井液无黏土相。

(2) 分枝井多采用裸眼或筛管完井的方式，因此要求钻井液易于破胶，可以通过化学方法解除钻井液对储层的伤害。

(3) 疏松砂岩胶结性差、砂泥岩互层容易发生井壁失稳的问题，钻井液体系应具有优良的抑制性，能够有效抑制钻屑的水化分散和钻井液滤液侵入地层造成的黏土膨胀，有利于井壁稳定。

(4) 疏松砂岩储层孔隙变化宽并存在应力敏感、裂缝性储层缝隙不均匀，屏蔽材料粒径难以选择，钻井液在井壁附近应快速成膜封堵，防止钻井液中固液相对储层的深度污染损害。

(5) 疏松砂岩储层胶结疏松，钻井液和钻井液滤液易通过孔隙和毛细管通道进入地层深部，造成严重的固液相损害。如果钻井液体系具有较强的束缚水特性就可有效的束缚自由水，增大钻井液进入地层的毛管阻力，增加了滤液侵入地层的阻力，从而减少滤液侵入地层的量和深度。

(6) 疏松砂岩储层胶结疏松，孔隙喉道大、孔隙连通性好，钻井液体系应具有较强的防渗漏能力，减少钻井液对地层的漏失，提高井壁的强度和抗压能力，稳定井壁。

(7) 多枝井要求钻井液有较强的携砂清洁井眼能力，形成剪切稀释特性好的钻井液体系。

（二） 完井液要求

通过储层敏感性评价可知，NB35-2 油田、SZ36-1 油田、QHD32-6 油田、LD5-2 油田储层均存在极强水敏、强水敏和中等偏弱水敏等不同程度的水敏性，同时储层也存在着因微粒运移造成的储层损害，因此适用于海上疏松砂岩稠油油藏多枝导流适度出砂技术的完井液体系应具有以下特性：

(1) 强的抑制性以防止储层发生水敏性损害；

(2) 与前期作业液配伍性好；

(3) 本身的储层保护效果好；

(4) 能最大限度地解除前期工作液对储层造成的损害；

(5) 与储层原油配伍性好，与原油混合后不会引起增稠现象；

(6) 对井下管柱腐蚀性小。

对于海水疏松砂岩稠油油藏，其储层温度一般在 80°C 左右，而完井液体系的密度一般在 1.03 ~ 1.10g/cm^3 范围。因此，后面的研究均选择氯化钾作为体系的加重剂，密度加重至 1.10g/cm^3。

根据以往的研究经验，室内分别引入黏土稳定剂 HCS、溶蚀剂 HRS、缓蚀剂 CA101-3，其中黏土稳定剂 HCS 能防止储层发生水敏性损害；溶蚀剂 HRS 能最大限度地解除前期工作液对储层造成的损害；缓蚀剂 CA101-3 能防止井下管柱腐蚀。

二、高分子胶束钻井液体系研究

(一) 复合高分子聚合物分子链自胶束与束缚水特性及能力研究

埋藏较浅的疏松砂岩稠油油藏因为压实成岩作用差，储层胶结疏松，孔隙喉道大、孔隙连通性好，没有稳定的孔隙骨架，容易受到入井流体固液相侵入。为此，要求钻井液使用无黏土相减少储层损害。因此研制了高分子胶束聚合物 HVS，该聚合物 HVS 通过分子缔合形成网络结构增黏提切，以替代膨润土。为了防止液相侵入地层，一方面减少钻井液中的自由水，通常的水基钻井液体系中自由水含量在 70%~ 80%左右，而结晶水和吸附水只占了 20%~30%。对于钻井液而言，造成井壁不稳定的最主要因素是自由水向地层的滤失导致水敏性泥页岩缩径、垮塌，另一方面在井壁上快速形成封堵膜，减少钻井液及滤液侵入。此外，研制了高分子聚合物 HCP，该聚合物具有优良的束缚钻井液中的自由水的能力和封堵能力。

通过对分子胶束聚合物 HVS 和高分子聚合物 HCP 的研究，两种聚合物都具有各自独特的功能，为了构建高分子胶束钻井液，将两种聚合物以一定比例复配，通过优化设计得到了新型钻井液处理剂 HCP-H。该处理剂同时具有分子胶束聚合物 HVS 的分子链自胶束特性和高分子聚合物 HCP 的束缚水特性。HCP-H 能够在井壁岩石表面浓集形成胶束，依靠聚合物胶束或胶粒界面吸力及其可变形性，封堵岩石表面较大范围的孔喉，在井壁岩石表面形成致密超低渗透封堵膜，有效封堵不同渗透性地层和微裂缝泥页岩地层，在井壁上形成保护层，使钻井液及滤液被完全隔离，有利于储层保护和井壁稳定。

1. 复合高分子聚合物 HCP-H 的自胶束增黏特性

表 7-1 表明，随着高分子聚合物 HCP-H 加量增加，高分子聚合物溶液的动切力增加，有利于水平分枝井的携岩。

表 7-1 HCP-H 的增黏特性

加量/%	表观黏度 AV/(mPa·s)	塑性黏度 PV/(mPa·s)	动切力 YP/Pa	Φ_6/Φ_3
0.2	10	6	4	2/1
0.5	18	12	6	4/3
0.8	30	16	14	10/9
1.0	35	19	16	12/11

2. 复合高分子聚合物 HCP-H 的束缚水特性

随着 HCP-H 加量的增加 (表 7-2)，HCP-H 束缚水的能力逐渐增强，束缚水的量也不断增加，所以水溶液中自由水含量也就逐渐减小。

表 7-2　不同加量 HCP-H 溶液的自由水含量

加量/%	束缚水的量/mL	自由水的量/mL	自由水的含量/%
0.2	67	333	83.3
0.5	156	244	61
0.8	248	152	38
1.0	317	83	20.8

(二)　高分子胶束钻井液配方 (PMM) 的综合性能研究

针对疏松砂岩稠油油藏多枝井，以复合高分子聚合物 HCP-H 为主剂，构建了高分子胶束钻井液体系 (PMM)。随着高分子聚合物加量 HCP-H 的增大，由于高分子聚合物 HCP-H 对钻井液束缚水作用，体系的 API 和 HTHP 滤失量都不断的下降，同时钻井液的携岩能力也逐渐增强。实验研究 (表 7-3) 表明，HCP-H 加量在 1.2%～ 1.5%较为合适。

表 7-3　HCP-H 不同加量对体系性能的影响

HCP-H 加量/%	实验条件	AV /(mPa·s)	PV /(mPa·s)	YP /Pa	Φ_6/Φ_3	FL_{API} /mL	FL_{HTHP} /mL	$LSRV$ /(mPa·s)	滤纸析水时间
0.5	滚前	18	12	6	3/2	—	—	2134	—
	滚后	19	15	4	4/2	6.8	18.9	2800	2′09″
1.0	滚前	20	12	8	5/4	—	—	15733	—
	滚后	24.5	15	9.5	7/5	5.6	15.6	24267	3′12″
1.2	滚前	23	14	9	7/5	—	—	22000	—
	滚后	31.5	16	15.5	9/7	5.0	12.4	35067	4′19″
1.5	滚前	33	14	19	12/10	—	—	36533	—
	滚后	36	17	19	14/12	4.8	10.2	38600	5′58″

注：热滚条件为 100°C×16h。

1. PMM 钻井液基本性能

PMM 钻井液基本性能测试结果 (表 7-4) 表明，构建的水平井 PMM 钻井液体系不仅具有独特流变性，同时还具有良好的失水造壁性。

表 7-4　PMM 钻井液基本性能

钻井液体系	实验条件	AV /(mPa·s)	PV /(mPa·s)	YP /Pa	YP/PV	Φ_6/Φ_3	FL_{API} /mL	FL_{HTHP} /mL	$LSRV$ /(mPa·s)	滤纸析水时间
PMM	滚前	33	14	19	1.36	12/10	—	—	36533	—
	滚后	36	17	19	1.12	14/12	4.8	10	38600	5′58″

注：老化条件为 100°C×16h。

2. 高分子胶束钻井液束缚水能力

对构建的高分子胶束钻井液体系束缚水的能力进行了评价，并分别和 PEM 钻井液体系、PEC 钻井液体系以及 PRD 钻井液体系进行了对比。

(1) 不同钻井液体系析水能力评价

实验采用滤纸法对不同钻井液体系析水能力评价，结果见表 7-5。

表 7-5　不同钻井液体系析水能力

时间/min	析出水圈长度/mm			
	PMM	PEM	PEC	PRD
1	0	1.5	1	0
3	0	2.0	1.5	0.5
5	0.1	3.0	2.5	1.5
10	0.5	4	3	2.5
20	1.2	4	3.5	3
30	1.5	4.5	4	4

(2) 常温常压下岩心自吸水实验评价

常温常压下岩心自吸水实验评价结果见图 7-7 所示。

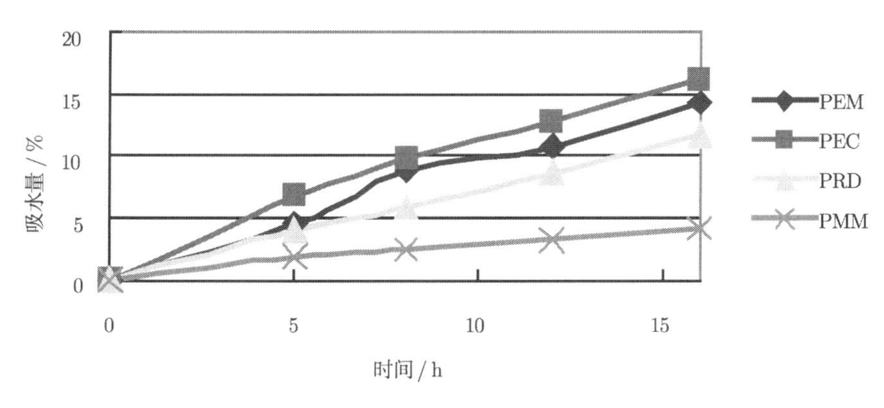

图 7-7　岩心的自吸水实验结果

(3) CST 毛细管吸水实验评价

不同钻井液体系 CST 毛细管吸水实验评价结果见表 7-6。

表 7-6　不同钻井液体系吸水能力

钻井液体系	时间/s	钻井液体系	时间/s
PEM	1764.0	PRD	3291.1
PEC	1189.1	PMM 体系	24841.1

(4) 自由水含量测定

常用水基钻井液的流变性和自由水含量测定结果见表 7-7。

上述各种束缚水能力评价实验结果表明：PMM 钻井液具有较好的束缚水的能力，能够有效减少钻井液中液相向地层的侵入量及侵入深度。

3. PMM 体系的抗污染能力

PMM 高分子胶束钻井液体系污染能力评价 (表 7-8) 结果表明，PMM 高分子胶束钻井液体系性能相当稳定，具有很好的抗污染能力。

表 7-7 常用水基钻井液的流变性和自由水含量

钻井液	AV /(mPa·s)	PV /(mPa·s)	YP /Pa	Φ_6/Φ_3	FL_{API} /mL	自由水含量/%
PEM	35	22	13	9/6	4.6	70
PEC	37.5	20	17.5	9/7	5.0	74
PRD	34.5	16	18.5	15/14	6.2	68
PMM 体系	39	26	13	5/4	2.8	47.5

表 7-8 体系污染能力评价

污染物	实验条件	AV /(mPa·s)	PV /(mPa·s)	YP /Pa	Φ_6/Φ_3	FL_{API} /mL	$LSRV$ /mPa·s
0	滚前	33	14	19	12/10	—	36 533
	滚后	36	17	19	14/12	4.8	38 600
10%NaCl	滚前	39	21	18	11/9	—	26 533
	滚后	50	24	26	14/13	4.0	38 467
1%$CaCl_2$	滚前	35.5	19	16.5	10/8	—	24 267
	滚后	45	22	23	14/11	4.1	33 133
1%$MgCl_2$	滚前	33	18	15	10/8	—	23 067
	滚后	44	20	24	15/12	4.2	39 000
20%钻屑粉	滚前	40	24	16	11/8	—	25 467
	滚后	47	24	23	12/10	4.2	34 267

注：热滚条件为 100°C×16h。

4. 抗温性能

PMM 钻井液抗温性能评价 (表 7-9) 结果表明，PMM 钻井液具有良好的抗温能力，在 130°C 以下各项性能基本无变化，能很好的满足疏松砂岩分枝井钻井的需要。

表 7-9 PMM 体系抗温性能评价

温度/°C	实验条件	AV /(mPa·s)	PV /(mPa·s)	YP /Pa	YP/PV	Φ_6/Φ_3	FL_{API} /mL	$LSRV$ /mPa·s
80	滚前	33	14	19	1.36	12/10	—	36 533
	滚后	34	16	18	1.13	14/12	4.0	39 800
100	滚后	36	17	19	1.12	14/12	4.8	38 600
120	滚后	35.5	17	18.5	1.08	14/12	4.8	36 381
130	滚后	29	15	14	0.93	9/8	3.8	12 400

注：热滚条件为 16h。

5. 高分子胶束钻井液体系抑制性

钻井液的抑制性能评价 (表 7-10) 结果表明，高分子胶束钻井液 PMM 具有良好的抑制性，滚动回收率高，页岩膨胀率低。

6. 高分子胶束钻井液体系润滑性

钻井液的润滑性能评价 (表 7-11) 结果表明，高分子胶束钻井液体系 PMM 具有良好的润滑性能，形成泥饼黏滞系数均较小，在钻井液中加入 HLB-N、LUBE 润滑剂后，润滑系数大幅下降。

表 7-10　钻井液的抑制性能评价

钻井液体系	滚动回收率/%	页岩膨胀率/%
清水	5.4	14
PEC 钻井液体系	90.1	4.8
KCl / PLUS 体系	82.5	7.2
PEM 体系	87.0	4.2
PMM 体系	90.8	3.7

注：滚动回收率老化条件为 100°C×16h。

表 7-11　钻井液的润滑性能评价

钻井液体系	E-P 极压润滑系数	泥饼黏滞系数
PCE 钻井液体系	0.224	0.0963
KCl / PLUS 体系	0.312	0.1139
PEM 体系	0.259	0.0875
PMM 体系	0.236	0.0875
PMM 体系 +2%LUBE	0.125	0.0875
PMM 体系 +2%HLB-N	0.081	0.0875

7. 高分子胶束钻井液的封堵能力

(1) 常温中压砂床封堵性能评价实验

常温中压砂床封堵性能评价结果 (表 7-12) 表明，高分子胶束钻井液具有很强的封堵能力，能够有效的减少自由水向地层的渗透。

表 7-12　封堵性能评价结果

钻井液体系	渗透深度/cm	
	40 ～ 60 目砂床	60 ～ 80 目砂床
PMM 体系	3.0	2.5
PEM 体系	—	全滤失

(2) 高温高压砂床封堵性能评价实验

高温高压封堵性能评价实验结果 (表 7-13) 和钻井液承压能力评价结果 (表 7-14) 表明，钻井液体系砂床滤失量和高温高压砂床滤失量都很小，且当压力逐渐增加时，在 6 ～ 7MPa 条件下均无滤液滤出，承压能力较强，说明高分子胶束钻井液滤液在储层中的侵入是非常少的。通过高分子聚合物的束缚水特性能够有效的减少自由水对地层的侵入，从而减少滤液对储层的损害。

8. PMM 钻井液体系井壁稳定性

采用研制的高温高压井壁稳定仪，该仪器主要由人工井壁压制仪、循环系统和信号采集系统三部分组成，对高分子胶束钻井液 PMM 在 80°C，3.5MPa 下进行井壁稳定性模拟实验研究。

PMM 钻井液循环 32h 后井径扩大率测定结果见表 7-15。

上述实验结果表明：井壁循环前后保持完整，没有出现坍塌现象，井壁表面吸附一层光滑的膜，井径规则，说明该体系具有较强的稳定井壁的能力。

表 7-13　钻井液的高温高压封堵能力

砂床	时间/min	滤失量/mL
40 ～ 60 目	30	1.5
60 ～ 80 目	30	1.5

表 7-14　钻井液的承压能力

压力/MPa	时间/min	滤失量/mL	
		40 ～ 60 目	60 ～ 80 目
4	5	0	0
5		0	0
6		0	0
7		0	0

表 7-15　PMM 钻井液循环 32h 后井径扩大率

探头序号	1	2	3	4	5	6	7	8	9	平均
井径扩大率/%	−3.1	−3.1	−2.8	−2.8	−3.1	−2.7	−3.7	−3.7	−4.1	−3.1

9. PMM 钻井液体系成膜性能

根据化学势原理模拟井下钻井液的压力渗透，研制了 HSME 型膜效率测定仪 (图 7-8)，测定了 KCL/PLUS 体系、PMM 钻井液体系和油基钻井液体系的膜效率。实验结果表明，油基钻井液的膜效率 >PMM 钻井液的膜效率 >KCl/PLUS 体系的膜效率 > 空白的膜效率。

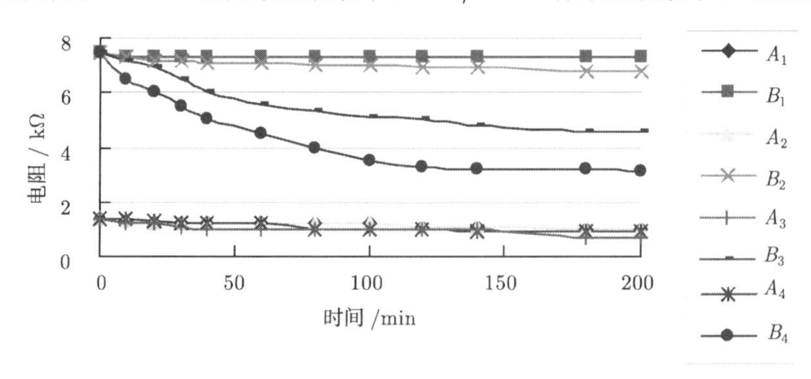

图 7-8　不同钻井液体系膜效率测定结果

(A_1，B_1：油基钻井液；A_2，B_2：PMM 钻井液；A_3，B_3：KCl/PLUS 体系钻井液；A_4，B_4：空白)

10. 钻井液体系与稠油的配伍性

渤海疏松砂岩稠油油藏原油黏度高，密度比较大，胶质和沥青质含量都较高，稠油流动性质差，在钻井过程中，若钻井液与原油的配伍性不好，会对稠油油层的开采产生不利的影响。因此室内优选了与稠油配伍性较好的活性剂 HTJ，在钻井液中加入活性剂 2%HTJ 后，能明显降低油水界面张力，改善钻井液滤液与稠油的配伍性 (图 7-9)，有利于稠油开采，同时不会造成钻井液起泡或流变性变化，有利于钻井工程的顺利进行。

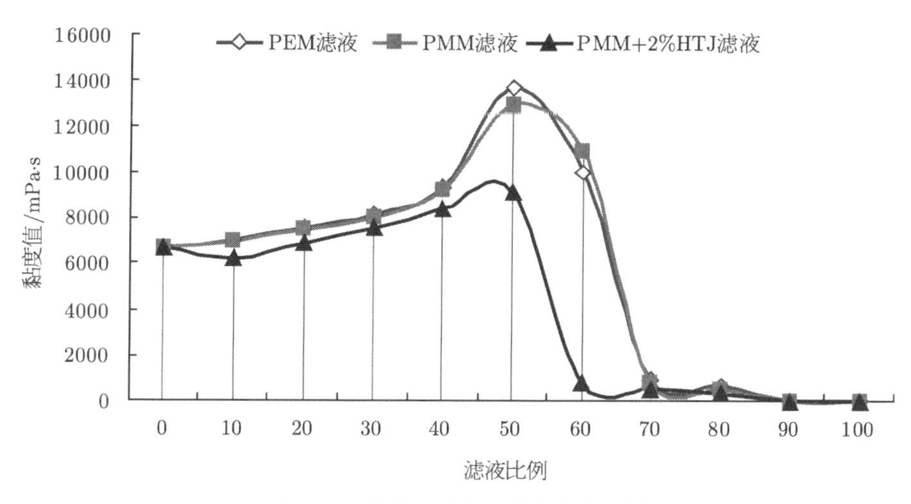

图 7-9 钻井液滤液与稠油的配伍性

11. PMM 钻井液体系储层保护性能

按照中国石油天然气行业标准 SY/T 6540—2002《钻井液完井液损害油层室内评价方法》，采用高温高压动态失水仪模拟钻井条件下以及高温高压岩心流动仪对高分子胶束钻井液的储层保护效果进行评价。表 7-16 中的实验结果表明：NB35-2、LD5-2 等油田天然岩心经高分子胶束钻井液体系污染后，渗透率恢复值均大于 85%，说明该体系具有很好的储层保护能力。

表 7-16 钻井液储层保护实验结果

岩心来源	NB35-2-6	NB35-2-6	LD5-2-1	LD5-2-1	天然油砂胶结岩心
岩芯号	1	2	21	12	J3
$K_1/10^{-3}\mu m^2$	199.4	234.7	377.2	232.2	186.8
$K_2/10^{-3}\mu m^2$	179.5	205.4	323.3	212.8	172.0
岩心渗透率恢复值/%	90.0	87.5	85.7	91.7	92.1

（三） 高分子胶束钻井液生物毒性检验

高分子胶束钻井液经国家海洋局北海环境监测中心生物毒性检验，结果表明：半致死浓度 LC_{50} 为 117 682mg/L，大于 30 000mg/L，符合一级和二级海区生物毒性要求。

三、自动破胶的低分子胶束充填液体系研究

充填液通常采用水溶性高分子聚合物如水解聚丙烯酰胺、羟乙基纤维素和生物聚合物等配制而成。这些高分子一旦被挤入地层极易吸附、滞留在孔隙中，造成油流受阻、油井产能下降。针对目前常用的高分子聚合物充填液在完井后期存在不能自行破胶或需另外打入氧化剂破胶，给生产带来极大安全隐患的问题。依据低分子量特种表面活性剂的成胶和破胶作用机理，不使用水溶性高分子聚合物作增黏剂，研制了一种无固相、能自动破胶的充填液体系，并对其性能进行了评价。

1. 充填液的成胶和破胶机理

胶束剂 HVES 为低分子胶束充填液核心处理剂，主要起增黏作用。该剂为含有亲水与亲油 2 个基团的低分子量表面活性剂，当 HVES 加量达到一定浓度后，水分子排斥表面活性剂分子的亲油基团，使表面活性剂分子聚集形成球状胶束。由于亲水基团带正电荷，带正电荷的球状胶束之间相互排斥，并不能使溶液增黏。在溶液中加入平衡阴离子，抵消阳离子基团之间的排斥力，球状胶束转变成棒状胶束。棒状胶束通过范德华力和分子间的弱化学键，相互之间高度缠结，构成了网状胶束，类似于交联的长链聚合物形成的网状结构。网状胶束结构使表面活性剂胶束溶液具有了凝胶性质，溶液黏度大幅度增加并具有了一定的弹性。

当低分子胶束与地层原油、天然气接触时，由于胶束的内部是亲油的，烃分子进入到胶束的内部，使胶束膨胀，相互缠结的棒状胶束就会松开，棒状胶束向球状胶束转变，使液体黏度降低，最终变成单个分子溶于烃中。在油井或天然气井中，都会含有游离状态的烃类物质，因此不需要加入破胶剂。

低分子胶束充填液成胶、破胶机理如图 7-10 所示。

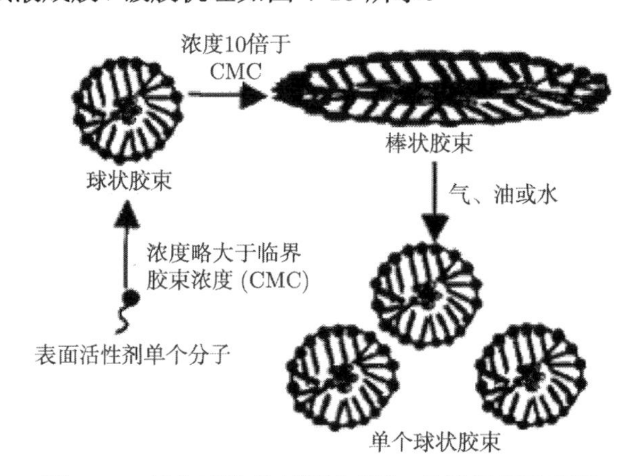

图 7-10　低分子胶束充填液成胶、破胶机理示意图

2. 低分子胶束充填液的破胶性能

低分子胶束充填液 (VES) 与烃 (油、气) 接触或地层水稀释后，可彻底破胶而失去黏度。油层中的原油、凝析油或天然气影响 VES 充填液体系的静电环境，使棒状胶束破坏，变成单个的球状胶束而失去黏度。低分子胶束充填液被地层水稀释，浓度降低，相互缠绕的棒状胶束变成单个的球形胶束，黏度也会下降到水的黏度。VES 容易破胶，破胶彻底，因而容易返排。

室内在低分子胶束充填液中加入 5%、10%的烃类 (煤油) 后聚合物充填液黏度增加，而 VES 黏度不断下降而破胶。

实验表明，胶束充填液遇油会破胶，使黏度急剧下降，而聚合物充填液则不会破胶。因此，投产后油气进入井筒会使胶束充填液破胶，而无需额外打入破胶剂。

四、超低界面张力清洁活性盐水完井液体系研究

针对海上疏松砂岩稠油油藏的储层特点，结合储层敏感性评价结果和普通盐水完井液与稠油存在不配伍问题，通过表面活性剂复配优选，研究了活性盐水完井液体系。在普通盐

水完井液中加入表面活性剂，不仅能改善完井液与稠油的配伍性，降低稠油流动阻力，而且能同时降低油–液界面张力，以达到保护储层的目的，同时也有利于提高油井产能。

（一） 普通盐水完井液的优点与不足

根据储层敏感性评价结果，NB35-2、SZ36-1、QHD32-6、埕北等油田储层均存在极强水敏、强水敏和中等偏弱水敏等不同程度的水敏性，同时储层也存在着因微粒运移造成的储层损害，因此清洁盐水完井液可适用于海上疏松砂岩稠油油藏完井作业 (图 7-11)。

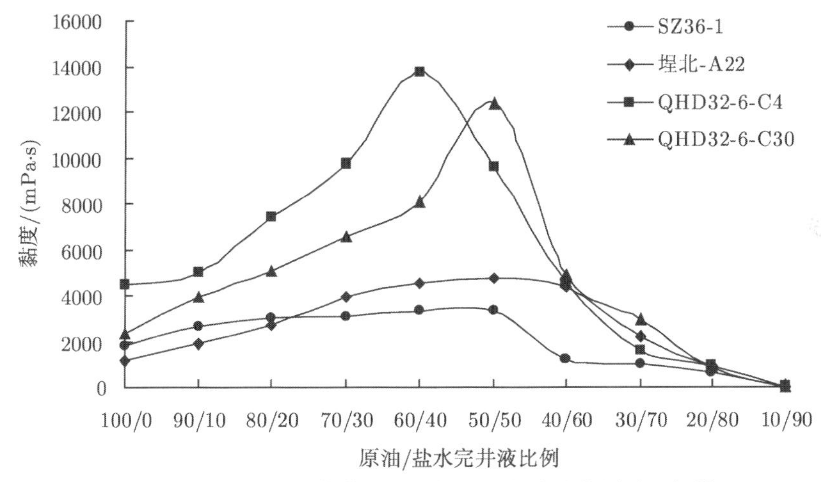

图 7-11　清洁盐水完井液与疏松砂岩稠油油藏原油配伍性

（二） 表面活性剂 (减阻剂) 优选及超低界面清洁活性盐水体系构建

为了解决普通盐水完井液和稠油混合出现的乳化增黏问题，同时显著降低油水界面张力，以提高油井产能。在上述普通清洁盐水完井液 (KCl 加重至 $1.10g/cm^3$) 中加入表面活性剂，称为活性盐水完井液。通过表面活性剂优选、复配得到减阻剂 HUL。

在清洁盐水完井液中加入减阻剂 HUL，不仅能够明显降低气–液表面张力，而且能够降低油–液界面张力。当其加量为 1%～ 2%时，气–液表面张力和油–液界面张力均小于 25mN/m 和 10mN/m 的要求值。

表 7-17 为减阻剂 HUL 加量对气–液表面张力/油–液界面张力的影响。

表 7-17　减阻剂 HUL 加量对气–液表面张力/油–液界面张力的影响

加量/%	0	0.1	0.3	0.5	1.0	1.5	2.0	2.5
气 - 液表面张力/(mN/m)	65.5	30.1	28.8	23.7	20.9	18.5	18.0	17.8
油 - 液界面张力/(mN/m)	28.5	5.6	4.8	0.18	0.08	—	—	—

（三） 超低界面张力清洁活性盐水完井液性能评价

1. 超低界面张力清洁活性盐水完井液与储层岩石配伍性

在完井作业过程中，完井液不可避免地会侵入储层。如果完井液不能抑制储层中黏土矿物的水化膨胀和微粒运移，必然会导致储层孔喉堵塞，达不到保护储层的目的。室内评价了超低界面张力清洁活性盐水完井液对疏松砂岩稠油油藏储层岩心粉 (岩样经抽提洗油后，粉碎过 100 目筛) 的防膨率。

结果表明，活性盐水完井液对 NB35-2 油田、SZ36-1 油田、QHD32-6 油田和埕北油田储层岩心粉的防膨率均大于 85%，分别为 90.0%、86.7%、91.7%和 90.0%，说明活性盐水完井液与疏松砂岩稠油油藏储层岩石具有较好的配伍性。

2. 超低界面张力清洁活性盐水完井液与地层水配伍性

将超低界面张力清洁活性盐水完井液与地层水用 5#玻砂漏斗过滤后，在具塞三角瓶中按体积比 1：1 混合后，用 SZD-1 型散射光台式浑浊计室温下测定浊度值后，放在恒温水浴中 70°C 密闭加热一定时间，观察是否有沉淀生成，并测其浊度值，结果见表 7-18。

表 7-18 超低界面张力清洁活性盐水完井液与地层水混合后的浊度

地层水来源	浊度/NTU				实验现象
	室温	70°C			
	30min	2h	6h	12h	
NB35-2 油田	1.4	2.0	1.3	1.7	无沉淀
SZ36-1 油田	1.5	2.4	2.8	1.7	无沉淀
QHD32-6 油田	1.2	1.9	2.1	1.6	无沉淀
埕北油田	0.9	1.7	1.5	1.5	无沉淀

由表 7-18 可以看出，超低界面张力清洁活性盐水完井液与 NB35-2 油田、SZ36-1 油田、QHD32-6 油田、埕北油田储层地层水混合后浊度值均较小且无沉淀发生，表明配伍性较好。

3. 超低界面张力清洁活性盐水完井液与稠油的界面特性

室内测定了超低界面张力清洁活性盐水完井液与疏松砂岩稠油油藏原油的油 - 液界面张力 (表 7-19)。结果表明，超低界面张力清洁活性盐水完井液与疏松砂岩稠油油藏 NB35-2 油田、SZ36-1 油田、QHD32-6 油田原油均具有较低的油–液界面张力。

表 7-19 超低界面张力清洁活性盐水完井液与稠油的油–液界面张力测定结果

原油来源	完井液	油 - 液界面张力/(mN/m)	
		45°C	70°C
SZ36-1 油田	清洁盐水完井液	—	13.1
SZ36-1 油田	超低界面张力清洁活性盐水完井液	0.6851	0.0971
QHD32-6 油田	超低界面张力清洁活性盐水完井液	0.9142	0.8262
NB35-2 油田	超低界面张力清洁活性盐水完井液	1.0282	0.4018
LD5-2 油田	超低界面张力清洁活性盐水完井液	0.7462	0.5682
BZ25-1S 油田	超低界面张力清洁活性盐水完井液	0.6374	0.5218

4. 超低界面张力清洁活性盐水完井液与稠油配伍性

将超低界面张力清洁活性盐水完井液与疏松砂岩稠油油藏的原油以不同比例混合，然后在 50°C 下测得混合液体的黏度，结果如图 7-12。

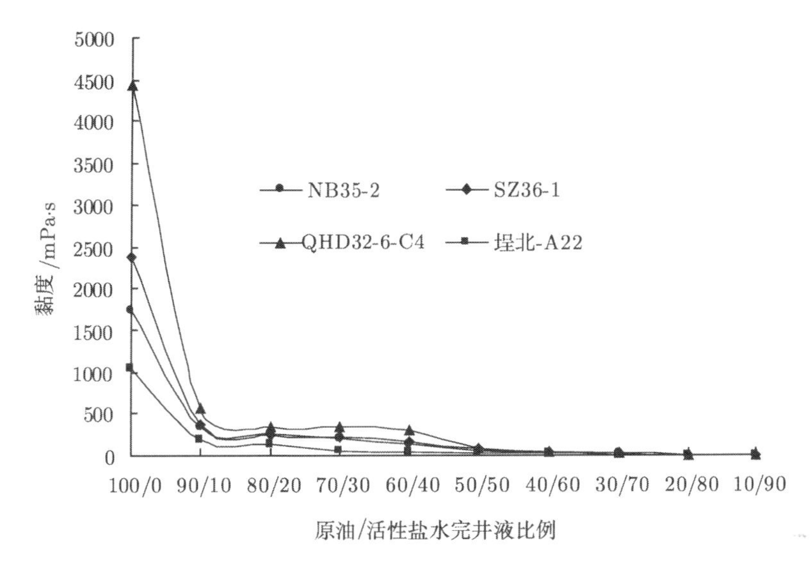

图 7-12　超低界面张力清洁活性盐水完井液与疏松砂岩稠油油藏原油的配伍性

由图 7-12 可以看出，超低界面张力清洁活性盐水完井液与疏松砂岩稠油油藏 NB35-2 油田、SZ36-1 油田、QHD32-6 油田以及埕北油田原油混合，混合液体的黏度随着完井液比例增大而显著降低，说明超低界面张力清洁活性盐水完井液与稠油具有较好的配伍性。因此，活性盐水完井液进入储层可降低稠油流动阻力，有利于提高油井产能。

5. 超低界面张力活性盐水完井液储层保护性能

依据石油天然气行业标准《钻井液完井液损害油层室内评价方法》(SY/T6540—2002) 进行评价，岩心为人造岩心。将人造岩心抽真空，用 2%标准盐水饱和；在 80°C 下正向用煤油测定原始渗透率 K_o；反向挤入 2 倍孔隙体积 (PV) 的活性盐水完井液，污染 4h；取出岩心，在 80°C 下正向用煤油测定渗透率 K_d。

表 7-20 的实验结果表明，超低界面张力清洁活性盐水完井液岩心渗透率恢复值 (K_d/K_o) 分别为 108.3%和 105.9%，均大于 100%，储层保护性能良好。

表 7-20　清洁盐水完井液、超低界面张力清洁活性盐水完井液储层保护性能对比评价

岩心号	I34	I119	I30	I118
原始气测渗透率/$10^{-3}\mu m^2$	360	361	409	356
煤油渗透率 $K_o/10^{-3}\mu m^2$	80.7	54.2	73.4	61.9
污染介质	清洁盐水完井液		超低界面张力清洁活性盐水完井液	
煤油渗透率 $K_d/10^{-3}\mu m^2$	74.6	48.8	79.5	65.6
渗透率恢复值/%	92.4	90.1	108.3	105.9

第 三 节　多枝导流适度出砂井防砂完井工艺

渤海浅层油藏油层厚度大、层数多，大多为胶结疏松的稠油油藏，困扰这类油藏开发的突出问题是疏松砂岩储层容易产生微粒运移、油井出砂和单井产能低。目前，这类油藏的开发主要采取防砂管理方式。针对渤海稠油油田实际情况适度出砂提高单井产能的开采思路，通过上述研究表明，渤海稠油油藏在进行适度出砂开采时，采用砾石充填防砂方法，地层原油进入井筒的流动阻力大大增加，严重影响了油井的产能，因此简易防砂完井方式是更好的选择。

一、渤海简易防砂完井技术特点

由于渤海复杂的地质油藏条件和环境条件限制，不同的地质构造和油藏特点决定了开发井的井型。根据不同井型的开发井，选择与其相适应的防砂完井工艺技术。目前在渤海已经逐渐发展成熟并广泛应用的简易防砂完井工艺技术包括：裸眼井简易防砂完井工艺技术和套管井简易防砂完井工艺技术。

裸眼井简易防砂完井工艺技术通常应用于多底井、水平井和水平分枝井，也可用于油水关系简单、具有单一油水界面的常规定向井。套管井简易防砂完井工艺技术通常用于油水关系相对复杂、需要分层防砂和分层开采的常规定向井和大斜度井。

二、简易防砂完井技术优点

(1) 操作简单，易于现场施工，作业周期短。通常 1 口含有 3 ～ 4 个防砂层段的常规定向井砾石充填防砂完井作业需要 5 ～ 7d 才能完成，而应用了简易防砂完井技术后，类似井的单井完井周期缩短到 3 ～ 4d；而 1 口水平井或大斜度井的完井周期则由原来的 7 ～ 10d 下降到现在的 3 ～ 4d。

(2) 作业风险小，井下安全有保障，成功率高。

(3) 作业成本低，有利于降低完井工程费用。

(4) 完井后，留在井下的管柱简单，内径大，有利于油田开发中后期实施增产作业。

(5) 改善了井筒周围的渗透性，大幅度提高了油井产能。

三、简易防砂完井工艺流程

简易防砂工艺流程主要包括四部分：下防砂管柱、替出 PRD 钻井液、浸泡破胶、坐封顶部封隔器。

1. 做下防砂管柱准备工作，钻台召开安全会

2. 下防砂管柱

(1) 准备合适尺寸的筛管支架、手提卡瓦、筛管和盲管提升短节，并按顺序连接、下入防砂管柱井下固定部分；

(2) 按照要求，依次连接管柱；

(3) 下钻 (5in 钻杆 +5-7/8in 钻杆)，要求钻杆通径 (至少外径 2-3/8in 的通径规通过)，锁转盘，下钻过程严禁旋转。在 9-5/8in 套管鞋处测量并记录管柱上提负荷和下放负荷。下钻速度要求缓慢 (60s/柱)，每下 10 柱打通一次，出 9-5/8in 套管鞋前打通一次。

(4) 进入裸眼段后，要操作平稳，控制下钻速度。下钻至井底，测量并记录管柱上提负荷和下放负荷。上提至中和点坐封位置，配管，确保钻杆接箍在防砂期间避开万能防喷器 (下入位置以上 5m 内)。封隔器坐封位置在 9-5/8in 套管鞋以上 50m 左右，避开套管接箍，筛管至少覆盖 9-5/8in 套管 12m。

(5) 注意事项：

(1) 螺纹脂要均匀涂抹在外螺纹端，控制螺纹脂的使用量，防止堵塞筛管；

(2) 基地按设计标准送筛管到现场后，及时进行丈量、检查清洗螺纹和通径；

(3) 在筛管入井之前，不准去掉筛管塑料保护套，防止污物堵塞筛管；

(4) 吊装时要拴尾绳，保护好筛管和顶部封隔器，严防撞击或受力不均而损坏；

(5) 注意保护好井口，严防落物；

(6) 筛管入井时，仔细检查每根筛管的外观、螺纹是否良好；

(7) 下防砂管柱过程中，要观察、保持液面，钻台必须备有筛管、中心管等管柱的防喷变扣；

(8) 在连接顶部封隔器时，应检查其密封胶皮、卡瓦及其销钉的完好情况；

(9) 确保封隔器内无杂物堵塞球座；

(10) 入井钻具逐一通径，并只能在外螺纹端涂抹少量螺纹脂，以免坐封球不能到位或污染地层；

(11) 下入 1 柱钻杆后，应做试循环，以免不能建立循环。试循环时控制泵压不能超过 500psi；

(12) 下钻过程中提、坐卡瓦时避免猛提猛放，严禁旋转管柱、顿钻，以免脱手或提前坐封封隔器；

(13) 下钻过程中，锁死转盘，严禁转动管柱；

(14) 下钻时若遇阻，只能上下活动管柱，或接循环头循环，再缓慢放过，不能旋转，不可猛压猛放；

(15) 控制下钻速度，避免压漏地层。

3. 替出钻井液

(1) 连接地面管线，用与钻井液相同密度的 KCl 过滤盐水将井底的 PRD 钻井液替至顶部封隔器以上 100m；

(2) 将所有的罐、管线、配料漏斗、钻井液槽等循环系统彻底清洗干净；

(3) 注意事项：

① 替入过程中，密切注意泵压，不能超过 500psi，排量小于 4bbl/min，防止提前坐封封隔器；② 密切注意返出量变化，根据情况调整替入措施。

4. 破胶

(1) 浸泡破胶，每半小时测井筒漏失量；

(2) 正循环完井液，将破胶剂顶替至裸眼段以上 200m。

5. 坐封顶部封隔器

停泵，测井筒漏失，起钻。

第八章　多枝导流适度出砂井采油工艺及机采设备研究

多枝导流适度出砂井采油工艺需要配合合适的生产制度、合适的机采工艺才能保证油井在稳定生产的前提下，达到产量最大化；机采设备应能满足携砂采油要求；地面要有合适的出砂监测系统，监控油井出砂情况，及时调整生产制度；同时，要考虑油井一旦发生砂埋后的冲砂工艺，地面处理流程应可以高效分离油砂。其采油工艺及生产制度的合理选取需要考虑以下几个方面：

(1) 要有一套可携砂生产的采油工艺和机采设备；

(2) 要保证多枝导流适度出砂井的正常生产，在适度出砂条件下井筒需要有足够的液相流速将地层出来的砂带到地面，或者通过控制地层出砂量以满足井筒携砂能力要求，以避免井的砂埋，如果产生砂埋现象，要有相应的配套解决措施；

(3) 要保证多枝导流适度出砂井的正常生产，需要随时监控油井的出砂量和出砂粒径分布情况；

(4) 要保证多枝导流适度出砂井出砂后地面生产流程不受影响，需要在平台上配置产出砂处理装置，以使得处理后的产出液能够满足后续流程对含砂量和含砂粒径范围的要求。

针对以上 4 个方面的需求，分别进行了以下内容的研究工作：

(1) 复杂结构适度出砂井井筒携砂能力研究；

(2) 多枝导流采油工艺及机采设备研究；

(3) 多枝导流适度出砂井出砂监测系统研究；

(4) 多枝导流适度出砂井冲砂工艺研究；

(5) 海上稠油油田地面油砂分离装置研究。

通过以上 5 个方面的研究，最终确定生产中所需的合理生产压差，结合第四章井壁稳定的要求给出生产压差上限，再根据井筒正常携砂所需的最小产量值给出所要求的生产压差下限。通过机采设备的研究，可解决携砂采油工艺难题。在实际生产中，可根据机采设备的生产能力及油砂分离装置的处理能力和实际监测出的出砂量大小，在生产压差上下限范围内选取合理的生产压差值，并根据生产动态适时调整生产压差。若实际生产无法将产出砂完全携带出井筒，则可以采用冲砂手段解除油井的砂埋，使油井恢复正常生产。

第一节　多枝导流适度出砂机采设备研究

对于多枝导流适度出砂的油井，受制约于产液中含砂量的增加，目前海上常用的机采方式无法满足适度出砂开采的需求。螺杆泵从设备配备的便利性来讲是一款能够适用于大多数油井的机采设备，其特有的耐砂性能是其他机采设备所不具备的。但是目前螺杆泵适用的排量范围较小，并且寿命较短，影响了螺杆泵的使用。截至 2008 年底，整个渤海地区电潜螺杆泵的平均运转寿命仅 168 天。因此，研制一种大排量电潜螺杆泵用于稠油油田适度出砂产出液的人工举升工艺，成为了海上油田适度出砂技术的关键。它的研制成功将解决由于油井含砂而造成的电潜泵卡泵，叶轮磨损而造成的频繁检泵、泵效偏低的问题，能够提高稠油举升的泵效和机械效率，降低稠油开采能耗，延长适度出砂采油井的检泵周期，降低生产作业成本和作业量，提高油井运转时效和油井产量。

2008 年以前海上针对大排量电潜螺杆泵泵寿命不高的情况，主要的解决手段是牺牲泵的容积效率来换取更低的定转子摩擦系数，从而提高定子橡胶的使用寿命。但这也带来了一系列问题，展开了相应的技术研究，利用新型潜油电机及新型减速器使得系统转速大幅度降低，从而提高了系统效率。针对需要，研制了高性能螺杆泵用橡胶配方及制造工艺，使得螺杆泵性能大幅提高。

一、大排量螺杆泵研究

(一) 螺杆泵原理

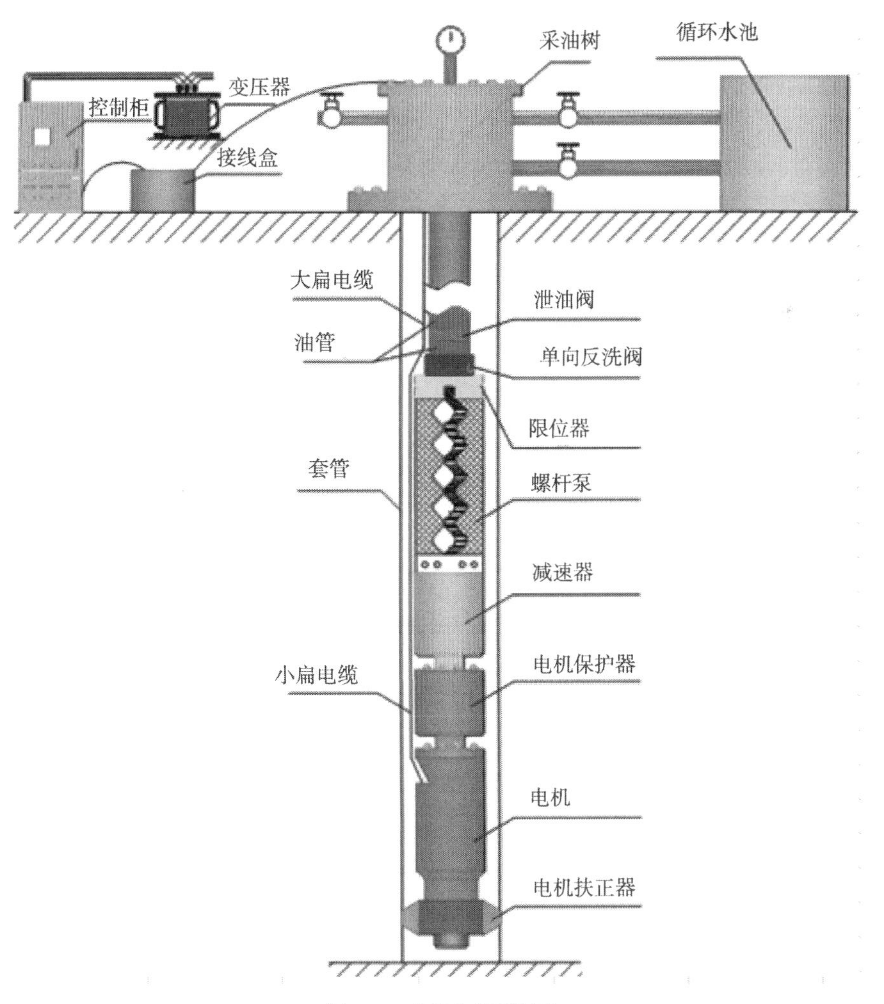

图 8-1 螺杆泵系统图

研制的大排量 2:3 结构旋弦线分体式定子螺杆泵 (图 8-1) 采用“内啮合外旋弦线螺杆

泵”技术，是多头螺杆泵中齿数最少的结构形式，具有多头螺杆泵排量大、扬程高、效率高的特点。对比 1:2 结构螺杆泵，其主要优点为：

(1) 相同螺杆外径，相同螺距条件下，螺杆每转排量大一倍。

(2) 单级扬程高，相同定子级数下，1:2 结构螺杆每级为 2 个螺距，2:3 结构螺杆每级为 3 个螺距，而在多级单螺杆中，除两端外，中间各螺距各自对应一个密封腔。设各腔间压差为 ΔP，则 1:2 结构每级对应 $2\Delta P$，2:3 结构对应 $3\Delta P$，即单级压差高近 50%。由于 2:3 结构比 1:2 结构密封线长 50%，泄漏量大，因此实测 2:3 结构比 1:2 结构单级压差高 20%。

(3) 多齿泵比单齿泵传动效率高。在摩擦系数 0.1 ～ 0.5 条件下，2:3 结构比 1:2 结构传动效率可高 5%至 10%。

(二) 等壁厚螺杆泵技术

等壁厚螺杆泵即定子橡胶厚度相同的螺杆泵，其加工特点是实现内衬橡胶层等厚度。与常规螺杆泵相比，等壁厚螺杆泵具有以下优点：

(1) 具有良好的散热特性，工作寿命得以延长：等壁厚定子螺杆泵热生成较少，并具有更加优良的散热能力，从而使定子的损坏明显减少，延长了泵的工作寿命，降低了作业费用。

(2) 橡胶膨胀均匀：由于橡胶层厚度均匀，可实现较高的加工精度。泵工作时，在油和热效应的作用下橡胶膨胀也均匀，更便于配泵。

(3) 单级承压高，系统效率得到提高：螺杆泵是靠定子和转子的过盈来保证泵效和排量的，过盈大，则摩擦阻力大，传动功率损失就大。而均匀壁厚的橡胶层在动态过程中抵抗变形的能力好，单级承压高，这就使定转子间可以最小的过盈达到最佳的配合，从而改善泵的工作性能。在相同压力的井下，等壁厚螺杆泵单级承压能力更强，泵效更高，其单级承压值最高可达 0.8MPa。

(4) 可以实现定、转子配合间隙的优化设计，提高泵的加工质量：普通螺杆泵很难实现优化设计，因为螺杆泵的质量主要取决于定、转子的配合间隙，在加工定子时，即要考虑到橡胶在井下液体作用下的溶胀，又要兼顾橡胶在承压时的压缩，由于二者是矛盾的统一体，普通结构螺杆泵很难兼顾。当溶胀因素占主要时，厚薄橡胶溶胀量相差 0.45 ～ 0.7mm，这样就会改变螺杆泵的型线，导致转子扭矩增大、漏失增大、泵效降低，在这种情况下，如果要保证较高的泵效，扭矩就会成倍增加，泵的磨损加剧，定子橡胶受力非常不均，寿命变短，检泵周期下降。如果要保证扭矩不增加，漏失就会很严重，泵效很低。而等壁厚螺杆泵由于橡胶厚度相同，在井下工作时，无论是压缩还是膨胀，定子型线始终不变化。这样就能够按照橡胶与井下液体的配伍性要求，实现定、转子的优化设计，不但能降低杆的扭矩、提高泵效，而且使定子橡胶受力均匀，使用寿命长，延长螺杆泵的检泵周期。

与常规螺杆泵定子相比，二者的泵筒相同，不同之处在于将常规螺杆泵定子内的橡胶衬套分为两部分注造 (图 8-2)：硬度较大的成型层和厚度相等的橡胶衬套。新设计的等壁厚定子螺杆泵在国内外已有技术的基础上取长补短，其特点是：圆形定子管内衬成型层后再衬等壁厚定子橡胶。成型层膨胀量和压缩量都极小，在橡胶衬套厚度均匀的情况下，螺杆泵在工作时其定子橡胶的变形量基本相同，能较好地保持定转子密封腔的型线，可使泵有较高的单级承压值，最高可达 0.8MPa，从而提高了泵效；新型等壁厚定子的橡胶是在普通金属定子管内两次模芯浇注成型的，加工成本大大低于精密铸造和金属成型定子管。

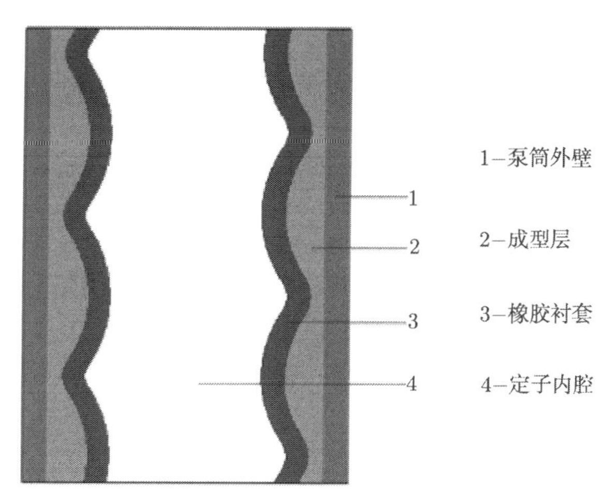

图 8-2　等壁厚螺杆泵纵向剖面图

该项等壁厚螺杆泵技术采用二次浇注的加工方法，大大降低了加工难度，成本低，易规模化推广化。加工过程大致分三步：首先，用钢体制成螺杆泵泵筒；然后，在泵筒内壁用大直径模芯浇注成硬度较大的成型层；最后，在成型层内用直径较小的转子模芯浇注厚度相等的橡胶衬套，形成等壁厚定子。成型层弹性模数应高于等壁厚橡胶 5 ～ 10 倍，邵式硬度达 95 度左右，传热系数高于等壁厚橡胶，同钢管和橡胶的黏合强度都要不低于普通泵钢管与橡胶直接黏合时的黏合强度，这样即可降低制造成本，又实现了等壁厚橡胶的性能。

在二次浇注等壁厚螺杆泵中，成型层替代了部分橡胶，从成型层的物性与橡胶推荐值可以看出，它的硬度大大高于橡胶，扯断伸长率证明成型层的弹性很小，有利于保持较高的单级承压值和良好的减振性；耐溶胀体积变化率也较低，耐溶胀性能好。

经检测，等壁厚螺杆泵定子部分的传热性能是常规螺杆泵的 2.486 倍，能够及时传导出定转子密封腔内积聚的热量，减少橡胶的膨胀量，也延长了橡胶的使用寿命。成型层与金属壁之间的 90° 剥离强度为 17.2kN/m，成型层与等壁厚橡胶层之间为 24.8kN/m，高于常规螺杆泵橡胶与金属壁间的 16kN/m 的标准。成型层硬度为邵氏 95 度，等壁厚橡胶的硬度为邵氏 70 度，主要技术指标均达到部颁标准。

等壁厚螺杆泵具有如下优点：等壁厚螺杆泵抗压能力高于普通螺杆泵。等壁厚外层橡胶硬度大，称为硬橡胶，其硬度为邵尔 95 度左右，内层橡胶硬度为邵尔 70 度，周边厚度相同，抗压能力均等；而常规定子橡胶螺杆泵，周边厚度不相同，抗压能力不均等，在橡胶厚部位易形成泄漏带。常规定子橡胶螺杆泵只能承受 3MPa，而等壁厚定子橡胶螺杆泵却能承受 4.5MPa 的压力，既在同等条件下等壁厚泵的扬程要提高 30%～ 50%，相同扬程条件下等壁厚泵的长度要缩短 30%～ 50%，这对提高泵的加工质量、降低生产成本及发展大排量泵具有十分重要意义。

等壁厚螺杆泵容积效率较高。试验压力在 3MPa 以内，GLBX200 常规定子橡胶螺杆泵和 DGLBX200 等壁厚定子橡胶螺杆泵容积效率和泵机械效率相当。但是超过 3MPa 时，常规定子橡胶螺杆泵容积效率和泵机械效率比等壁厚定子螺杆泵下降 30%以上，而且等壁厚定子橡胶螺杆泵的效率曲线在效率 60%时过渡得非常平稳。常规定子橡胶螺杆泵试验压力 4MPa 时，容积效率为 16.82%，泵的总效率为 15.47%，等壁厚定子螺杆泵试验压力 4MPa

时，容积效率为 51.43%，泵的总效率为 50.79%。试验压力为 5MPa 时，常规定子橡胶螺杆泵排量为零，而等壁厚定子橡胶螺杆泵可以试验到 5MPa，排量为 12.90L/min，容积效率为 38.71%，泵的总效率为 37.73%；等壁厚螺杆泵排量下降比普通泵平缓，等壁厚螺杆泵在 3MPa 才开始下降，而普通泵在 2 ～ 3MPa 之间就开始下降。

（三）螺杆泵用橡胶

为了满足海上油田大排量潜油螺杆泵的生产需求，延长检泵周期，有针对性地研制了新的橡胶胶方，同时改变了原有的生产工艺，使定子橡胶耐温达 120°C，经做橡胶物理性能试验，各项指标均达到和超过了螺杆泵行业标准的规定。

二、减速器研究

（一）基本原理

电潜螺杆泵工作在井筒内，空间狭小，而潜油电机输出转速高，对于减速器的要求极为苛刻：要求直径小，以适应狭小空间的使用；要求传动扭矩大以满足螺杆泵的要求。行星轮减速器通过行星齿轮传动，可以将多极电机输出的转速降低到螺杆泵所能承受的合理转速范围，可以有效地提高螺杆泵的运行寿命。

同时在减速器上需要加装保护器与偏心传动机构，构成完整的减速器系统。减速器保护器原理与电机保护器类似，为减速器运转提供齿轮油补偿；另外减速器保护器中还装有轴向力止推机构，用于承载螺杆泵运转时的巨大轴向力。偏心连轴机构主要是将减速器输出的圆周运动转换为螺杆泵运转所需的偏心圆周运动，同时传到扭矩和轴向力上。

传统的行星减速器，主要针对 4 极潜油电机进行系统配套，系统泵入转速都在 300rpm 以上，同功率载荷条件下，对于齿轮传动机构的承载要求低。为了保证能将系统的泵入转速降至螺杆泵的合理转速范围 (200rpm) 以内，对于减速器齿轮承载能力的要求将有较大幅度的提高。

本项目新开发出的减速器通过对齿轮传动机构的参数优化设计、尺寸调整、结构改进，重点在于提高减速器的负载，使得在保证系统满足排量 200m^3/d、扬程 1000m 的前提下，泵入转速能大幅度降低，从而提升系统寿命成为了可能。

（二）减速器系统研究

对于减速器系统，首先研制配套 4 极电机的原理性样机，然后在此基础上改进减速器参数，提升减速器承载指标，从而对配套 6 极电机的产品样机进行设计制造。

（三）原理性样机的开发与系统参数的确定

该系统要求下入海上 9-5/8in 套管，9-5/8in 套管分为 5 个磅级，其中最小内径为 216mm。海上油井造斜率大，造斜点浅，因此系统的外型尺寸在设计过程中必须考虑以上因素。

减速器为系统内最粗的部件，它的外型尺寸决定了机组在井筒内的通过性。为了保证机组顺利下入，假设机组长 20m，通过最大造斜率为 7°/30m。经计算，机组外型尺寸不超过 200mm，均能顺利通过。但考虑到下井过程中机组和井壁对于小扁电缆的刮蹭，所以原理性样机减速器的外型尺寸确定为 180mm，减速器保护、吸入口的外径确定为 160mm。

1. 减速器额定功率的确定

系统要实现排量 $200\mathrm{m}^3/\mathrm{d}$，扬程 1000m 的目标，经计算，减速器需要的有效功为 23kW。设螺杆泵泵效 80%～85%，则减速器输出端需要输出约 28kW；设减速器满载机械效率为 90%～95%，则减速器输入端需要额定功率 30kW；设系统安全系数为 1.15～1.20，则减速器额定功率为 35kW。

2. 减速器的壁厚

为了尽量提高减速器齿轮的强度，给行星减速机构提供更多的尺寸空间，在减速器外径 180mm 的前提下，最大限度的缩小了壳体壁厚，确定壁厚为 8mm。

3. 减速比的确定

由于采用 4 极电机，减速器输入端转速 1450rpm，要实现 35kW 的额定功率，输入端行星轮齿轮抗扭强度应大于 230Nm。设齿轮模数为 2.5，经计算，暂定减速器减速比为 4.2:1。

4. 减速器强度的校核

在输入转速 1450rpm，减速比 4.2 的情况下，减速器输出端太阳轮齿轮抗扭强度应大于 969Nm。考虑最小安全系数设为 1.1，减速器输出端 (太阳轮) 的额定承载扭矩设定为 1100Nm，再以承载扭矩 1100Nm 为减速器额定强度的考核指标——系统安全系数 1.2 去校核减速器各部件的强度。

（四） 减速器保护器设计参数的确定

根据螺杆泵的排量和扬程，按 500mL/r 福泰 2/3 旋线螺杆泵的制造参数，设轴向力承载安全系数为 1.3，确定减速器止推保护器轴向力额定承载力为 7T。再根据保护器最小承载扭矩 1100Nm，根据第四强度理论 $[\sigma]_i=\sqrt{\sigma_i^2+3\tau_i^2}$ 校核，设系统最小安全系数为 1.2，确定减速器输出端所有传动轴最小外型尺寸应大于 Φ42mm，后确定为 Φ45mm。

（五） 偏心联轴器的开发

由于国内 500mL/r 和 800mL/r 型螺杆泵的偏心尺寸一般都在 6～8mm，为了适应大排量螺杆泵带来的大偏心运动，研究选用“双十字滑块”万向联轴器作为这套系统的偏心传动机构 (图 8-3)。该机构具备以下优点：

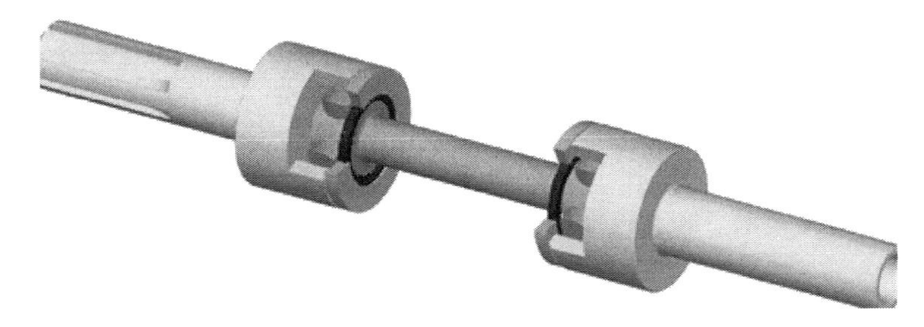

图 8-3 联轴器结构示意图

(1) “双关节”结构，适应偏心距大，适合大排量螺杆泵大偏心距的需要；

(2) 结构相对简单，尺寸余量大，扭矩提升空间大；

(3) 机构内部相对运动部件全集中密封于两个“关节”内，与井液隔绝，内充润滑脂，可靠性高。

三、6 极潜油电机研究

潜油螺杆泵最佳的工作转速 100 ～ 150 r/min，需通过减速器多次减速达到，6 极潜油电机与 4 极潜油电机相比具有以下优点：

(1) 6 极潜油电机理论转速为 1000r/min 4 极潜油电机理论转速为 1500r/min；

(2) 6 极潜油电机转速是 4 极潜油电机转速的 2/3，有效降低了减速器的减速比；

(3) 在相同的直径下，低减速比将有效降低减速器设计、加工的难度。齿轮设计模数适当增大，从而提升齿轮的抗载荷能力，提高减速器及潜油螺杆泵整机工作的寿命。

（一） 定子绕组和槽形设计

1. 绕组型式和节距的选择

潜油电机通常采用单层同心式绕组，其优点是：

① 槽内无层间绝缘，槽的利用率较高；

② 同一槽内的导线都属于同一相，在槽内不可能发生相间击穿；

③ 嵌线较方便，调高劳动生产率。

主要缺点是：单层绕组一般为整距绕组，对削弱高次谐波不利。

2. 电流密度的选择和线规的确定

定子绕组电流密度的大小，与电机的导线材料、绝缘等级、结构形式、冷却条件、转速和转动情况等有关。潜油电机根据其井下条件及本身的结构特点，电流密度选为 5 ～ 7A/mm^2。

3. 定子槽形和槽满率

潜油电机最常用的槽形为半闭口的梯形和梨形槽。槽形的选择与绕组形式关系密切。采用半闭口槽可以减少表面损耗和脉振损耗，可以减少有效气隙长度，改善功率因数。这两个槽形的齿部都是上下等宽的，称为平行齿。

定子槽下线时，用槽满率来表示槽内导线的填充程度。槽满率是导线有规则排列所占面积与槽有效面积之比。槽满率越高，材料的利用率越高。所以槽满率的高低要在设计中根据具体情况选取。

潜油电机的槽满率一般选取为 SF=60%～ 70%。

选定槽形和槽满率后，便可以确定槽形尺寸。确定槽形尺寸时主要考虑：要有足够大小的槽面积，满足槽内安放线圈绝缘的需要，并且嵌线不太困难；齿部和扼部的磁通密度要适当，齿部要有足够的机械强度。槽形尺寸对电机参数也有很大的影响，调整方案时时常在槽形上做些改动来满足性能要求。

（二） 转子绕组和槽形的设计

鼠笼转子的槽形和大小显著影响转子漏磁通的大小和起动时的挤流效应，影响电机的最大转矩，功率因数，尤其是起动性能。因此，选择转子槽形和大小首先应考虑这些性能的要求，此外还需考虑转子齿、扼部的磁通密度和导条电流密度应在合适的范围内，并考虑制造工艺的要求。

通过分析对比及设计软件优化设计，为提高电机的电磁密度和输出转矩，电机定子硅钢片及转子采用图 8-4 结构；

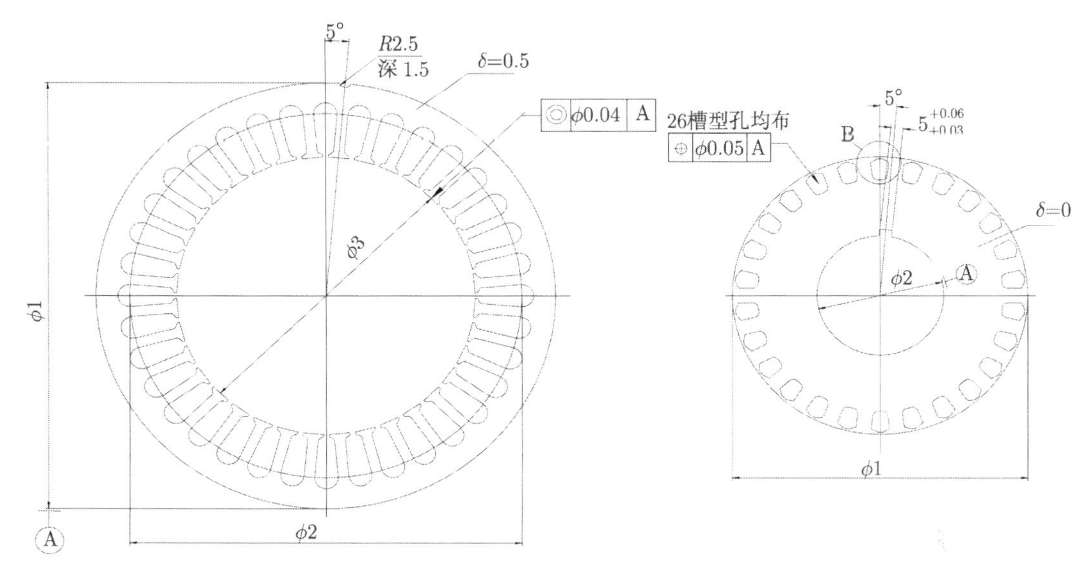

图 8-4　转子钢片槽型设计

6 极电机采用的硅钢片槽形有以下几点优点：

(1) 定子槽形为半闭口梨形槽

(2) 半闭口梨形槽可以减少主磁路的磁阻，减少激磁电流提高电机功率因数和效率

(3) 减少表面损耗和脉振损耗

(4) 减少有效气隙长度，改善功率因数

(5) 提高电机的电磁密度和输出转矩

(6) 保护器结构

保护器结构主要由上、下接头、机械密封、壳体、导流管、单向阀、胶囊、护轴管座、止推轴承、连接座等组成。

保护器安装在电机与分离器之间，主要保护电机内部的润滑油，使之不被井液污染，并具有热量循环，平衡电机内外压力，传递扭矩的特点，止推轴承承受着分离器及泵传递下来的轴向载荷。在吸取国内外各厂家保护器优点的同时，发挥自身特点，设计出复合式保护器，上节为沉降式结构，下节为胶囊结构，胶囊使电机油与井液之间形成了有弹性的隔离层。由于它的保护，提供了电机油受热膨胀的路径及容腔，既起到密封作用又使机组内外压力平衡。保护器的胶囊可适于多种温度，用于不同井温。

保护器止推轴承采用了新型石墨材料，保护器轴选用高强度耐腐蚀的 Monel-K500 材料。

(7) 小扁电缆头

它的作用是接通电源，因为工作在井液中，所以要求耐高温、耐高压，密封性能好，在结构设计上采用挤压密封结构。绝缘材料选用耐高温、耐高压、绝缘性能好的材料，满足使用要求。

(8) 机组的通用性

本设计在满足安全可靠的工作性能情况下，为了进行外部协作，缩短生产周期，尽可能

地使用国内外潜油电泵行业较为通用的材料。

（三） 主要技术指标

潜油电泵机组由以下几部分组成：潜油电机、保护器、分离器、离心泵、小扁电缆、动力电缆、地面控制系统、变压器等组成。工作时，由地面控制系统接通电源、电机输出转距带动油气分离器、离心泵旋转。油气分离器将油气分离、气体由排气孔排出进入套管、原油通过离心泵举升送到地面。

1. 样机主要技术指标

① 功率：55kW；电压：1875V；电流：32.8A；② 转速：1000±5r/min；③ 功率因数：0.61；④ 最大转距倍数：2.6；⑤ 启动转距倍数：2.23；⑥ 效率：0.78；⑦ 三相值阻不平衡率 ⩽2%；⑧ 冷态绝缘电阻 ⩾2000Ω；⑨ 交流耐压 (2U+1000)V、50Hz、1min 不击穿。

2. 采用标准

本设计采用 GB/T 16750.1 ～ 16750.3-1997 潜油电泵机组。

3. 结构特点

电机主要由定子总成、转子总成、上下电机头、结构支撑、油路循环系统、引出线连接系统等组成，属于两极鼠笼三相异步电动机。该型号机组的电机轴材质采用 35CrMo 合金结构钢，经调质处理后提高电机轴的负载能力，转子轴承安装膨胀异型圈，杜绝转子高速旋转在摩擦力的作用下转子轴承与定子间的摩擦，改善电机的摩擦温升，提高电机绝缘性能。

QYDB725-200/1200 型潜油电泵机组的设计目标是工作安全、性能稳定可靠、结构力求简单、互换性好、使用方便、适用范围广、设计水准高，具有较强的超前性，达到国内同行业的先进水平。

第二节　多枝导流适度出砂井出砂监测系统研究

为及时了解油井出砂情况，合理优化生产制度，需在线监测油井产出液含砂情况。出砂监测技术是合理控制适度出砂和携砂采油的重要技术手段，针对稠油的定量出砂监测研究在国内外尚属空白。

本书通过将稠油降黏的方式实现出砂监测，目前用的最多的降黏法是加热降黏和加降黏剂降黏。稠油加热降黏效果明显，这是因为稠油黏度随温度升高，黏度迅速下降。但是加热降黏的缺点是加热的热能利用率低、耗能大，并且输油过程中温度降低、黏度再次增大。稠油中注入降黏剂降黏方法是随着稠油资源的开发而发展起来的一种降黏方法，其效果显著，而且与原油种类无关，常见于稠油开采和输送过程中。该种方法成本相对较低，投入的设备花费较少。

根据这两种加热方式的不同，研制了两套出砂监测装置室内试验样机。

一、出砂监测装置类型

（一） 加热降黏出砂监测装置

加热降黏出砂监测装置，主要利用加热的原理实现稠油的降黏，进而通过测试仪表实现低黏度原油的出砂量监测。为了满足现场出砂监测的要求，我们设计了初步的现场型出砂监测设备，具体的三维立体图如图 8-5 所示：

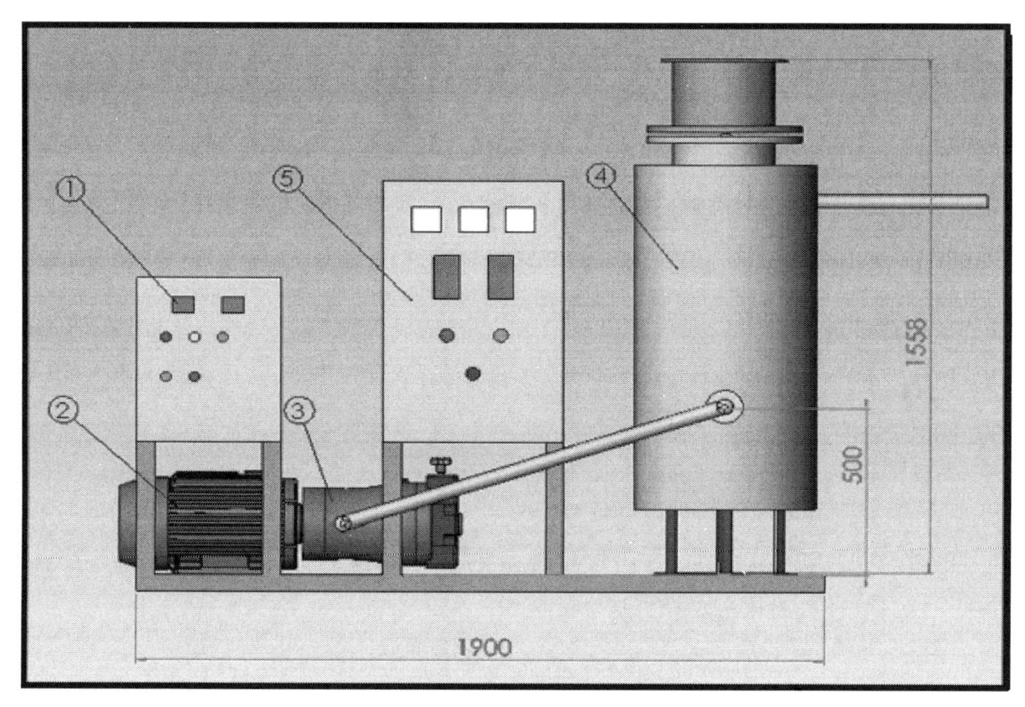

图 8-5 现场试验型出砂监测装置前视图

① 电机控制箱；② 电机；③ 柱塞泵；④ 加热换热器；⑤ 总电控制箱

（二） 掺稀降黏出砂监测装置

为了方便测试出砂信号监测传感器的性能和标定整个出砂监测系统，设计、加工了一套室内试验系统。在该系统中可实现的功能包括：

(1) 模拟油气输送过程

(2) 测量管道内输送介质的流速或流量

(3) 测试出砂信号传感器的性能/灵敏度

(4) 验证管道内含砂量的计算模型

(5) 标定出砂监测系统中的系数

基于以上功能，在咨询了相关的专家后，确认了系统中的设计参数，改善了室内试验系统。根据实验室的条件，设计了室内模拟系统的结构。该模拟系统设计时考虑到实验室的空间，把出砂监测模拟系统与三相流量计的结构组装在一起。

试验系统中包括：储油罐一个、回收罐一个、电动搅拌器、单螺杆泵一台、电源控制箱及变频器一个、管道 (主管道和出砂监测的分枝管道)、阀门以及测量仪表等。该系统通过控制阀的操作能够使流体循环流动，即储油罐中的流体可以通过管路到达回收罐，而回收罐的流体也可以通过管路回到储油罐，这样可以节省原料，降低试验成本；电动搅拌器主要为对加入降黏剂后的稠油进行充分混合，达到降低黏度的目的；单螺杆泵将储油罐或回收罐中的流体泵到管道，并进行出砂监测，提高流速、提高出砂信号的信噪比；电源控制箱及变速器用来调节单螺杆泵的转速，从而控制泵的排量，并在流量一定的情况下，通过增设变径管道，调节流速；阀门用来切换所用管道，转换流体的流动方向；质量流量计和多普勒流量计用来测量管道内的流体的流量。

工艺流程图如图 8-6 所示，此系统可以组成多路循环：储油罐自循环；储油罐和回收罐间的循环；独立工作的小循环，这样非常方便测量。

二、稠油油井出砂信号监测传感器的研制

针对稠油含砂测量特点，出砂信号监测装置的基本要求是：

(1) 频率高，能够响应砂粒对管壁碰撞的高频信号；

(2) 便于现场安装；

(3) 抗冲击和振动；

(4) 体积小；

(5) 灵敏度高；

(6) 能够监测到高黏度的稠油出砂信号。

针对以上要求，开发了具有自主知识产权的出砂信号监测传感器。

(一) 出砂信号监测传感器敏感材料的选取

出砂信号监测传感器的基本功能是能感受稠油中砂粒碰撞管壁引起的振动信号，并将其转换成电荷与电压信号，其中敏感元件是最重要的元件，转换元件是将敏感元件感受或响应的被测信号转换成适于传输和测量的电信号。

由于要求传感器能够响应出砂过程中的高频信号，而压电材料的频率特性可在加工和制造过程中通过结构参数进行调整，因而压电材料是本书首选的敏感元件。

压电材料，尤其是具有铁电性的压电材料，具有明显的压电效应和逆压电效应，集传感和驱动为一体，是一类智能型 MEMS(微机电系统) 材料。研究过程中，为了对不同压电材料的性能进行对比，先后对压电薄膜和压电陶瓷进行了对比试验和性能分析。

通过对比试验发现：

(1) 压电陶瓷的灵敏度比压电薄膜高。

(2) 压电陶瓷频繁响应特性可通过不同的外形结构调整分布电容，并通过原成份的配比调整阻抗特性。

(3) 压电陶瓷信噪比高。

对压电陶瓷敏感元件开展了研究，并最终确定了适合研究使用的压电陶瓷。

(二) 出砂监测传感器的工作原理

出砂监测所采用的压电陶瓷与其他物理量的监测方法类似，其利用的主要是压电效应。压电效应反应了晶体的弹性性能与介电性能之间的耦合。在没有对称中心的晶体上施加压力、张力或切向力时，发生与应力成比例的介质极化，同时在晶体的两个端面出现正负电荷，

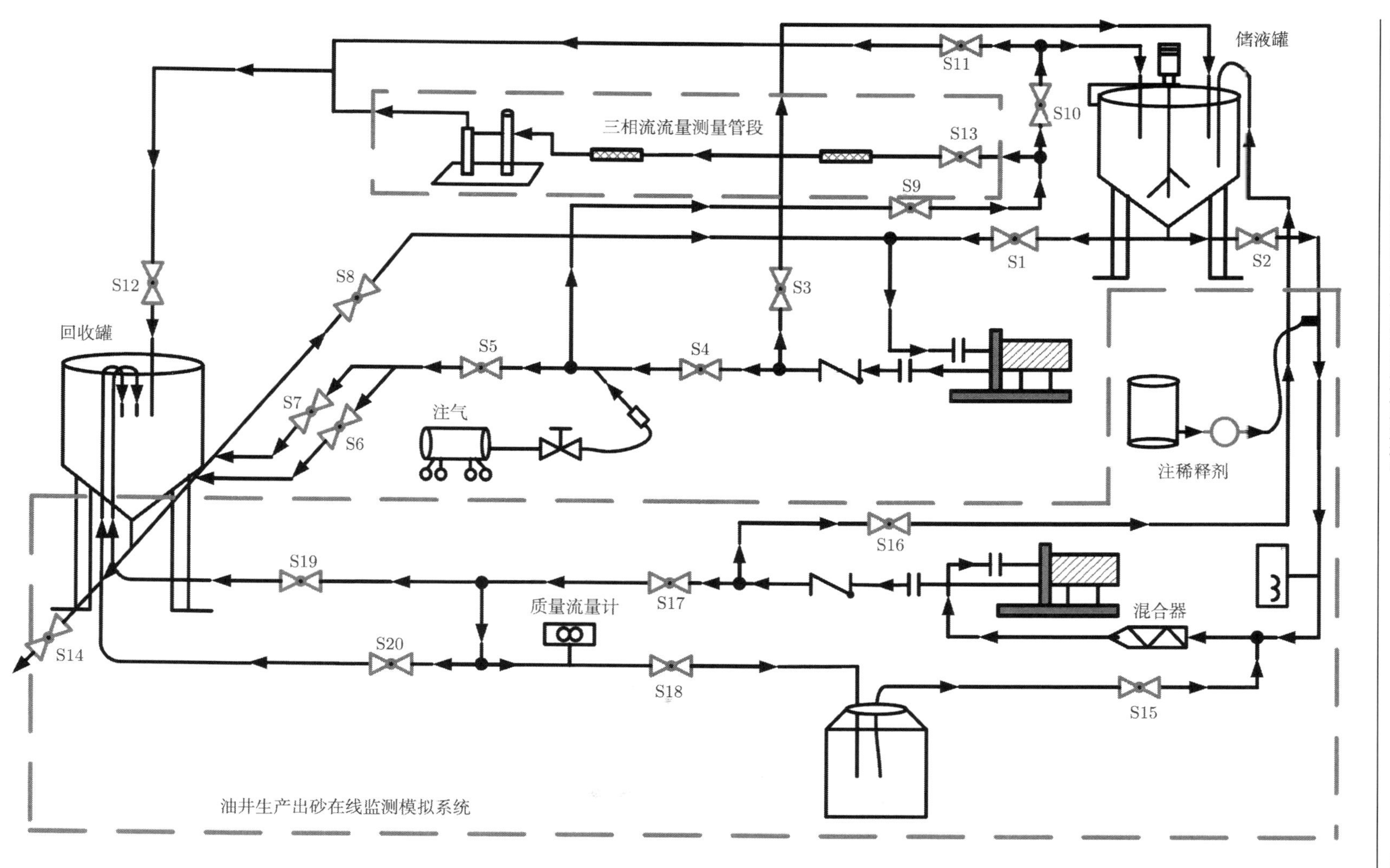

图8-6　增加了结构的油井生成出砂在线监测模拟系统

这一现象称为正压电效应；反之，在晶体上施加电场而引起极化时，则发生与电场强度成比例的变形或机械应力，这一现象称为逆压电效应。正、逆压电效应统称为压电效应。

压电式传感器的基本原理就是利用压电材料的压电效应这个特性，即当有力作用在压电材料上时，传感器就有电荷输出。

本设计中的传感器是基于正压电效应原理的，属于线性传感器。因此传感器的灵敏度是指传感器输出电量与所承受外力的比值，即拟合直线的斜率。

陶瓷片厚度也会对薄膜的电性能产生较大影响：陶瓷片越厚，介电常数越大，介电损耗越小，漏电流越小。

另外，由于单片压电元件产生的电荷量很小，因此为了提高压电传感器的灵敏度，往往采用两片甚至两片以上的同型号的压电元件黏结在一起。当电压作为输出信号时，多采用串联，使得输出电压大。并联接法输出电荷大，本身电容大，时间常数大，适宜用在测量慢变信号并且以电荷作为输出量的场合。因此，我们采用了串联形式。

（三）出砂监测传感器的试制

根据其原理，研制了两种传感器，并对两种传感器分别进行了性能分析和试验，最终确定了一种满足要求的出砂信号监测传感器。

第一种传感器结构如图 8-7 所示。

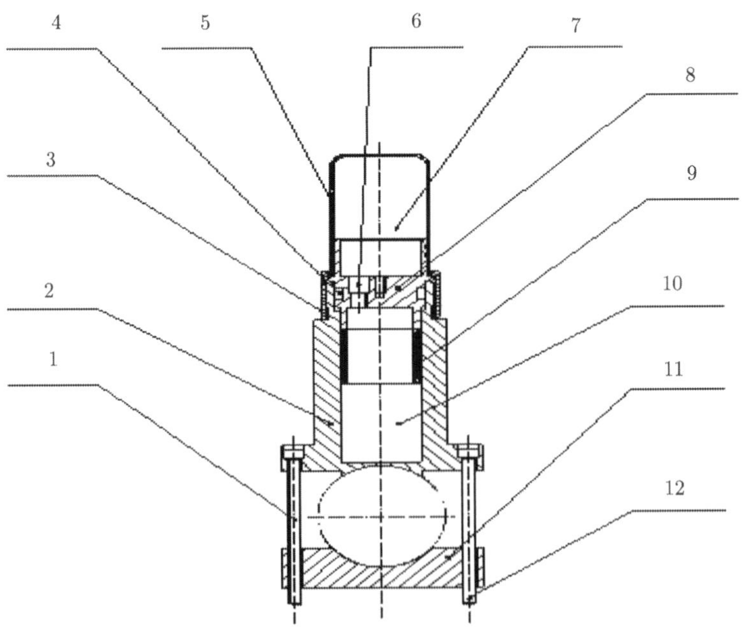

图 8-7　水平放置压电材料的传感器结构

1. 紧固螺杆；2. 传感器外壳；3. 并紧螺帽；4. 密封圈；5. 皮囊；6. 密封塞；7. 密封胶套；8. 密封端盖隔离套；10. 敏感器总成；11. 夹板；12. 蝶形螺母

图 8-7 所示传感器中的敏感器总成如图 8-8 所示。该敏感器总成包括：负极接线螺钉、

正极接线螺钉、压紧盖、正极接线帽、压电陶瓷、负极外壳、绝缘保护帽。敏感器总成设计的核心思想是使压电陶瓷的两极被绝缘件隔离，最终通过密封塞引出。

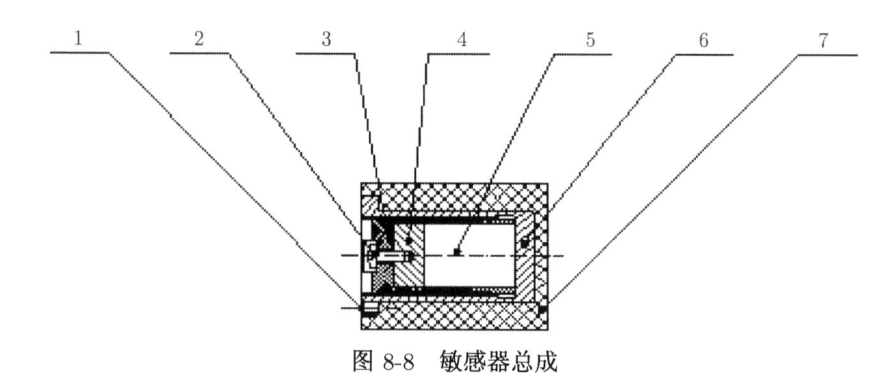

图 8-8　敏感器总成

1. 负极接线螺钉；2. 正极接线螺钉；3. 压紧盖；4. 正极接线帽；5. 压电陶瓷；6. 负极外壳；7. 绝缘保护帽

研制的传感器是通过图 8-7 中的 11、12 固定在管道上的，如图 8-9 所示。此种传感器结构没有填充声楔材料，输出噪声较大。另一问题是压电材料采用了水平安装方式，只能接受垂直方向的外界激励信号，频率响应特性较差，不能输出高频信号。

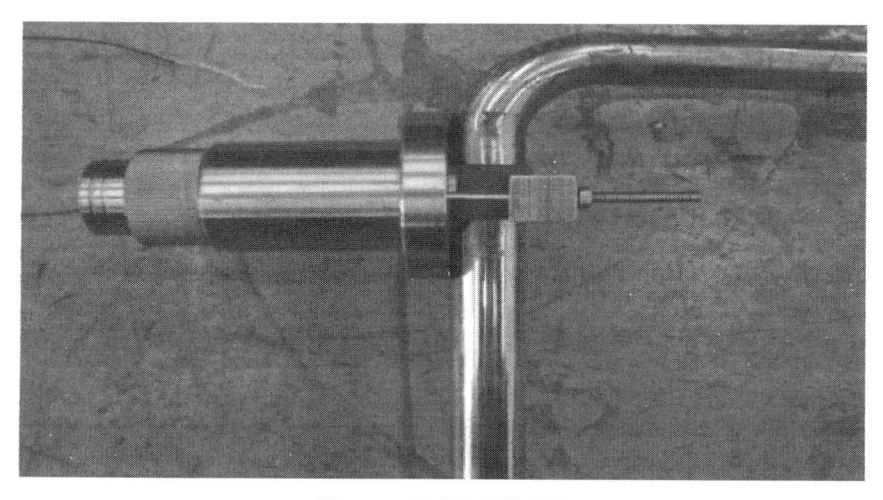

图 8-9　传感器安装方法

通过反复的试验和性能分析，认为上述传感器所存在的最主要问题是不能响应高频信号，尤其对 100kHz 以上的信号衰减较为严重。分析其主要原因，认为压电材料在水平方向安装并在垂直方向极化的情况下，影响了频率特性。根据上述思想，提出了改进意见，将压电材料的安装方向设计为 45°，这就使压电元件可以响应不同方向的激励信号，使其能够响应 50 ～ 800kHz 的高频信号。

基于上述分析，提出了第二种传感器的设计思想，该传感器由敏感部件、声楔、匹配元件、壳体及安装固定件等组成。探头壳体用铝制成，上有凹面槽，便于用固定带外夹捆绑安装在管道外壁上。压电陶瓷片采用性能优良的压电陶瓷材料 PSnN-51，压电晶片为薄圆片型，沿厚度方向振动，产生的超声波为纵波。该压电陶瓷灵敏度和居里温度高、各种参数时间稳定性好，具有较高的介电常数和机电耦合系数。探头中填充的背衬材料选用硅胶，为高阻抗、高衰减的吸声材料，可以吸收压电换能器晶片背面辐射的超声波并将其转换为热能，减小背面辐射产生的干扰。匹配元件为电感，可以改善接收电路与压电换能器之间的机电耦合性能。声楔的倾斜角度设计以及材料的选用是为了避免超声波在管道和流体中传播时产生较强的交互回响，并提高信号强度。这种结构的优点是噪声小、信号强度强等，并且放大的超声波结果被校正得到更准确的出砂数据，因此原始值可以被模拟反映实际出砂率。带声楔传感器的结构示意图如图 8-10 所示，封装好的结构如图 8-11 所示。

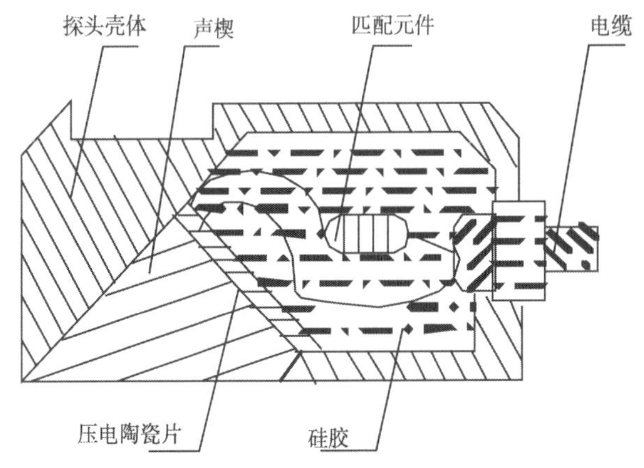

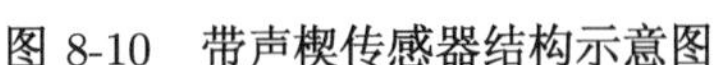
图 8-10　带声楔传感器结构示意图

图 8-11　封装的传感器结构

传感器被封装后，在外部组装传感器壳，可以改善传感器的抗冲击能力，同时便于传感器的安装。

为了使接收信号最大化，传感器安装于弯管道下方的两倍管径处 (图 8-12)，但是必须注意传感器安装的位置以及管道中液体的流向。

图 8-12　改进后的出砂监测传感器安装图

传感器安装要求：

(1) 应安装在 90 度拐弯处 (来液方向);

(2) 安装传感器的管道应相对稳定，不允许有明显的振动;

(3) 安装传感器的管道表面应清洁，并擦去管子表面的涂料等;

(4) 传感器安装好之前使用硅化合物，如黄油，涂在传感器敏感面上;

(5) 传感器置于管道上后，拧紧螺丝并连接电缆，确保电源能够可靠供电，信号能可靠传输。

(四) 传感器性能测试与指标

对改进后的传感器利用网络分析仪和 LCR 测试仪对传感器进行了中心频率和阻抗进行了测试。

1. 耐温测试

环境温度的变化对压电材料的压电系数和介电常数的影响都很大，将使传感器灵敏度发生变化。但当温度低于 400 ℃时，其压电系数和介电常数都很稳定。根据研究目标，温度范围为 −25 ～ 85 ℃，所以传感器的温度测试设定在 −30 ～ 100 ℃范围内。

传感器经过高低温度的测试后，传感器输出特性基本没有变化，即传感器可以很好的工作在 −25 ～ 85 ℃的范围内，满足设计要求。对于压电陶瓷和传感器壳来说，温度可达到 300 ℃以上。

2. 传感器的响应频率测试

首先利用实验室的网络分析仪对传感器的中心频率进行了测试，从衰减曲线看出的最小值对应的频率即为传感器的中心频率；然后再利用 LRC 测试仪对传感器的中心频率的阻抗进行测试，在接近中心频率的频段上阻抗基本不变。

为了验证砂粒与响应频率的关系，对不同尺寸的砂粒进行了测试，测出了传感器输出信号的频率，即为传感器对不同尺寸砂粒的响应频率。

通过测试，可得出如下结论:

(1) 灵敏度较高，在实验室利用 70 ～ 140 目的少量砂粒进行测试，砂粒从 20cm 高度下自由落体，传感器可以响应并输出信号;

(2) 砂粒越小，传感器响应的频率越大;

(3) 砂粒与管壁碰撞速度越大，测得信号幅度越大，能量越高。

(五) 传感器的阻抗分析

谐振频率是出砂传感器的一个重要指标，敏感元件是传感器的核心部分，敏感元件的固有谐振频率直接影响到传感器的工作频率范围。出砂传感器的核心部件是压电陶瓷，压电陶瓷是一弹性体，存在固有谐振频率，当外界作用的频率等于谐振频率时，陶瓷片就产生机械谐振，谐振时振幅最大，弹性能量也最大。产生谐振时其阻抗最小，输出电流最大，此时的频率为最小阻抗 (或最大导纳) 的频率，也就是其谐振频率；当频率继续增大到另一频率时，其阻抗最大，输出电流最小，此时的频率为最大阻抗 (或最小导纳) 的频率，近似为其反谐振频率。

利用 HIOKI3532-50 LCR 测量仪对出砂传感器对其主要参数——阻抗 Z 进行全面的测量。阻抗由电阻、感抗、容抗三者组成，但不是三者的简单相加，在传感器的工作原理中已经介绍了其等效电路图，对于一个具体的电路，其阻抗不是不变的，而是随着频率的变化而变化，测试的频率范围为 50kHz ～ 1MHz。

采用上述的测试阻抗的方法，记录测试数据，发现：

(1) 传感器的中心谐振频率在 650kHz 左右，这也是传感器的振幅最大、弹性能量最大的频率。

(2) 传感器的串联谐振频率为 80kHz，并联谐振频率为 100kHz；

(3) 传感器响应的频率与理论分析的一致。

三、稠油油井出砂信号分析及出砂量模型的建立

（一）稠油油井出砂信号分析

信号有确定性信号和随机信号之分。所谓确定性信号就是信号的幅度随时间的变化有一定的规律，可以用一个确定的数学关系进行描述，是可以再现的。而随机信号随时间的变化没有明确的变化规律，在任何时间的信号大小不能预测，因此不可能用一明确的数学关系进行描述，但是这类信号存在着一定的统计分布规律，可以用概率密度函数、概率分布函数、数字特征等进行描述。

出砂的过程实际是确定性振动系统受到随机力的激励而产生的振动，其振动可视为随机振动。对于随机振动信号最好采用概率和统计方法进行分析，为此系统引进了概率密度法，通过信号的时间历程曲线做出幅值概率密度曲线。功率谱表示单位频带内信号功率随频率的变化情况，即反映了信号功率在单位频域的分布情况，它保留了频谱的幅值信息而丢掉了相位信息。通过推导可知，随机振动幅值的均方根差与其功率谱密度存在着确定的关系，即与功率谱密度函数曲线下的总面积存在确定的关系。因此，通过对概率密度、功率谱密度的衡量，就能对随机振动水平做出评价。

出砂信号是由砂粒撞击输油管壁而产生的连续的尖峰脉冲式振动信号，也是一种动态随机信号，由于砂粒撞击管壁是随机的、时有时无的，因此出砂信号是具有随机性、脉冲性的。并且该信号的频率范围在几十至几百 kHz，为超声波频带范围，而且信号的大小与流体的流速，砂粒浓度和砂粒的尺寸有关。当流体的流速、砂粒浓度、砂粒尺寸都比较大时，产生的出砂信号幅值很强；当流体流速、砂粒浓度、砂粒尺寸都比较小时，产生的出砂信号很弱。但是在流速非常小的情况下，即使砂粒很大，出砂信号都很弱甚至没有信号产生，这是由于在流速很低时，砂粒会出现砂沉积的现象，所以砂粒撞击管壁的几率就很少，以至于测得的信号很微弱或者无信号。图 8-13 是砂粒撞击管壁的示意图。

（二）出砂信号与出砂量关系模型的建立

砂粒撞击输油管壁产生连续的尖峰脉冲，而噪声信号远超出兆赫兹，冲击产生的水滴声以及夹带的气泡沫产生的谱范围是 20 ～ 20 000Hz，流动的液体及地面生产设备产生的噪声谱远超出了 20 ～ 20 000Hz 的声谱，因此若不考虑撞击谱的高频部分，那么对其他源产生的噪声是可以识别的。流体中夹带的砂粒连续不断的撞击输油管壁引起压电传感器的振动而产生随时间变化的电压信号，传感器输出的峰峰电压值是与流体动能成比例的。

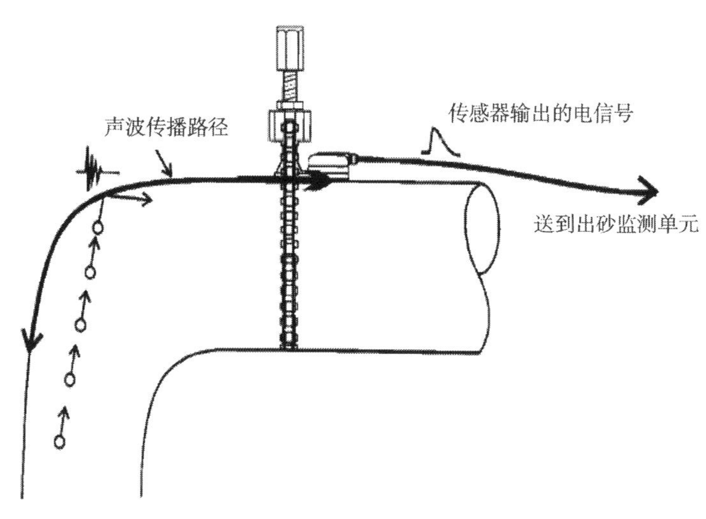

图 8-13　砂粒撞击输油管壁示意图

输油管道中的出砂量表达式如下：

$$m_t = \frac{S}{Kv^2} = \frac{SA^2}{KQ^2}$$

式中，K 为比例系数，为一常数；m_t 为 Δt 时间内管道中的砂子质量；S 为传感器检测到的电压信号；v 为砂粒的流速；Q 为管道流体的流量；A 为流体的截面积。

结合本项目的方案，采用分枝管道取样以监测油井的出砂量，具体的测试结构如图 8-14 所示。

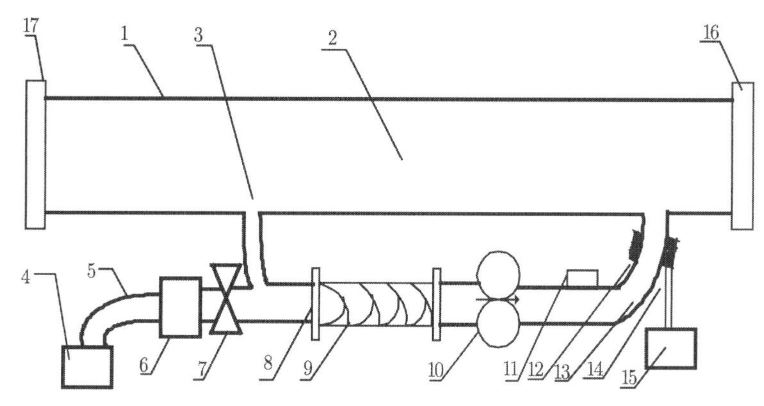

图 8-14　计算出砂量的试验结构图

1、2. 主管道；3. 分枝管道；4. 稀释剂池；5. 软管；6. 计量泵；7. 稀释剂注入管道；8. 阀门；9. 搅拌机；10. 文丘里管；11. 流量计；12. 传感器保护套；13. 传感器；14、15. 传感器电极引出端子；16、17. 法兰

通过分析出砂信号的产生过程可知，出砂信号与流体的流速、流体黏度以及砂粒的直径等都有关系，为此开展了出砂信号的影响因素分析，并得出如下结论：

(1) 砂粒越大，碰撞速度越大；

(2) 流体黏度越大，碰撞速度越小；

(3) 流体的流速越小，碰撞速度越小；

(4) 流速越大，砂粒尺寸越大，出砂信号越强；

(5) 出砂信号在金属中传播产生衰减，管道材料影响衰减程度。

四、出砂信号处理

因平台上存在非常多的振动源，因此需要把出砂碰撞管壁的信号从多种信号里提取出来，才能识别出砂带来的震动信号，这就需要对出砂信号进行处理，设计相应的滤波电路。由于出砂信号监测传感器输出为电荷信号，后续信号处理必须基于该电荷信号，因此出砂信号的预处理电路包括电荷放大器、滤波器、放大电路等，首先利用电荷放大器把电荷信号转换成电压信号，再对电压信号完成滤波、放大、数据采集等处理。采集的数据信号输送到计算机的信号处理与分析软件实现数字滤波和信号处理功能。数字滤波分析了两种类型的方法：一种为经典数字滤波器，一种为小波噪声法，通过比较小波去噪效果明显。为了获取小波去噪的性能，对小波去噪进行不同情况下的分析，包括选择不同的小波基、不同的分解层数、不同的阈值规则等进行仿真实验，得出的结论如下：小波去噪选用 sym8 小波基，对含噪信号进行 5 层分解，采用软阈值混合准则去噪效果最佳。

五、室内试验研究

另外，还开展了稠油油井出砂室内模拟系统。在该模拟系统上可以有效实现模拟油井各种的出砂情况，以测试油井出砂在线监测系统的各项指标。研究的稠油油井出砂在线监测系统必须到现场试验，以验证整个系统的性能，故需要根据油田现场的实际接口，设计相应的管道，形成现场样机的结构。

室内系统标定试验是一项重要的研究工作，是确定系统中有关参数的一种重要方法。在室内系统中主要进行了三种流体介质的测试，分别为水、工业润滑油、稠油。依据单螺杆泵的不同转速，测定不同流速情况下的出砂信号及出砂量的对应关系，进而确定测量系统系数 K 的取值范围。另外还有最重要的任务是：确定系统工作的最小流速，测定的最小砂粒尺寸等。本节主要介绍室内试验的过程以及测试数据分析结果，主要给出了稠油试验的典型数据的情况。

（一）稠油流量标定

采用固定体积的稠油 (50%体积稠油 +50%体积水 +0.5%体积稀释剂)，测量在单螺杆泵不同转速下排完的时间，计算流量，同时记录质量流量计的显示流量，两种情况下流量值见表 8-1 所示。

从表 8-1 中可以看出，质量流量计和根据排空时间计算出的流量误差在 15%以下，相对于水介质来说，误差增大，这是因为稠油在降黏过程中搅拌时，会产生大量的泡沫，导致质量流量计测试误差变大。

（二）稠油含砂量的测量

对稠油的出砂监测进行了大量的实验，包括不同流速、不同砂粒直径等条件下的测试实验，其过程如下：

(1) 螺杆泵转速 45Hz，流速为 7.282m/s，加入 0.1mm 砂粒 0.5kg，此时出砂量为 0.163 918kg，如图 8-15 所示。泵的转速小于 35 转时，系统基本上测不到信号，把泵的转速开满，流速达到 8m/s 以上时，误差仍然在 40%以上。

表 8-1 稠油介质的流量标定数据表

泵的转速/Hz	排空时间/s	质量流量计显示流量/(kg/min)	质量流量计算出的流速/(m/s)	根据排空时间计算的流速/(m/s)	两种误差对比/%
35	298	52	4.93	4.90	0.6
	290	55	5.59	5.07	9.3
40	279	60	6.15	5.27	11.4
	254	67	7.181	5.79	12.9
45	234	71	7.282	6.29	14.2
	229	70	7.178	6.42	8.8

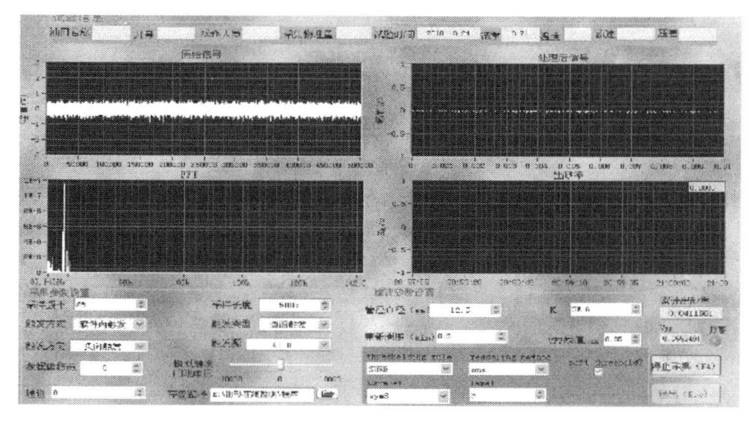

图 8-15 稀释后稠油介质 45Hz 转速条件下测试曲线

(2) 螺杆泵转速 35Hz，流量为 0.91kg/s，流速为 4.93m/s，在原已加入 0.1mm 砂粒 0.5kg 的基础上，再加入 0.2mm 砂粒 0.5kg 及 0.850mm 砂粒 0.5kg，测出的出砂量为 1.240 353kg，误差为 17.3%，测试曲线如图 8-16 所示。

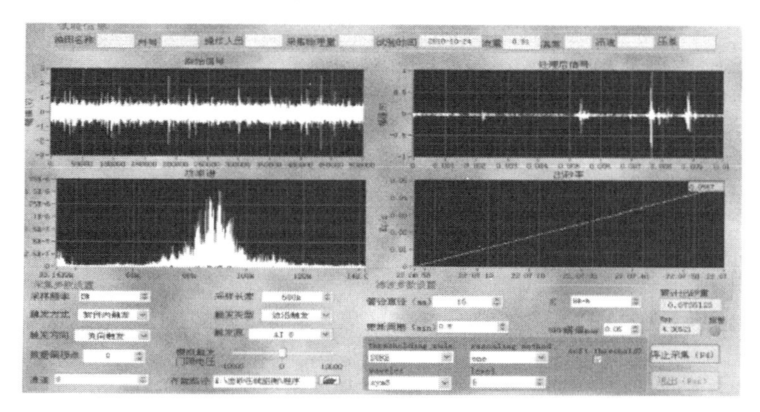

图 8-16 稀释后稠油介质 35Hz 转速条件下 (三种尺寸砂粒) 测试曲线

(3) 螺杆泵转速 40Hz，流量为 1kg/s，流速为 6.5m/s，加入的砂粒条件同 (2)，此时测量的出砂量为 1.638 636kg，误差为 −9.24%，测试曲线如图 8-17 所示。

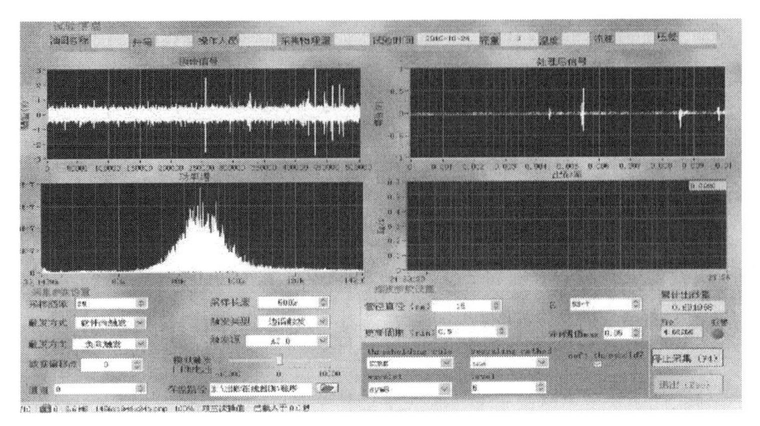

图 8-17　稀释后稠油介质 40Hz 转速条件下 (三种尺寸砂粒) 测试曲线

(4) 螺杆泵转速 45Hz，流量为 1.167kg/s，流速为 7.282m/s，加入砂粒条件同 (2)，此时测量的出砂量为 1.621 012kg，误差为 −8.06%，测试曲线如图 8-18 所示。

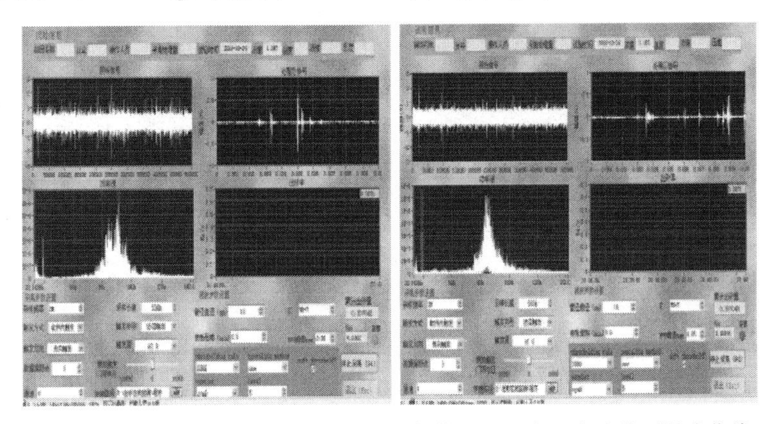

图 8-18　稀释后稠油介质 45Hz 转速条件下 (三种尺寸砂粒) 测试曲线

由上述试验数据分析可得：

①由 (2)、(3)、(4) 组对比可以看出，随着转速的提高，出砂量的测量误差越来越小，最大误差在 20%之内。②稠油最小能测到的砂粒尺寸为 0.1mm，此时最小转速为 45Hz，流量为 1.167kg/s，流速为 7.282m/s，但此时误差相对较大。③稠油最小可测得转速为 35Hz，此时的砂粒尺寸为 0.850mm，流量为 0.91kg/s，流速为 4.93m/s，此时误差为 17.3%。④当转速高于 35Hz，流速为 4.93m/s，砂粒尺寸为 0.850mm 时，测量误差在 10%之内。

第三节　泡沫洗井液冲砂技术

在多枝导流适度出砂的油井当中，生产井所产出的地层砂无法被井液携带出井筒的话，就会在井筒内沉淀堆积，最终造成砂埋，影响生产井的生产。因此，必须针对这一情况开发一套冲砂技术，以实现砂埋井的除砂作业，恢复油井产能。

要实现砂埋井的冲砂作业，就需要开发一套能够携砂的洗井液，并设计合适的冲砂工艺。

一、泡沫冲砂洗井液研制

泡沫洗井液由于其独特的结构和较低的密度，可以有效解决普通洗井液对油层的污染和注入水中的残余油对注水井近井地带污染等问题。作为一种优良的泡沫洗井液应具有以下特点：合理的密度；较强的防塌抑制性；优良的流变性；良好的失水造壁性及储层保护能力；较强的封堵能力；良好的稳定性和携砂能力；较低的界面张力。泡沫携砂洗井液应具有发泡能力高，洗涤效果好，携砂能力强，高温稳定和流变性能合理，对地层污染小等特点。

20 世纪 80 年代末，长庆、胜利油田就开始了稳定泡沫和硬胶泡沫的冲砂洗井现场实验并取得成功。为适应不同地层的压力系数，拟研究的泡沫洗井液分别为稳定泡沫和硬胶泡沫。二者的基本组成为液相、气源、发泡剂、稳泡剂以及根据需要添加的其他化学添加剂。

1. 液相选择

泡沫是液相与气体形成的分散体系，其中液体是连续相，气体是不连续相。适用于泡沫流体的液相种类繁多，可以是水基、醇基、烃基和酸基。

(1) 水基

水基泡沫价格便宜，配制方便，并且与线性或交联冻胶在一起时容易形成性能稳定的泡沫，除了极水敏性地层不宜使用外，一般被广泛应用。

淡水、盐水或地层水均可用来配制泡沫，苏联一些学者指出用地层水配制的泡沫，其发泡倍数低于用淡水配制的泡沫。盐水配制的泡沫有助于防止地层黏土膨胀，因此水基泡沫在液相中常加入氯化钾、羟基铝等防膨剂，为了降低滤失并增加其稳定性能，在基液中通常加入各种不同浓度的增稠剂。

(2) 醇基

由于醇类的表面张力低，并易于挥发，使醇基泡沫对地层伤害极少，特别适合用于极水敏性地层和渗透率特别低的地层，但醇基泡沫价格昂贵且易燃，施工不安全，携砂性能也较差，同时也不能在含沥青或石蜡、原油的井中使用，以避免生成固体沉淀，堵塞油层。

(3) 烃基

用于烃基的泡沫基液可以是原油或经过加工过的柴油、煤油及凝析油。原油价格低廉，但含有石蜡、树脂及沥青，通常难于形成稳定的泡沫。炼制油与氮气容易混合形成较为稳定的泡沫，但成本高，易着火不安全。烃基泡沫一般也不宜用于气井，可能会降低其相对渗透率。

(4) 酸基

一般的有机酸、无机酸以及它们的混合酸均可形成泡沫酸。一般常用盐酸、氢氟酸、甲酸、醋酸以及它们的混合酸作基液。对基液增稠可有助于泡沫的稳定，泡沫酸可用于含钙质砂岩或灰岩。

目前海上作业常用的洗井液为过滤海水以及地热水，因此选择具有一定矿化度的地层水作为泡沫洗井液的液相，以减轻作业过程中泡沫流体对地层的伤害。

2. 气源选择

在石油工业中生成泡沫流体的气体主要有空气、天然气、氮气、二氧化碳、烟道废气等。

一般在没有天然气爆炸、燃烧等危险的井场，气体可以是空气或天然气。在有爆炸、燃烧危险的场合，多使用二氧化碳和惰性气体。

(1) 空气

主要优点是只需空气压缩机就能使用，工艺简单、成本低、施工方便，一般在陆上油井中广泛应用。主要缺点是与井内天然气混合会发生爆炸。

(2) 天然气

主要优点是价格便宜、来源广泛、便于输送。主要缺点是大量天然气聚集会对人员和环境造成危害，易爆炸引发火灾，需增压后才能使用。

(3) 氮气

主要优点是安全无毒，可以防止天然气与空气混合后的爆炸危险。排出液中氮气不需处理。在陆上气井、海洋油气井的钻井完井和油藏增注中广泛使用。主要缺点是需要专用液氮车运输或制氮设备生产，需要专用泵入设备，成本高。

(4) 烟道废气

主要优点是可用柴油机尾气或稠油热采锅炉烟道废气。主要缺点是废气需要专用设备过滤、脱氧，否则氧气与井内天然气混合有发生爆炸的危险。

对比上述 4 种气源，氮气最为安全，适合海上油田的安全作业，所以选择氮气为气源。

3. 发泡剂选择

发泡剂的品种较多，按其分子结构，常分为阴离子发泡剂、阳离子发泡剂、非离子发泡剂和两性发泡剂。其中阴离子发泡剂最为常见，虽然发泡能力强，但大多数阴离子发泡剂易于与地层水中的一些阳离子 (如 Ca^{2+}、Mg^{2+} 等) 反应产生沉淀，使其失去表面活性。阳离子发泡剂性能较好，特别是抗矿化水的能力较强，但因其价格高，发泡力较差，在应用上受到限制。非离子发泡剂来源方便，性能稳定，应用很广泛，但就发泡能力而言往往比离子型发泡剂差。普通两性发泡剂的发泡能力相对较低，属于次发泡剂。

两性离子发泡剂分子中同时含有酸性基和碱性基，在强酸性条件下两性离子发泡剂呈现阳离子性，而在强碱性条件下呈现阴离子性。结合资料分析可知，两性离子发泡剂 HA 与其他类型发泡剂在合适的比例下复配，可通过调节 pH 值实现泡沫基液的酸碱循环利用。由于泡沫液相为含有一定矿化度的地层水，因此考虑在 HA 泡沫体系中添加抗盐的其他表面活性剂，复配出一种新的可酸碱循环的发泡剂。

4. 稳泡剂

单一的发泡剂溶液，其发泡能力虽然较好，但生成的泡沫稳定性却很差，不能满足实际应用的需要。为了提高泡沫的稳定性，增强其携岩携水能力，使泡沫能够在现场得到较好应用，可以在发泡剂中加入性能优良的稳泡剂。稳泡剂按照作用方式可分为两类：一类是增黏性稳泡剂，主要是通过增加液相黏度来减缓泡沫的排液速度，提高泡沫的稳定性，如聚丙烯酰胺 (PAM)、生物聚合物 (XC)、羧甲基纤维素钠 (CMC)、羟乙基纤维素 (HEC) 等。增黏性稳泡剂一般为高分子聚合物，由于其分子链很长，在分子链间容易形成网状结构，因此能显著提高泡沫的黏度。另一类能提高液膜质量，增加液膜的黏弹性，减少泡沫内气体的透过性，从而增大泡沫的稳定性，如月桂醇。稳泡剂的加入虽可以提高泡沫的稳定性能，同时也会降低泡沫的发泡能力。

增黏性稳泡剂除了起增黏作用外，还往往兼作泥页岩抑制剂 (包被剂)、降滤失剂及流型改进剂。使用增黏性稳泡剂常常有利于改善泡沫的流变性，也有利于井壁稳定。因此，此处选择 XC、CMC 等增黏性稳泡剂作为泡沫基液的稳泡剂。

5. 其他添加剂

其他添加剂可根据实际需要添加，如黏土稳定剂、防腐剂、原油降黏剂等。

(一) 稳定泡沫洗井液配方优化实验

针对不同压力系数的地层，可分别配制稳定泡沫和硬胶泡沫进行冲砂洗井。其中，稳定泡沫的配制主要是通过两性表面活性剂 HA 与其他表面活性剂复配，然后添加稳泡剂和其他添加剂。

1. HA 与阴离子表面活性剂的复配

一方面由于 HA 的等电点范围较窄，在酸性环境下通过调节 pH 值实现消泡有一定难度；另一方面由于合成 HA 成本较高，复配体系常常具有比单一表面活性剂更优越的性能。因此考虑将 HA 与各种阴离子表面活性剂以不同比例复配，用 15%NaOH 和 10%HCl 调节 pH 值，分别考察在 pH 值为 4 和 10 时泡沫的性能。

复配实验表明：HA 与阴离子表面活性剂 AES 复配效果较好，当 HA 与 AES 加量均为 0.2%时，在碱性环境中 (pH 值为 10) 泡沫体积较大，半衰期最长，分别为 640mL 和 9.4min。在酸性环境中 (pH 值为 4) 泡沫体积较小，半衰期很短，分别为 140mL 和 0.1min。达到复配的目的，满足泡沫在碱性环境下发泡，酸性环境中消泡的要求。

2. 稳泡剂的筛选

当 HA 与 AES 加量均为 0.2%时，分别以生物聚合物 (XC)、羧甲基纤维素 (CMC) 和十二醇为增黏剂，研究不同加量的增黏剂对泡沫基液的发泡体积、半衰期的影响，以及增黏剂对泡沫的表观黏度和塑性黏度的影响，其中泡沫的表观黏度和塑性黏度用 ZNN-D6 型旋转黏度计测得。

由实验结果可以看出，随着稳泡剂加量的增加，泡沫体积降低，泡沫半衰期增加。这是由于随着稳泡剂加量的增加，体系黏度随之增加。溶液黏度的增加，一方面导致泡沫液膜排液困难，泡沫寿命得到延长，从而泡沫稳定性得到提高；另一方面溶液黏度增加导致气体在液体中难以扩散形成泡沫，从而促使发泡体积降低。通过对比可知，相同加量时添加 CMC 的泡沫基液发泡体积最大，添加十二醇的泡沫基液发泡体积最小，添加 XC 的泡沫基液发泡体积居中。相同加量时添加 XC 的泡沫基液半衰期最长，添加十二醇的泡沫基液半衰期最短，添加 CMC 的泡沫基液半衰期居中。综合比较，在稳定泡沫配方中选用 XC 与 CMC 的复配体系作为稳泡剂较为合理，后续实验中所用的稳定泡沫配方中，XC 与 CMC 的加量均为 0.2%。

3. 稳定泡沫抗盐能力评价

泡沫循环利用是通过加入一定浓度的 NaOH 和 HCl 溶液调节基液 pH 值实现的，随循环次数的增加，泡沫体系中的 NaCl 含量将不断增多，而 NaCl 与离子型表面活性剂存在着离子间的电性相互作用，同时 NaCl 的存在也会影响非离子表面活性剂的疏水基团。同时用于海上冲砂洗井的泡沫流体一般以一定矿化度的海水或过滤海水配制而成，因此必须要求该泡沫体系在碱性环境中具有抗盐性。

由实验结果可以看出，随 NaCl 加量的增加，泡沫基液的发泡体积略有降低，泡沫半衰期变化不大，说明 HA 稳定泡沫抗盐能力较强。随 NaCl 加量的增加，泡沫基液的发泡体积和半衰期迅速下降，说明 ABS 稳定泡沫抗盐能力较差。HA 稳定泡沫抗盐能力强于 ABS 稳定泡沫。

4. 稳定泡沫抗原油污染能力评价

从泡沫洗井液的应用环境考虑，泡沫洗井液必须具有一定的耐油性，才能满足施工要求。

由实验结果可以看出，随着原油浓度的增加，泡沫体积逐渐降低，泡沫半衰期则先升后降。这是因为原油侵入泡沫后乳化成小油珠，部分发泡剂在原油乳化时被消耗，导致泡沫体积降低。当原油含量较低时 ($V_{oil} < 5\%$)，乳化油珠被包裹在泡沫内部，增强了泡沫的结构黏度，导致泡沫半衰期升高。当原油含量较高时 ($V_{oil} > 5\%$)，乳化后的小油珠在外力和界面张力的驱动下进入泡沫结构内，以不同形式在不同程度上影响和破坏泡膜的完整性，表现为泡沫半衰期降低。HA 稳定泡沫抗原油污染能力与 ABS 稳定泡沫差别不大。

5. 稳定泡沫抗温能力评价

在泡沫洗井过程中可能遇到井下高温情况，如果发泡剂的抗温性较差则泡沫性能不稳定。因此，需要考查温度对泡沫性能的影响。取 400mL 预先配制的稳定泡沫装入老化罐中，在滚子加热炉中滚动加热 24h 后，取出冷却，然后考察其发泡质量和半衰期测定不同温度对泡沫性能的影响。

由实验结果可以看出，随温度升高，两种发泡剂的发泡体积逐渐增加，在温度为 40 ~ 50°C 左右达到最大值，而后开始下降。它们的半衰期随温度升高而降低。因为温度升高，液体膨胀，分子间距离增大，表面活性剂分子动能增加，易摆脱水的束缚逃逸到水面，表面吸附量增加，表面张力下降，发泡能力增强。温度较高时，一方面液膜的水分蒸发加剧，排液速度加快，在高速搅拌下生成的泡沫易破灭；另一方面温度较高时，活性剂分子亲水基的水化作用下降，疏水基碳链间凝聚力减弱，表面黏度降低，泡沫稳定性下降。相同温度下 HA 泡沫性能均优于 ABS。

6. 稳定泡沫基液对页岩水化的抑制性评价

地层膨胀是地层中所含的黏土矿物水化的结果，洗井液对抑制黏土矿物水化膨胀的好坏对地层的井壁稳定关系密切，因此要求所选的泡沫体系必须具有很强的抑制泥页岩水化膨胀和水化分散的能力。采用 NP-01 型页岩膨胀仪测试页岩在泡沫基液中的线性膨胀率，进而得出体系抑制页岩膨胀的好坏。

由实验结果可以看出，清水中 2h 和 16h 岩心线膨胀率分别为 16.7%和 21.4%，稳定泡沫中的线膨胀率分别为 2.4%和 3.9%。可见，稳定泡沫洗井液体系能显著降低泥页岩的水化膨胀量，具有很强的抑制泥页岩水化膨胀的能力，能有效防止泥页岩地层因水化造成的井壁不稳定。

7. 稳定泡沫的腐蚀性评价

泡沫中含有氧气，泡沫用于冲砂作业时会与井下油管及地面设备发生接触并产生一定程度的腐蚀，因此有必要研究泡沫流体对金属的腐蚀性。

实验所用试样取自 P110 油管钢，腐蚀实验设备为 GSH-1/10 型强磁力搅拌高压反应釜

(威海市丰源工业公司化工机械分厂)，实验时间是 3d。实验结束后取出试样，用清水冲洗除盐，无水乙醇脱水干燥备用，用失重法计算平均腐蚀速率。模拟地层水为 NaCl 配制的矿化度为 7500mg/L 的盐水，在温度为 70°C 时，分别考察模拟地层水、泡沫基液和泡沫流体对油管钢的腐蚀情况。

由实验结果可以看出，与泡沫基液相比，由于泡沫中含有大量空气，它与水分一起加速金属氧化过程，因此泡沫比泡沫基液的腐蚀性高。在泡沫基液中添加缓蚀剂后，可降低泡沫或泡沫基液对金属的腐蚀。所以在冲砂作业中，应考虑泡沫流体的腐蚀性，如尽可能用不锈钢制造重要部件，并保证零件有聚合物涂层；在泡沫基液中添加缓蚀剂；调整泡沫基液 pH 值在偏碱性环境。

8. 稳定泡沫的滤失性能

泡沫滤失性对泡沫自身的稳定及滤失到地层滤液多少有直接的关系。泡沫具有很好的防滤失作用，在相同条件下，其滤失情况比清水和交联冻胶要小许多。泡沫滤失量小或滤失系数低主要是因为泡沫本身特殊的结构造成的。泡沫气相与液相间有界面张力，泡沫流体进入储层前后泡沫形态有很大变化，进入微孔隙时，需要有较大的能量以克服表面张力和气泡的变形。从动态滤失实验的数据可以说明这一问题，当岩心渗透率低于 $1\times10^{-3}\mu m^2$ 时，泡沫通过岩心后完全破坏，变成气相和液相。随着岩心渗透率的增加，泡沫成分有进一步的增加。当渗透率达到 $70\times10^{-3}\mu m^2$ 时，测量到渗透过来的流体都是泡沫。这意味着高渗透介质中，气泡变形很小，或根本不发生变形，以至对滤失控制较小。

9. 稳定泡沫的悬砂性能

(1) 静态悬砂性能

携砂能力是冲砂用泡沫的关键性能之一，冲砂时泡沫的流速大于最大砂粒在静止的泡沫中的沉降速度，即可将砂粒携带至地面。为此，对静态条件下的泡沫悬砂性能进行了实验，实验用砂粒为某油田砂岩粉碎后筛余物。实验结果表明，粒径＞ 60 目的砂子在泡沫中基本维持不沉降，对于粒径＜ 40 目的砂子，在稳定泡沫中发生缓慢下沉现象，后续计算表明，其沉降速度＜ 5.0×10^{-3}m/s，而冲砂时环空泡沫流速为 1 ～ 4m/s，远大于砂粒在静止泡沫中的沉降速度，因此环空中的砂粒可被泡沫携带出井底。

(2) 静态沉降实验

用 NB35-2 油田的油层砂分别在水和泡沫中进行了实验。实验选用的砂粒密度为 2650kg/m^3，粒径分别为 0.104mm、0.124mm、0.15mm、0.25mm、0.35mm 和 0.42mm。水的密度为 998kg/m^3，水的黏度取 1mPa·s。泡沫的密度为 143kg/m^3，黏度为 50mPa·s；实验温度为 25°C；实验管为长 1.2 m、内径 30mm 的有机玻璃管。砂粒在清水中的沉降末速采用 Allen 公式计算，在泡沫中的沉降末速采用 Stokes 公式计算。

由实验结果可以看出，形状不规则砂粒的实际沉降末速比将其视为球形颗粒的沉降末速计算值小。大量实验结果表明，同一油层出的砂，其不规则形状校正系数比较接近，可由实验确定一个平均值。实验获得 NB35-2 油田油层产出砂的形状校正系数平均值为 0.922。

(3) 井筒流体流速分布对砂粒沉降的影响

从理论上讲，固体颗粒在流动液体中的沉降末速应为沉降末速与流体实际流速的矢量和，即如果流体以小于颗粒沉降末速的流速向上流动，颗粒将下沉；反之，颗粒将被携带上升。如果流体流速与颗粒沉降末速相等，颗粒将悬浮于流体中。然而，实际井筒沉砂过程受井筒内流体速度场的影响而趋向复杂化。

由于流体速度分布的不均匀性，即使是同一颗粒，当处于管道中不同位置时，它所表现出的运动形式也可能不同。如当垂直管道中流体向上流动的平均流速与颗粒的自由沉降末速相等时，若颗粒处于距管道轴心以内的圆形区域内，它将被流体携带上升；若此时颗粒处于以外至管壁面的环形区域内，则将表现为沉降运动。

（二） 硬胶泡沫洗井液配方优化实验

稳定泡沫的研制主要是在前面研究的可循环泡沫基液中添加稳泡剂和其他添加剂。硬胶泡沫的研制是通过向可循环泡沫基液中添加聚磺钻井液的主要成分，并通过室内优选实验配制出满足该地区要求的洗井泡沫。

常用的聚磺体系的主要组成为：膨润土、聚阴离子型纤维素类降滤失剂 PAC、高分子包被剂 PAMS601、成膜剂聚合醇 JLX-B 和流型调节剂 PF-VIS。

1. 膨润土加量的确定

膨润土在淡水中充分水化可分散成较细胶粒，形成低渗透泥饼，降低失水，且黏土片表面带负电荷而其端边带正电荷可形成卡片状网状结构，产生一定结构强度，提高黏切 (静电引力作用)。将膨润土经 Na_2CO_3 和 NaOH 改造成人工钠土 (modified bentonite)，以基本配方为基础，研究膨润土加量对泡沫流变性的影响。

由实验结果可以看出，随着膨润土加量的增加，表观黏度和塑性黏度逐渐增加，而滤失量逐渐降低。当膨润土达到 4%时，再增加膨润土的含量，滤失量几乎不发生变化。后续实验中选定膨润土的加量为 4%。

2. PAC 加量的确定

聚阴离子纤维素 (poly anionic cellulose) 简称 PAC，是由天然纤维素经化学改性而制得的水溶性纤维素醚类衍生物，是一种重要的水溶性纤维素醚，为白色或微黄色的粉末，无毒、无味，它可以溶解于水中，有很好的耐热稳定性和耐盐性，抗菌性强。PAC 可用于提高水基洗井液的黏度切力，降低失水，并且对洗井过程中进入洗井液的劣质土具有包被作用。

由实验结果可以看出，随着 PAC 的加量增加，API 失水降低，但变化不大，动塑比 (YP/PV) 有所增加，当 PAC 加量达到 0.4%时，再提高其用量对体系的 API 失水影响不大。后续实验中选定 PAC 加量为 0.4%。

3. PAMS601 加量的确定

包被剂通常是聚丙烯酰胺一类高分子化合物，它的加量对洗井液有重要的影响：不仅能有效的包被外来劣质土，稳定洗井液性能，还能起到抑制预水化膨润土继续分散的作用。

由实验结果可以看出，随着 PAMS601 加量的增加，洗井液黏切增大，当含量超过 0.6%后，塑性黏度升高，动塑比降低，并且滤失量几乎不发生变化。后续实验中选定其加量定为 0.6%。

4. JLX-B 加量的确定

聚合醇 (JLX-B) 是低碳醇与环氧乙烷、环氧丙烷的聚合物，是一类非离子表面活性剂。常温下为黏稠状金黄色液体，溶于水，其水溶液受温度的影响很大。①低于浊点温度时，呈水溶液，其表面活性使它吸附在钻具和固体颗粒表面。形成憎水膜，阻止泥页岩水化分解，稳定井壁，改善润滑性，降低钻具扭矩和摩阻，防止钻头泥包，稳定钻井液性能，有效控制压力传递。②当高于浊点温度时，聚合醇从钻井液中析出，黏附在钻具和井壁上，形成类似油相的分子膜，从而使钻井液的润滑性能大大增强；同时由于泥饼的形成，封堵岩石孔隙，阻止水份渗入地层，实现稳定井壁作用。当钻井液返至地面时，因温度降低，聚合醇又恢复其水溶性，聚合醇可使氧化沥青充分分散在钻井液中；当高于聚合醇浊点时，从钻井液中析出，失去了对氧化沥青的乳化分散作用，氧化沥青与聚合醇同时从钻井液中析出，吸附在井上，起封堵、填充微裂缝的作用，起到防塌功能。

由实验结果可以看出，JLX-B 对洗井液的流变性有一定的影响，即随着 JLX-B 加量的增加，洗井液的黏切逐渐降低，表现出一种稀释降黏作用。当加入 2%的 JLX-B 后的洗井液流变性较好，滤失量下降。表观黏度、动切力和黏度等性能虽有所下降，但影响不大。后续实验中选定其加量为 2%。

5. PF-VIS 加量的确定

PF-VIS 流型调节剂为天然聚合物改性产品。在井眼温度和流体冲刷作用下，其分子链逐渐伸展，所形成的游离态聚合物分子，其分子链间相互作用，相互缠绕，增加了聚合物分子有效水化半径，强化其阻止游离基降解性基团的进攻，提高聚合物分子的稳定性，使分子与分子之间的链接交联强度增大，密度增加，强化聚合物的增黏性构象和侧链绕主链骨架反向缠绕的结构，建立更好的氢键维系的棒状双螺旋结构复合体。使得 PF-VIS 流型调节剂在低剪切黏度、表观黏度及切力等性能参数上得到全面改进。加入 PF-VIS 流型调节剂能够有效地提高 $\Phi3$ 和 $\Phi6$ 读数，增强洗井液的携砂性能。

由实验结果可以看出，随着 PF-VIS 加量的增加，体系的表观黏度呈递增趋势，洗井液的 $\Phi6/\Phi3$ 值逐渐增加；当 PF-VIS 加量达到 0.05%～ 0.1%时，洗井液已经具有较好的悬砂性能。可确定洗井液中 PF-VIS 的推荐加量为 0.05%～ 0.1%。

综合前面的分析，得到优化后的泡沫最终配方。

（三） 推荐泡沫体系储层损害评价

由修井液体系损害实验结果可知， 稳定泡沫循环后， 实验岩心渗透率损害率为 1.62%～ 16.06%，平均为 7.25%；硬胶泡沫循环后，实验岩心渗透率损害率为 5.88%～ 13.63%，平均为 8.83%。总体上看，不管是推荐的稳定泡沫还是硬胶泡沫，均对储层损害较弱，损害率 <10%。

二、泡沫冲砂洗井携砂数值模拟

泡沫流体由于具有密度小、滤失量小、携砂性能好、助排能力强、对地层伤害小等优良特性，广泛应用于低压、漏失和水敏性地层的钻井、完井、修井和油气井增产措施中。在泡沫流体的应用中，很多要涉及到泡沫流体的携砂能力，携砂能力是衡量其性能的一项重要指标。在这方面的研究有的学者从建立多相流模型入手，有的学者进行实验研究，但是国内外的相关文献较少，而且研究结果与工程实际应用相差较远。本书利用流体力学数值计算软件 FLUENT 对冲砂洗井过程中泡沫流体的携砂能力进行了数值模拟，研究了水平井和 45° 斜井中泡沫和砂粒的体积分量、速度分布及砂粒的运动轨迹，并对砂粒在泡沫中的携砂率和停留时间进行了分析。

（一） 冲砂洗井工艺流程

冲砂洗井分正循环和反循环两种工艺流程，直井、斜井和水平井冲砂洗井的正循环工艺流程如图 8-19 所示，冲砂液从井口的油管注入，到达井底后携带砂粒从环空返回，达到清除井底出砂的目的。

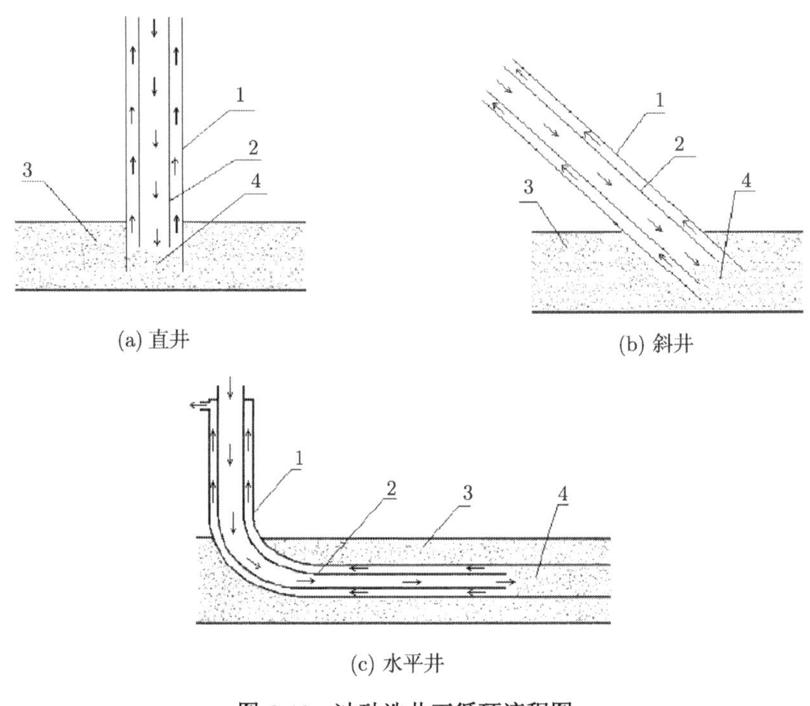

图 8-19　冲砂洗井正循环流程图

1. 套管；2. 油管；3. 地层；4. 地层出砂

（二） 水平井段冲砂数值模拟

1. 泡沫和砂粒在环空速度分布

图 8-20 给出了在油管居中情况下，水平井段泡沫在环空中的速度分布情况。环空入口速度为 0.3m/s，泡沫流体处于层流状态，速度矢量剖面图较尖，最大速度达到 0.42m/s，而且最大速度的位置明显偏向内壁，与理论结果相符，说明该模型的选择和边界条件的设置是合理的。

泡沫在环空中心部分以相对油管和套管表面更大的速度携带砂粒运移，砂粒颗粒快速通过，使得环空中心区域的砂粒颗粒体积分量相对更小，边缘区域的砂粒颗粒体积分量更大，砂粒颗粒可能出现堆积现象。砂粒颗粒在泡沫携带下，中心区域的砂粒速度随着运移路程不断变化，砂粒平均速度比入口速度略有增加 (图 8-21)。

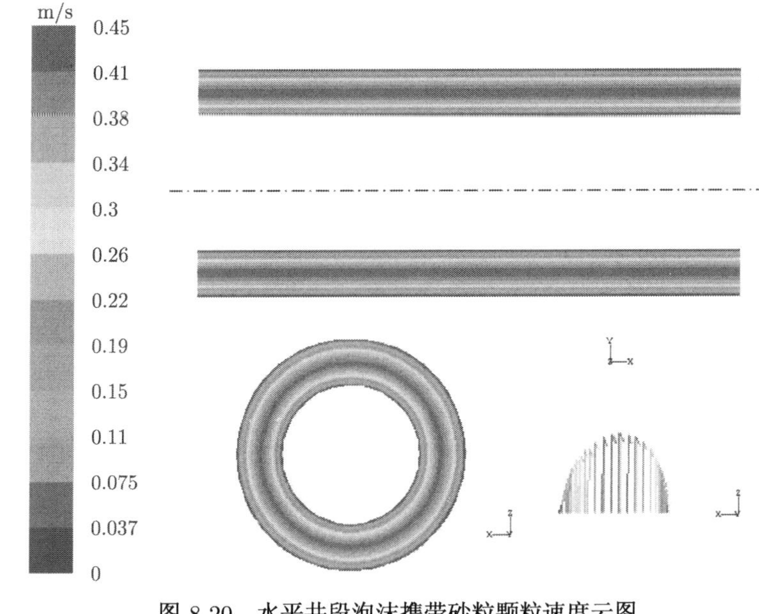

图 8-20　水平井段泡沫携带砂粒颗粒速度云图

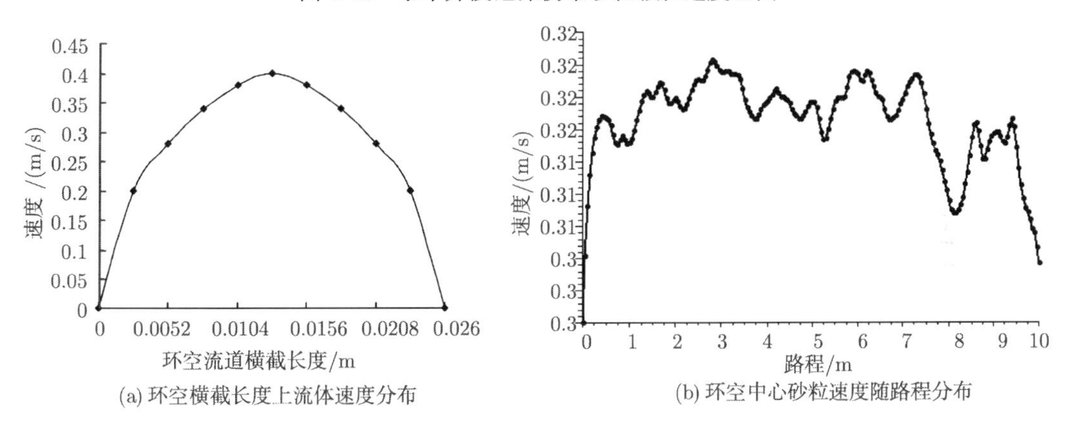

图 8-21　水平井段环空中心砂粒颗粒速度分布

2. 泡沫在环空的压降分布

泡沫在水平井段携砂运移过程中会产生压降，在本模拟研究的 10m 井段中，泡沫携砂运移发生了 2×10^4Pa 的压力降低，而且从入口到出口压力降低基本呈现为线性变化。

3. 泡沫携砂作用

(1) 泡沫流速 0.3m/s

环空为水平放置时，砂粒在泡沫流体中的运动轨迹见图 8-22 所示。泡沫流体和砂粒的入口速度均为 0.3m/s，并且砂粒均匀分布在环空入口截面上，z 轴方向为重力方向。从砂粒在泡沫流体中的运动轨迹可以看出，泡沫流体的悬浮能力很强，在水平井段直径在 0.1mm 至 2mm 范围内的砂粒基本上可以悬浮在泡沫流体中随泡沫一起运动，通过 10m 长环空流道，没有沉降现象。

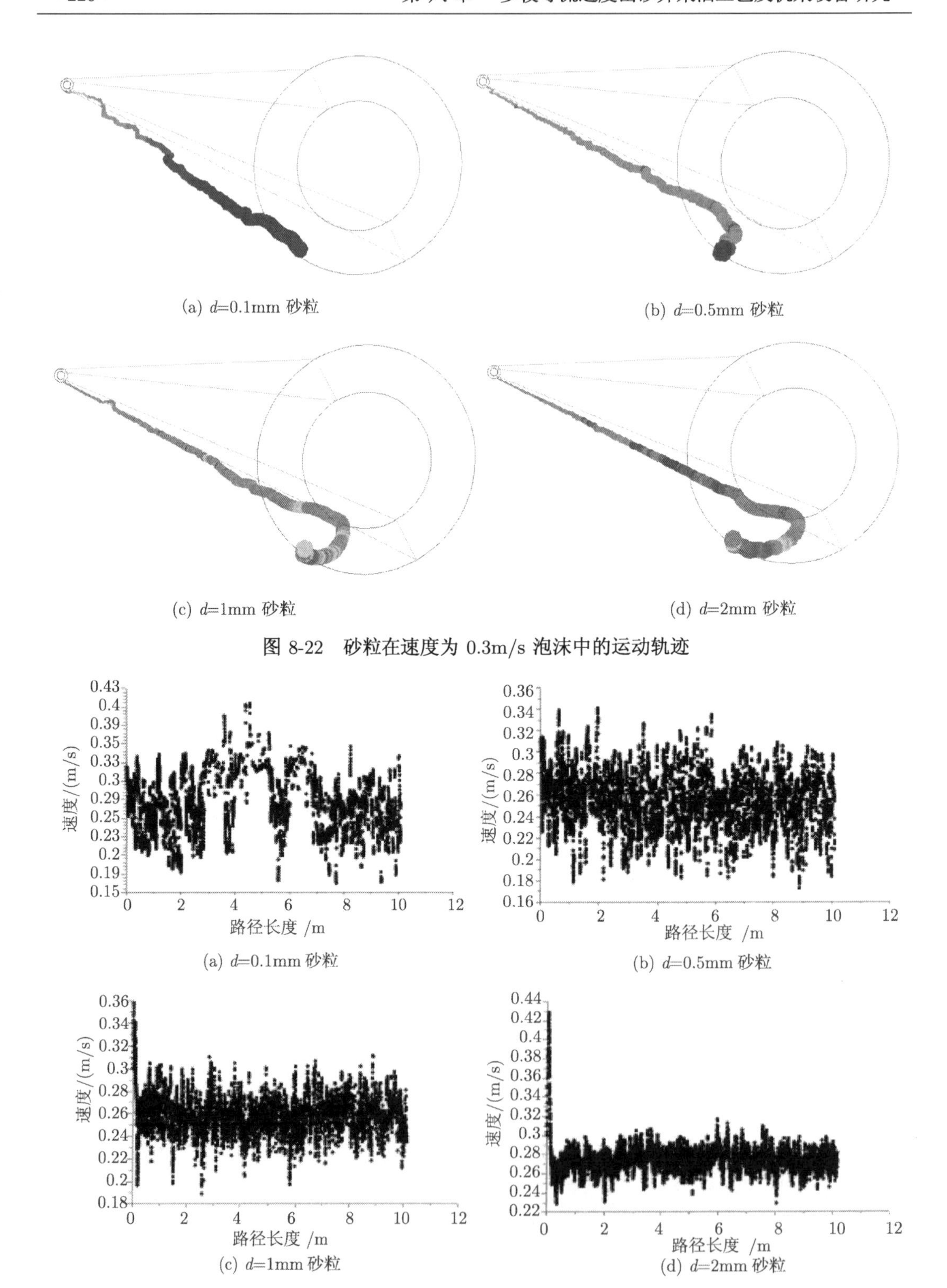

(a) d=0.1mm 砂粒　(b) d=0.5mm 砂粒

(c) d=1mm 砂粒　(d) d=2mm 砂粒

图 8-22　砂粒在速度为 0.3m/s 泡沫中的运动轨迹

(a) d=0.1mm 砂粒　(b) d=0.5mm 砂粒

(c) d=1mm 砂粒　(d) d=2mm 砂粒

图 8-23　砂粒在速度为 0.3m/s 泡沫中的运动速度

图 8-23 为不同直径的砂粒在流速为 0.3m/s 的泡沫中的速度分布。从图 8-23 可以看出，砂粒在泡沫流体携带的过程中速度是不断变化的，砂粒速度低于泡沫流体速度 0.3m/s，而且随着砂粒直径的增加，速度降低的幅度越大。

图 8-24 为不同直径的砂粒在流速为 0.3m/s 的泡沫中的冲蚀速度。从图 8-24 可以看出，砂粒在泡沫流体携带下对管壁的冲蚀速度非常小，基本可以忽略不计。

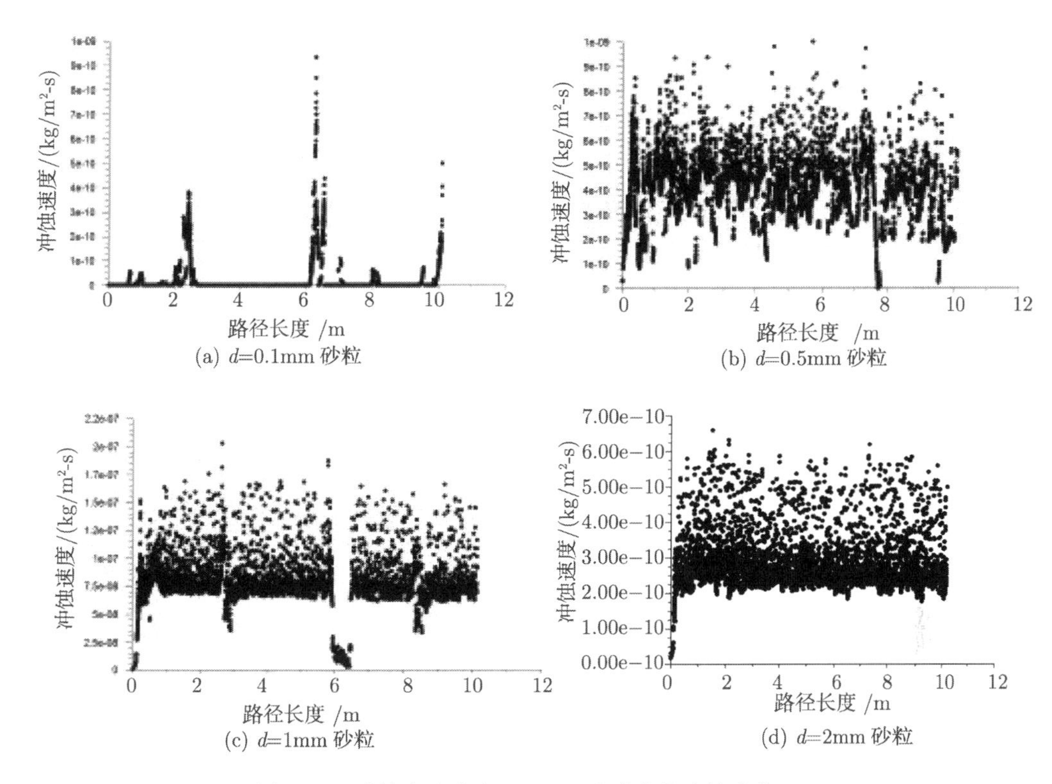

(a) d=0.1mm 砂粒　(b) d=0.5mm 砂粒
(c) d=1mm 砂粒　(d) d=2mm 砂粒

图 8-24　砂粒在速度为 0.3m/s 泡沫中的冲蚀速度

(2) 泡沫流速 0.9m/s

泡沫流速为 0.9m/s，砂粒在泡沫流体中的运动轨迹见图 8-25 所示。从砂粒在泡沫流体中的运动轨迹可以看出，0.1 ～ 2mm 直径的砂粒可以顺利通过水平井段环空流道。

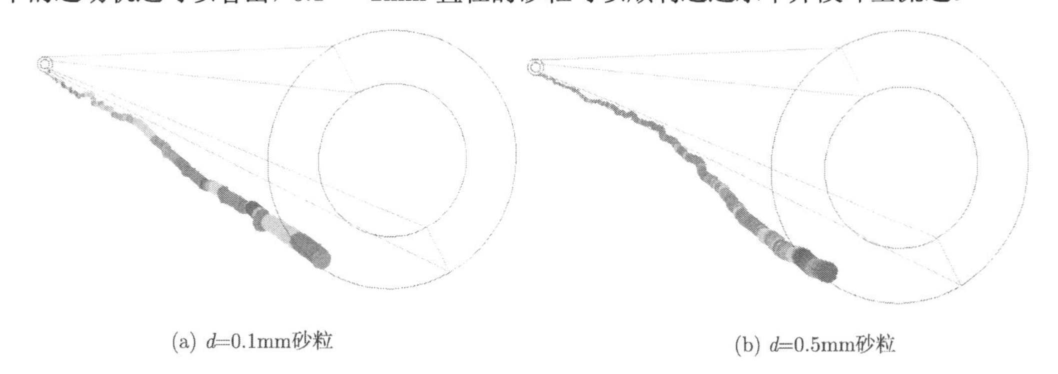
(a) d=0.1mm砂粒　(b) d=0.5mm砂粒

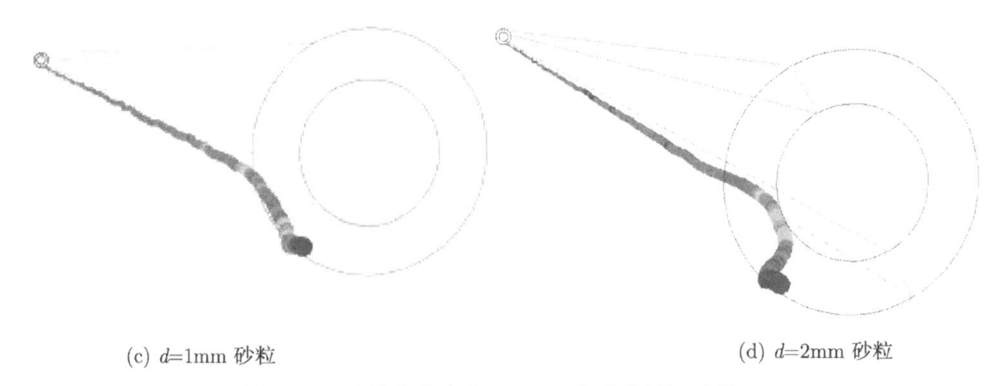

(c) d=1mm 砂粒　　　　(d) d=2mm 砂粒

图 8-25　砂粒在速度为 0.9m/s 泡沫中的运动轨迹

图 8-26 为不同直径的砂粒在流速为 0.9m/s 的泡沫中的速度分度。从图 8-26 中可以看出，随着砂粒直径增加，携带砂粒速度降幅增加，与 0.3m/s 泡沫入口速度携带砂粒速度降幅相比较，在更高速度泡沫携带下，砂粒速度降幅更大。

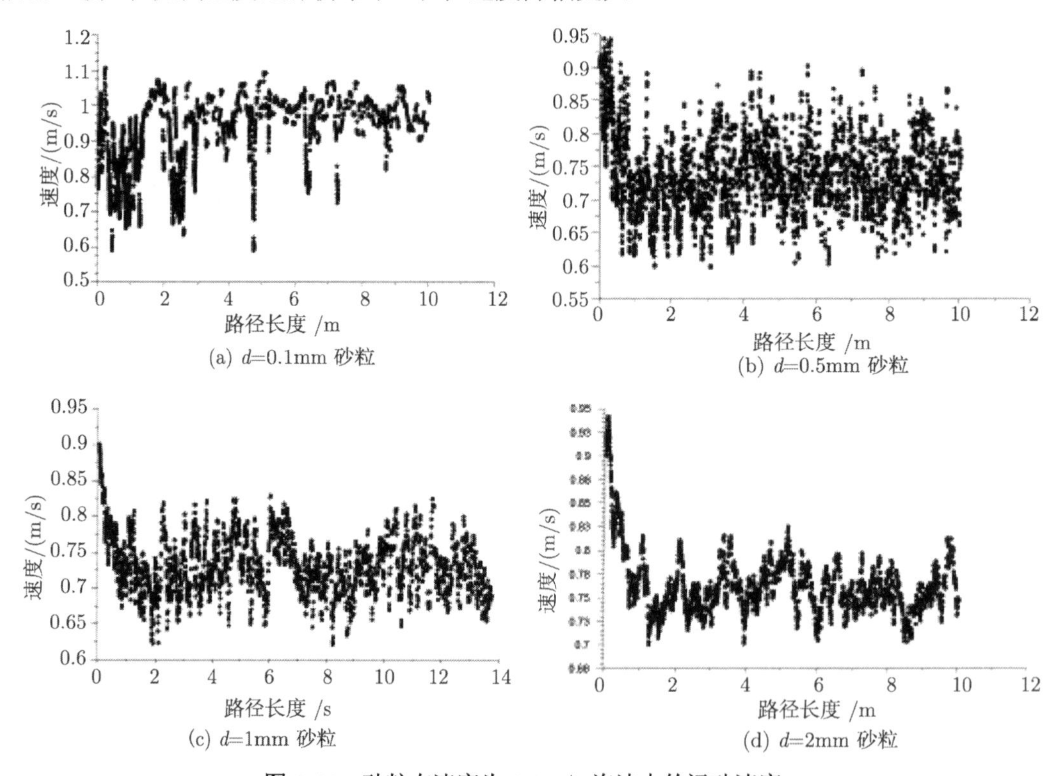

(a) d=0.1mm 砂粒　　　　(b) d=0.5mm 砂粒

(c) d=1mm 砂粒　　　　(d) d=2mm 砂粒

图 8-26　砂粒在速度为 0.9m/s 泡沫中的运动速度

(3) 泡沫流速 1.5m/s

与前面更小速度泡沫携带砂粒情况类似，砂粒在速度为 1.5m/s 的泡沫携带下，0.1 ～ 2mm 直径的砂粒可以顺利并更快速通过水平井段环空流道，并且随着砂粒直径增加，携带砂粒速度降幅增加 (图 8-27、图 8-28)。

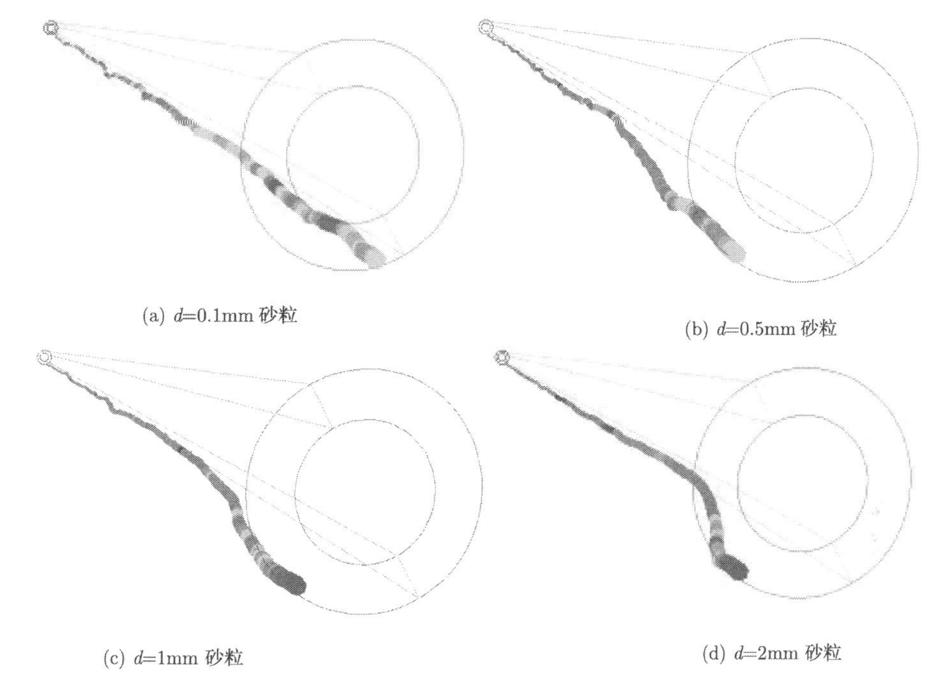

(a) d=0.1mm 砂粒　(b) d=0.5mm 砂粒

(c) d=1mm 砂粒　(d) d=2mm 砂粒

图 8-27　砂粒在速度为 1.5m/s 泡沫中的运动轨迹

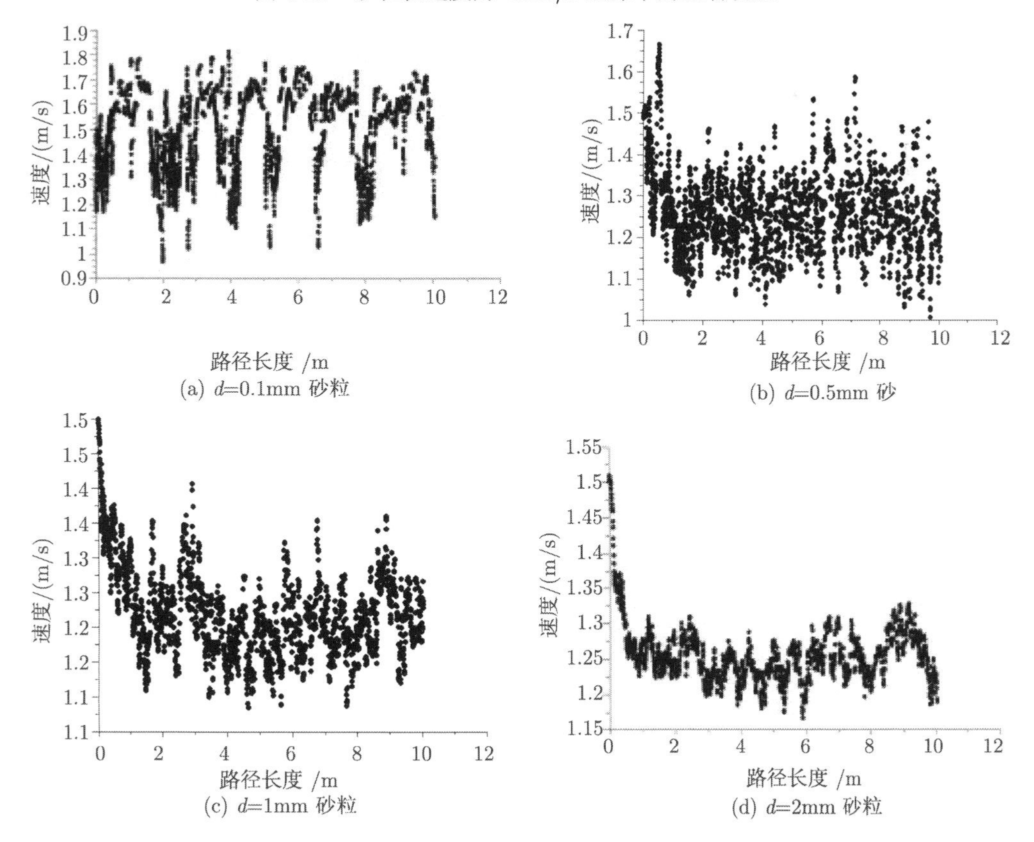

(a) d=0.1mm 砂粒　(b) d=0.5mm 砂

(c) d=1mm 砂粒　(d) d=2mm 砂粒

图 8-28　砂粒在速度为 1.5m/s 泡沫中的运动速度

(三) 45° 斜井泡沫携砂数值模拟

1. 泡沫和砂粒在环空的速度分布

泡沫以 0.3m/s 入口速度在 45° 斜井段环空内处于紊流不稳定状态，由于泡沫流体和砂粒质量作用，造成泡沫流场非均匀性分布，在环空下部流速更低，必将极大影响砂粒的运移，45° 斜井段泡沫携带砂粒颗粒速度云图见图 8-29 所示。

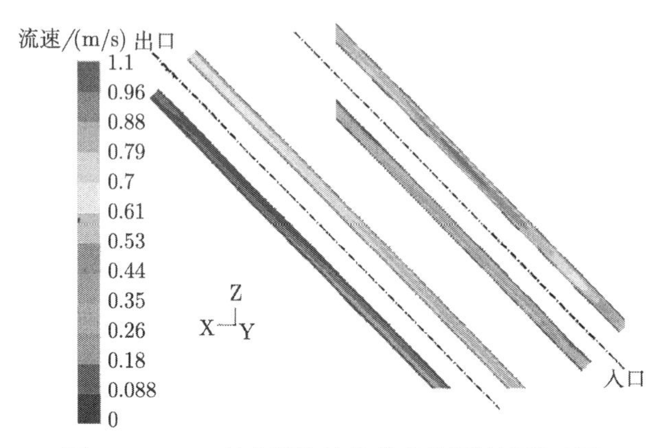

图 8-29　45° 斜井段泡沫携带砂粒颗粒速度云图

2. 泡沫携砂作用

(1) 泡沫流速 0.3m/s

环空流道为 45° 井斜角时，砂粒在泡沫流体中的运动轨迹见图 8-30 所示。泡沫流体和砂粒的入口速度均为 0.3m/s，砂粒直径在 0.1mm 时，砂粒基本上可以悬浮在泡沫流体中随泡沫一起运动，虽然在环空中不断的旋流，但最终通过 10m 长环空流道。砂粒直径在超过了 0.5mm 后，砂粒不能通过环空流道，砂粒在进入环空一定距离后即受到重力作用下沉降在套管壁面。

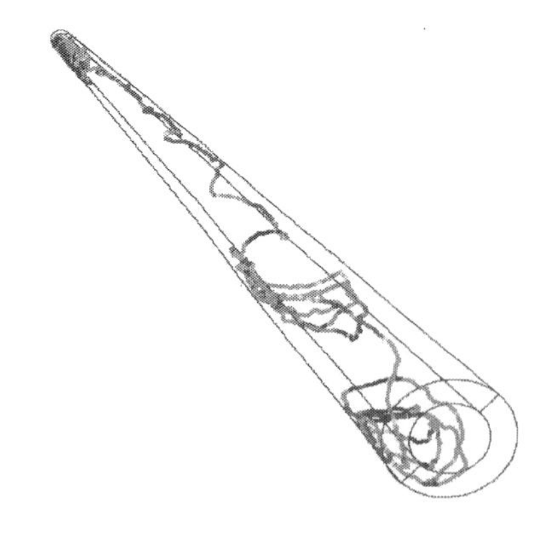

(a) d=0.1mm 砂粒

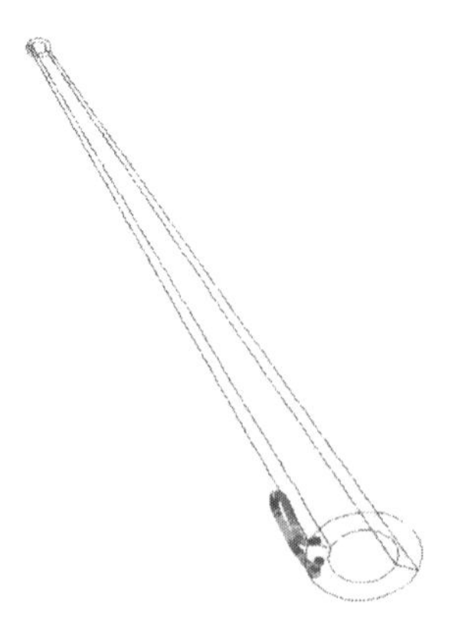

(b) d=0.5mm 砂粒

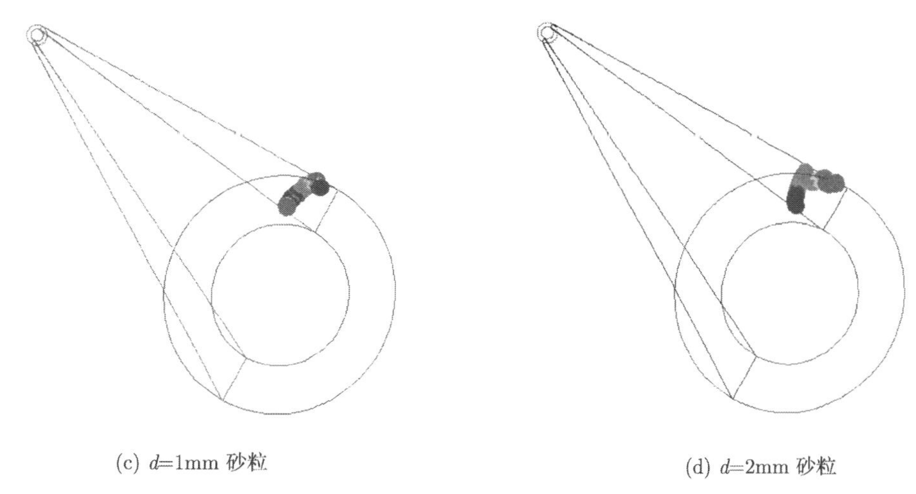

(c) d=1mm 砂粒　　(d) d=2mm 砂粒

图 8-30　砂粒在速度为 0.3m/s 泡沫中的运动轨迹

由于直径大于 0.5mm 砂粒没有顺利通过 10m 长环空流道，仅取出直径为 0.1mm 砂粒的运动速度进行分析，见图 8-31。从图 8-31 中可知，砂粒在泡沫流体携带的过程中水平和垂直方向的速度是不断变化的，而且出现正值和负值，即砂粒在流道中出现明显的旋流，严重影响泡沫携带砂粒的能力。

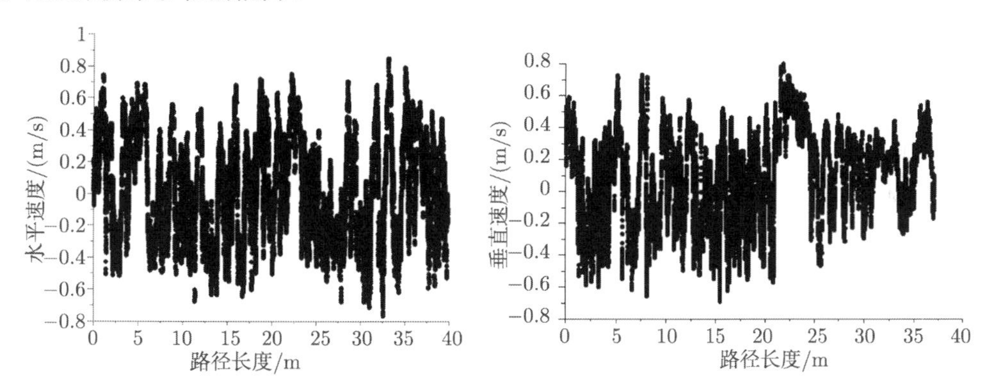

图 8-31　直径为 0.1mm 砂粒在泡沫中的水平和垂直运动速度

(2) 泡沫流速 0.9m/s

环空流道为 45° 井斜角时，砂粒在 0.9m/s 泡沫携带下的运动轨迹见图 8-32 所示。从图 8-32 中可以看出，0.1mm 直径的砂粒可以顺利通过斜井段环空流道，0.5mm 直径的砂粒在不断旋流的情况下艰难通过 10m 长环空斜井段，直径大于 1mm 时，砂粒不能通过斜井段。同时可知随着砂粒直径增加，砂粒通过斜井段的能力减小。

(3) 泡沫流速 1.5m/s

环空流道为 45° 井斜角时，砂粒在 1.5m/s 泡沫携带下的运动轨迹见图 8-33 所示。与速度为 0.3m/s 和 0.9m/s 泡沫携带砂粒对比分析，砂粒在速度为 1.5m/s 的泡沫携带下，0.1 ~ 1mm 直径的砂粒可以顺利并快速通过斜井段环空流道，但砂粒直径增加到 2mm 时，砂粒不能顺利通过环空流道。对比分析不同泡沫速度携带相同直径砂粒可知，随着泡沫速度增加，携带砂粒能力增加。

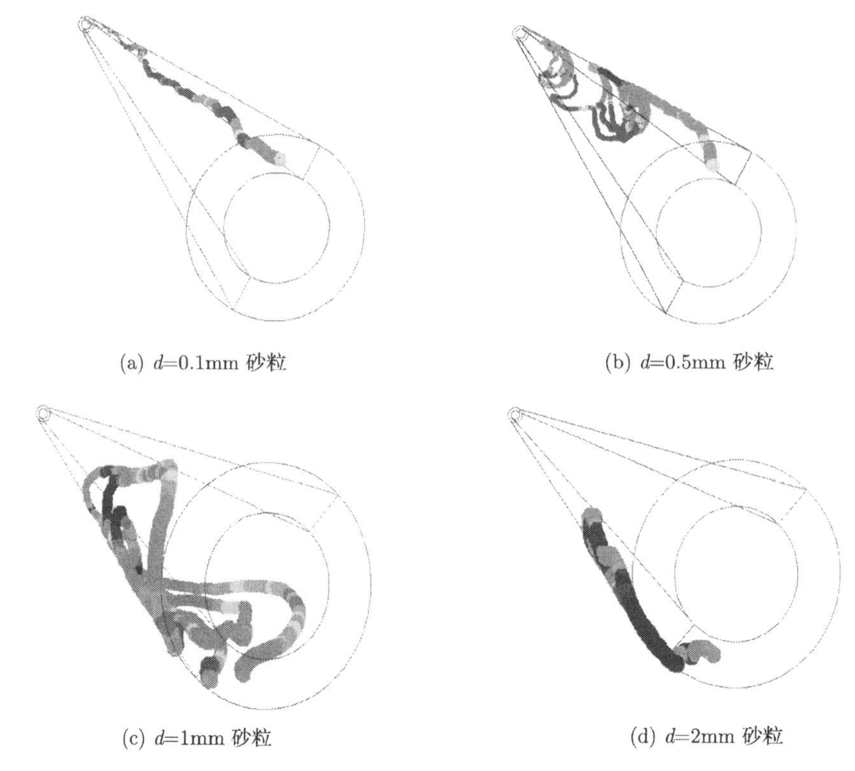

(a) d=0.1mm 砂粒　(b) d=0.5mm 砂粒

(c) d=1mm 砂粒　(d) d=2mm 砂粒

图 8-32　砂粒在速度为 0.9m/s 泡沫中的运动轨迹

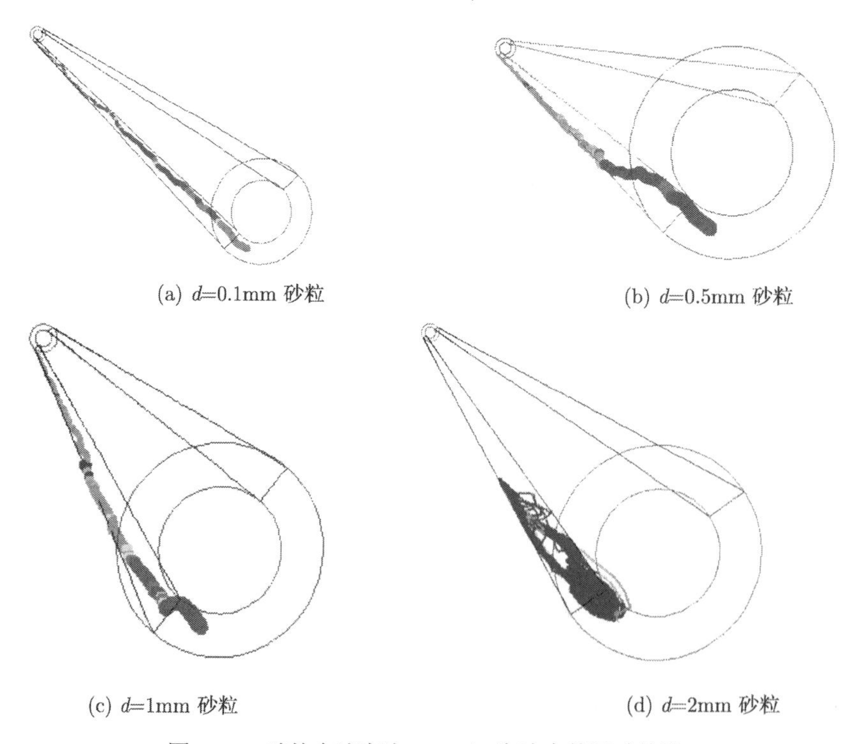

(a) d=0.1mm 砂粒　(b) d=0.5mm 砂粒

(c) d=1mm 砂粒　(d) d=2mm 砂粒

图 8-33　砂粒在速度为 1.5m/s 泡沫中的运动轨迹

三、稳定泡沫的室内循环实验及冲砂能力实验

针对实验的内容和目的，设计了结构简单和操作容易的实验平台。该实验平台既可以做泡沫循环实验，又可以做泡沫冲砂实验，便于直观地评价泡沫的可循环性和冲砂能力。

调节气体流量为 $0.6m^3/min$，液体流量为 $0.92m^3/h$。将粒度为 0.15 ～ 1.5mm 的河砂 (或油砂) 从加砂漏斗中加到双层有机玻璃外管底部，改变井筒倾角，研究不同粒径的砂粒在不同倾角的井筒中被泡沫携带上升的情况。

1. 冲砂时间与砂面高度的关系

模拟井筒倾角为 90°，井筒中河砂初始高度为 78cm，砂粒直径分别为 0.15mm、0.5mm、1.0mm 和 1.5mm 时，冲砂时间与砂面高度关系曲线见图 8-34 所示。

从图 8-34 可知，随冲砂时间的延长，砂面高度在最初的 20s 内快速下降，然后缓慢下降，直至趋于平缓。在相同冲砂时间内，砂粒直径越大，砂面高度越高，即砂粒越难被泡沫携带出井筒，但在最初的冲砂时间段内，这种效果并不明显。同时实验中还发现，冲砂油管离砂面的最大距离不能超过 35cm，否则即使加大洗井液排量或是减小砂粒直径，泡沫流体的携砂率仍然很低。

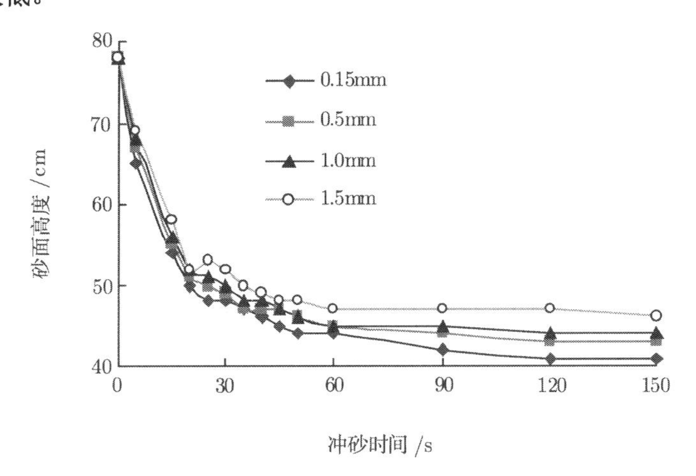

图 8-34　冲砂时间与砂面高度关系

2. 砂粒直径和井筒倾角与携砂率的关系

携砂率是指流体携带出环空管道的砂粒质量与环空入口砂粒总质量之比，它表示出了流体的携砂性能。由于室内实验时，泡沫悬浮能力较强，井筒环空中泡沫悬浮的砂粒较多，无法详细统计被泡沫携带的砂粒质量数。因此，本实验以一定时间段内，井筒中砂面下降的高度与砂面原始高度之比来表征携砂率。前述室内研究表明，冲砂油管离砂面的最大距离不能超过 35cm。因此，在研究不同直径的砂粒在不同倾角井筒中的携砂率时，井筒中砂粒初始高度为 35cm，冲砂时间为 120s，砂粒直径和井筒倾角与携砂率的关系见图 8-35 所示。

从图 8-35 可以看出，直径小于 0.5mm 的砂粒，携砂率随倾角变化不大；直径为 0.5 ～ 0.84mm 的砂粒，携砂率随倾角的增大而增大；直径为 1.0 ～ 1.5mm 的砂粒，携砂率随倾角的增大先减小后增大，倾角在 45° 左右时携砂率最小。在相同倾角情况下，大直径砂粒的携砂率小于小直径砂粒的携砂率，即砂粒直径越大，越不容易被携带。

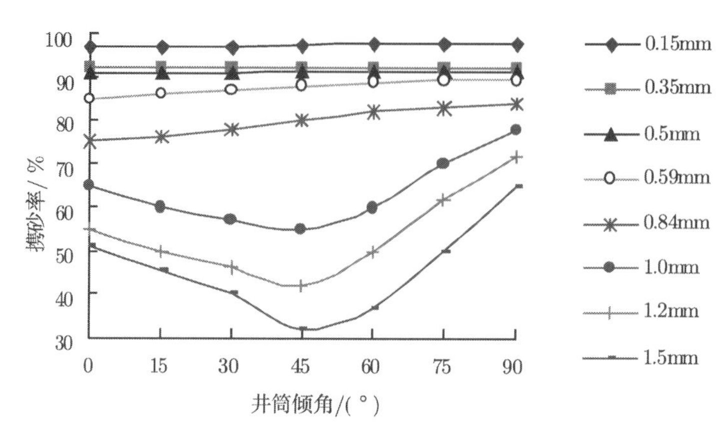

图 8-35　砂粒直径和井筒倾角与携砂率的关系

当砂粒直径很小时 ($d < 0.5$mm)，砂粒基本上可以悬浮在泡沫中并随泡沫一起运动，所以环空倾角对携砂率基本上没有影响；当砂粒直径较大 (0.5mm $< d <$ 0.84mm) 时，砂粒会沉在环空底侧，与壁面产生一定的摩擦，倾角小时，重力在垂直壁面方向的分力大、摩擦力大、倾角大时，重力在垂直壁面方向的分力小、摩擦力小，所以携砂率会随倾角的增大而增大；当砂粒直径大到一定程度 (1.0mm $< d <$ 1.5mm)，倾角为 45° 左右时，如果泡沫流体不能将砂粒携带出环空管道，砂粒会沿环空底部向下滑，使得 45° 时砂粒最不容易被携带，携砂率最低，这与有关文献中的结论一致。

3. 砂粒在泡沫流体中的停留时间

停留时间是指可以被流体携带出环空管道的砂粒从环空管道入口运动到出口所经历的时间，它表示了砂粒的运动速度，即停留时间越短，砂粒运动越快。图 8-36 为砂粒在泡沫流体中的停留时间曲线。

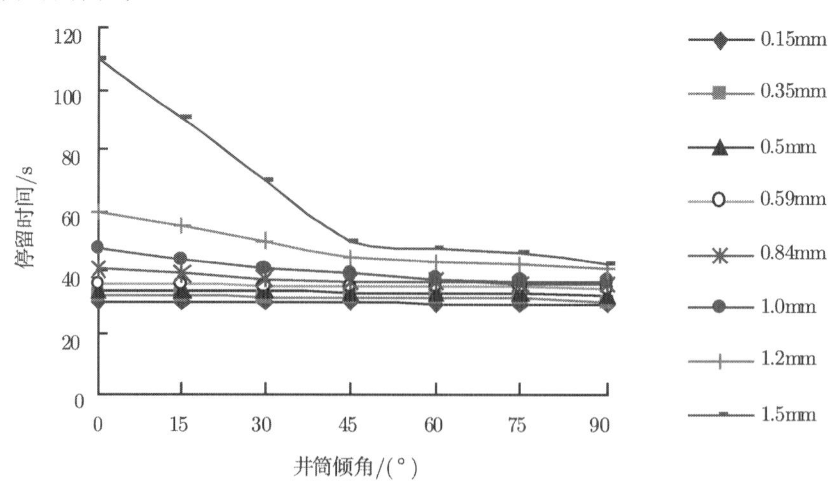

图 8-36　砂粒在泡沫流体中的停留时间

从图 8-36 可以看出，直径小于 0.59mm 的砂粒，在环空管道中的停留时间随倾角的变化不大；直径为 0.59 ～ 1.5mm 的砂粒，在环空管道中的停留时间随倾角的增大而减小。对于相同的倾角，直径大的砂粒的停留时间大于直径小的砂粒的停留时间。这是由于直径较小的砂粒可以较好地悬浮在泡沫中，随泡沫一起运动，所以停留时间随环空管道倾角的变化不大。直径较大的砂粒，在接近水平的环空管道中会沉积在管道底侧，与壁面产生摩擦，使得运动速度减慢，停留时间变长；而在接近竖直的环空管道中，不会出现沉积在管道底侧的现象，不会与壁面产生摩擦，故运动速度较快，停留时间较短。

四、泡沫流体冲砂洗井工艺

目前我国海上许多油田已开始进入生产中后期，储层能量亏空严重、地层供液不足现象日趋明显，修井时需要大量的水进行洗压井和保持井内液位，而大量外来液的入井势必会对储层造成伤害。因此，在修井作业中如何减少外来液对储层的侵入，更好的保护油气层，是油田开发过程中必须重视的问题。泡沫流体洗井就是利用泡沫流体黏度高、密度小、携带性能好的特点，将泡沫流体作为携带液或压井液，液体从油管中打入，从套管返出，使井底建立低于油层的压力称为“负压”，在此负压差的作用下，依靠泡沫流体冲散井内积砂或结蜡，以达到洗井、冲砂的目的。这对提高冲砂质量，保护油气层，缩短油井产量恢复期，最终提高油井免修期具有重要意义。因此，泡沫流体技术可以比较好地解决渤海油田生产后期的许多生产难点，积极开展泡沫流体在油田开发领域的研究和推广应用是非常有意义的，并能创造相当大的经济效益。

结合海上油田现状，从安全、可靠的角度出发，在海上油田选取氮气泡沫进行冲砂洗井比较合理。

氮气泡沫液是一种以液体为连续相、气体为分散相，并根据作业需要在溶液中添加其他化学药剂的多相流体。泡沫液中的液体一般是水 (海上油田洗井时一般用地层水或过滤海水)，气体是氮气。

选择氮气泡沫液作为洗井液的主要原因是：

(1) 氮气是一种非常稳定的气体，用氮气制成的氮气泡沫液的安全系数高，并且氮气可以在现场直接从空气中分离获得。

(2) 氮气泡沫液的密度可以在 $0.5\sim0.9\mathrm{g/cm^3}$ 之间随意调节，便于现场操作。

(3) 氮气泡沫液的携砂和悬浮能力较强，有利于井内管壁上油、蜡等附着物的剥离和携带。

(4) 氮气泡沫液密度的可调范围大，将泡沫液的密度调到与作业油田的地层压力相适应时可以大大减少地层漏失，降低外来液对地层的伤害。这对低压高渗油田油层的保护尤为重要。

(一) 泡沫流体冲砂洗井工艺

泡沫流体冲砂洗井的优点是减少漏失，降低污染，提高清洗效果，主要利用泡沫流体的特性暂堵地层，防止入井液漏失，并利用高黏泡沫流体的携带性能和洗油能力，大大提高作业效果，并缩短作业时间。低密度泡沫流体一般为水基泡沫，对地层污染小，开井生产时产能恢复期明显缩短。

(二) 工艺流程及设备

泡沫流体洗井所用的设备与清水洗井基本相同，除水泥车和其他附属设备外，只是增加空气压缩机和泡沫发生器。空气压缩机一般是车装的，流量在常压下应在 600m^3/h 以上，压力在 25MPa 以上。泡沫发生器接在高压管线上，利用液体的压力和流速进行旋转搅拌，使气体与清水充分混合。为方便各种注入方式的快捷转换，高压管线应有闸门组，控制流体的注入和排出，也能变换注入时从油管到套管的切换。

循环的流程是在水罐车中加入适当的化学发泡剂，注入水箱。用水泥车的柱塞泵从水箱中吸取发泡液，加压后用高压管线向井中泵送。在高压管线上装有泡沫发生器，在泡沫发生器上接有高压气管线，向内注压缩空气 (或氮气)。空气 (或氮气) 与泡沫液体在搅拌器内混合，并进行强烈的旋转，被叶片切割，气泡粉碎成为微泡沫形成泡沫流体。泡沫流体注入井中，可以是正循环，从油管中注入，从环空返出；也可以是反循环，从套管头注入，从油管中返出，必要时可以在套管头和油管同时注入。建立循环后，控制流体的密度和流量，边循环边下放油管，冲洗砂柱。循环出的液体经过旋流除砂器清除液体中的砂粒。从井中返回的泡沫流体可以直接回水箱自然消泡，也可以采取其他方法消泡后循环使用。如果泡沫太丰富，自然除气不及时，可适量使用消泡剂消泡。在洗井中尽量不要中断循环。可循环泡沫冲砂洗井工艺流程见图 8-37。

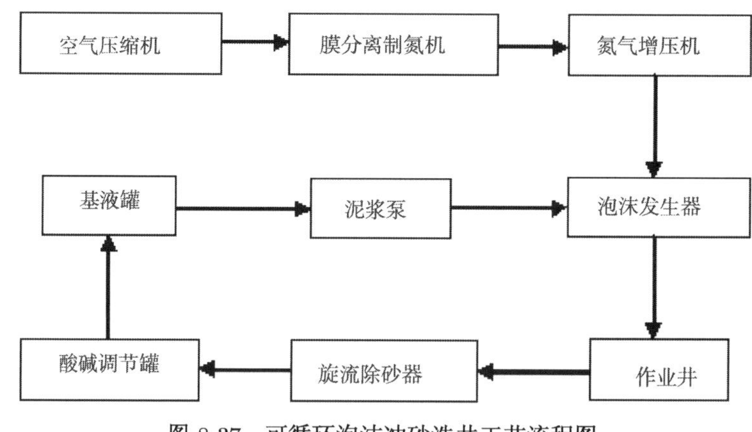

图 8-37 可循环泡沫冲砂洗井工艺流程图

(三) 施工前的准备

(1) 准备 10 ～ 20m^3 的冲砂罐，并将泡沫洗井工程车及正反循环转换流程相连接后，固定于罐体；

(2) 施工前流程需要试压 25MPa，10min 无刺漏；

(3) 准备 3 根高压水龙带 (承压 35MPa)，以连接进出口和干线；

(4) 详细查阅动静液面情况和砂埋油层的有关数据及封隔层的能量情况；

(5) 由应用软件确定注入参数，包括水泥车排量、泡沫洗井工程车排量、注入液的平均密度和注入压力；

(6) 准备一个单流阀，开始下冲砂管柱时使用。

(四) 施工工艺

(1) 连接好工艺流程的各个环节；

(2) 将发泡剂及其他添加剂按比例提前加入到水泥车内溶解；

(3) 开启水泥车与泡沫洗井工程车，向油管和油套环形空间注入泡沫液体；

(4) 待油管和油套环形空间充满泡沫液体后，开始下冲砂管柱；

(5) 建立循环，开始冲砂；

(6) 冲砂完毕，关闭泡沫洗井工程车，继续用水泥车注入油田净化水，待返出物干净为止。

泡沫洗井洗通后，可根据油井具体情况适当控制井口回压，循环 20 ～ 30min 后停止液气注入，关井，后效观察。如若需要，接着进行放喷，恢复液气循环等施工措施，这样可反复几次。施工完毕前，关泵，压风机继续供气 10 ～ 30 min，以保证井内泡沫完全返出井眼。若产能恢复良好，可直接投入采油生产。若产能逐渐恢复，可先将井关闭一段时间，油压恢复后再投产。低压力系数的气带油自喷井，洗井后要首先在压力控制下小量投产，待压力回升后正常采油。对抽油井，可在洗后及时抽汲求产。

（五） 施工中注意事项

(1) 施工中正注入压力不超过 25MPa，超过时应停止注入，改为反注入以建立正常循环；

(2) 对于未砂埋油层的漏失井，如果漏失，油管与环空同时注入泡沫流体，井口压力回升后，再正循环冲砂；对于砂埋油层的不漏失井，在注入压力不超过 25MPa 的条件下，加气量由小到大，以达到正常的注入参数；

(3) 根据砂面深度资料，备足油田净化水，要求 2 ～ 3 个罐车值班以提供足够的冲砂液；

(4) 施工中和冲砂后不宜猛放压；

(5) 地面管线及水龙带试压 25MPa 不刺漏，返出口固定好；

(6) 负压值控制在 0.2 ～ 0.5MPa，由注入参数控制，注意观察出口压力；

(7) 建立循环时应将井筒油替入干线后再循环冲砂。

（六） 泡沫冲砂液体系现场应用情况

本次研究推荐硬胶氮气泡沫修井液体系在 NB35-2-B03m 井进行了现场应用。NB35-2-B03m 井位于渤西油田群 NB35-2 油田 WHPB 平台，是一口水平分枝井，2005 年 9 月 29 日投产，生产层位 NmI 油组。B03m 井于 2009 年 5 月 26 日进行冲砂检泵作业，利用氮气泡沫反循环洗井，排量 8 ～ $12m^3/h$，泵压 3 ～ 5.7MPa，泡沫密度 0.64 ～ $0.92g/cm^3$。氮气泡沫修井液具体应用效果见表 8-2：

表 8-2 NB35-2-B03m 井氮气泡沫修井效果统计表

层位	含水恢复期 /天	修井前产能 /(m^3/d)	修井后产能 /(m^3/d)	产能恢复率 /%	携砂率 /%
NmI	2	4.9	4.2	85.70	> 90%

利用氮气泡沫修井后，NB35-2-B03m 井含水恢复期缩短至 2 天，修井前产油量为 $4.9m^3/d$，修井后产能 $4.2m^3/d$，产能恢复率达到 85.7%，氮气泡沫携砂率 >90%，冲砂效率高。硬胶氮气泡沫修井液体系在 NB35-2-B03m 井应用获得了良好的冲砂、储层保护效果。

第四节　地面油砂分离装置研究

现有除砂工艺存在的问题，对于高黏度含砂稠油在除砂前首先要进行降黏处理，单一个降黏方法难以达到理想降黏效果或者成本较高。传统的大罐沉降除砂过程中，处理罐底沉砂难度大，而且要停产进行，影响了生产的连续性。旋流除砂器处理能力有限，对于粒径分布范围大的砂粒处理效果不太理想，分离不完全。需要设计不同尺寸的旋流除砂器，以分离不同粒径的砂。同时旋流器处理量小，需要多台并行运行，大大增加了生产成本。稠油中砂粒粒径分布范围广，单一的除砂工艺流程除砂能力有限或者成本过高，需要结合多种工艺的优点综合除砂才能分离干净同时降低成本。

（一）　密闭压力沉降＋辅助加温＋旋流器

根据 Stocks 定律，采出液中砂粒迁移速度与采出液黏度成反比，黏度越高，沉降速度越低。在一定体积容器内和有限的停留时间，加温降黏是提高分离效率的有效途径。同时维持一定的温度，同样能够有效提高旋流分离器的分离效率。

方案一特点分析：

(1) 流程结构简单；

(2) 分离效率高，采出液能够全部经过高效旋流分离器进行处理，能够整体降低采出液含砂率；

(3) 电热蒸汽发生器热效率高、耗水量低，能够有效降低运行成本；

(4) 适合于含砂浓度低的采出液处理。

不足之处：

沉降的时间与效果尚不明确，需要进一步研究其机理。

（二）　重力沉降＋旋流分离

采出液进入系统之后首先经斜板重力沉降，经过一级除砂后的低含砂混合液进入旋流除砂器进行二级除砂，斜板沉降管中的沉砂用射流泵将砂粒抽出进入沉砂罐，旋流器底流排砂进入沉砂罐。

方案二特点分析：

(1) 除砂工艺比较成熟，已有类似的应用先例，同时减小了设备体积和占地面积，更适合于海洋平台使用；

(2) 吸收了当前河南油田、大港油田的经验，并在其基础上增加了二级除砂，处理后的油水含砂浓度更低；

(3) 采用射流泵抽吸斜板沉降罐中的沉砂，使得系统工作更加稳定；

(4) 增加了洗砂流程，节能的同时起到了环保作用。

不足之处：

(1) 系统为常压工作状态，需要配套提升泵，不能充分利用来液能量；

(2) 两级除砂使得系统流程长，流程复杂。

(三) 密闭压力沉降＋辅助剪切混合＋旋流器

稠油冷采的重要机理就是利用稠油携砂能力强的特点，即稠油携砂和包裹砂粒稳定。本方案针对稠油携砂的特点，提出一种剪切混合装置，对含砂稠油进行少量掺稀并剪切混合，在分离之前油水乳化，减小稠油包裹砂粒张力，当混合液进入分离器时砂粒能够快速沉降。这种剪切混合装置定义为辅助分离设备。

原理：按照目前大多数研究，认为油水混合物在强力剪切混合作用下，混合液的黏度增加，不利于砂粒沉降。本书认为砂粒初期主要是被原油包裹，要使得砂粒从原油中分离出来远比从混合液中分离难度大。所以，第一步是经过剪切混合使得砂粒从原油中进入混合液中；第二步通过加热的方式降低混合液的黏度，第三步建立分离力场 (即斜板或旋流器) 将砂粒从混合液中分离出来。

方案三特点分析：

(1) 该方案是一种逆常规方案 (需要试验验证并确定其方法)；

(2) 预期只能用于低含砂采出液处理，避免高含砂时剪切增稠，其目的是在分离之前将砂粒从原油中脱出；

(3) 综合方案二的特点，少量掺稀和加热加温。

不足之处：

混合液乳化程度增加，对后期油水分离带来困难。

(四) 旋流分离 + 三相分离器分离

该方案主要利用旋流器除砂，因为旋流器体积小，操作方便，适合海上平台使用。根据井口采出液的性质来选择是否使用降黏装置，若需要降黏，则进入一套降黏装置，通过电加热或者稠油除砂工艺中的高温废水进行加热，使其黏度降低，然后进入旋流器进行分离，旋流器主要针对 75 以上的砂粒进行去除，经过旋流后的液体进入分离器，经分离器分离出固相及油和水，然后油和水分别进入不同的后处理工艺路线。

方案四特点分析：

(1) 该方案所需装置少，路线清晰简单，操作方便；

(2) 设备体积小，占地面积小，适合海上平台使用；

(3) 在可选降黏处理中能够利用后期高温废水，达到资源循环利用，节约成本；

不足之处：

对进入旋流器的来液有一定要求。

(五) 完整工艺路线设计

目前，在石油和天然气行业中，砂粒处理系统设计是基于 Rawlins 等人的除砂思想提出的，它包括五部分：分离砂粒、收集砂粒、清理砂粒、脱水处理和拖运处置。按照该系统设计思想，结合稠油相关实验分析得到的稠油对除砂率的影响规律，将稠油除砂整个工艺过程规划为预处理和二级处理。

预处理是将含砂稠油在运输中容易沉积在设备中的砂砾基本去除并收集，剩下的砂粒可以继续随稠油流动，不影响生产设备的正常运作；二级处理的对象分别是处理后的稠油和收集的混合物，处理后的稠油二级处理分别经过降黏、离心和电脱水等处理，成为合格原油输送给炼油厂加工；预处理所收集的砂粒混合物，经过清洗、脱水等手段处理，使处理后的砂粒可以达到环保标准直接排放，不影响生态环境，减少砂粒拖运和异地处置费用。

综合上述工艺研究，分析其优缺点最终确定具体的工艺流程如图 8-38 所示，井口采出液进入地面除砂器，除去一部分砂粒，另一部分进入分离器，经过分离器将油水进行分离，其中稠油进入加热器加热降黏经过除砂灌处理后可将密度差更小的液滴以及剩余固相物质分离开来，处理后进入电脱水装置脱水，产出的油为合格油可以进入炼油厂，高温废水可利用于预处理阶段的降黏；另外，少量油水进入另一支路；分离器分离出来的水进入旋流器，分离出细小的固相后进入浮选器，选浮器可将污油与水分离开来，污油进入废物箱，水继续进入下一级过滤器，此时可将剩余污油清除，余下的水可以达到直接排放标准。

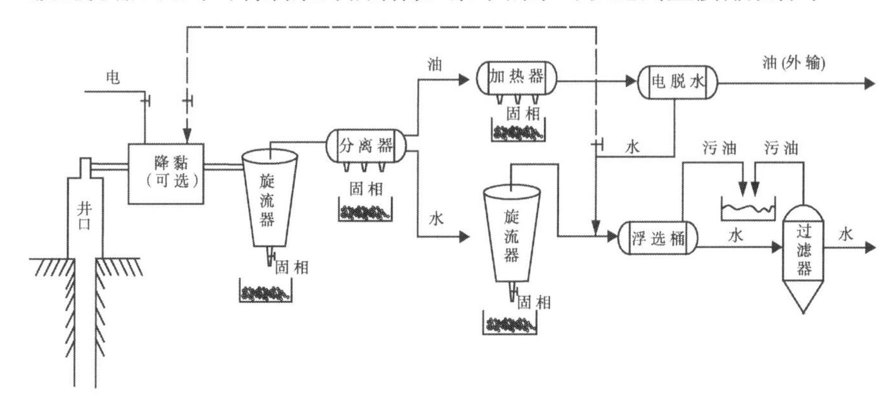

图 8-38　除砂工艺流程图

第九章　多枝导流适度出砂技术现场应用及展望

渤海稠油油藏的主要特点是原油黏度高、储层胶结疏松、易出砂。这部分稠油油藏若采用常规开采技术，油井产能比较低，无法满足海洋石油经济高效开发的需要。针对渤海疏松砂岩稠油油藏特点，进行了油藏工程、钻完井工艺、携砂采油工艺等系统攻关，形成了一套多枝导流适度出砂技术体系，并在以旅大 5-2 和绥中 36-1 油田为代表的海上稠油高效开发示范油田进行了现场试验和应用。

第一节　多枝导流适度出砂技术现场试验应用

多枝导流适度出砂技术在研究过程中形成了一系列钻完井、采油技术及配套软硬件成果，并将系列成果应用于生产实践中，取得了良好的效果。

一、PMM 高分子胶束钻井液体系现场试验

PMM 高分子胶束钻井液体系在旅大 5-2 油田 WHPB 平台某井进行了现场应用。

（一） PMM 体系设计理念

针对海上疏松砂岩、稠油油藏的油藏特点，分枝井、水平井、裸眼筛管完井、适度出砂的工艺特点，对海上疏松砂岩稠油油藏多枝导流适度出砂钻井液体系及配套技术进行综合性、系统性研究。利用高分子化合物缔合、捕集以及束缚自由水的作用，在井壁上快速形成封堵膜，减少钻井液及滤液侵入。通过降低钻完井液与稠油界面张力，改善钻完井液与稠油配伍性。通过化学破胶，清除井壁上的封堵膜及侵入储层的钻井液。

（二） 现场应用情况

1. 井身结构

根据试验井设计要求，旅大 5-2 油田 WHPB 平台试验井的井深结构如表 9-1：

表 9-1　试验井井身结构数据

名称		钻头型号/mm	井深/m	套管/mm	下深/m
导管		—	—	696.6	24
一开		444.5	202	339.7	200
二开		311.2	1754	244.5	1750.9
三开	分枝	215.9	1987	裸眼	
	主枝	215.9	1971	筛管完井	

2. 施工过程

旅大 5-2 油田 WHPB 平台试验井二开钻至 1754 米着陆，套管下深至 1750.94 米，三开作业下钻探水泥塞，水泥塞面 1711 米，以海水钻水泥塞，钻完水泥塞后替入新配制的 PMM

体系钻井液 70m³，将原井浆放入排除干净后进行分支井钻井作业，钻进作业中及时补充聚合醇和适量润滑剂。

分枝井段钻至 1987 米中完，井底循环后倒划眼短起至套管，再下钻到井底充分循环干净后替入新配制的 PMM 体系钻井液 10m³，待新浆覆盖裸眼段后起钻至 1854 米开始悬空侧钻。

悬空侧钻于 1866 米时进入主井眼段，钻至井深 1971 米时通知完钻。完钻后短起下循环替入新配制 PMM 体系钻井液 16m³，覆盖裸眼段及套管以上 150 米后起钻。

起完钻后下刮管管柱刮管洗井，洗井至清洁盐水浊度 NTU 值 700 ～ 800 时起钻下筛管作业。待筛管下到位后于 2 月 14 日 07:00 开始替入破胶液浸泡破胶作业。经计算，浸泡 6 小时后破胶液已漏失完，决定直接起钻下生产管柱，顶替破胶液循环时漏速 12m³/小时，静止时漏速 9m³/小时。

在旅大 5-2 油田 WHPB 平台试验井三开分枝井段及主井段作业中整个钻进及完井过程顺利，未出现井下复杂情况。

3. 现场钻井液性能

表 9-2 给出了旅大 5-2 油田 WHPB 平台试验井三开分枝井段及主井段作业中的钻井液性能。

表 9-2　分枝井段及主井段作业中钻井液性能

	井深/m	温度/°C	黏度/mPa· s	密度/(g/mL)	失水/mL	AV	PV	YP	切力	LRSV
分枝	1754	0	65	1.09	3.8	24	16	8	2/6	—
	1918	15	50	1.08	4.4	20	12	8	3/6	—
	1987	30	52	1.07	4.2	20.5	13	7.5	3/6	16000
主枝	1856	30	59	1.08	4.4	23	13	10	4 /7	30500
	1926	31	62	1.08	4.2	23.5	14	9.5	4.5/8	49000
	1971	31	64	1.08	4.2	24	14	10	5/9	52000

（三）钻井液现场维护

1. 固控设备使用情况

初始替入 PMM 钻井液时，现场 2 个振动筛都安装 84～100 目的筛布。这是由于新配制的钻井液，需要长时间剪切，为了防止振动筛跑钻井液而造成浪费。在钻进过程中，逐渐将 84 目筛布换成 110 目筛布，全程使用除砂器、除泥器，有效地控制钻井液中有害固相的含量。

2. 钻进中维护处理

在钻完水泥塞进入裸眼段后补入聚合醇和适量润滑剂，以降低钻井液的界面张力，增强钻井液的润滑性，降低摩阻。适当地用 HCP 高分子胶束调整泥浆的流变性，使泥浆具有强的携岩能力及较高的低剪切速率，保证井眼的彻底净化，防止近井壁冲刷严重，增强井壁的稳定性。日常钻井液维护以补充新浆为主，同时根据钻井液性能的变化用少量的添加剂对循环系统内的泥浆处理调控，保持性能稳定，充分满足井下施工要求。为了减少对油气层的伤害，重视对固控设备的使用，钻进过程中保持除砂器、离心机全程使用，把比重控制在设计内，最大化的清除有害固相。同时往循环体系中补充新浆和处理剂，保证泥浆性能的稳定和良好，最大限度的减少了对油层的污染。

（四）体系特点

1. 钻井液优点

PMM 钻井液是一种无黏土相高分子胶束钻井液体系。具有较高的低剪切速率黏度，能有效地在近井壁地带形成滞留层，阻止固、液相侵入地层，避免对储层孔喉的堵塞、井壁的冲蚀等（分枝井段钻进时，黏度降低到 50mPa·s 时出现轻微漏失，黏度稍微提高后漏失消失）；PMM 钻井液具有较大的动塑比，携砂能力强、井眼净化能力高，图 9-1 给出了现场作业时振动筛的效果。PMM 钻井液具有较好的抑制能力和润滑能力；PMM 钻井液体系配方简洁，现场配制、维护简单方便，成本低，性能稳定；PMM 体系失水小、泥饼光滑坚韧。高质量的泥饼的快速形成，能有效地控制污染带的深度；完井后易于进行破胶解堵，破胶效果良好，进一步疏通油流通道、减少地层污染（现场破胶试验效果如图 9-2 所示，现场破胶效果与时间的关系如图 9-3 所示）。

图 9-1　现场振动筛效果图

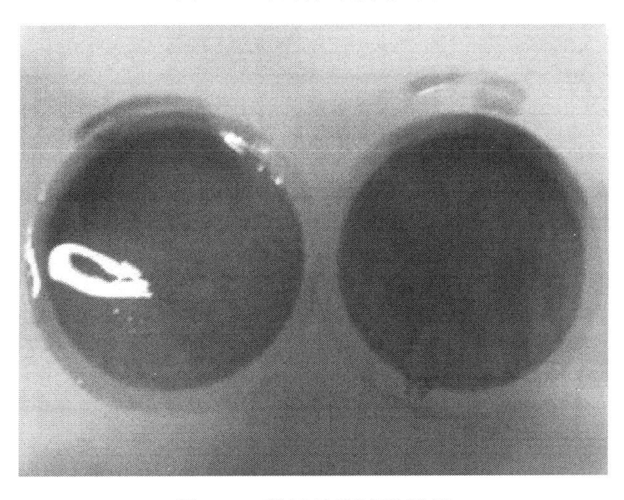

图 9-2　现场破胶试验效果

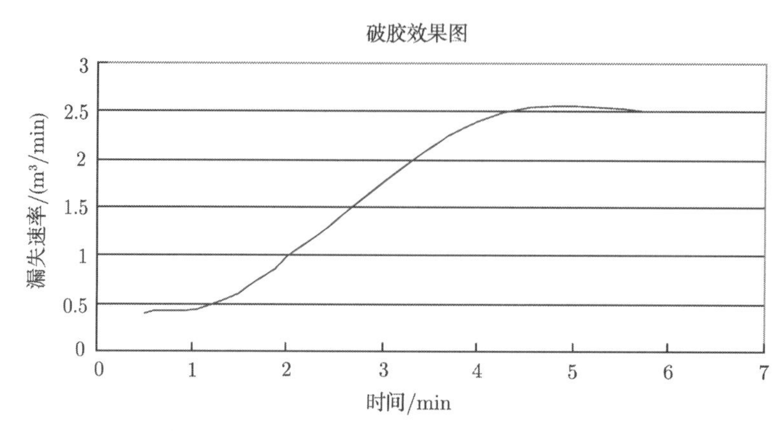

图 9-3　破胶作业后漏失速率随时间的关系

2. 钻井液不足之处

在 PMM 钻井液现场实验过程中，高分子胶束表现出 HCP 在低温下溶解速度较慢，加入后效果显示滞后的不足，但在现场作业过程中，钻井液体系仍能满足携砂和悬浮钻屑的要求。

二、新型防砂管现场试验

新研制的动态自洁式防砂筛管在 LD5-2 油田和 SZ36-1 油田进行了现场试验，显示了较好的效果。

（一）在 LD5-2 油田 J 井中的应用

LD5-2 油田 J 井的目的层位是东二上段。在此之前，已有部分井采用独立筛管的方式对东二上油组进行开采，生产的基本情况见图 9-4。从图 9-4 中可以看出 4 口老井的产量下降很快，稳定期仅为 3 个月左右，生产很不理想，这是由于稠油、细砂及泥质成分等颗粒造成优质筛管被堵塞引起的。

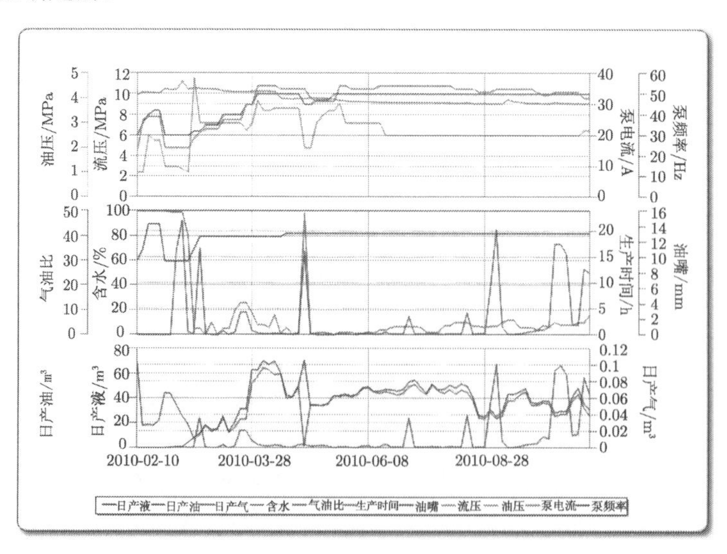

图 9-4　LD5-2 油田 J 井计量曲线图

LD5-2 油田 J 井于 2009 年 12 月 14 日下入 251.1 米动态自洁式防砂管进行简易防砂。该井钻前配产 24.5m^3/天，于 2010 年 3 月 28 日正式投产，截止到 2010 年 11 月 15 日，共计生产 243 天，累计产液 10 455m^3，产油 9733.6m^3，折合平均日产油 40.06m^3，超出配产 15.56m^3/天。

LD5-2 油田 J 井位于东二上段的最远端，处于构造的低点，细颗粒及泥质含量较老井更高，原油的流动性更差；另外，该井属于调整井，地层供液能量有所损失；伴生气的干扰对油井正常发挥影响也较大。这是不利于油井生产的客观因素。

（二）在 SZ36-1 油田 K 井中的应用

SZ36-1 油田 K 井配产 83 ～ 114m^3/天，于 2010 年 10 月 3 开泵投产，截至 2010 年 11 月 15 日，共计生产 44 天，累计产液 7363m^3，产油 2075m^3，折合平均日产液 167.34m^3，日产油 47.16m^3，计量曲线见图 9-5。

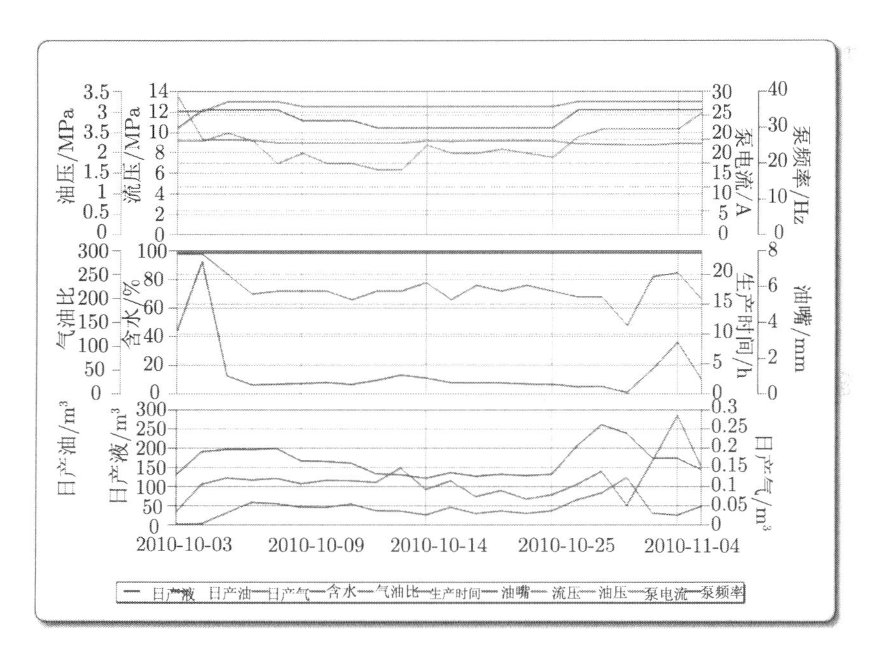

图 9-5　SZ36-1 油田 K 井计量曲线图

（三）在 SZ36-1 油田 KH 井中的应用

SZ36-1 油田 KH 井配产 111 ～ 144m^3/天，于 2010 年 9 月 28 开泵投产，截至 2010 年 11 月 15 日，共计生产 49 天，累计产液 8935.5m^3，产油 7675.3m^3，折合平均日产 182.36m^3，日产油 156.64m^3，计量曲线见图 9-6。

经过对动态自洁式筛管的室内评价和现场的实际应用，表明了其抗堵塞能力明显优于常规筛管，验证了过滤介质的弹性变形可以破坏在表面已经形成的低渗砂层，改善了低渗砂层的渗透性，最大程度地使细颗粒物 ($< 44\mu m$) 随流体进入井筒，在一定程度上保持了筛管的自洁。

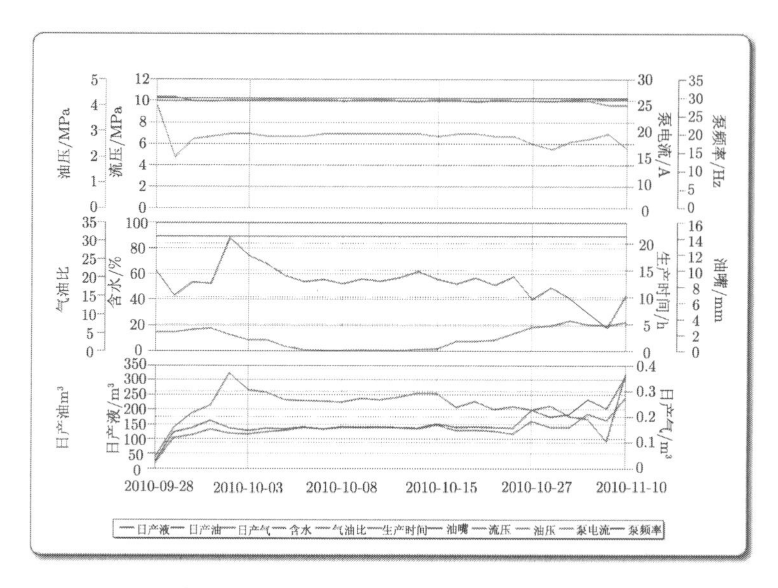

图 9-6　SZ36-1 油田 KH 井计量曲线图

三、基于加稀释剂降黏法的出砂在线监测系统现场试验

2010 年 10 月 29—11 月 2 日在胜利油田孤东采油厂进行了现场试验。首先在孤东采油长某计量站进行试验；之后又在某井的现场进行了单井实时监测。

（一）　集输站取样进行样机测试

改变测试方案后，样机结构改变为如图 9-7 所示的结构，采用现场原油取样，所取样的稠油放入到一油桶中，然后对其进行降黏稀释。做好实验前准备工作，进行测试 (图 9-8)，其中质量流量计显示的流量为 30kg/min，温度计显示管道内温度为 27.8°C。

图 9-7　集输站取样测试所用样机结构

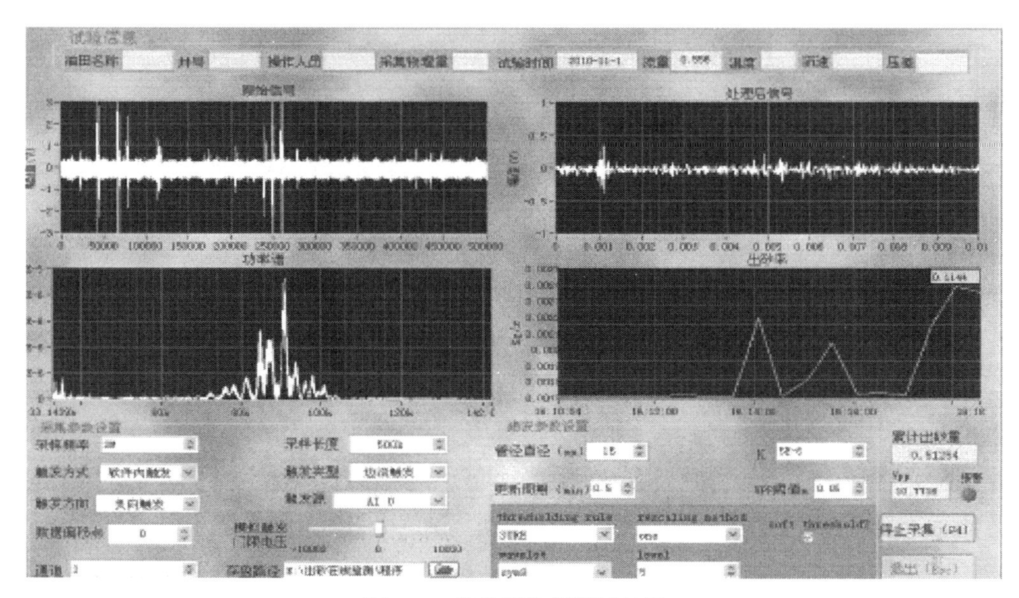

图 9-8　集输站取样测试结果

测试结果如下：

第一次开泵循环，泵的总排量为 180kg，测试的累计含砂量为 0.509 25kg，计算出每千克稠油中含砂量 0.002 08kg，即含砂率为 0.208%。

第二次开泵循环，泵的总排量为 75kg，测试的累计含砂量为 0.080 145kg，计算出每千克稠油中含砂量 0.001 07kg，即含砂率为 0.107%。两次测量结果汇总如表 9-3 所示。

表 9-3　现场取样测试数据表

试验	泵总排量	测试的累计含砂量	含砂率
第一次	180kg	0.509 25kg	0.208%
第二次	75kg	0.080 415kg	0.107%

二者产生误差的原因是：第一次开泵循环是在稠油被稀释后，经过搅拌立即测试的，第二次开泵循环，是在第一次循环后静置了一段时间，此时可能有部分砂粒沉于桶底，所以产生误差。据现场工作人员确认，该井的出砂率在 0.1%～ 0.3%之间，可见测量值在其范围内，具有较高的参考价值。

（二）稠油油井井口直接测试

在某井直接进行了稠油实时监测，测试结构如图 9-9 所示，测试的结果如图 9-10 所示。

开泵循环后，总排量为 1604.16kg，测试的累计含砂量为 0.003 793 81kg，计算出每千克稠油中含砂量 0.000 002 36kg，即含砂率为 0.000 236%。现场工作人员确认该井的含砂率为 0.01%左右，经计算该井的流速为 0.9m/s，速度过小使得测量误差较大。

图 9-9　稠油油井直接测试传感器安装位置图

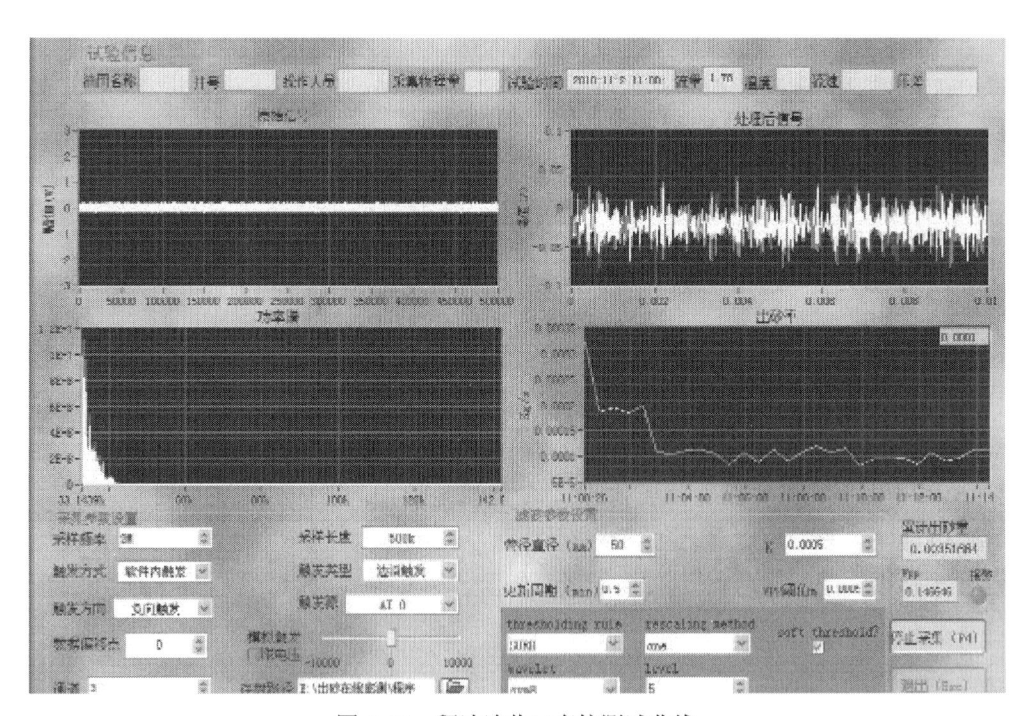

图 9-10　稠油油井口直接测试曲线

四、优质可循环泡沫修井液及酸化增产现场应用

（一）优质可循环泡沫修井液现场应用

目前氮气泡沫修井液体系已经渤海地区 SZ36-1、NB35-2、BZ25-1 等油田进行了现场应用，应用效果见表 9-4、表 9-5。氮气泡沫修井液体系冲砂洗井后，相对与地热水冲砂洗井，

修井液漏失量从 200 ~ 800m^3 降低到 15 ~ 76m^3，含水恢复期从平均 20.3 天降低到 6.6 天，取得了良好的应用效果。

表 9-4　检泉作业地热水与氮气泡沫洗井漏失量对比

井号	洗井液类型	洗井漏失量/m^3
SZ36-1-Test1	地热水	240
SZ36-1-Test2	地热水	840
SZ36-1-Test3	地热水	200
SZ36-1-Test4	氮气泡沫	15
SZ36-1-Test5	氮气泡沫	27
SZ36-1-Test6	氮气泡沫	76

表 9-5　检泵作业地热水与氮气泡沫洗井恢复期对比

油田	地层水洗井		泡沫洗井	
	作业井次	平均含水恢复期/天	作业井次	含水恢复期/天
SZ36-1	24	22.5	6	6.7
BZ25-1	19	17.5	18	6.5
平均	43	20.3	24	6.6

（二）酸化增产现场应用

自工作开展以来，2009 年间在目标区 (南堡 35-2 和旅大) 油田进行了现场应用，共 5 井次，应用情况见表 9-6 和图 9-11。

表 9-6　研究目标区酸化实施井增产效果统计表

序号	井号	施工日期	产量				含水率/%			效果评价
			酸化前/(m^3/d)	酸化后/(m^3/d)	增产量/(m^3/d)	增产幅度/%	酸化前	酸化后	变化量	
1	LD5-2-A 井	2009.7.19	19.79	33.03	13.24	66.9	55.46	64.82	9.36	明显
2	LD10-1-A 井	2009.6.4	28.69	119.31	90.6	315.86	15.01	5.98	−9.03	增油效果显著
3	NB35-2-BS 井	2009.1.22	0.0	7.5	7.5	∞	100	23	−77	显著
4	NB35-2-B 井	2009.8.23	0.0	24.0	24.0	∞	100	100	0	显著，但含水高
5	NB35-2-A 井	2010.10.23	6.5	10.7	4.2	64.6	90.23	88.36	−1.87	明显
		合计/平均			139.56/27.9	—	—	—	—	—

研究成果在矿场顺利实施，油井增产效果明显，有效率 100%，平均单井增产 27.9m^3/d，增产幅度 64.6%~ 315.8%。其中旅大 10-1 油田 A 井增产幅度大，日增油量 90.6m^3/d；南堡 35-2 油田 B 井含水高，但酸化解堵作用是很显著的。

现场应用表明，研究提出的酸液体系适宜于目标储层，可实现有效解堵；酸化工艺和设计方法能够满足疏松砂岩多枝井增产的需求，现场可操作性强。

不同井的增产幅度大小取决于酸化前伤害严重程度。例如 LD10-1-A 井酸化前日产液 34.11m^3，日产油 28.7m^3，含水 15.01%，与预测的产量相差甚远 (预测日产液量为 135m^3)；2009

年 5 月压恢测试，根据压恢资料解释表皮系数为 46.8，表明储层存在严重伤害。2009 年 6 月 4 日对该井实施了多氢酸深部酸化，酸化施工曲线如图 9-12 所示。由施工曲线的演变发现，应用的酸液进入地层后，地层吸收能力得到明显改善，表现为压力降低、排量上升，地层吸液能力明显增强。图 9-12 可知，约 12:04 时，累计注入前置液约 $11m^3$ 时，前置液进入地层并发挥溶蚀作用 (整个油管段体积约 $10m^3$)，由施工曲线可以明显看出，此时泵压由 10MPa 下降至 9MPa 左右，排量由 $0.48m^3/min$ 上升至 $0.9m^3/min$，说明应用的前置液体系有效解堵，解除了部分堵塞物，地层渗透性能得到改善；约 12:56 时，累计注入处理液约 $12m^3$，应用的处理液体系进入地层并发挥溶蚀作用，此时泵压又有明显下降，由 8MPa 下降至 6MPa 左右，地层渗透性能得到进一步改善，投产后增产幅度大。

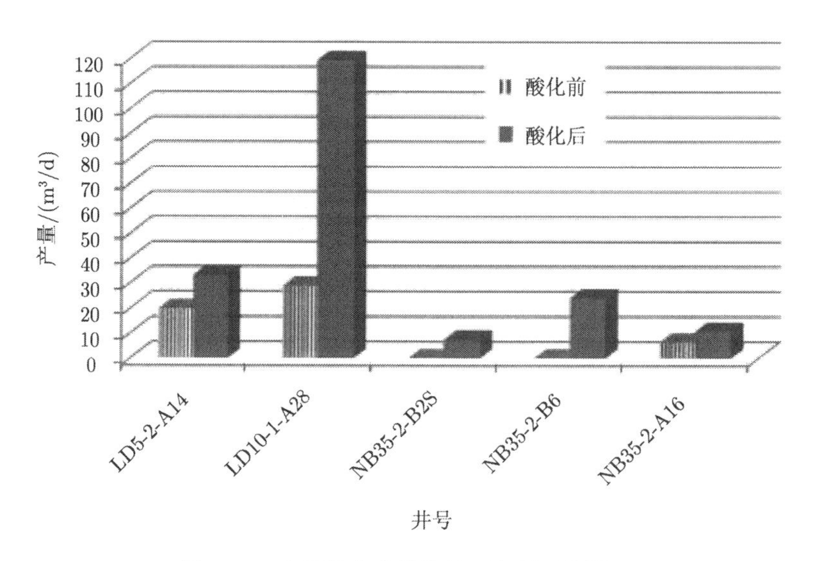

图 9-11　实施酸化井酸化前后产量对比图

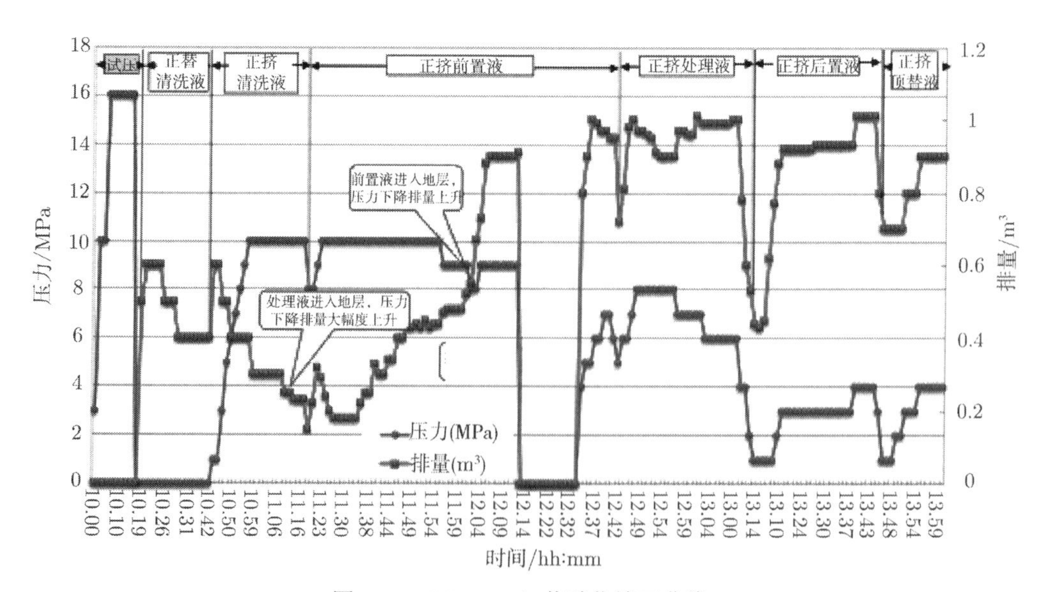

图 9-12　LD10-1-A 井酸化施工曲线

NB35-2-B 井酸化施工初期挤注难度大，但酸化液剂注入地层后，渗透性明显改善(图 9-13)，投产后产液量液量大幅度提高。

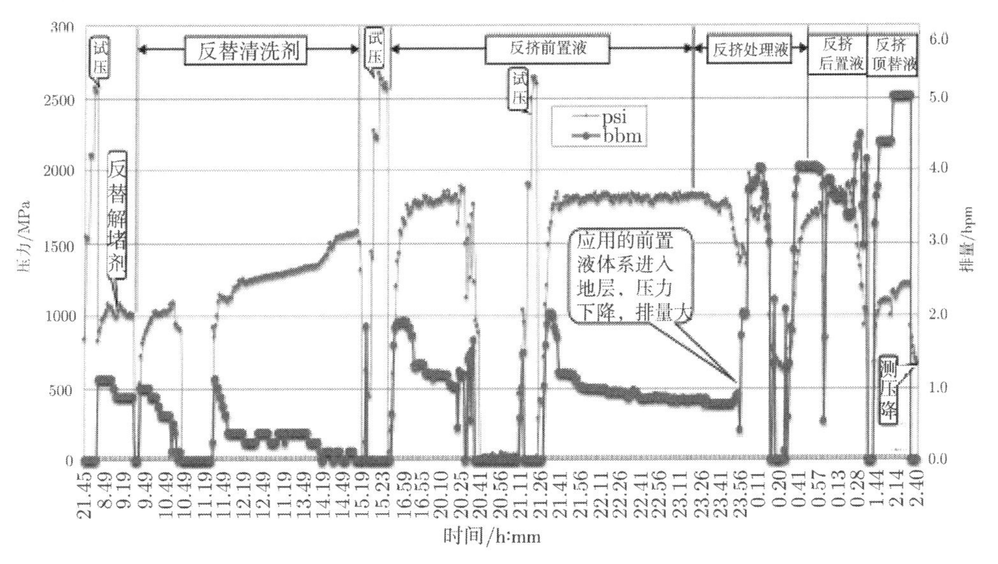

图 9-13 NB35-2-B 井酸化施工曲线

五、大排量螺杆泵现场试验

项目涉及的电潜螺杆泵机组分别在 SZ36-1-B 井、SZ36-1-A 井、SZ36-1-C 井进行了下井试验。该三套机组均为 $200m^3/d$ 排量级别的电潜螺杆泵机组。

(一) SZ36-1-B 井应用情况

1. 机组运行情况

该机组于 2008 年 10 月 1 日在 SZ36-1-B 井下井试验，工频启泵运行，实际产液 $200m^3/d$，后产液量逐渐降低，到 2009 年 7 月 12 日，排量逐渐降到 $175m^3/d$，后排量基本稳定 (图 9-14)。2010 年 3 月 24 日因螺杆泵传动装置与泵连接的轴心断裂检泵。

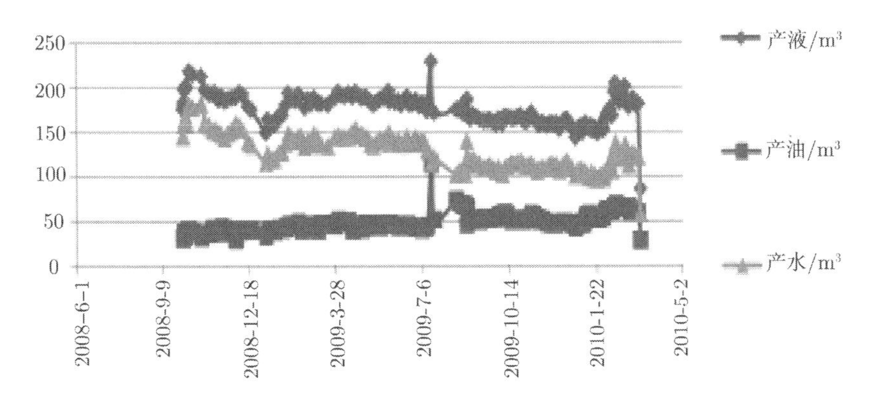

图 9-14 SZ36-1-B 井产量统计

2. 机组运行情况分析

(1) 泵效情况

从产液量来看，该井所下机组泵额定排量为 240m^3/d。该井换电潜螺杆泵作业以后，在换泵的初期，日产液达到 200 m^3/d，容积效率达到了 83%。之后该井产液稳定在 150 ～ 180m^3/d，容积效率达 63%～ 75%。对比于之前的电泵运行情况来看，额定排量 200 m^3/d，实际产液 107m^3/d，容积效率仅 53%，换螺杆泵泵效明显提高。

(2) 电流情况反应的稠油的适应性

该井原油黏度较大，化验地面 50 ℃时原油黏度 2318mPa· s。根据之前井史资料提供的数据，该井电泵运行时受油水乳化井液黏度增加影响，电泵运行电流波动较大。换螺杆泵以后运行电流平稳，证明了螺杆泵对于稠油井生产的良好适应性。

(3) 机组输出扭矩

根据该井的运行电流来看 (图 9-15)，平均运行电流 12.5A，根据电机功率因数与效率，计算得电机运行输出功率 26kW，根据机组泵入转速 190r/min 计算，减速器运行输出扭矩为 1306 N·m，达到减速器负载设计指标 1500N·m 的 87%，基本证明减速器达到了设计要求。

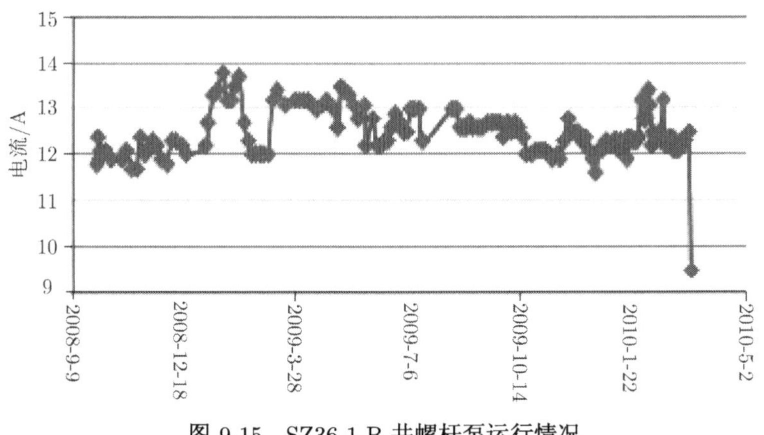

图 9-15　SZ36-1-B 井螺杆泵运行情况

该井机组 2010 年 3 月 24 日因螺杆泵传动装置与泵连接的轴心断裂检泵，连续运行 529 天。

提井后该套机组电机三相绝缘 1000MΩ 以上，减速器盘轴灵活，齿轮无损伤。电机油、齿轮油颜色变深，有少量杂质，但无明显铁屑，基本可以判定该套机组减速器、电机两大主要部件完好。

减速器与螺杆泵相连部分的偏心传动轴断裂。断裂后产生的金属颗粒搅入螺杆泵，对螺杆泵的定子橡胶造成破坏，该机组螺杆泵橡胶有损伤。

该套系统使用的是可靠性较低的单十字滑块传动机构 (图 9-16)。其优势轴向载荷承载力较强，但扭矩传递靠的是弧形齿，抗磨损能力和寿命不如后来新开的双十字滑块式传动机构，且老式传动机构靠井液润滑，井液中的杂质会加速弧形齿的磨损。

后已更换为更为可靠的新式偏心传动机构 (图 9-17)。

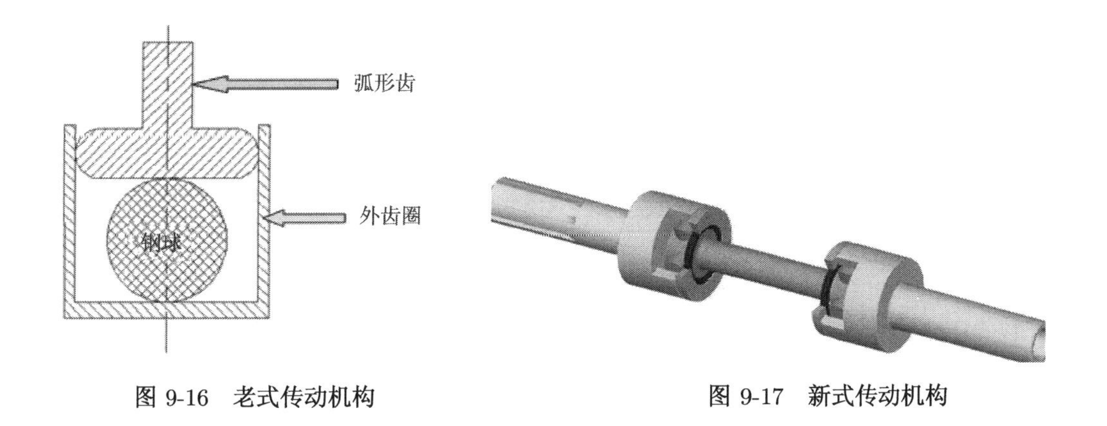

图 9-16　老式传动机构　　　　图 9-17　新式传动机构

（二）SZ36-1-A 井应用情况

1. 机组运行情况

该机组于 2009 年 6 月 16 日在 SZ36-1-A 井下井试验。2009 年 6 月 18 日 30Hz 启泵，2009 年 6 月 22 日切 50Hz 工频运行，实际产液 201m^3/d，后产液量逐渐降低，到 2009 年 10 月 30 日，排量逐渐降到 160 m^3/d，后排量基本稳定 (图 9-18)。2010 年 1 月 23 日因反洗阀泄漏检泵。

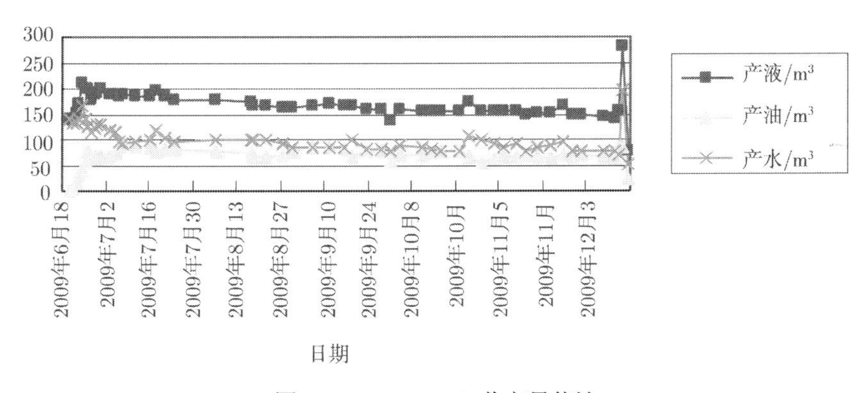

图 9-18　SZ36-1-A 井产量统计

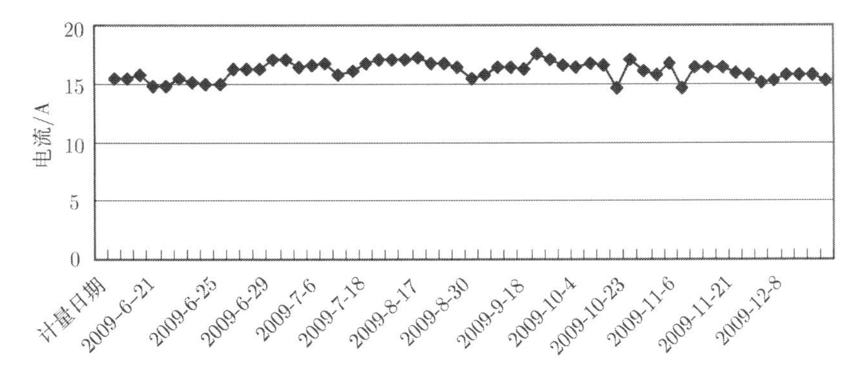

图 9-19　SZ36-1-A 井螺杆泵运行情况

2. 机组运行情况分析

(1) 泵效情况

从产液量来看，该井所下机组泵型号为 800mL/r，额定排量为 200m^3/d。该井换电潜螺杆泵作业以后，在换泵的初期，日产液达到 200m^3/d，容积效率达到了 100%。之后该井产液稳定在 150 ～ 180m^3/d，容积效率达 75%～ 90%。对比于之前的电泵运行情况来看，额定排量 200 m^3/d，实际产液 107m^3/d，容积效率仅 53%，换螺杆泵泵效明显提高。

(2) 电流情况反应的稠油的适应性

该井原油黏度较大，化验地面 50 ℃时原油黏度 2228mPa·s。根据之前井史资料提供的数据，该井电泵运行时受油水乳化井液黏度增加影响，电泵运行电流波动较大。换螺杆泵以后运行电流平稳，证明了螺杆泵对于稠油井生产的良好适应性。

(3) 机组输出扭矩

根据该井的运行电流来看 (图 9-19)，平均运行电流 16.5A，根据电机功率因数与效率，计算得电机运行输出功率 25kW，根据机组泵入转速 190r/min 计算，减速器运行输出扭矩为 1260N·m，达到减速器负载设计指标 1500N·m 的 84%，基本证明减速器达到了设计要求。

该井机组 2010 年 1 月因反洗阀泄漏检泵，连续运行 219 天。我们对返回的旧机组进行了拆检，机组状况完好。

(三)　SZ36-1-C 井应用情况

1. 机组运行情况

该机组于 2009 年 9 月 16 日在 SZ36-1-C 井下入电潜螺杆泵生产。2009 年 6 月 20 日 30Hz 启泵，额定排量 200m^3/d，变频 33Hz 运行，初期产液 120m^3/d 左右 (图 9-20)。化验含水 30%～ 40%，有出砂记录，一直低频运转。

2010 年 7 月 13 日变频控制柜故障停泵，测量对地绝缘 6MΩ，三相直阻平衡。重新启泵后，井口无产出。平台怀疑泵头砂卡。工频反转时，运行电流 8A，解卡未成功；工频正转启动电流瞬间高达 70A，过载停泵。

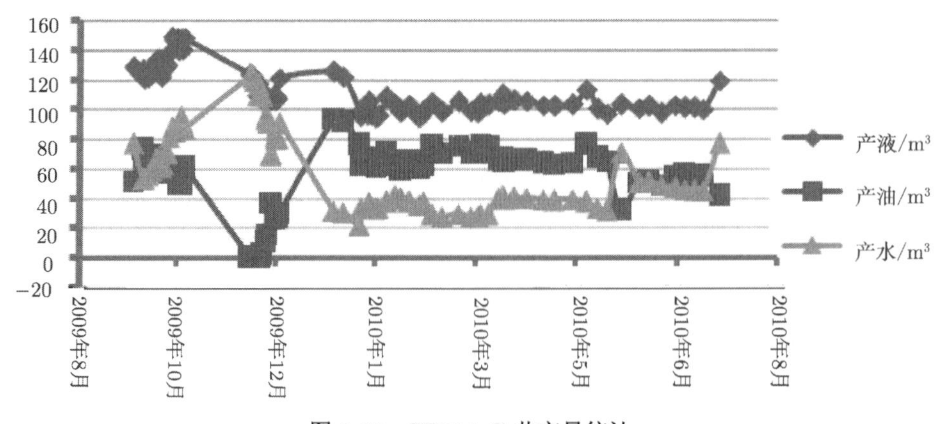

图 9-20　SZ36-1-C 井产量统计

2. 机组运行情况分析

(1) 泵效情况

从产液量来看，该井所下机组泵型号额定排量为 200 m³/d。该井换电潜螺杆泵作业以后，在换泵的初期，变频 38Hz 运行，日产液达到 130 m³/d，容积效率达到了 85%。由于之后该井产液化验含砂，化验含水 30%～ 40%之间，故 33Hz 变频生产，稳定在 120m³/d，容积效率达 85%～ 85%，相比电潜泵 50%泵效明显提高。

(2) 减速器输出扭矩

运行电流 11A，根据电机功率因数与效率，计算得电机输出功率 18kW，根据机组变频 33Hz 运行泵入转速 145r/min 计算，减速器运行输出扭矩为 1186N·m，达到减速器负载设计指标 1500N·m 的 79%，超过了项目考核指标 1100N·m 的要求 (图 9-21)。

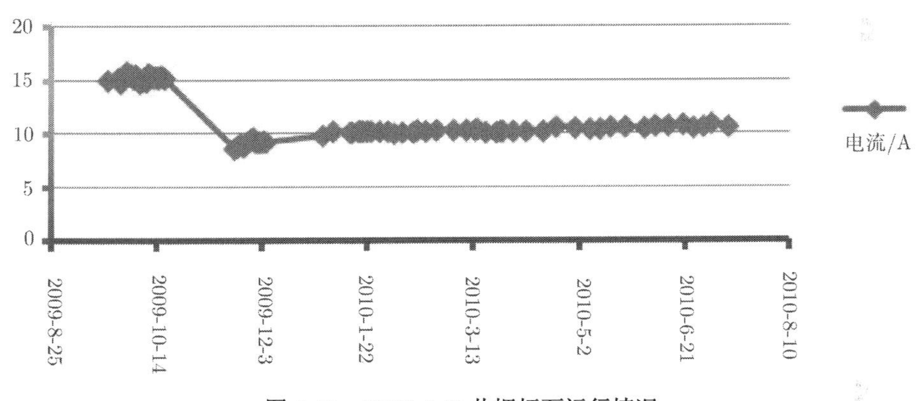

图 9-21　SZ36-1-C 井螺杆泵运行情况

(3) 螺杆泵对含砂井的适用性

2009 年 11 月 20 号检泵后恢复生产。下入电潜螺杆泵生产，额定排量 200m³/d，初期产液 120m³/d 左右，变频 33Hz 运行。化验含水 30%～ 40%，有出砂记录，一直低频运转。从电流运行情况来看，电流运行平稳，体现出了螺杆泵对出砂井的适应性。

多枝导流适度出砂技术在研究过程中形成了一系列钻完采技术及配套软硬件成果，并将系列成果应用于生产实践中，取得了良好的效果。

第 二 节　多枝导流适度出砂集成技术展望

多枝导流适度出砂技术是一项复杂的系统工程，必须经过广泛的研究和论证，从油田、层段、油井的筛选入手，通过矿场先导性试验，摸索出一套适用的多枝导流适度出砂技术模式，最后再进行大规模推广应用，具体包括如下几个方面：

1. 油藏评价技术

进行多枝导流适度出砂技术的油藏适应性评价，产能评价研究，系统优化设计，为储层渗流条件的改变、出砂状态、出砂量的预测、井筒携砂能力的评价以及完井方法的优选提供依据。

2. 井壁稳定及储层出砂规律研究

出砂条件及出砂规律的研究是多枝导流适度出砂技术的基础，需要结合室内物理模拟和数学模拟，综合应用地质力学、流体力学以及计算数学 (有限元或离散元) 等手段。主要包括近井带应力变化规律、井壁稳定性分析、出砂临界条件、出砂对渗流条件的改变、不同时期的出砂量预测方法等研究。

3. 钻井配套技术

多枝导流配套钻井技术研究围绕海上疏松砂岩稠油油田开发中所面临的挑战，开展多枝导流适度出砂钻井配套技术和工具研究，实现用钻井的方式提高单井泄油面积并提高单井产能和采收率的目的。其研究成果的综合应用可解决制约海上疏松砂岩稠油油藏开发的单井产能低的难题，同时通过降低生产压差，减缓水锥移动速度，可显著提高海上油田开发效益和采收率。

4. 完井方式和采油工艺技术

稠油油藏的适度出砂需要考虑最大可携带的砂量及砂粒直径。结合配产要求，对不同生产条件下不同性质的稠油携砂能力进行模拟实验分析，为完井方式中防砂粒径的限制条件提供依据。人工举升方法中螺杆泵可以输送高含砂比的液体，最大含砂率可以达到 40%，但要确定携砂生产时合理的下泵深度。下泵深度过浅，由于流体在套管内的流速比油管小，砂粒下沉，易造成油层砂埋；下泵深度过大，在泵排砂不及时的情况下，易造成生产泵的砂埋。因此，在研究井筒流动携砂能力的基础上，必须首先确定最佳的下泵深度。

5. 出砂监测及地面处理工艺技术

多枝导流适度出砂技术需要考虑地面允许的最大砂处理能力，采用多枝导流适度出砂技术方式生产时，为防止砂粒集输系统的堵塞和磨蚀，产出液体不能直接进入管网，需要就地除砂。由于稠油悬砂时间较长，为加速产出砂粒的沉降速度，一般采用大罐加热除砂法。如 Suncor 公司最初采取每口井配置一个 120 方的大罐，大罐中安装一个 152mm 的 U 形加热管，产出流体直接进入大罐，加热沉砂后进入井网；后来，为了满足单井产量增加的需要，每口井中串接了三个大罐，其中第一个大罐中配置了 2 个 152mm 的加热管，第二和第三个大罐中配置 1 个加热管，产出流体经三个大罐的分级处理，含砂比例已经达到合格原油标准，可以直接进入外输管网。

6. 综合技术经济评价

该评价包括完井方式和完井费用评价、地面处理费用和产量评价，根据不同的研究内容，采取不同成本费用的计算方法，贯穿于上述研究的始终，获得综合的经济效益。

多枝导流适度出砂关键技术流程见图 9-22。

该套技术研究的具体实施流程如下 (图 9-23)：

1. 油藏模拟评价

进行全油藏的数值模拟，计算孔隙压力、流体饱和度的分布，评价储层有效应力的变化趋势，结合岩石力学和流体力学的计算，为储层渗流条件的改变、出砂状态、出砂量的预测、井筒携砂能力的评价以及完井方法的优选提供依据。

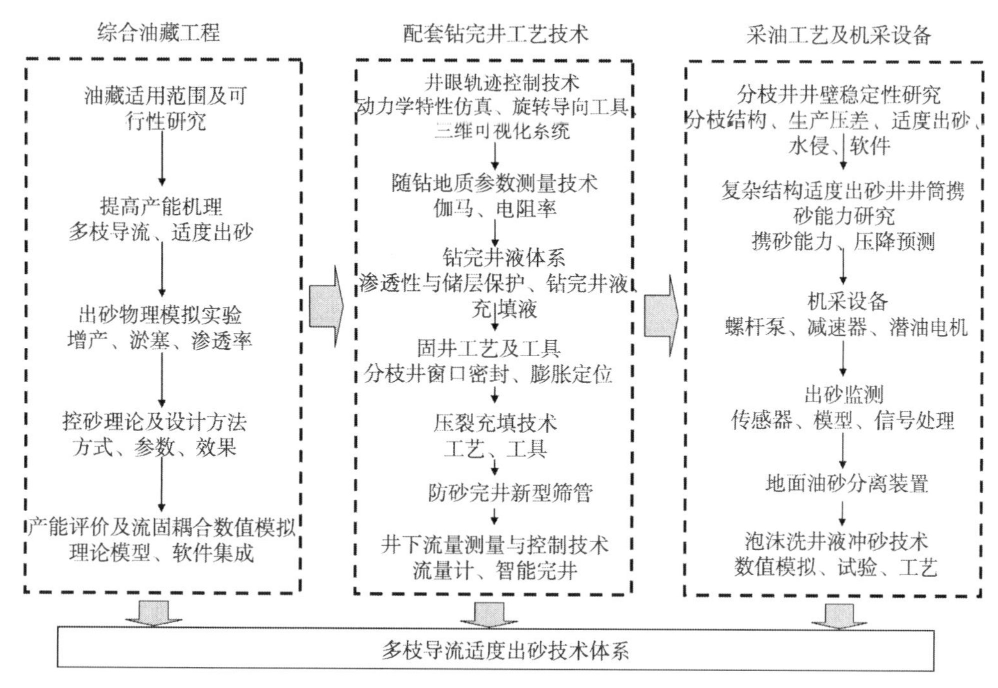

图 9-22　多枝导流适度出砂关键技术流程图

2. 地层强度分析

油藏开采期间，携砂开采会“掏空”储层，引起地层岩石强度发生变化，如果超过极限状态，甚至会引起地层的垮塌下陷，达不到提高产能的目的。因此，需要充分论证，做好以下各项工作：

(1) 地层出砂机理分析，测定储层岩石的出砂临界状态；

(2) 室内岩石强度测定，利用室内岩石强度实验结果和强度破坏准则，测定岩石的黏聚力和摩擦角等；

(3) 弹性模量获取：利用取心岩石强度实验结果，校正利用测井资料计算的储层岩石强度剖面，获得地层的弹性模量、杨氏模量和泊松比；

(4) 强度的校正：由于岩心在室内静态实验测定的强度和测井资料计算的强度存在系统误差，因此需要校正；

(5) 应力的求取：利用密度测井求取地层的垂直应力，利用破裂压力实验和岩样去校正和完善地层的水平应力。

3. 钻井液选择

针对海上疏松砂岩稠油油藏基本特征：高孔高渗、胶结疏松、水敏性矿物含量高、原油黏度高。由于胶结疏松，传统屏蔽暂堵储层保护措施不适合，不能完全阻止钻井液侵入，选择适合于疏松砂岩稠油油藏的高分子胶束钻井液体系。

4. 完井方式选择

根据油藏的性质、可动砂的粒度分布、油藏的开发阶段、井筒的携砂能力以及油井开采方式和地面处理条件等，进行综合分析，选择合适的完井方式。

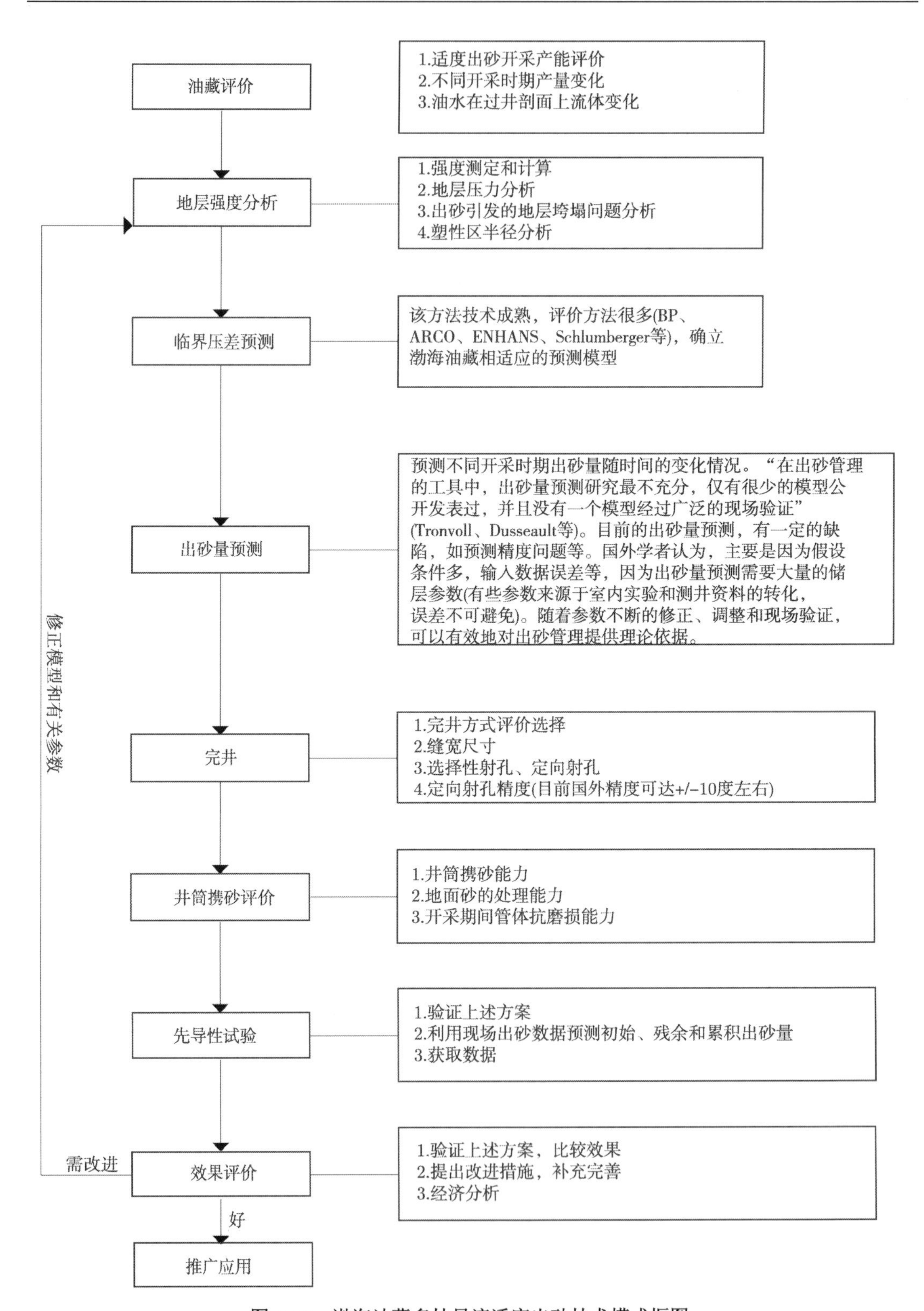

图 9-23　渤海油藏多枝导流适度出砂技术模式框图

5. 定量评价出砂风险

出砂风险可以采用砂子开始进入井筒的临界作业条件来定量评价和预测。其隐含的假设条件是：进入井筒的砂子最终将导致不能容忍的问题，且没有有效的方法处理产出砂。因此，只有防止砂子流入井筒。而出砂管理则假设：不管是从经济角度，还是从安全角度而言，出砂并不总是不可容忍的，从而扩展了这一概念。因此，定量评价出砂管理风险是确定各种情况下，与出砂有关的单问题 (钢材磨蚀、炮孔堵塞、海底管线阻塞、分离器填塞等)发生的条件。将这些结果综合起来，就可以确定总风险可以接受的生产极限。

6. 预测出砂初始条件

根据近井地带储层有效应力的分布，针对直井、斜井或水平井，分别建立塑性区扩展预测模型，考虑剪切破坏引起地层出砂破坏，炮眼周围存在塑性破坏区和井周围的有效应力，确定给定井眼和油藏压力下不同地层的出砂临界条件，给出随深度变化的地层开始出砂的临界压差或压力衰减量 (超过该值，地层开始出砂) 的连续曲线。

7. 预测出砂量

预测生产压差大于临界出砂压差时，出砂量与压差和时间的关系。不同开采状态和完井方式下的出砂量的变化是评价多枝导流适度出砂技术可行性的关键因素。

8. 井筒携砂能力评估

为了降低由于射孔孔眼或井眼可能被大量突发性出砂堵塞的风险，实施多枝导流适度出砂技术的油井配产必须确保地层产出砂粒应能到达地面，而不是沉积在射孔孔眼或井筒内。

在垂直和井斜较小的井中，根据地层产能、油管尺寸、井型、完井方式、开采方式、砂粒粒径、砂量浓度以及携砂开采风险评价等，利用建立在 Stoke 准则基础上的模型，确定给定流体组成情况下的压差下限，进行井筒携砂技术的综合研究；在水平井和大斜度井中，砂粒间的相互作用使砂粒运移模型大大复杂化了，目前其定量描述仍处在于理论研究阶段。

与此同时，根据实验结果得到的经验准则在石油行业中得到了优先选用，主要用于设计防止形成稳定砂床的最小流量。

此外，还需要进行地层出砂的地面在线监测方案设计。

9. 评估设备磨蚀率

设备磨蚀风险分析主要用于确定防止发生过度磨蚀的产量上限。设备磨蚀的主要影响因素有：流体速度、流体密度、砂粒的尺寸、出砂量、输送管直径和管线刚度。研究表明，设备的磨蚀过程具有如下规律：

(1) 管径越细，磨蚀率越高；

(2) 气体含量越高，磨蚀率越高；

(3) 在低流速时，磨蚀率随着流量的增加而加大，主要是因为砂体从沉积状态开始变为流动床状态，对管壁下端的碰撞增多造成的；

(4) 随着流速的提高，开始出现砂子的悬浮状态，对管壁的碰撞减少，侵蚀率降低；

(5) 流速进一步提高，磨蚀率再次增加，主要是因为砂子的能量增加造成的。

10. 适度出砂生产条件下地面处理工艺

多枝导流适度出砂技术的实施需要考虑在环境许可的情况下，地面允许的最大砂处理能力。当采用适度出砂措施后，产出液中含有一定量的粒砂，可能堵塞集输系统。因此，产出液体不能直接进入管网，需要就地除砂。

砂粒首先通过井头，然后经地面管线 (对海上油田，是通过海底管线) 进入分离器中进行沉淀。根据预计的平均砂量，要不时地清理和冲洗分离器，然后将被油污染的产出砂收集起来。目前已有将产出砂直接回注地层的技术，但仍处于探索阶段，未得到广泛应用。

11. 多枝导流适度出砂技术的先导试验

通过多枝导流适度出砂技术先导试验可以了解地层的出砂特征，如北海油田利用出砂量现场数据发现了出砂量与生产时间近似抛物线的关系。先导试验所获取的数据对于多枝导流适度出砂技术研究与设计具有重要的价值，因此开展现场先导试验是多枝导流适度出砂技术实施流程中的关键一环。但必须意识到先导试验中由于设计不当，可能出现井筒淤砂，并会产生昂贵的海上平台作业费用，甚至存在关井停产的风险。因此一定到谨慎选井、选层，精心设计。

12. 全面推广应用

参考文献

[1] 汪周华，郭平，孙雷，等. 油气藏出砂研究现状及其发展趋势 [J]. 特种油气藏，2005，12(4)：5-9.

[2] 左星，申军武，李薇，等. 油气井出砂预测方法综述 [J]. 西部探矿工程，2006，128(12)：93-94.

[3] 刘新锋，楼一珊，朱亮，等. 油层出砂预测及其发展趋势研究 [J]. 西部探矿工程，20071：56-58.

[4] Balgobin C J，Trinidad，Tobago. Sand management of Ultra-High-Rate gas wells[C]. Proceedings of the SPE Latin American and Caribbean Petroleum Engineering Conference，SPE-94896，2005.

[5] 肖伟，胥元刚，刘顺. 低渗油田出砂机理分析 [J]. 西安石油大学学报 (自然科学版)，2005，20(4)：45-46.

[6] 周守为，孙福街. 疏松砂岩油藏出砂管理 [M]. 北京：石油工业出版社，2010.

[7] 周守为. 中国海洋石油开发战略与管理研究 [D]. 成都：西南石油学院，2002.

[8] 邢洪宪，李斌，韦龙贵，等. 适度防砂完井技术在渤海油田的应用 [J]. 石油钻探技术，2009，37(1)：83-86.

[9] 周守为，孙福街，曾祥林，等. 稠油油藏分支水平井适度出砂开发技术 [J]. 石油勘探与开发，2008，35(5)：630-635.

[10] 张卫东，葛洪魁，宋丽莉. 疏松砂岩油藏 “适度防砂” 技术研究 [J]. 石油钻探技术，2004，32(3)：62-64.

[11] 韩国庆，李相方，吴晓东，等. 渤海稠油油田适度出砂生产可行性研究 [J]. 钻采工艺，2004，27(3)：29-32.

[12] 曾祥林，孙福街，何冠军，等.SZ36-1 稠油油藏适度出砂提高单井产能研究 [J]. 特种油气藏，2004，11(6)：47-49.

[13] 唐洪明，王春华，白蓉，等. 适度出砂对储层物性影响的室内评价方法研究 [J]. 西南石油大学学报 (自然科学版)，2008，30(2)：94-96.

[14] 田刚，唐洪明，王春华. 疏松砂岩稠油油藏适度出砂开采方式研究 [J]. 新疆石油地质，2007，28(2)：196-198.

[15] 梁丹，曾祥林，房茂军. 适度出砂技术在海上稠油油田的应用研究 [J]. 西南石油大学学报 (自然科学版)，2009，31(3)：99-102.

[16] Salarna M M. Sand production management[C]. Offshore Technology Conference，Houston，Texas：SPE-8900-MS，1998.

[17] Hussain S，Gruening T. Sand management challenges in the South China Sea[C]. International Petroleum Technology Conference，Kuala Lumpur，Malaysia：SPE-12522-MS，2008.

[18] Mathis S P. Sand management：a review of approaches and concerns[C]. SPE European Formation Damage Conference，The Hague，Netherlands：SPE-82240-MS，2003.

[19] Sanfilippo F，Brignoli M，GiaccaD. Sand production：from prediction to management[C]. SPE European Formation Damage Conference，The Hague，Netherlands：SPE-38185-MS，1997.

[20] 胡连印，沈秀通，胡国元. 出砂油井携砂生产技术 [J]. 石油钻采工艺，1999，21(1)：98-100.

[21] 曾祥林，何冠军，孙福街，等. SZ36-1 油藏出砂对渗透率影响及出砂规律实验模拟 [J]. 石油勘探与开发，2005，32(6)：105-107.

[22] 房茂军，曾祥林，梁丹. 疏松砂岩油藏出砂机理微观可视化实验研究 [J]. 特种油气藏，2012，19(1)：98-100.

[23] 曾祥林，孙福街，王星，等. 渤海稠油油藏简易防砂条件下出砂规律模拟实验研究 [J]. 中国海上油气，2004，16(6)：395-399.
[24] 房茂军，曾祥林，梁丹，等. 稠油出砂规律及出砂模拟实验研究 [J]. 西南石油大学学报 (自然科学版)，2010，32(6)：135-138.
[25] 房茂军，曾祥林，孙福街，等. 疏松砂岩稠油油藏防砂参数优选试验研究 [J]. 石油天然气学报，2011，33(3)：111-114.
[26] 田红，邓金根，孟艳山，等. 渤海稠油油藏出砂规律室内模拟实验研究 [J]. 石油学报，2005，26(4)：85-87.
[27] 田红，邓金根，曲从锋，等. 油水两相同时流动出砂规律模拟试验 [J]. 石油钻探技术，2005，33(1)：48-50.
[28] 何冠军，杜志敏，文成杨，等. 出砂影响因素的数值模拟评价 [J]. 油气地质与采收率，2005，12(5)：36-38.
[29] Tronvoll J，Papamichos E. Sand production in Ultra–Weak sandstones：is sand control absolutely necessary[C]. Rio de Janeiro，Brazil：SPE39042，1997.
[30] Tronvoll J，Dusseault M B，Sanfilippo F. The tools of sand management[C].New Orleans，Louisiana：SPE 71673，2001.
[31] McCaffrey W J，Bowman R D. Recent successes in primary bitumen production[C]// the 1991 Heavy Oil and Oil Sands Technical Symposium，Calgary，Alberta，1991.
[32] Solanki S，Metwally M. Heavy oil reservoir mechanisms，Lindbergh and Frog Lake fields，Albertapart II：geomechanical evaluation[C]. SPE 30249，1995.
[33] Metwally M，Solanki S C. Heavy oil reservoir mechanisms，Lindberg and Frog Lake fields，Alberta part I：Field observations and reservoir simulation[C] // 95–63 presented at the Ann. Tech. Meeting，Pet. Soc. Banff，Alberta，1995.
[34] 李世平，李玉寿，吴振业. 岩石全应力应变过程对应的渗透率 - 应变方程 [J]. 岩土工程学报，1995，17(2)：13-19.
[35] 姜振泉，季梁军. 岩石全应力 - 应变过程渗透性试验研究 [C]. 岩土工程学报，2001，23(2)：153-156.
[36] 姜振泉，季梁军，左如松，等. 岩石在伺服条件下的渗透性与应变、应力的关联性特征 [J]. 岩石力学与工程学报，2002，21(10)：1442-1445.
[37] Geilikman M B，Dusseault M B，Dullien F A L. Fluid-saturated solid flow with propagation of a yielding front[C]. Delft，Netherlands：SPE28067，1994.
[38] Dusseault M B，Geilikman M B，Spanos T J T. Mechanisms of massive sand production in heavy oils[C]. Proc 7th UNITAR Int. Conf. Heavy Oils and Tar Sands，Beijing，1998.
[39] Geilikman M B，Dusseault M B，Dullien F A. Sand production as a viscoplastic granular flow[C]. SPE 27343，1994.
[40] Geilikman M B，Dusseault M B. Dynamics of wormholes and enhancement of fluid production[C]. CIM Petroleum Society 48th Annual Technical Meeting，1997.
[41] Tremblay B，Sedgwick G，Forshner K. Simulation of cold production in heavy-oil reservoirs：wormhole dynamics[C]. SPE 35387-PA，1997：110-117.
[42] Tremblay B，Sedgwick G，Forshner K. Imaging of sand production in a horizontal pack by X-ray computed tomography [J]. SPE 30248，1996，11(2)：94-98.
[43] Tremblay B，Sedgwick G，Vu D. CT imaging of wormhole growth under solution-gas drive [J]. SPE Reservoir Eval. & Eng.，1999，2(1)：37-45.

[44] Vardoulakis I, Stravropoulou M, Papanastasiou P. Hydro-mechanical aspects of the sand production problem[J]. Transport in Porous Media, 22(2): 225-244.

[45] Papamichos E, Vardoulakis I, Tronvoll J, et al. Volumetric sand production model and experiment[J]. International Journal for Numerical and Analytical Methods in Geomechanics, 2001, 25(8): 789-808.

[46] Papamichos E. Wellbore stability analysis: from linear elasticity to post bifurcation modeling [J]. International Journal of Geomechanics, 2004, 4(1): 2-12.

[47] Papamichos E. Sand mass prediction in a North Sea Reservoir[C]. SPE 78166, 2002.

[48] Damjanac B, Detournay E, Brandshaug T. Examination of surface erosionfrom fluid flow through a thick-walled cylinder[C]. Technical Note to Sandia National Laboratories, Itasca Consulting Group, Inc., 1997.

[49] Papamichos E, Stavropoulou M. An erosion-mechanical model for sand production rate prediction[J]. International Journal of Rock Mechanics and Mining Science & Geomechanics, 1996, 35(4): 531-532.

[50] Wang Y, Wu B. Borehole collapse and sand production evaluation: experimental testing, analytical solutions and field implications[C]. The 38th U.S. Rock Mechanics Symposiμm, Washington, DC, 2002: 67-74.

[51] Papamichos E, Malmanger E M. A sand erosion model for volumetric sand predictions in a North Sea reservoir[J].SPE Reservoir Evaluation & Engineering, 2001, 4(1): 44-50.

[52] Peaeman D W. Interpretation of well block pressures in numerical reservoir simulation with non-square grid blocks and anisotropic permeability[C]. Society of Petrolum Engineerings Journal, 1983, 23(3).

[53] Furui K. Formation Damage Skin Model for a Horizontal Well[D]. The University of Texas at Austin, 2004.

[54] Furui K, Zhu D, Hill A D. A rigorous formation damage skin factor and reservoir inflow model for a horizontal well[J]. SPE Production and Facilities, 2003, 8: 151-157.

[55] Furui K, Zhu D, Hill A D. A new skin factor model for perforated horizontal wells [C]. SPE77363, 2002.

[56] Furui K. A Comprehensive Skin Factor Model for Well Completions Based on Finite Element Simulations[D]. University of Texas at Austin, 2004.

[57] Giger F M, Resis L H, Jourdan A P. The reservoir engineering aspects of horizontal drilling[C]. SPE 13024, 1984.

[58] Borisov J P. Oil Production Using Horizontal and Multiple Deviation Wells, Nedra, Moscow[M]. Translated into English by Strauss J, Edited by Joshi S D. Bartlesville, Oklahoma: Philips Petroleum CO. The R & D Library Translation, 1984.

[59] Renard G, Dupuy J M. Formation damage effects on horizontal well flow efficiency[J]. Journal of Petroleum Technology, 1991, 43 (7): 786-789; 868-869.

[60] Joshi S D. Augmentation of well productivity using slant and horizontal wells[J]. Journal of Petroleum Technology, 1988, 40(6): 729-739.

[61] Katsura K. Statistical Mechanics[M], Japan: Hirokawa Publishing Co. First edition, 1969. (in Japanese).